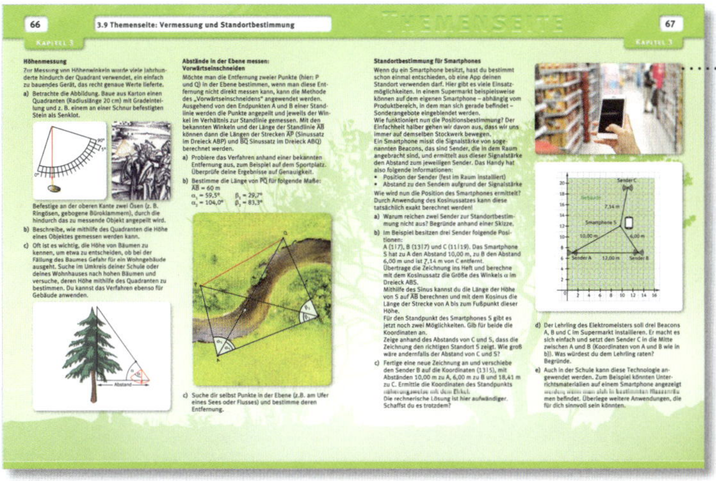

Die **Themenseite** enthält oftmals anspruchsvolle Aufgaben zu einem einzigen, interessanten Thema. Die mathematischen Inhalte werden dabei miteinander verbunden.

Der **zweite Teil** enthält „Diskussionsaufgaben“: Bezieht Stellung zu den Behauptungen und begründet oder widerlegt sie. Anschließend vergleicht ihr eure Ergebnisse mit einem Partner.

Die Doppelseite **Das kann ich!** hat verschiedene Teile: Im **ersten Teil** findet ihr Aufgaben, die ihr alleine löst. Anschließend bewertet ihr euch; die Lösungen dazu findet ihr im Anhang. Die Aufgaben sind Grundaufgaben des Kapitels, ihr solltet also einen Großteil davon gut schaffen.

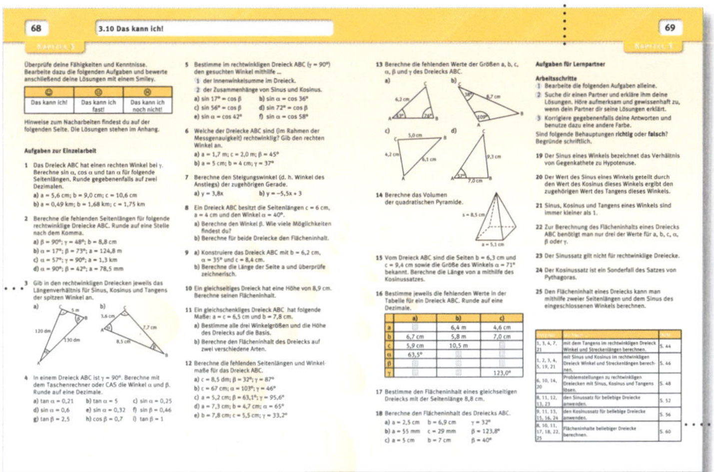

Mithilfe der Tabelle im **dritten Teil** könnt ihr prüfen, was ihr gut könnt und wo ihr noch üben müsst. Ihr findet auch Seitenverweise zum Nacharbeiten.

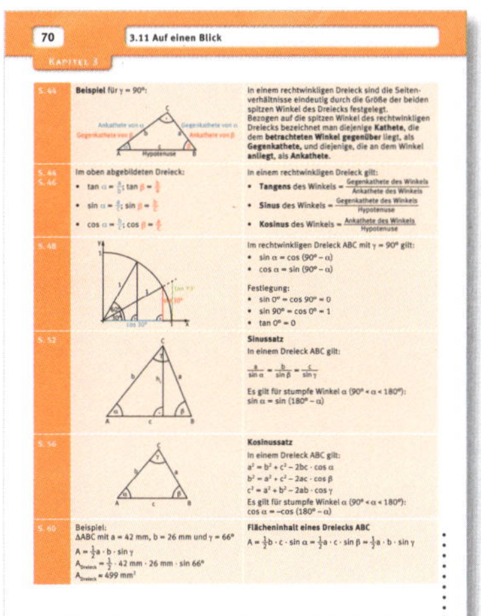

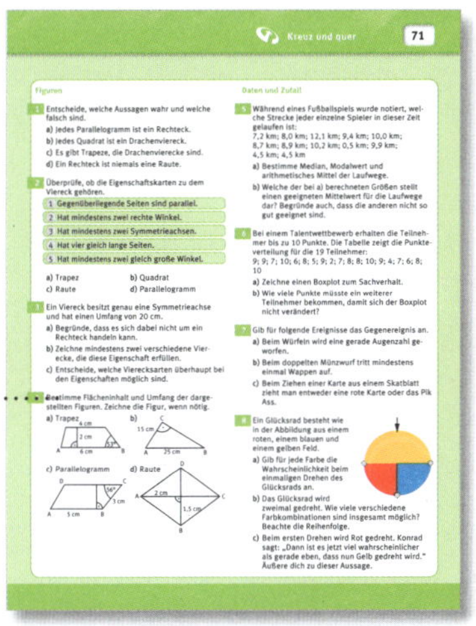

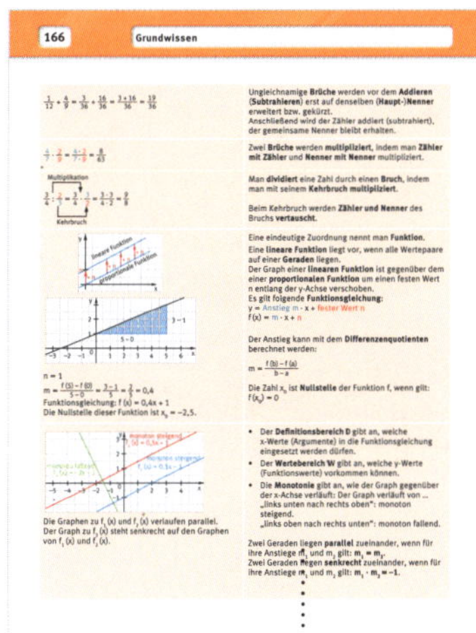

Die Seite **Auf einen Blick** enthält das Grundwissen des Kapitels in kompakter Form.

Habt ihr auch nichts vergessen? Auf den Seiten **Kreuz und quer**, die „zwischen zwei Kapiteln“ stehen, könnt ihr testen, ob ihr im Stoff der zurückliegenden Kapitel bzw. Schuljahre noch fit seid.

Wollt ihr Mathe-Stoff nachschlagen, der schon länger zurückliegt? Am Ende des Buches findet ihr das **Grundwissen**.

Mathe.Logo 10

Gymnasium Thüringen

Herausgegeben von Michael Kleine und Birgit Skorsetz

Bearbeitet von Barbara Enghardt,
Heiko Etzold,
Eva Fischer,
Michael Kleine,
Peter Lippert,
Matthias Müller,
Birgit Skorsetz,
Kinga Szücs,
Barbara Wieczorek

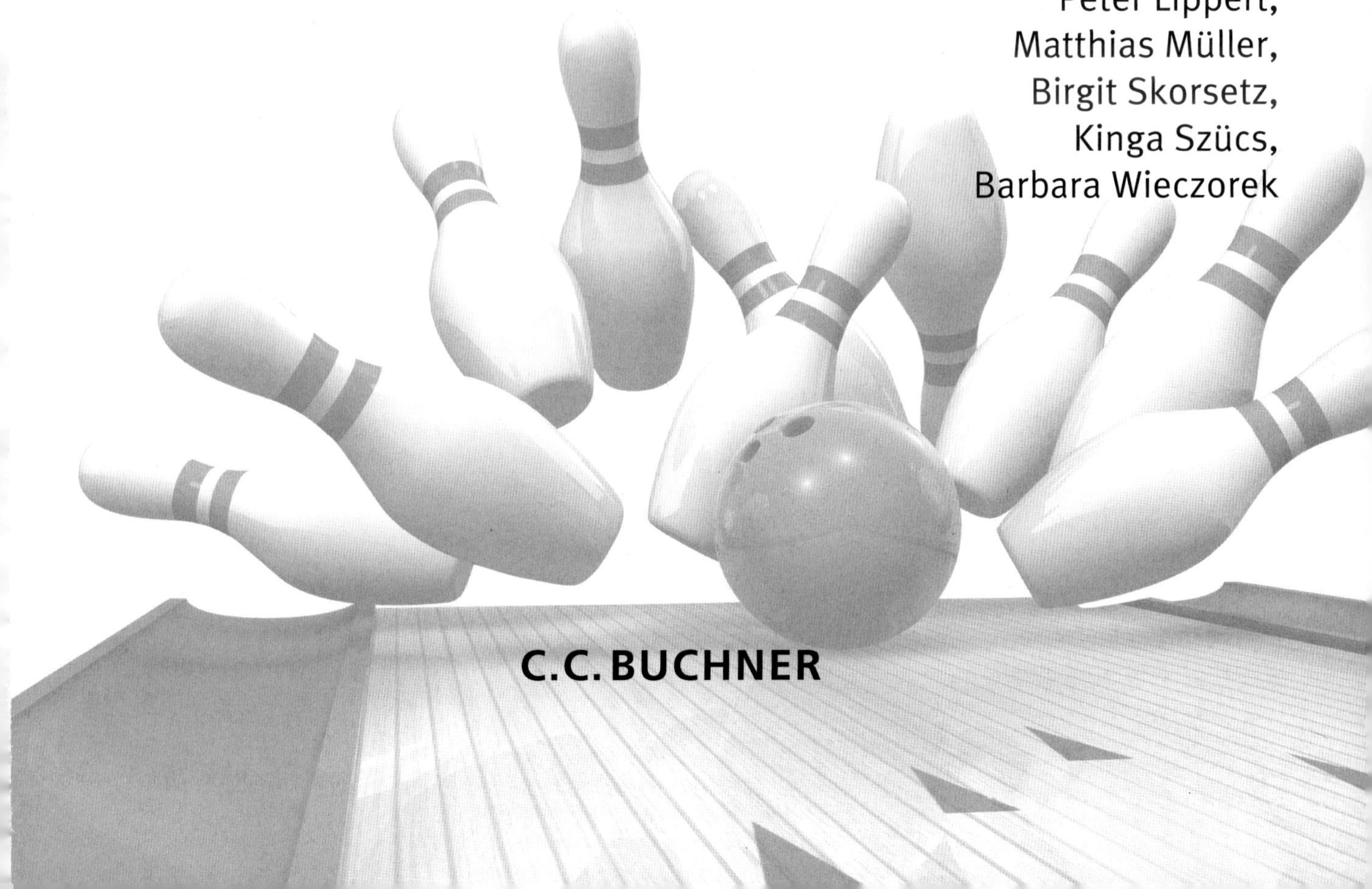

C.C. BUCHNER

Mathe.Logo

Gymnasium Thüringen
Herausgegeben von Michael Kleine und Birgit Skorsetz

Mathe.Logo 10
Bearbeitet von Barbara Enghardt, Heiko Etzold, Eva Fischer, Michael Kleine, Peter Lippert, Matthias Müller, Birgit Skorsetz, Kinga Szücs und Barbara Wieczorek

1. Auflage, 1. Druck 2017
Alle Drucke dieser Auflage sind, weil untereinander unverändert, nebeneinander benutzbar.

Dieses Werk folgt der reformierten Rechtschreibung und Zeichensetzung. Ausnahmen bilden Texte, bei denen künstlerische, philologische oder lizenzrechtliche Gründe einer Änderung entgegenstehen.

Redaktion: Georg Vollmer
Layout und Satz: Wildner + Designer GmbH, Fürth
Druck- und Bindearbeiten: creo Druck & Medienservice GmbH, Bamberg

www.ccbuchner.de

ISBN 978-3-7661-**8410**-8

Mathematische Zeichen und Abkürzungen 6

1 Fit mit CAS? 7
1.1 Terme, Gleichungen und Ungleichungen 8
1.2 Gleichungssysteme 10
1.3 Lineare und quadratische Funktionen 12
1.4 Konstruieren und Verändern 14

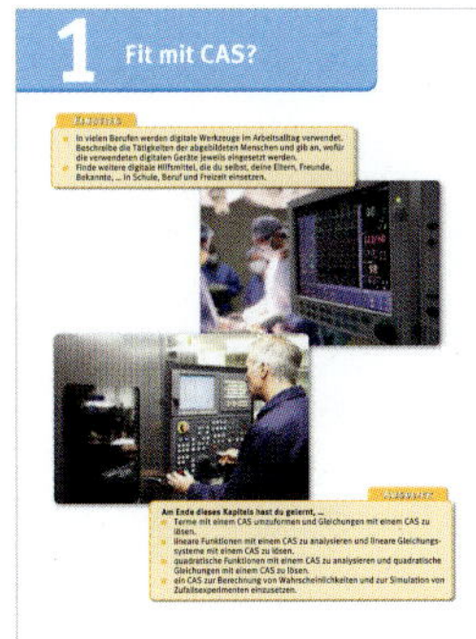

2 Potenzfunktionen 15
2.1 Potenzen mit ganzzahligen Exponenten 16
2.2 Potenzen mit rationalen Exponenten 18
2.3 Potenzgesetze 20
2.4 Potenzfunktionen mit ganzzahligen Exponenten 24
2.5 Potenzfunktionen mit rationalen Exponenten 26
2.6 Einfluss der Parameter auf Potenzfunktionen 28
2.7 Vermischte Aufgaben 32
2.8 Themenseite: Ganzrationale Funktionen 36
2.9 Das kann ich! 38
2.10 Auf einen Blick 40

Kreuz und quer 41

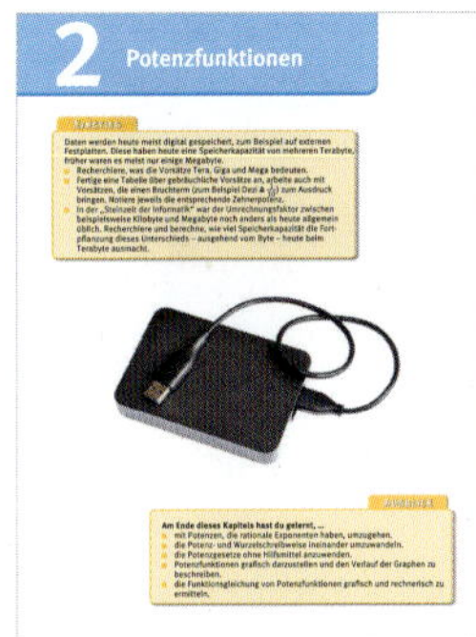

3 Trigonometrische Berechnungen 43
3.1 Tangens im rechtwinkligen Dreieck 44
3.2 Sinus und Kosinus im rechtwinkligen Dreieck 46
3.3 Sinus, Kosinus und Tangens untersuchen 48
3.4 Sinus, Kosinus und Tangens im Alltag 50
3.5 Der Sinussatz für beliebige Dreiecke 52
3.6 Der Kosinussatz für beliebige Dreiecke 56
3.7 Der Flächeninhalt eines beliebigen Dreiecks 60
3.8 Vermischte Aufgaben 62
3.9 Themenseite: Vermessung und Standortbestimmung 66
3.10 Das kann ich! 68
3.11 Auf einen Blick 70

Kreuz und quer 71

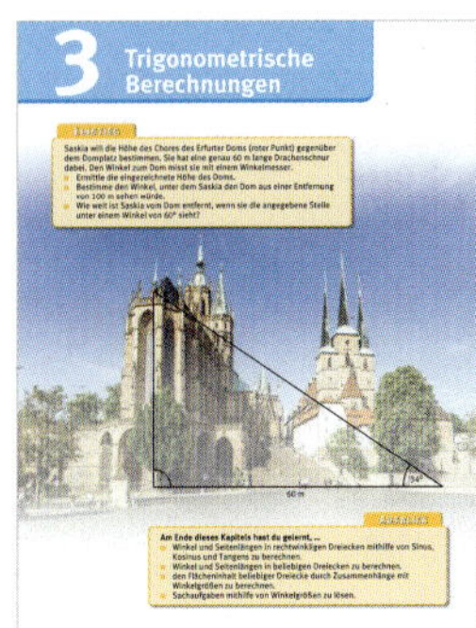

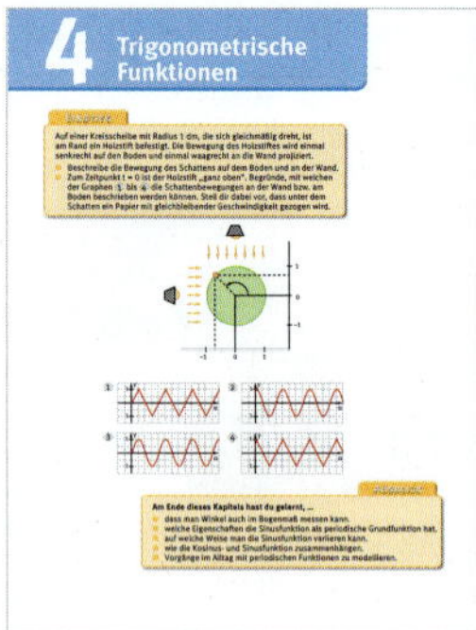

4 Trigonometrische Funktionen **73**
4.1 Das Bogenmaß 74
4.2 Die Sinusfunktion 78
4.3 Einfluss der Parameter auf die Sinusfunktion 80
4.4 Die Kosinusfunktion 84
4.5 Periodische Vorgänge im Alltag 86
4.6 Vermischte Aufgaben 88
4.7 Themenseite: Rund um Sinus & Co. 92
4.8 Das kann ich! **94**
4.9 Auf einen Blick **96**
Kreuz und quer **97**

5 Exponentialfunktionen **99**
5.1 Wachstumsvorgänge 100
5.2 Exponentialfunktionen 102
5.3 Einfluss der Parameter auf Exponentialfunktionen 104
5.4 Logarithmus 108
5.5 Exponentialgleichungen 110
5.6 Vermischte Aufgaben 112
5.7 Themenseite: Spiralen 116
5.8 Das kann ich! **118**
5.9 Auf einen Blick **120**
Kreuz und quer **121**

6 Wahrscheinlichkeitsrechnung **123**
6.1 Mehrstufige Zufallsexperimente 124
6.2 Stochastische Unabhängigkeit 128
6.3 Erwartungswert und Standardabweichung 130
6.4 Kombinatorik 134
6.5 Bernoulli-Experimente 136
6.6 Binomialverteilte Zufallsgrößen 140
6.7 Vermischte Aufgaben 144
6.8 Themenseite: Zufall beim Spielen 148
6.9 Das kann ich! **150**
6.10 Auf einen Blick **152**
Kreuz und quer **153**

7 Üben für die BLF 155
7.1 BLF zum Üben 156
7.2 Aufgaben ohne Hilfsmittel 160
7.3 Weitere Aufgaben 162

Grundwissen 166

Lösungen zu „Das kann ich!“ 174

Stichwortverzeichnis 182

Bildnachweis 183

Mathematische Zeichen und Abkürzungen

$\mathbb{N}$	Menge der natürlichen Zahlen
$\mathbb{Z}$	Menge der ganzen Zahlen
$\mathbb{Q}$	Menge der rationalen Zahlen
$\mathbb{R}$	Menge der reellen Zahlen
$\mathbb{D}$	Definitionsmenge/ -bereich
$\mathbb{L}$	Lösungsmenge
$\mathbb{W}$	Wertemenge/ -bereich
$=$	gleich
$\approx$	ungefähr gleich
$>$	größer als
$<$	kleiner als
$\geqq$	größer oder gleich
$\leqq$	kleiner oder gleich
$\widehat{=}$	entspricht
$\sim$	ähnlich zu
$\mid$	teilt
$\nmid$	teilt nicht
a^n	Potenz; „a hoch n“
$\sqrt{x}$	(Quadrat-)Wurzel aus x
$\sqrt[n]{x}$	n-te Wurzel aus x
$\frac{a}{b}$	Bruch mit Zähler a und Nenner b
$\log_a$	Logarithmus zur Basis a
lg	Logarithmus zur Basis 10
%	Prozent
H (Z)	absolute Häufigkeit, mit der das Ergebnis Z (z. B. Zahl) vorkommt
h (Z)	relative Häufigkeit, mit der das Ergebnis Z (z. B. Zahl) vorkommt
$\overline{x}$	arithmetisches Mittel
Ω	Ergebnisraum
P (A)	Wahrscheinlichkeit des Ereignisses A
$P(\overline{A})$	Wahrscheinlichkeit des Gegenereignisses von A

$\cap$	geschnitten mit, Schnittmenge
$\cup$	vereinigt mit, Vereinigungsmenge
$\binom{n}{k}$	Binomialkoeffizient „n über k“
B (n; p)	Binomialverteilung
μ (x)	Erwartungswert der Zufallsgröße X
Var (x)	Varianz der Zufallsgröße X
σ (x)	Standardabweichung der Zufallsgröße X
$\lvert n \rvert$	Betrag der Zahl n
f (x)	Funktionsgleichung
sin	Sinus
cos	Kosinus
tan	Tangens
$\lim\limits_{x \to 0} f(x)$	Grenzwert der Funktion f (x) für x gegen 0
∞	unendlich
P, A, ...	Punkte
P (x | y)	Punkt P mit den Koordinaten x und y
(x | y)	geordnetes Zahlenpaar
g, h, ...	Geraden, Strahlen
$\overline{PQ}$	Strecke mit den Endpunkten P und Q, auch Länge der Strecke
α, β, γ, ...	Winkelbezeichnungen
°	Grad, Maßeinheit für Winkel
LE	Längeneinheit
u	Umfangslänge
r	Radius eines Kreises
d	Durchmesser eines Kreises
π	Kreiszahl, $\pi \approx 3{,}14$
FE	Flächeneinheit
A	Flächeninhalt
V	Volumen, Rauminhalt
$\perp$	senkrecht auf
$\parallel$	parallel zu

1 Fit mit CAS?

Einstieg

- In vielen Berufen werden digitale Werkzeuge im Arbeitsalltag verwendet. Beschreibe die Tätigkeiten der abgebildeten Menschen und gib an, wofür die verwendeten digitalen Geräte jeweils eingesetzt werden.
- Finde weitere digitale Hilfsmittel, die du selbst, deine Eltern, Freunde, Bekannte, ... in Schule, Beruf und Freizeit einsetzen.

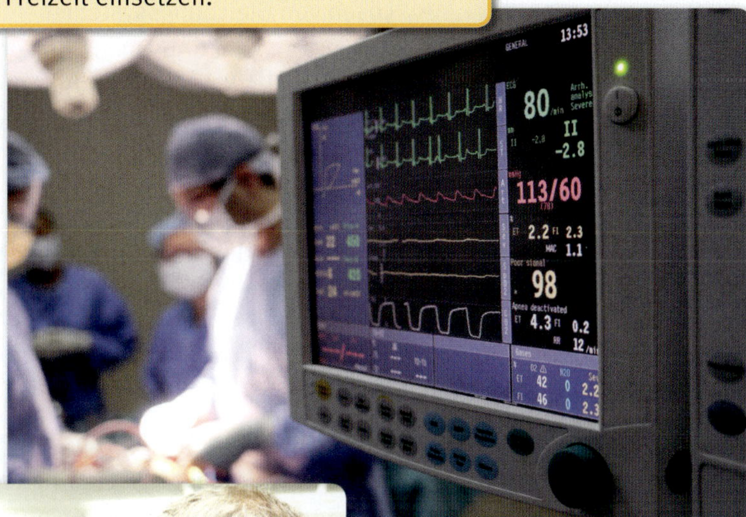

Ausblick

Am Ende dieses Kapitels hast du gelernt, ...

- Terme mit einem CAS umzuformen und Gleichungen mit einem CAS zu lösen.
- lineare Funktionen mit einem CAS zu analysieren und lineare Gleichungssysteme mit einem CAS zu lösen.
- quadratische Funktionen mit einem CAS zu analysieren und quadratische Gleichungen mit einem CAS zu lösen.
- ein CAS zur Berechnung von Wahrscheinlichkeiten und zur Simulation von Zufallsexperimenten einzusetzen.

1

Ein **Computeralgebrasystem (CAS)** ist ein Programm, mit dem mathematische Objekte (Terme, Gleichungen, Gleichungssysteme, Funktionen) bearbeitet werden können. Die Ergebnisse können **symbolisch exakt** (algebraisch) oder **näherungsweise** (numerisch) angegeben werden.
Zu algebraischen Aufgaben gehören beispielsweise:

- Rechnen mit reellen Zahlen
- Umformen und vereinfachen von Termen
- Lösen von Gleichungen und Ungleichungen
- Lösen von Gleichungssystemen

Zusätzlich kann mit CAS-Handhelds beispielsweise Folgendes dargestelt und analysiert werden:

- Funktionen
- geometrische Objekte
- Daten

Die einzelnen Aktionen können über verschiedene Menüpunkte (Applikationen) ausgeführt werden.

Alex möchte mit seinem CAS den Term $\frac{-2+\frac{1}{3}}{2-\frac{2}{3}}$ berechnen. Die CAS-Anzeige verunsichert ihn.

a) Beschreibe Alex Fehler bei der Eingabe des Terms.

b) Gib den Term korrekt ein und gib anschließend eine numerische Näherung des Ergebnisses aus.

c) Berechne ebenso und runde das exakte Ergebnis auf zwei Dezimalen.

① $\frac{\left(1-\frac{4}{3}\right)^2}{\frac{1}{3}}$ ② $\frac{\frac{1}{5}-\frac{2}{10}}{\frac{4}{25}}$ ③ $\sqrt{2}\cdot\sqrt[3]{8}-\frac{4}{\sqrt{2}}$ ④ $\pi^2 : \frac{3}{2}$ ⑤ $-\frac{4-\left(\frac{1}{7}\right)^2}{4+\frac{1}{5}\cdot\left(\frac{4}{7}\right)^2}$

absoluter Fehler = ermittelter Wert – richtiger Wert

relativer Fehler = $\frac{\text{absoluter Fehler}}{\text{richtiger Wert}}$

2 Ein Reporter hat die Besucherzahl bei den Domstufenfestspielen in Erfurt auf 30 000 geschätzt, tatsächlich waren es 32 356.
Überprüfe die Rechnung des Reporters zur Bestimmung des absoluten und relativen Fehlers.

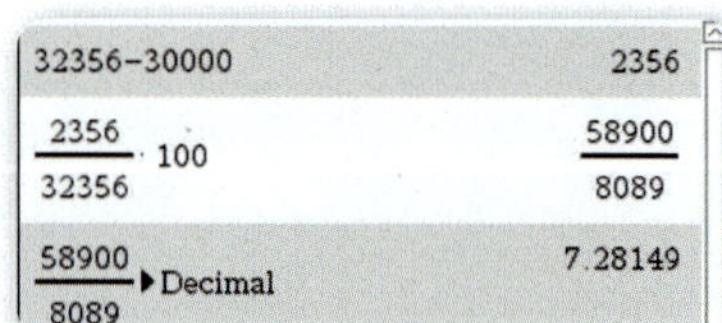

3 Bestimme jeweils den relativen Fehler in %.

a) Die Kantenlänge eines Würfels wurde auf 4 cm geschätzt, eine Messung ergab eine Länge von 43 mm.

b) Sophia vermutet, dass 800 Schüler auf ihre Schule gehen. Tatsächlich sind es 763.

c) Kalil schätzt, dass ein Tag 90 000 Sekunden hat.

4 Karl hat versehentlich in seinem CAS $3^{(3^3)}$ statt $(3^3)^3$ eingegeben. Bestimme den relativen Fehler und vergleiche mit dem Fehler bei $2^{(2^2)}$ und $(2^2)^2$. Vergleiche auch mit dem Fehler bei $4^{(4^4)}$ und $(4^4)^4$.

5 Vereinfache die Terme mit deinem CAS und erläutere die Umformungen, die man ohne CAS machen müsste. Beachte, dass das CAS zwischen ab und a · b unterscheidet.

a) $\sqrt{\frac{36}{48}}$　　b) $3 \cdot a \cdot b + 5 \cdot b \cdot a$　　c) $-2 \cdot x^7 + 2 \cdot x^3 \cdot x^4$

d) $(\sqrt{x} - 1) \cdot (\sqrt{x} + 1)$　　e) $\frac{144a^3 b^5}{36a^{-2} b^7}$　　f) $\sqrt[3]{\frac{27x^{36} y^{25}}{x^9 y^{-2}}}$

Einige CAS vereinfachen die Terme mit dem Befehl ***simplify( )****.*

Lösungen zu 5:
$\frac{\sqrt{3}}{2}$; 8ab; 0; x – 1; $4\frac{a^5}{b^2}$; $3x^9y^9$

6 Es gilt die binomische Formel $a^2 + 2ab + b^2 = (a + b)^2$. Dennoch formt ein CAS die Terme nicht automatisch um. Die entsprechenden Umformungen werden mit den Befehlen **factor( )** und **expand( )** erreicht.

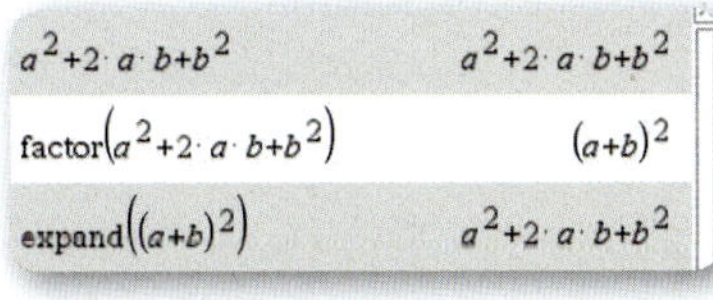

a) Faktorisiere die folgenden Terme mit deinem CAS.

1 $x^3 - 2x^2 - x + 2$　2 $4a^2 - 25b^2$　3 $x^4 - 1$　4 $3x^3 + 9x^2y + 9xy^2 + 3y^3$

b) Multipliziere die folgenden Terme mit deinem CAS aus.

1 $(2a - 3b)\left(\frac{1}{2}b + a\right)$　2 $(x^2 + \pi y)^2$　3 $(x + y)^4$　4 $2\,(x - 1)\,(x + 3)\,(x - 2)$

7 Gibt man z. B. $(x + 2) \cdot (x - 2) = x^2 - 4$ in ein CAS ein, erhält man die Ausgabe „true“. Auf diese Weise kann man überprüfen, ob die Gleichheit gilt.

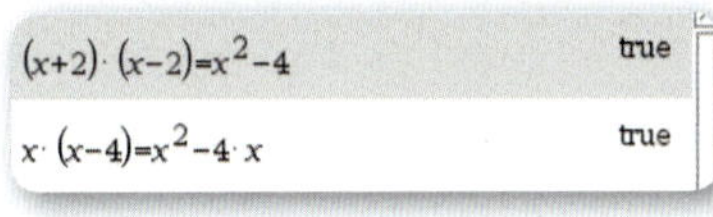

Überprüfe die Umformungsschritte mit dem CAS. Finde die Fehler und korrigiere.

$$
\begin{aligned}
&(2x - 3)^3 \cdot (x + 2)^4\\
&= (2x - 3) \cdot (x + 2)^2 \cdot (4x^2 - 12x + 9) \cdot (x^2 + 4x + 4)\\
&= (2x^3 + 6x^2 - 4x - 12) \cdot (4x^4 + 4x^3 + 24x^2 - 12x + 36)\\
&= 8 \cdot (x^3 + 3x^2 - 2x - 6) \cdot (x^4 + x^3 + 6x^2 - 3x + 9)\\
&= 8 \cdot (x^7 + 4x^6 + 7x^5 + 7x^4 - 18x^3 - 3x^2 - 54)
\end{aligned}
$$

Auf diese Art kannst du alle deine Rechnungen überprüfen und dich selbst kontrollieren.

8 Vergleiche die beiden Bruchterme $\frac{x^2 - 1}{x^2 - x} = \frac{x + 1}{x}$.
Erläutere den nebenstehenden Screenshot.
Bestimme alle Werte für x, für die die Gleichheit gilt.

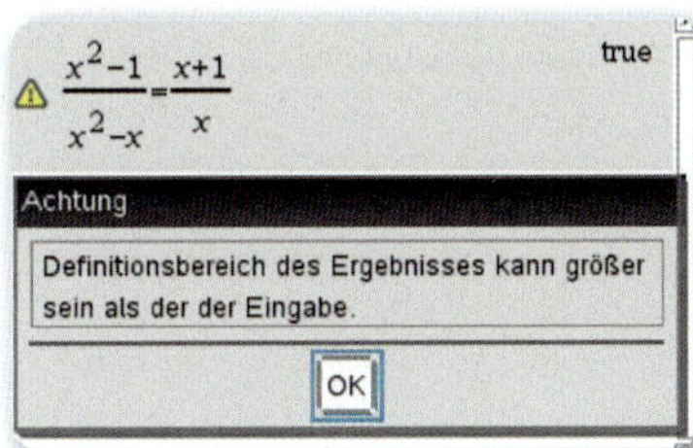

9 Die schnellste Variante, eine Gleichung mit einem CAS nach einer Variable aufzulösen, ist der Befehl **solve( )**. Löse die folgenden Gleichungen nach der angegebenen Variable auf.

a) $27x + 81 = -135$ $(x \in \mathbb{R})$　b) $\frac{15}{4} - \sqrt{3}x = \frac{3}{4}$ $(x \in \mathbb{R})$

c) $10\,000x + 6 = 123\,456$ $(x \in \mathbb{R})$　d) $\sqrt{2}x + \sqrt{8} = \sqrt{18}$ $(x \in \mathbb{R})$

e) $2x + n = 3$ $(n \in \mathbb{N})$　f) $\frac{x}{4} + 2a = 7$ $(a \in \mathbb{R})$

Erläutere die Unterschiede zwischen den Befehlen ***solve( )*** *und* ***nsolve( )****. Probiere beide Befehle in Aufgabe 9 aus.*

10 Ungleichungen können ebenfalls mit **solve( )** nach der gewünschten Variable umgestellt werden. Löse die Ungleichungen nach $x \in \mathbb{R}$ auf.

a) $3x - 5 < 7$　b) $\frac{x}{2} + \frac{3}{4} > \frac{5}{2}$　c) $23 - 4x \leq 65$

d) $1{,}5 \cdot 10^6 - x \cdot 10^3 \geq 3 \cdot 10^6$　e) $\frac{7 + \frac{1}{3}}{x} > 2$　$x \neq 0$　f) $5x - \sqrt{2} < 10a$　$(a \in \mathbb{N})$

1 Zum Lösen von linearen Gleichungssystemen gibt es bei einem CAS viele Wege. Analog den händischen Verfahren stehen beispielsweise folgende beiden Wege zur Verfügung.

1 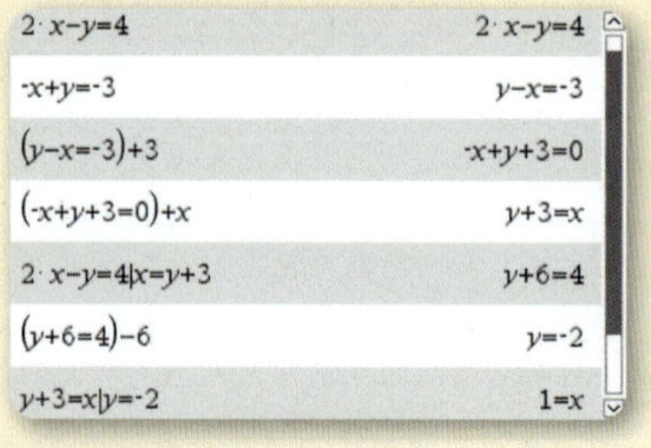

2 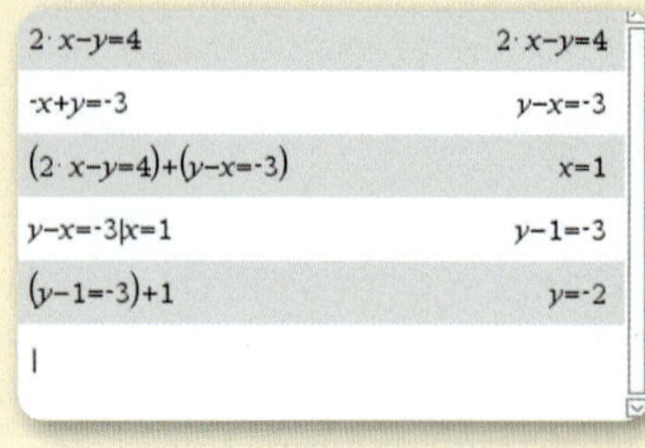

*Neben dem Befehl **ans**, der die letzte Ausgabe des CAS wieder aufruft, ist der **with-Operator** hilfreich beim Umformen von Gleichungssystemen.*

a) Gib das Gleichungssystem an, das in dem Beispiel gelöst wird.

b) Erläutere beide Lösungswege aus dem Beispiel.

c) Diskutiere die Vor- und Nachteile der beiden genutzten Verfahren.

d) Löse die Gleichungssysteme mit deinem CAS wie im Beispiel ($x \in \mathbb{R}$).

1 I $4x + 5y = 7$ II $3y - 4x = 17$	2 I $3x + 7 = y$ II $4y - 14 = 6x$	3 I $3x + 7 = y$ II $4y - 14 = 6x$
4 I $\frac{2}{3}x - \pi = y$ II $\frac{1}{3}x - 2y = \pi$	5 I $8x - 5y - 3 = 0$ II $5 \cdot (y - 3x) = -10$	6 I $x - y = -\frac{5}{2}$ II $2x = -7 - y$

Lösungen zu 1:
$\mathbb{L} = \{(-2 \mid 3)\}$; $\mathbb{L} = \{(-4 \mid -11)\}$; $\mathbb{L} = \{(\pi \mid -\frac{\pi}{3})\}$; $\mathbb{L} = \{(-\frac{7}{3} \mid 0)\}$; $\mathbb{L} = \{(-2 \mid \frac{1}{2})\}$; $\mathbb{L} = \{(1 \mid 1)\}$

2 Mit dem CAS-Befehl **solve( )** kann man ein lineares Gleichungssystem exakt lösen lassen. Finde drei unterschiedliche Möglichkeiten der Eingabe, um das Gleichungssystem im Beispiel aus Aufgabe 1 mit deinem CAS direkt zu lösen.

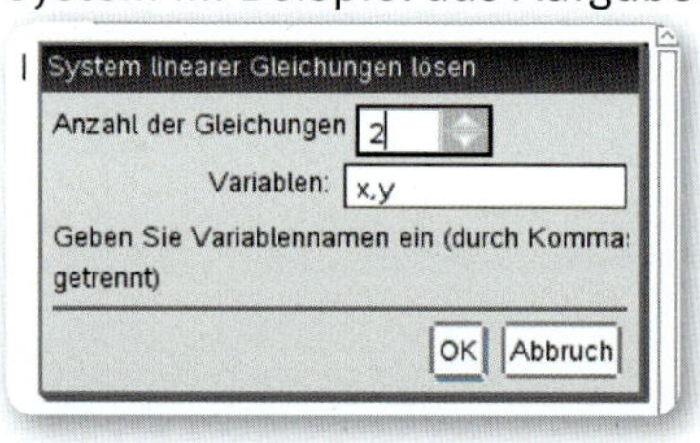

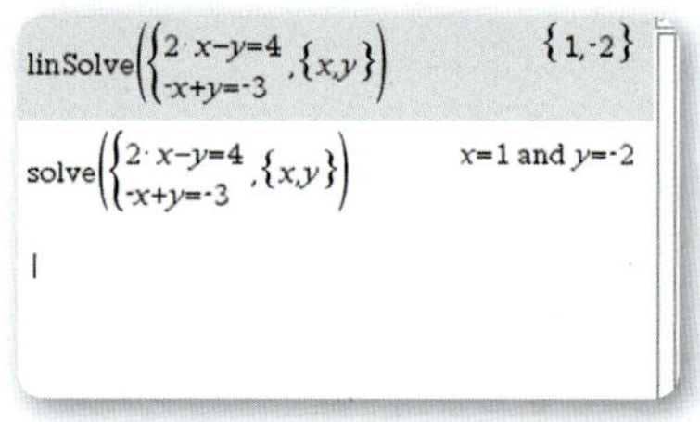

Bei einigen CAS gibt es im Menü den Punkt „Gleichungssystem lösen“. Wenn man den Befehl kennt, kann man ihn über die Tastatur eingeben, oder es gibt sogar Schnellwahltasten.

3 Löse die Gleichungssysteme mit dem Befehl **solve( )**. Interpretiere das Ergebnis.

a) I $x + 5y = -14{,}5$ II $-x - y = 2{,}5$	**b)** I $x + 4y = 4$ II $y = -\frac{1}{4}x + 1$	**c)** I $2x - 2y = x - 6$ II $3(x + 3) = 4(y - 2)$
d) I $x - 2y = 1{,}5$ II $3{,}8y - 1{,}9x = -2{,}85$	**e)** I $6y + 9x + 12 = 0$ II $x = 45 - 7y$	**f)** I $3y + 9x + 10 = 0$ II $2x = 45 - 4y$

4 Erläutere die Ausgaben des CAS in den Screenshots. Gehe dabei auf die Lösungsmengen der zugehörigen linearen Gleichungssysteme ein.

a) 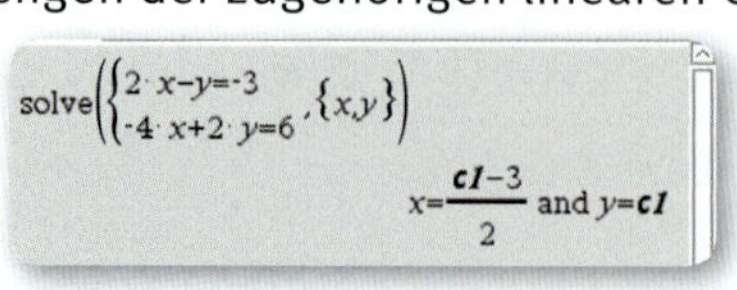

b) 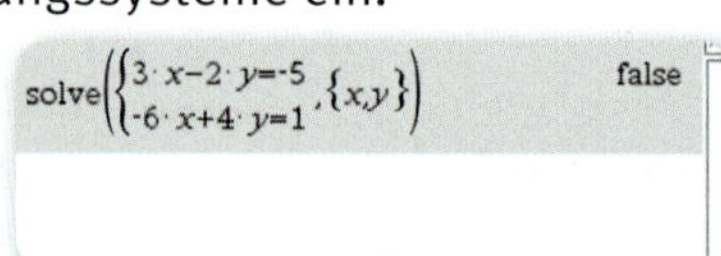

5 Bestimme den Parameter $a \in \mathbb{R}$ so, dass das lineare Gleichungssystem lösbar ist. Gib die Lösungsmenge an.

a) I $x + y = -1$ II $ax + y = 1$	**b)** I $x + ay = -1$ II $ax + y = 1$	**c)** I $x + y = -1$ II $x + y = a$

6 Der Screen zeigt, wie man ein lineares Gleichungssystem „händisch“ mit dem Additionsverfahren lösen kann.

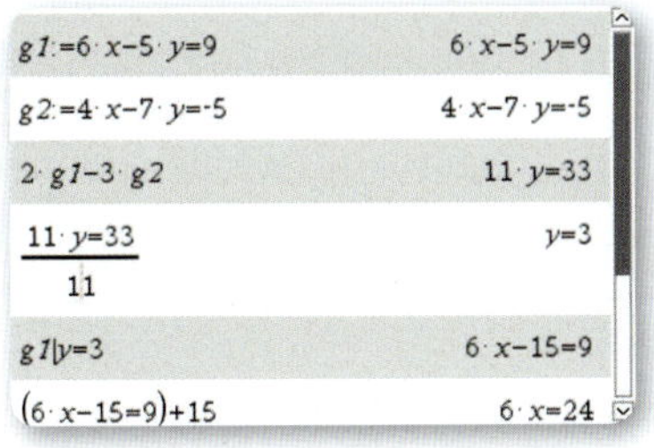

a) Wie lautet das Gleichungssystem? Führe die Rechnung mit deinem CAS selbst durch und erläutere die Rechenschritte.

b) Löse die nachstehenden Gleichungssysteme ebenso.

① I $144x - 36y = 120$ II $\frac{1}{2}x + \frac{3}{2}y = 1$

② I $\frac{7}{3}x + 11 = \frac{13}{6}y$ II $\frac{65}{4}y + \frac{35}{2}x = \frac{165}{2}$

③ I $4x - 2\pi = -6\sqrt{2}y$ II $\frac{96}{24}x + \sqrt{72}y = \frac{\pi}{4}$

Viele CAS bieten unterschiedliche Möglichkeiten, Variablen, Funktionen und Terme zu definieren. Einige verwenden die Symbole „:=“ oder „→“. Probiere es aus.

7 Löse das lineare Gleichungssystem mit dem CAS ($x, y \in \mathbb{R}$). Interpretiere das Ergebnis.

a) I $2x - y = 3$ II $9x - 5y = 1$

b) I $x = y + 3$ II $y = \frac{1}{2}(2x - 6)$

c) I $x - 2y = 1{,}5$ II $3{,}8y - 1{,}9x = -2{,}85$

d) I $6y + 9x + 12 = 0$ II $x = 48 - y$

e) I $x = 2y - 5$ II $y = \frac{1}{2}(3x - 8)$

f) I $3x + 5y = 7$ II $-5x - 8y + 2 = 0$

g) I $1{,}5x + 6y - 4 = 0$ II $3x - 4y = 8$

h) I $4x - 3y = -2$ II $6 = x - \frac{3}{4}y$

i) I $\frac{4}{7}x - 1 = -y$ II $2x = \frac{7}{2} \cdot (1 - y)$

Lösungen zu 7:
$\mathbb{L} = \{(\frac{8}{3}|0)\}$; $\mathbb{L} = \{\,\}$;
$\mathbb{L} = \{(x|y) \mid y = -\frac{4}{7}x + 1\}$;
$\mathbb{L} = \{(x|y) \mid y = 0{,}5x - 0{,}75\}$;
$\mathbb{L} = \{(-100|148)\}$;
$\mathbb{L} = \{(6{,}5|5{,}75)\}$;
$\mathbb{L} = \{(14|25)\}$;
$\mathbb{L} = \{(x|y) \mid y = x - 3\}$;
$\mathbb{L} = \{(-46|29)\}$

8 Der Rennsteig ist der meistbegangenste Weitwanderweg Deutschlands. Eine Wandergruppe braucht für die ca. 170 km insgesamt 43 Stunden. Aus Erfahrung wissen sie, dass sie bergauf eine Geschwindigkeit von 3 km/h und bergab eine Geschwindigkeit von 7 km/h haben. Bestimme den streckenmäßigen Anteil der Bergauf-Passagen an der Wanderung.

Informiere dich im Internet über den Rennsteig-Wanderweg. In welcher Richtung war die Wandergruppe vermutlich unterwegs?

9 Gegeben ist ein lineares Gleichungssystem.

I $y = \frac{1}{2}x + 11$

II $y = \frac{3}{2}x - 3$

a) Löse das Gleichungssystem mit deinem CAS.

1

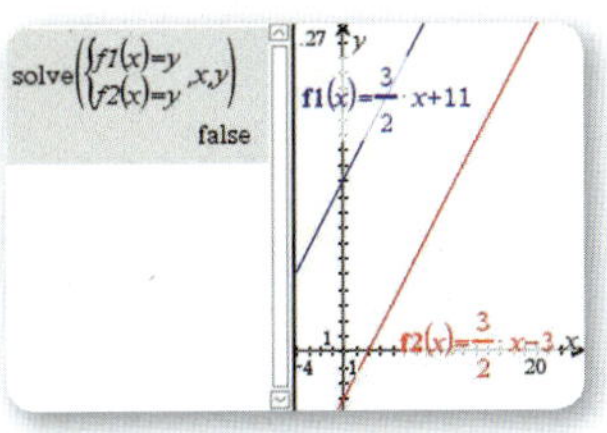

2

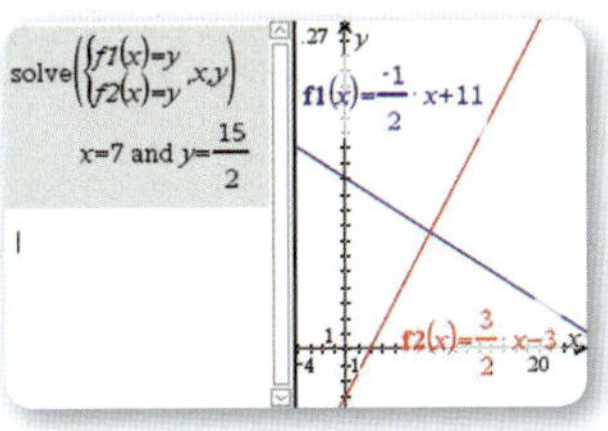

3

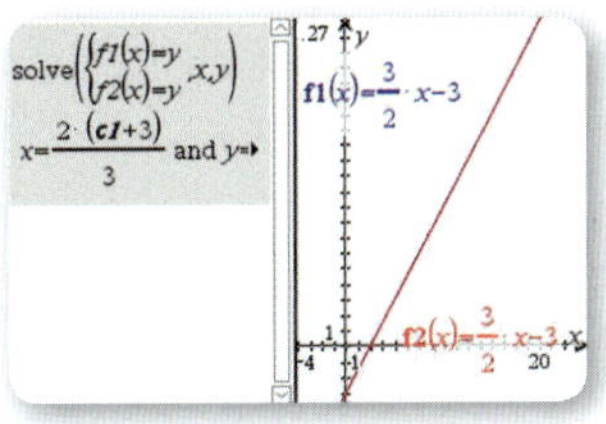

b) Der Screenshot 1 stellt die zum Gleichungssystem gehörenden Graphen der Funktionen dar. Beschreibe das Vorgehen zum grafischen Lösen mit dem CAS.

c) Bei den Screenshots 2 und 3 wurde die zugehörige Funktion zur Gleichung I verändert. Beschreibe die Auswirkungen auf das grafische Lösen und die Lösungsmenge des linearen Gleichungssystems.

d) Beschreibe einen allgemeinen Zusammenhang zwischen der Lage der Graphen zweier linearer Funktionen und der Lösungsmenge des zugehörigen linearen Gleichungssystems.

1 CAS können Funktionsgraphen darstellen, mit deren Hilfe unterschiedliche Probleme bearbeitet werden können. Dazu wird die Funktion in der Befehlsleiste des entsprechenden Menüs definiert.

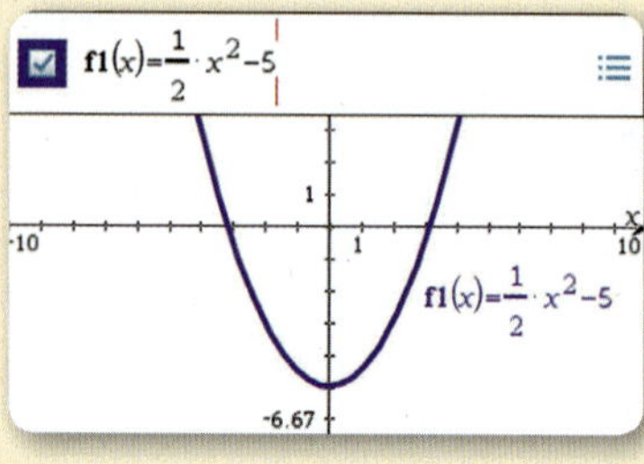

a) Bilde den abgebildeten Screen nach.

b) Stelle weitere Funktionsgraphen deiner Wahl dar.

Lösungen zu 2:
$-\frac{1}{2}x + 3$; $\frac{2}{3}x - 5$;
$-(x + 5)^2 - 1$; $(x + 1)^2 - 1$

2 Ermittle die zu den Graphen gehörenden Funktionsgleichungen. Überprüfe mit deinem CAS.

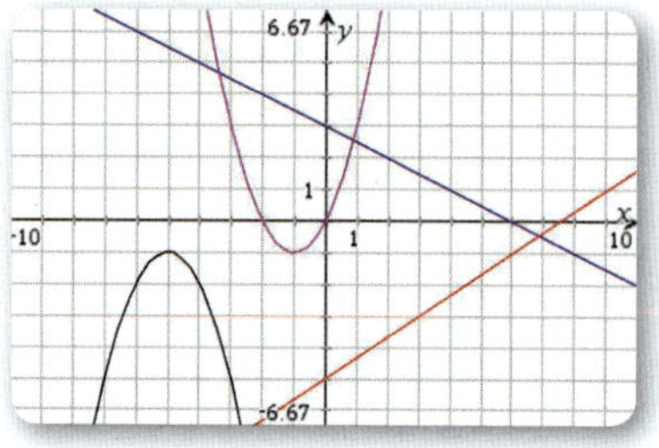

Überlege dir weitere Muster und probiere, sie mit deinem CAS zu zeichnen.

8410–01

3 Erzeuge die folgenden Graphen mit deinem CAS so genau wie möglich.

a)

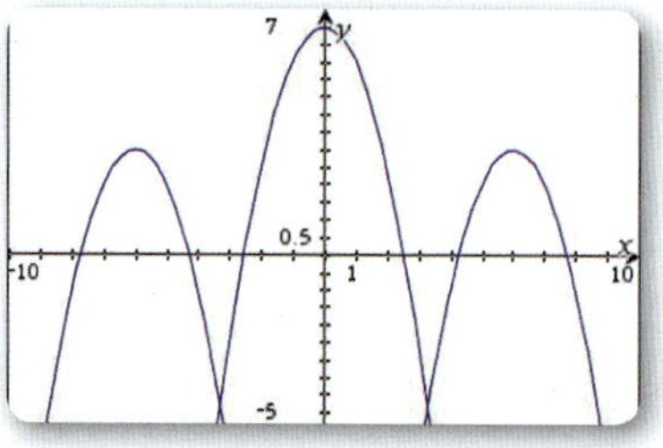

b)

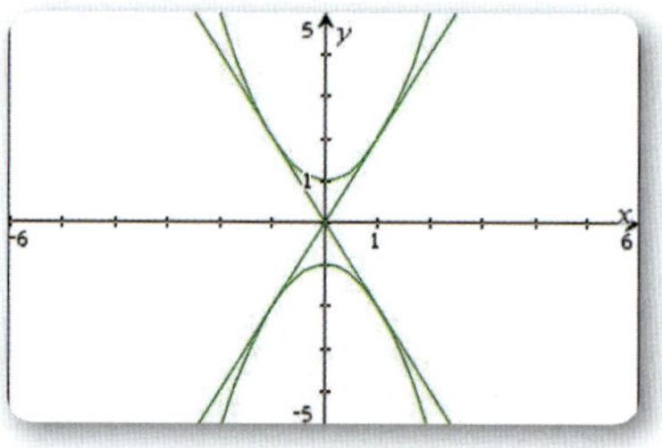

Mit der Nutzung von Ungleichungen kannst du in deinen Mustern aus Aufgabe 3 auch Flächen farbig gestalten.

8410–02

4 Die Lösungsmenge einer Ungleichung kann mit einem CAS ebenfalls grafisch veranschaulicht werden. Probiere das nebenstehende Beispiel aus.

Löse folgende Ungleichungen grafisch.

a) $y < -x^2 + 2$ b) $y > \frac{1}{2}x - 5$

c) $2x - y > 6$ d) $\frac{2}{3}x^2 + 2y < 4$

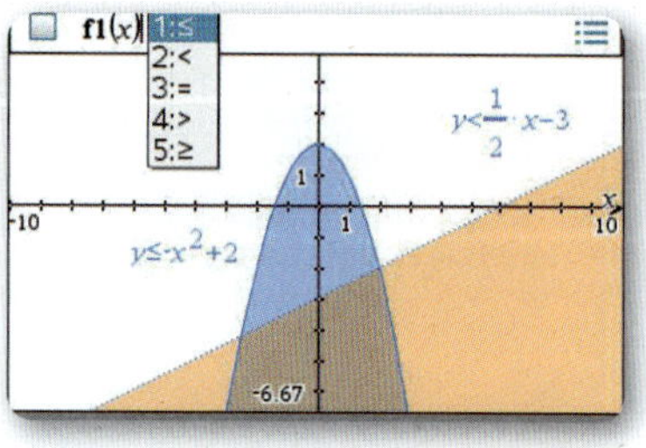

Du kannst die Graphen der Funktionen durch Anklicken stauchen, strecken und verschieben.

8410–03

5 Modelliere die Brückenform mit einer quadratischen sowie mit mehreren linearen Funktionen.

6 In dem Screenshot ist ein Weg-Zeit-Diagramm dargestellt (x: Zeit, y: Weg).

Hilfe:

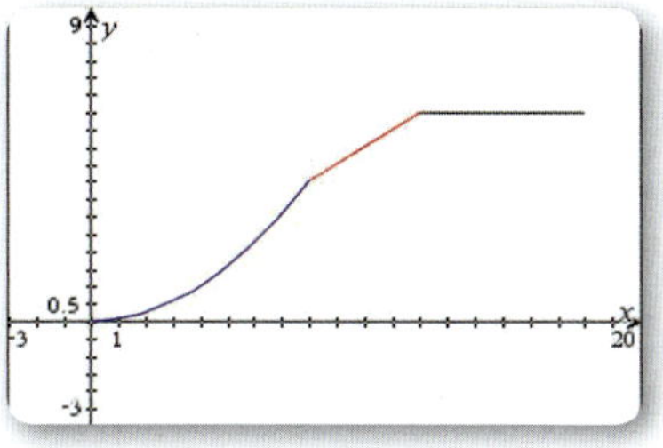

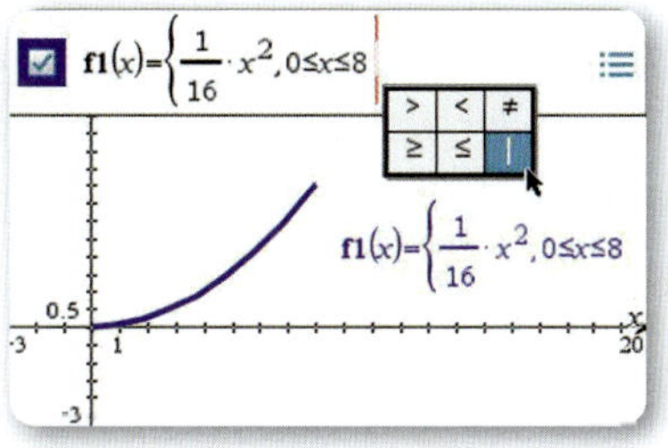

a) Interpretiere das linke Diagramm.

b) Überlege dir eine Geschichte zu dem Diagramm (z. B. Autorennen).

c) Erzeuge ein vergleichbares Diagramm mit deinem CAS und lass einen Partner eine Geschichte dazu erfinden.

Eine Möglichkeit, den Definitionsbereich von Funktionen einzuschränken, bietet der ***Bedingungsstrich*** *(senkrechter Strich), der auch* ***„with-Operator"*** *genannt wird. Er findet sich oft als Zweitbelegung auf der Tastatur.*

8410-04

7 Erzeuge die nebenstehende Anzeige mit deinem CAS so genau wie möglich.

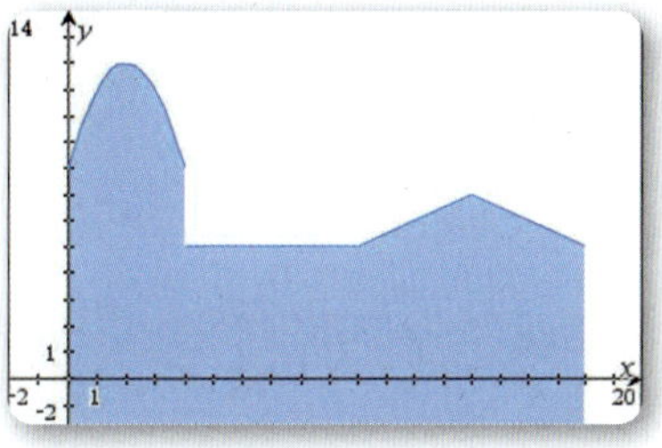

Der Bedingungsstrich („with-operator") funktioniert auch für Ungleichungen.

8410-05

8 Ordne die Funktionsgraphen den Wertetabellen zu.

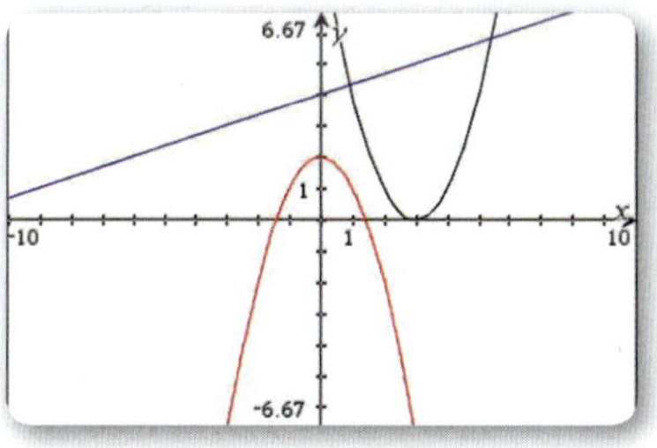

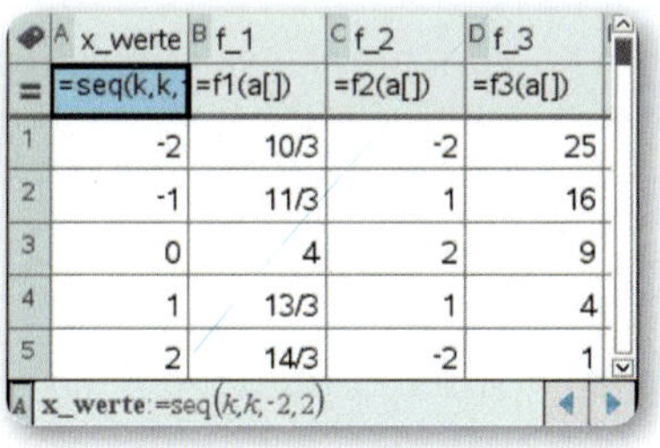

x_werte	f_1	f_2	f_3
=seq(k,k,	=f1(a[])	=f2(a[])	=f3(a[])
-2	10/3	-2	25
-1	11/3	1	16
0	4	2	9
1	13/3	1	4
2	14/3	-2	1

x_werte:=seq(k,k,-2,2)

CAS bieten die Möglichkeit, Wertetabellen zu gegebenen Funktionen zu erzeugen. Informiere dich über die entsprechenden Menüpunkte deines CAS.

8410-06

9 Bei einigen CAS kann man zur Untersuchung des Einflusses von Parametern einen **Schieberegler** verwenden. Hier wurden zwei Schieberegler erzeugt, um für die Funktion $f(x) = (x + d)^2 + e$ den Einfluss der Parameter d und e zu untersuchen. Die Schieberegler können über „Einstellungen" verändert werden (z. B. Name der Variable, Schieberegler minimieren oder animieren).

8410-07

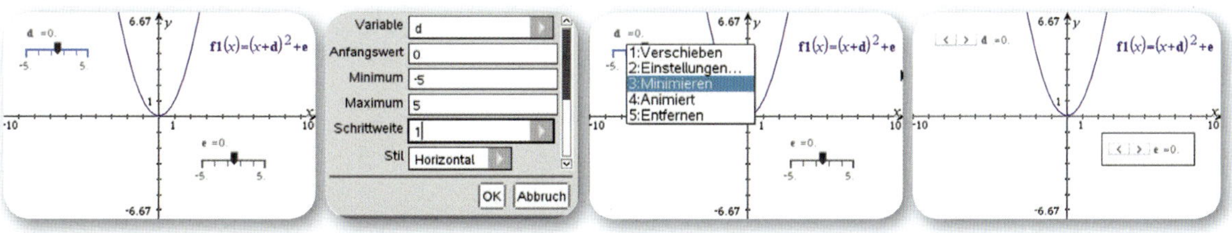

a) Erzeuge die zwei Schieberegler für $f(x) = (x + d)^2 + e$.

b) Animiere den Schieberegler für d und dann für e. Notiere deine Beobachtungen.

c) Untersuche analog den Einfluss der Parameter a und c für $f(x) = ax^2 + c$.

1 Viele CAS verfügen über eine Applikation zur dynamischen Geometriesoftware (DGS). Diese ist oft mit dem Graphen-Plotter verlinkt. Auf diese Weise können geometrische Objekte konstruiert und analysiert werden.

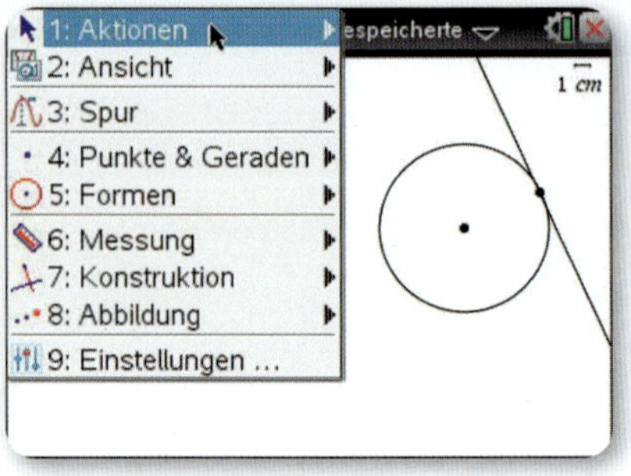

a) Öffne die dynamische Geometriesoftware (DGS) in deinem CAS und erkunde das Menü.

b) Zeichne ein Dreieck, einen Kreis und ein Rechteck.

c) Konstruiere eine Seitenhalbierende in dem Dreieck, eine Tangente an den Kreis und eine Mittelsenkrechte in dem Rechteck.

d) Vergleiche das Arbeiten mit der dynamischen Geometriesoftware mit dem Konstruieren mit Zirkel und Lineal. Diskutiere die Vor- und Nachteile.

Wenn ein geometrisches Objekt, z. B. ein Dreieck, markiert ist, kann im Menü die Farbe ausgewählt werden.

2 Erzeuge die nebenstehende Bildschirmansicht mit deinem DGS.

Das hier abgebildete Werk trägt den Titel „Sitzender Mann“ und entstand 1914.

3 Der Maler Roger de La Fresnaye (1885 – 1925), ein Vertreter der Kunstrichtung des Kubismus, experimentierte in seinen Bildern mit geometrischen Objekten, beispielsweise Dreiecken, Quadraten und Rechtecken. Zahlreiche seiner Werke entstanden, indem er die Bilder aus diesen Objekten komponierte. Erstelle ein eigenes kleines kubistisches Kunstwerk mit deinem DGS.

Da der Funktionenplotter oft mit dem DGS verlinkt ist, kann man auch geometrische Objekte in der Applikation des Funktionenplotter erstellen.

4 Zeichne ein Rechteck mit deinem DGS und lass dir die Koordinatenachsen einblenden. Verändere die Skalierung einer Achse (z. B. y-Achse). Entscheide, ob es sich bei der veränderten Figur immer noch um ein Rechteck handelt. Begründe deine Entscheidung.

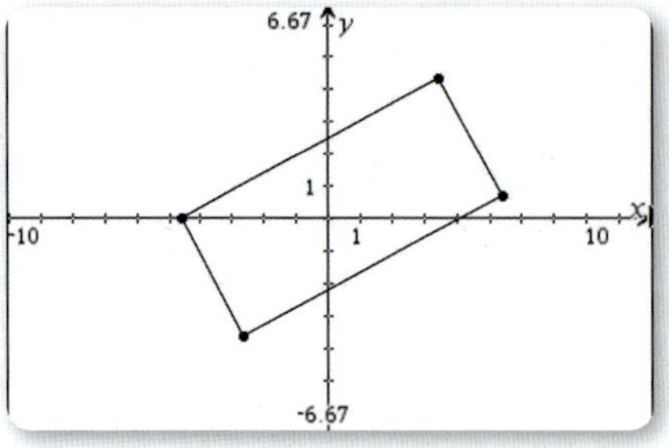

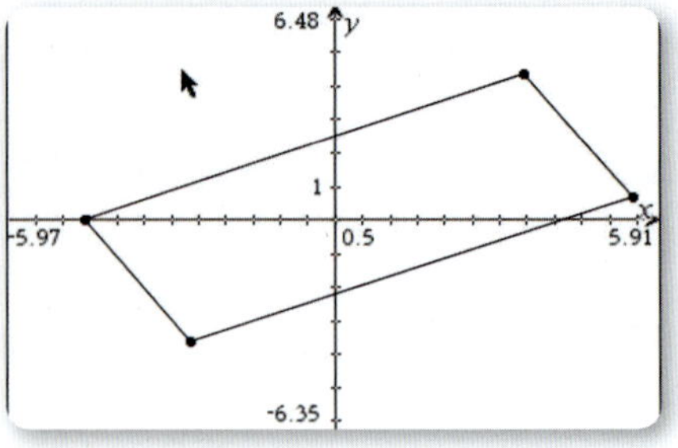

2 Potenzfunktionen

Einstieg

Daten werden heute meist digital gespeichert, zum Beispiel auf externen Festplatten. Diese haben heute eine Speicherkapazität von mehreren Terabyte, Arbeitsspeicher haben mehrere Gigabyte.

- Recherchiere, was die Vorsätze Mega, Giga und Tera bedeuten.
- Fertige eine Tabelle über gebräuchliche Vorsätze an, arbeite auch mit Vorsätzen, die einen Bruchterm (zum Beispiel Dezi $\triangleq \frac{1}{10}$) zum Ausdruck bringen. Notiere jeweils die entsprechende Zehnerpotenz.
- In der „Steinzeit der Informatik" war der Umrechnungsfaktor zwischen beispielsweise Kilobyte und Megabyte noch anders als heute allgemein üblich. Recherchiere und berechne, wie viel Speicherkapazität die Fortpflanzung dieses Unterschieds – ausgehend vom Byte – heute beim Terabyte ausmacht.

Ausblick

Am Ende dieses Kapitels hast du gelernt, ...

- mit Potenzen, die rationale Exponenten haben, umzugehen.
- die Potenz- und Wurzelschreibweise ineinander umzuwandeln.
- die Potenzgesetze ohne Hilfsmittel anzuwenden.
- Potenzfunktionen grafisch darzustellen und den Verlauf der Graphen zu beschreiben.
- die Funktionsgleichung von Potenzfunktionen grafisch und rechnerisch zu ermitteln.

Lena und Peter unterhalten sich über ihre neuen CAS.

- Berechne zunächst 2^3, 3^4, 10^5 und 4^2.
- Berechne anschließend $(-2)^3$, $(-3)^4$, $(-10)^5$ und $(-4)^2$. Was fällt dir auf?
- Untersuche, was passiert, wenn du in den obigen Beispielen die Exponenten mit negativen Vorzeichen eintippst. Wähle weitere Potenzen mit positiven und negativen Exponenten und vergleiche die Ergebnisse.

Merkwissen

Teilt man a^m sukzessive durch a, so erhält man a^{m-1}, a^{m-2}, ..., a^2, a^1, a^0, a^{-1}, a^{-2} usw.
Auf diese Weise erhält man Potenzen mit **negativen Exponenten**.
Ist $a \neq 0$, dann gilt: $a^{-n} = \frac{1}{a^n}$.

Aus der Division durch a ist ersichtlich, dass im Allgemeinen $a^0 = 1$ gelten muss.

Beispiele

I Schreibe die Potenzen ohne negative Exponenten.

a) 2^{-5} b) $1{,}3^{-1}$ c) $\left(\frac{1}{10}\right)^{-6}$ d) p^{-2} e) a^{-200}

Lösung:

a) $\frac{1}{2^5} = \frac{1}{32}$ b) $\frac{1}{1{,}3} = \frac{10}{13}$ c) $\frac{1}{\left(\frac{1}{10}\right)^6} = 1\,000\,000$ d) $\frac{1}{p^2}$ e) $\frac{1}{a^{200}}$

II Wandle die Bruchterme in Potenzen mit negativem Exponenten um.

a) $\frac{1}{4}$ b) $\frac{1}{1{,}44}$ c) $\frac{1}{-27}$
d) $\frac{1}{t^7}$ e) $\frac{1}{-s^5}$

Lösung:

a) $4^{-1} = 2^{-2}$ b) $1{,}44^{-1} = 1{,}2^{-2}$ c) $(-27)^{-1} = (-3)^{-3}$
d) t^{-7} e) $(-s)^{-5}$

Verständnis

- Vergleiche 2^{-3} mit 3^{-2}, 2^{-5} mit 5^{-2} und 2^{-4} mit 4^{-2}.
- Vergleiche weitere Zahlen von der Form 2^{-a} mit a^{-2}.
- Formuliere ein Kriterium, wann 2^{-a} größer, kleiner oder gleich a^{-2} ist.

Aufgaben

oHiMi 1 – 3

1 Ergänze die fehlende Basis bzw. den fehlenden Exponent.

a) $\frac{1}{32} = 2^{\square}$ b) $-216 = \square^3$ c) $256 = (-4)^{\square}$ d) $\frac{1}{25} = \square^{-2}$

2 Ordne die Zahlen der Reihe nach, fange mit der kleinsten an.

a) $(-1)^2$; 2^{-1}; 1^{-2}; $(-2)^{(-2)}$; $\left(\frac{1}{2}\right)^{-1}$ b) $(-3)^2$; 2^{-3}; $(-2)^3$; $(-3)^{-2}$; $\left(\frac{1}{3}\right)^{-2}$

3 Was gehört zusammen? Ordne zu.

$-\frac{1}{125}$ $(-5)^{-3}$ $\frac{1}{243}$ -125 $(-3)^5$

5^{-3} -243 $(-5)^3$ $\frac{1}{125}$ 3^{-5}

4 Experimentiere mit deinem CAS: Wähle eine positive Zahl, die ...

1 mehrstellig ist, und quadriere sie.

2 zwischen 0 und 1 liegt, und quadriere sie.

Quadriere anschließend das Ergebnis mehrmals.

Wechsle in den Einstellungen zwischen „Auto", „Exakt" und „Approximiert".

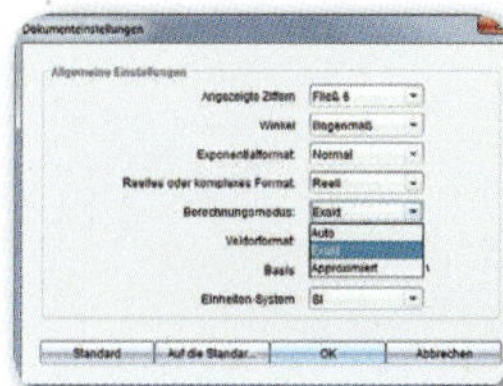

zu 1

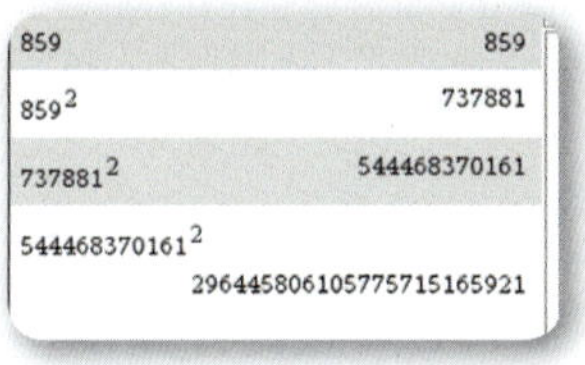

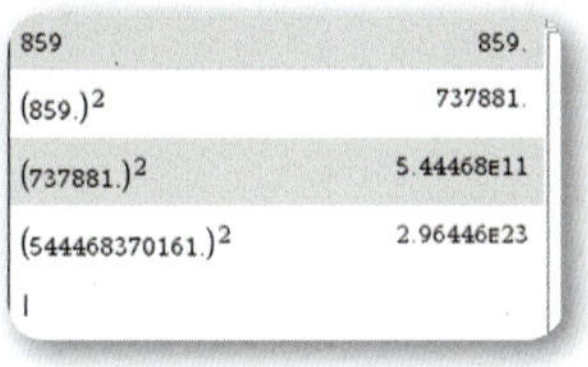

zu 2

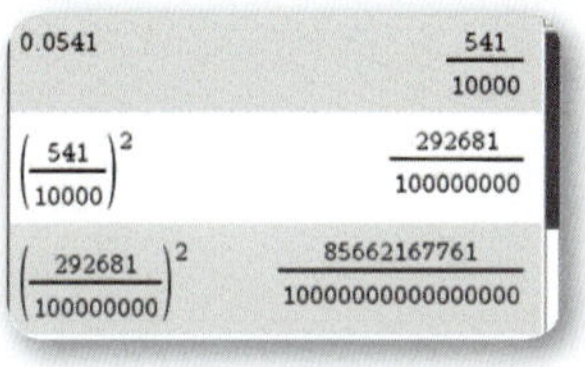

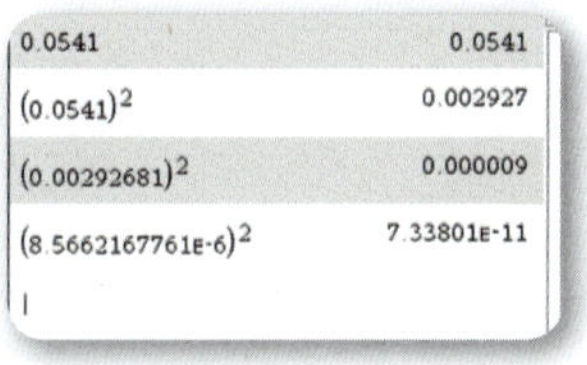

a) Beschreibe jeweils die Änderung der Anzeige. Was fällt dir auf?

b) Begründe, dass diese neue Darstellung (jeweils rechter Screen) in bestimmten Situationen günstig ist.

5 Sehr große und sehr kleine Zahlen stellt man oft als Produkt einer Dezimalzahl mit einer Vorkommastelle und einer **Zehnerpotenz** dar. Diese Darstellung nennt man auch wissenschaftliche Schreibweise.
Beispiele: $1\,700\,000 = 1{,}7 \cdot 10^6$ $0{,}0000017 = 1{,}7 \cdot 10^{-6}$

Ergänze die folgende Tabelle. Recherchiere fehlende Einträge.

physikalische Größe	herkömmliche Schreibweise	wissenschaftliche Schreibweise
Lichtgeschwindigkeit	☐	☐
☐	40 000 km	☐
☐	☐	$1{,}49 \cdot 10^8$ km
☐	☐	$1 \cdot 10^{-10}$ m
Wellenlänge des roten Lichts	☐	☐
Korngröße des Tons	☐	☐

Beispiele:

Mittlere Entfernung Erde–Sonne

Erdumfang

Mittlerer Radius eines Atoms

Lena und Peter wollen mit ihrem CAS herausfinden, was passiert, wenn sie nach dem „^"-Zeichen Bruchzahlen eingeben. Sie berechnen $4^{\frac{1}{2}}$, $8^{\frac{1}{3}}$, $9^{\frac{1}{2}}$, $32^{\frac{1}{5}}$ und $64^{\frac{1}{6}}$.

- Führe diese Berechnungen durch. Formuliere eine Vermutung über die Bedeutung des Exponenten der Form $\frac{1}{n}$.
- Eine weitere Taste kennen die beiden noch nicht: $\sqrt[\square]{\square}$. Sie geben $\sqrt[2]{4}$, $\sqrt[3]{8}$, $\sqrt[2]{9}$, $\sqrt[5]{32}$ und $\sqrt[6]{64}$ ein. Führe diese Berechnungen ebenfalls durch. Vergleiche deine Ergebnisse mit deinen vorherigen Lösungen.
- Vergleiche nun $\sqrt[2]{8}$ mit $2^{\frac{3}{2}}$, $\sqrt[3]{25}$ mit $5^{\frac{2}{3}}$, $\sqrt[5]{27}$ mit $3^{\frac{3}{5}}$. Formuliere eine Vermutung über die Bedeutung von $\sqrt[n]{a^m}$.

MERKWISSEN

Die nichtnegative Lösung der Gleichung $x^n = a$ mit $a \geqq 0$ und $n \in \mathbb{N}$ ist $\sqrt[n]{a}$, die **n-te Wurzel** aus a. Mit anderen Worten: $\sqrt[n]{a}$ ist diejenige nichtnegative Zahl, deren n-te Potenz gleich a ist.

Das Potenzieren (einer nichtnegativen Zahl) mit n und das Ziehen der n-ten Wurzel heben sich auf. Somit ist folgende Festlegung sinnvoll: $\mathbf{\sqrt[n]{a} = a^{\frac{1}{n}}}$.

Steht die m-te Potenz ($m \in \mathbb{Z}$) von $a \geqq 0$ unter der n-ten Wurzel ($n \in \mathbb{N}$), so gilt: $\mathbf{\sqrt[n]{a^m} = a^{\frac{m}{n}}}$.

BEISPIELE

I Wandle die Wurzelterme in Potenzen um.

a) $\sqrt{2}$ b) $\sqrt[3]{16}$ c) $\sqrt[5]{81}$ d) $\sqrt[4]{a^3}$ e) $\sqrt[7]{b^2}$

Lösung:

a) $2^{\frac{1}{2}}$ b) $16^{\frac{1}{3}} = 2^{\frac{4}{3}}$ c) $81^{\frac{1}{5}} = 3^{\frac{4}{5}}$ d) $a^{\frac{3}{4}}$ e) $b^{\frac{2}{7}}$

II Wandle die Potenzen in Wurzelterme um.

a) $3^{\frac{1}{5}}$ b) $7^{\frac{2}{3}}$ c) $2^{\frac{17}{5}}$ d) $a^{\frac{1}{4}}$ e) $b^{\frac{7}{2}}$

Lösung:

a) $\sqrt[5]{3}$ b) $\sqrt[3]{7^2} = \sqrt[3]{49}$ c) $\sqrt[5]{2^{17}}$ d) $\sqrt[4]{a}$ e) $\sqrt{b^7}$

III Was gehört zusammen? Ordne zu.

1 $3^{-\frac{1}{3}}$ 2 $2^{-\frac{3}{2}}$ 3 $a^{-\frac{5}{4}}$ 4 $a^{-\frac{4}{5}}$ 5 $3^{-\frac{1}{7}}$ 6 $2^{-\frac{3}{5}}$

A $\frac{1}{\sqrt[7]{3}}$ B $\frac{1}{\sqrt[5]{2^3}}$ C $\frac{1}{\sqrt[3]{3}}$ D $\frac{1}{\sqrt{2^3}}$ E $\frac{1}{\sqrt[5]{a^4}}$ F $\frac{1}{\sqrt[4]{a^5}}$

Lösung:

1 – C 2 – D 3 – F 4 – E 5 – A 6 – B

Verständnis

- Silke und Philipp wollen herausfinden, was $2^{-\frac{1}{2}}$ ist.
  Silke meint: „$2^{\frac{1}{2}}$ ist $\sqrt{2}$. Wenn ich durch die Basis, also durch 2 dividiere, muss ich den Exponent um 1 vermindern, ich erhalte also $2^{-\frac{1}{2}}$ und dies ist $\frac{\sqrt{2}}{2}$."
  Philipp behauptet: „Wenn ich Wurzel ziehe, halbiere ich den Exponenten. Da $2^{-1} = \frac{1}{2}$ ist, muss $2^{-\frac{1}{2}} = \frac{1}{\sqrt{2}}$ sein."
  Wer hat Recht? Begründe.

Aufgaben

1 Gib die größere der beiden Zahlen an. Überprüfe anschließend mit deinem CAS.

a) $3^2; 3^{\frac{1}{2}}$ b) $2^{\frac{1}{2}}; 2^{-\frac{1}{2}}$ c) $7^{\frac{2}{3}}; 7^{\frac{3}{7}}$ d) $5^{-2}; 5^{-\frac{1}{2}}$

e) $2^{\frac{1}{3}}; 3^{\frac{1}{3}}$ f) $2^{-\frac{1}{3}}; 3^{-\frac{1}{3}}$ g) $(-3)^{-\frac{1}{3}}; 3^{-\frac{1}{3}}$ h) $(-3)^{-\frac{1}{3}}; (-2)^{-\frac{1}{3}}$

2 In welcher Beziehung stehen die Zahlen zueinander? Übertrage die Tabelle in dein Heft und ergänze sie mit den angegeben Zahlenpaaren.

oHiMi 2 – 3

Die Zahlen sind ...			
gleich.	Zahl und deren Kehrwert.	Gegenzahlen zueinander.	Zahl und deren Quadratzahl.
▢	▢	▢	▢

a) $(-2)^3; 64^{\frac{1}{2}}$ b) $2^{\frac{1}{2}}; \frac{1}{\sqrt{2}}$ c) $3^{\frac{2}{3}}; \sqrt[3]{9}$ d) $3^{-2}; \frac{1}{81}$

e) $\frac{1}{\sqrt{125}}; 5^{\frac{3}{2}}$ f) $2^{-\frac{1}{3}}; 2^{-\frac{2}{3}}$ g) $\left(-\frac{1}{7}\right)^2; 49^{-1}$ h) $(-5)^{-3}; \left(\frac{1}{5}\right)^3$

3 Aus den abgebildeten Zahlen sollen sinnvolle Potenzterme gebildet werden, wobei jede der Zahlen genau einmal verwendet werden soll. Vorzeichen und Klammern darfst du beliebig setzen.

Beispiel: $(2^3)^5$ oder $3^{-\frac{2}{5}}$

a) Bilde eine ...
   1 möglichst große Zahl.
   2 möglichst kleine Zahl.
   3 Zahl, die möglichst nah an 0 ist.
   4 Zahl, die möglichst nah an 1 ist.

b) Wähle drei andere Zahlen und löse die Aufgaben 1 bis 4 aus a).

c) Denke dir ähnliche Aufgaben aus und löse sie. Tausche mit einem Mitschüler.

4 Gib jeweils an, zwischen welchen beiden natürlichen Zahlen der Term liegt. Überprüfe anschließend mit deinem CAS.

Beispiel: $4 < \sqrt{23} < 5$

a) $\sqrt{10}; \sqrt[3]{10}; \sqrt[4]{10}; \sqrt[5]{10}; \sqrt[100]{10}$

b) $\sqrt{100}; \sqrt[3]{100}; \sqrt[4]{100}; \sqrt[5]{100}; \sqrt[100]{100}$

c) $\sqrt[3]{10}; \sqrt[3]{100}; \sqrt[3]{1000}; \sqrt[3]{10\,000}; \sqrt[3]{100\,000}$

d) $\sqrt{15}; \sqrt{140}; \sqrt[3]{287}; \sqrt[3]{1478}; \sqrt[3]{4560}$

$3^{\square} \cdot 3^{\square} = 9 \cdot 9 = 81 = 3^{\square}$

$\frac{2^{\square}}{2^{\square}} = \frac{32}{4} = 8 = 2^{\square}$

$2^{\square} \cdot 3^{\square} = 4 \cdot 9 = 36 = 6^{\square}$

$(-2)^{\square} \cdot (-2)^{\square} = 1 \cdot (-32) = -32 = (-2)^{\square}$

$(-2)^{\square} \cdot 5^{\square} = -8 \cdot 125 = -1000 = (-10)^{\square}$

$\frac{5^{\square}}{3^{\square}} = \frac{625}{81} = \frac{5 \cdot 5 \cdot 5 \cdot 5}{3 \cdot 3 \cdot 3 \cdot 3} = \frac{5}{3} \cdot \frac{5}{3} \cdot \frac{5}{3} \cdot \frac{5}{3} = \left(\frac{5}{3}\right)^{\square}$

$(2^2)^{\square} = \frac{1}{(2^2)^5} = \frac{1}{4^5} = \frac{1}{1024} = \frac{1}{2^{\square}} = 2^{\square}$

$\frac{3^{\square}}{2^{\square}} = \frac{27}{8} = \frac{3 \cdot 3 \cdot 3}{2 \cdot 2 \cdot 2} = \frac{3}{2} \cdot \frac{3}{2} \cdot \frac{3}{2} = \left(\frac{3}{2}\right)^3$

$(3^{\square})^2 = 9^2 = 81 = 3^{\square}$

$\frac{3^{\square}}{3^{\square}} = \frac{27}{81} = \frac{1}{3} = 3^{\square}$

- Ergänze die fehlenden Exponenten und vergleiche sie anschließend. Formuliere mögliche Rechenregeln und überprüfe sie an weiteren Beispielen.
  Beispiel: $2^2 \cdot 2^3 = 4 \cdot 8 = 32 = 2^5$

Merkwissen

Rechengesetze für Potenzen ($a, b \neq 0$, und $m, n \in \mathbb{Q}$) mit ...

gleichen Basen

$a^m \cdot a^n = a^{m+n}$

$\frac{a^m}{a^n} = a^{m-n}$

gleichen Exponenten

$a^n \cdot b^n = (a \cdot b)^n$

$\frac{a^n}{b^n} = \left(\frac{a}{b}\right)^n$

Potenzieren von Potenzen

$(a^m)^n = a^{m \cdot n}$

Beispiele

I Vereinfache mithilfe der Potenzgesetze.

a) $x^2 \cdot x^4$ **b)** $p^5 : p^3$ **c)** $s^6 \cdot t^6$ **d)** $a^3 : b^3$ **e)** $(k^3)^3$

Lösung:

a) $x^{2+4} = x^6$ **b)** $p^{5-3} = p^2$ **c)** $(s \cdot t)^6$ **d)** $\left(\frac{a}{b}\right)^3$ **e)** $k^{3 \cdot 3} = k^9$

II Vereinfache.

a) $x^{-2} \cdot x^4$ **b)** $p^5 : p^5$ **c)** $s^{-1} \cdot t^{-1}$ **d)** $a^0 : b^0$ **e)** $(k^{-2})^3$

Lösung:

a) $x^{-2+4} = x^2$ **b)** $p^{5-5} = p^0 = 1$ **c)** $(s \cdot t)^{-1}$ **d)** $\left(\frac{a}{b}\right)^0 = 1$ **e)** $k^{-2 \cdot 3} = k^{-6}$

III Vereinfache.

a) $x^{\frac{1}{2}} \cdot x^{\frac{1}{4}}$ **b)** $p^{\frac{1}{5}} : p^{\frac{1}{3}}$ **c)** $s^{\frac{1}{6}} \cdot t^{\frac{1}{6}}$ **d)** $a^{\frac{1}{3}} : b^{\frac{1}{3}}$ **e)** $\left(k^{\frac{1}{3}}\right)^3$

Lösung:

a) $x^{\frac{1}{2}+\frac{1}{4}} = x^{\frac{3}{4}}$ **b)** $p^{\frac{1}{5}-\frac{1}{3}} = p^{-\frac{2}{15}}$ **c)** $(s \cdot t)^{\frac{1}{6}}$ **d)** $\left(\frac{a}{b}\right)^{\frac{1}{3}}$ **e)** $k^{\frac{1}{3} \cdot 3} = k$

Verständnis

- Erkläre den Unterschied zwischen $4 \cdot 6$ und 6^4.
- Was ist richtig: $a^m \cdot a^m = a^{2m}$ oder $a^m \cdot a^m = (a \cdot a)^m$? Erkläre.

1 Gib den Term als eine Potenz an und berechne ihn.

a) $8^2 \cdot 4$ b) $27^4 : 9^3$ c) $\left(-\frac{1}{3}\right) \cdot 9$ d) $-125 : \frac{1}{25}$

e) $63^5 : 7^5$ f) $(-0{,}3)^2 \cdot 5^2$ g) $(32^2)^{\frac{1}{5}}$ h) $(-0{,}216^4)^{\frac{1}{3}}$

2 Was gehört zusammen? Finde Terme, die die gleiche Zahl darstellen.

$\left(\frac{1}{9}\right)^3$	3^{-6}	$(2^{-3})^2$	$(3^{-2})^3$
$\left(\frac{1}{8}\right)^2$	$\left(\frac{1}{3^2}\right)^3$	$\left(\frac{1}{2}\right)^3 \cdot \left(\frac{1}{2}\right)^3$	$\left(\frac{1}{2^3}\right)^2$
2^{-6}	$\left(\frac{1}{3}\right)^2 \cdot \left(\frac{1}{3}\right)^2 \cdot \left(\frac{1}{3}\right)^2$	$\frac{1}{3^6}$	$\frac{1}{2^6}$

3 Löse die Gleichungen in $\mathbb{R}$.

a) $a^4 \cdot a^x = a^{\frac{9}{2}}$ b) $a^4 \cdot a^x = a^{\frac{7}{2}}$ c) $a^4 : a^x = a^{\frac{9}{2}}$ d) $a^4 : a^x = a^{\frac{7}{2}}$

e) $a^x : a^4 = a^{\frac{7}{2}}$ f) $a^x : a^4 = a^{-\frac{7}{2}}$ g) $(a^4)^x = a^{\frac{9}{2}}$ h) $(a^x)^x = a^4$

4 Finde möglichst viele unterschiedliche Lösungswege und berechne.

a) $2^3 \cdot 2^3$ b) $3^2 \cdot 3^2$ c) $5^2 \cdot 5^4$ d) $a^4 \cdot a^{12}$

5 Berechne im Kopf.

a) $\sqrt[3]{8 \cdot 27}$ b) $\sqrt[4]{\frac{81}{125}}$ c) $\frac{\sqrt{7}}{\sqrt{28}}$ d) $\sqrt{\sqrt{256}}$

e) $\sqrt{2} \cdot \sqrt{18}$ f) $\sqrt{4^3}$ g) $\sqrt[3]{3^6}$ h) $\sqrt{\sqrt[3]{64}}$

6 Bringe den größtmöglichen Faktor vor das Wurzelzeichen.

Beispiel: $\sqrt[3]{16} = 2 \cdot \sqrt[3]{2}$

a) $\sqrt[3]{40}$ b) $\sqrt[4]{32}$ c) $\sqrt[3]{108}$ d) $\sqrt[4]{30\,000}$

e) $\sqrt[5]{160}$ f) $\sqrt[4]{a^5}$ g) $\sqrt[4]{64a^5b^2}$ h) $\sqrt[5]{64a^5b^2}$

7 Bringe alle Faktoren unter das Wurzelzeichen.

a) $5 \cdot \sqrt[3]{2}$ b) $2 \cdot \sqrt[4]{3}$ c) $3 \cdot \sqrt[3]{10}$ d) $10 \cdot \sqrt[3]{5}$

e) $4 \cdot \sqrt[5]{2}$ f) $a \cdot \sqrt[3]{b^2}$ g) $2a \cdot \sqrt[3]{b^2}$ h) $2a^2 \cdot \sqrt[3]{b^2}$

8 Richtig oder falsch? Begründe bzw. widerlege durch ein Gegenbeispiel.

a) Jede Potenz von 2 mit ganzzahligem Exponenten ist größer als 2.

b) Das Produkt zweier Kubikwurzelterme ist stets ein Kubikwurzelterm.

c) Jede Potenz einer negativen Zahl ist eine negative Zahl.

d) Jede Potenz einer positiven Zahl ist positiv.

e) Jede Potenz einer negativen Zahl mit ungeradem Exponenten ist negativ.

f) Jede Potenz einer negativen Zahl mit negativem Exponenten ist negativ.

g) Jede Wurzel aus 2 ist kleiner als 2.

9 Bianca behauptet, die Begründung der Potenzgesetze sei für natürliche Exponenten doch ganz einfach und schreibt Folgendes in ihr Heft:

$$a^m \cdot a^n = \underbrace{(a \cdot a \cdot \ldots \cdot a)}_{m\ Faktoren} \cdot \underbrace{(a \cdot a \cdot \ldots \cdot a)}_{n\ Faktoren} = \underbrace{a \cdot a \cdot \ldots \cdot a}_{m\,+\,n\ Faktoren} = a^{m+n}$$

a) Ist diese Begründung plausibel? Erkläre die einzelnen Schritte.

b) Finde analoge Begründungen für die restlichen Potenzgesetze.

c) Wie musst du deine Argumente ändern, wenn der Exponent auch negativ sein kann? Arbeite, falls notwendig, mit Fallunterscheidung.

10 Die Suchmaschine „GOOGLE“ bekam ihren Namen nach dem Wort „googol“, das eine englischsprachige Bezeichnung für 10^{100} ist.

a) Finde heraus, weshalb die Suchmaschine diesen Namen trägt.

b) Recherchiere, was die Bezeichnung „googolplex“ bedeutet. Wie viele Ziffern hat diese Zahl? Wie viel googol ist ein googolplex?

11 Du kennst bereits die Potenzgesetze, die den Umgang mit Potenzen erleichtern. Ähnliches gilt auch für Wurzelterme.

Wurzelgesetze

Für $a \geqq 0$, $b > m$, $n \in \mathbb{N}$ gilt:

(1) $\sqrt[n]{a} \cdot \sqrt[n]{b} = \sqrt[n]{a \cdot b}$ (2) $\sqrt[n]{a} : \sqrt[a]{b} = \sqrt[n]{a : b}$ (3) $\sqrt[m]{\sqrt[n]{a}} = \sqrt[m \cdot n]{a}$

Für $a \geqq 0$, $b > m$, $n \in \mathbb{N} \in \mathbb{Z}$ gilt: (4) $\sqrt[n]{a^m} = (\sqrt[n]{a})^m = a^{\frac{m}{n}}$

Ein möglicher Beweis für das Wurzelgesetz (1):
Bezeichne $x = \sqrt[n]{a}$, sei also x diejenige nichtnegative Zahl, deren n-te Potenz gleich a ist, und $y = \sqrt[n]{b}$, also diejenige nichtnegative Zahl, deren n-te Potenz gleich b ist.
Dann gilt: $\sqrt[n]{a} \cdot \sqrt[n]{b} = x \cdot y = \sqrt[n]{(x \cdot y)^n} = \sqrt[n]{x^n \cdot y^n} = \sqrt[n]{a \cdot b}$.

a) Begründe die einzelnen Schritte in dem obigen Beweis.

b) Finde analoge Beweise für die weiteren Wurzelgesetze.

c) Ordne die Potenzgesetze den zugehörigen Wurzelgesetzen zu.

12 Berechne. Wandle die Wurzelterme, falls sinnvoll, in Potenzen um und umgekehrt. Überprüfe anschließend mit deinem CAS.

a) $\sqrt[3]{0{,}04} \cdot \sqrt[3]{0{,}2}$ $\quad \sqrt[6]{80} \cdot \sqrt[6]{0{,}8}$ $\quad 3^{-\frac{1}{6}} \cdot 3^{\frac{1}{2}} \cdot 3^{\frac{2}{3}}$ $\quad 2^{-\frac{1}{5}} \cdot 16^{-\frac{1}{5}}$

b) $0{,}001^{-\frac{1}{6}} \cdot 0{,}001^{-\frac{1}{6}}$ $\quad \sqrt[3]{40} \cdot 0{,}4^{\frac{1}{3}}$ $\quad 75^{\frac{1}{3}} \cdot \sqrt[3]{45}$ $\quad \sqrt[5]{900} \cdot 0{,}27^{\frac{1}{5}}$

c) $\sqrt[5]{3^2} \cdot 27^{\frac{1}{5}}$ $\quad 2^{\frac{2}{3}} \cdot \sqrt[3]{250}$ $\quad \sqrt[3]{\sqrt{125}} \cdot 5^{\frac{1}{2}}$ $\quad 2^{-\frac{3}{4}} \cdot \sqrt[4]{32}$

d) $\sqrt[3]{0{,}081} : \sqrt[3]{3}$ $\quad \sqrt[4]{6{,}25} : \sqrt[4]{0{,}01}$ $\quad 4^{\frac{5}{3}} : 0{,}5^{\frac{5}{3}}$ $\quad 162^{\frac{1}{3}} : 6^{\frac{1}{3}}$

e) $9{,}6^{-\frac{1}{4}} : 0{,}6^{-\frac{1}{4}}$ $\quad 8^{\frac{7}{6}} : \left(8^{\frac{1}{2}} : 8^{\frac{1}{3}}\right)$ $\quad 75^{\frac{1}{2}} : \sqrt{12}$ $\quad \sqrt[3]{8{,}1} : (2{,}4)^{\frac{1}{3}}$

f) $1000^{\frac{1}{4}} : \sqrt[4]{0{,}1}$ $\quad \sqrt[7]{12{,}8} : (0{,}01)^{\frac{1}{7}}$ $\quad 84^{0{,}5} : (7^{0{,}5} \cdot 2^{0{,}5})$

g) $1{,}5^{2{,}8} \cdot 1{,}5^{1{,}7} \cdot 1{,}5^{-0{,}5}$ $\quad 0{,}25^{\frac{11}{8}} : \left(0{,}25^{\frac{3}{4}} \cdot 0{,}25^{\frac{1}{8}}\right)$

Mithilfe des Befehls ***simplify*** *kann man komplizierte Terme vereinfachen. Oft kann das Ergebnis noch weiter vereinfacht werden.*

13 Vereinfache mit deinem CAS.

a) $\sqrt{a^2 \cdot \sqrt[3]{a} \cdot a^{-\frac{1}{6}}}$ $\quad$ **b)** $b^{-\frac{1}{3}} \cdot \sqrt{2b^3} \cdot (4b)^{\frac{2}{6}}$ $\quad$ **c)** $\sqrt{2x \cdot \sqrt[3]{2x \cdot \sqrt[4]{2x}}}$

d) $\left(\sqrt{x^3} + \sqrt{x^{-5}}\right) : (\sqrt[3]{x})^2$ $\quad$ **e)** $\sqrt[4]{y^3} \cdot (\sqrt[3]{y})^2 : y^{\frac{5}{12}}$ $\quad$ **f)** $\sqrt[3]{st^2 \cdot \sqrt[4]{s^3 \cdot t}} : \sqrt[3]{st}$

14 Finde und korrigiere die Fehler. Begründe dein Vorgehen.

a) $(4^2)^3 = 4^5$ b) $a^2 \cdot a^3 = a^6$ c) $2^3 \cdot 3^3 = 5^3$ d) $x^2 \cdot x^3 = (2x)^5$

e) $10^4 : 2^4 = 8^4$ f) $12^5 : 3^5 = 4^1$ g) $a^6 : a^2 = a^3$ h) $2^{-3} = -8$

i) $\sqrt[4]{a^3} = a^{\frac{4}{3}}$ j) $\sqrt[5]{\sqrt[3]{5}} = \sqrt[8]{5}$ k) $\sqrt[3]{3} \cdot \sqrt[3]{9} = \sqrt[3]{12}$ l) $\sqrt[5]{128} : \sqrt[5]{4} = \sqrt{32}$

m) $\sqrt[3]{8} \cdot \sqrt{8} = \sqrt[5]{8}$ n) $\sqrt[4]{9} : \sqrt[3]{9} = \sqrt{9} = 3$ o) $\sqrt{5} : \sqrt[5]{5} = 5^{-3}$

oHiMi 14

15 Formuliere möglichst viele Rechenaufgaben, deren Lösung folgende Zahl bzw. folgender Term ist. Setze zur Ideenfindung auch dein CAS ein.

a) $2^{-\frac{1}{2}}$ b) $\sqrt[3]{4}$ c) $0{,}0001^{-1}$ d) $\sqrt[5]{a^2}$ e) $x^{-\frac{7}{4}}$

16 Silke und Philipp unterhalten sich über das Rationalmachen des Nenners, wenn n-te Wurzeln im Nenner stehen.

Bei eingliedrigen Nennern habe ich kein Problem, ich multipliziere mit einem Term, der die n-te Wurzel rückgängig macht, also z. B. bei $\frac{1}{\sqrt[3]{2}}$ mit $\frac{\sqrt[3]{4}}{\sqrt[3]{4}}$, oder bei $\frac{5}{\sqrt[4]{27}}$ mit $\frac{\sqrt[4]{3}}{\sqrt[4]{3}}$. Was macht man aber, wenn der Nenner zweigliedrig ist?

Naja, bei Quadratwurzeln haben wir eine Summe mit der entsprechenden Differenz und umgekehrt getilgt. Beispielsweise haben wir den Term $\frac{1}{\sqrt{5}-\sqrt{2}}$ mit $\frac{\sqrt{5}+\sqrt{2}}{\sqrt{5}+\sqrt{2}}$ erweitert, damit im Nenner $5 - 2 = 3$ entsteht. Geht es bei n-ten Wurzeln nicht genauso?"

a) Begründe, warum Philipps Verfahren bei zweigliedrigen Quadratwurzeltermen immer funktioniert.

b) Zeige am Beispiel von $\frac{1}{\sqrt[3]{5}-\sqrt[3]{2}}$, dass dieses Verfahren bei n-ten Wurzeln im Allgemeinen nicht funktioniert.

c) Entwickle ein passendes Verfahren für zweigliedrige Kubikwurzelterme.

Es gilt:
$(x + y)(x^2 - xy + y^2) = x^3 + y^3$
und
$(x - y)(x^2 + xy + y^2) = x^3 - y^3$

Wissen

Wurzeln aus negativen Zahlen

Im vorherigen Kapitel wurden n-te Wurzeln nur für den Fall definiert, dass der Radikand (die Zahl „unter der Wurzel") nichtnegativ ist. Andererseits haben wir in diesem Kapitel negative Zahlen „erlaubt".
So ist zum Beispiel $(-2)^3 = -8$.
Solche Rechenoperationen durch das Ziehen der entsprechenden n-ten Wurzel rückgängig zu machen, ist eigentlich eine Vereinbarungssache. Beispielsweise berechnet dein CAS bestimmte Wurzeln auch aus negativen Zahlen, so auch z. B. $\sqrt[3]{-8} = -2$.
Eine mögliche Definition – wir verwenden in der Schule eine davon abweichende – kann wie folgt sein:

Ist $a \in \mathbb{R}$ und n eine **ungerade** Zahl, so ist $\sqrt[n]{a}$ diejenige reelle Zahl, deren n-te Potenz gleich a ist.

- Begründe, warum in der obigen Definition eine Einschränkung auf ungerade n notwendig ist.
- Berechne im Kopf den Wert der nachfolgenden Wurzelterme. Überprüfe anschließend mit deinem CAS.
  $\sqrt[3]{-8}$; $\sqrt[3]{-27}$; $\sqrt[3]{-64}$; $\sqrt[3]{-125}$; $\sqrt[7]{-1}$; $\sqrt[3]{-216}$; $\sqrt[5]{-32}$; $\sqrt[5]{-243}$; $\sqrt[7]{-128}$; $\sqrt[5]{-0{,}00001}$
- Begründe an Beispielen, mit welchen Potenzgesetzen man durch die obige Definition Probleme bekommt.

Anne und Luca stellen mit ihrem CAS die Graphen einiger Funktionen der Form $f(x) = x^n$ ($n \in \mathbb{Z}$) dar. Anne sagt: „Hier müssen wir etwas Ordnung hineinbringen. Ich stelle die Graphen der Funktionen mit den geraden Exponenten dar und du die mit den ungeraden."

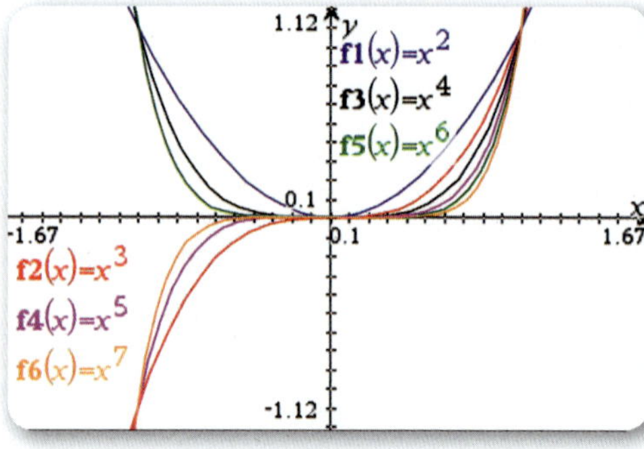

- Zeichne mithilfe deines CAS in einem gemeinsamen Koordinatensystem die Graphen folgender Funktionen (jeweils drei):

  1 $f(x) = x^2$; $g(x) = x^4$; $h(x) = x^6$
  2 $f(x) = x^1$; $g(x) = x^3$; $h(x) = x^5$
  3 $f(x) = x^{-2}$; $g(x) = x^{-4}$; $h(x) = x^{-6}$
  4 $f(x) = x^{-1}$; $g(x) = x^{-3}$; $h(x) = x^{-5}$
- Vergleiche die Schaubilder. Welche Gemeinsamkeiten und Unterschiede kannst du feststellen? Formuliere eine Vermutung, wie der Graph der nächsten Funktion in der Reihe verlaufen könnte. Überprüfe deine Vermutung mithilfe deines CAS.
- Welche Eigenschaften haben alle dargestellten Funktionen gemeinsam?

Merkwissen

Eine Funktion der Form $f(x) = x^n$ mit $n \in \mathbb{Z}$ heißt **Potenzfunktion** mit ganzzahligem Exponenten. Man unterscheidet folgende Fälle.

	n gerade	n ungerade
Symmetrie	symmetrisch zur y-Achse durch A (−1 | 1) und B (1 | 1)	symmetrisch zum Ursprung durch A (−1 | −1) und B (1 | 1)
$n > 0$ $f(0) = 0$	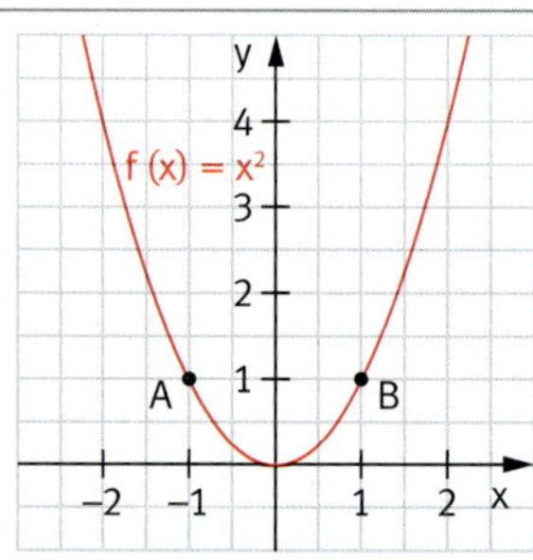 $\lim\limits_{x \to \pm\infty} f(x) = \infty$	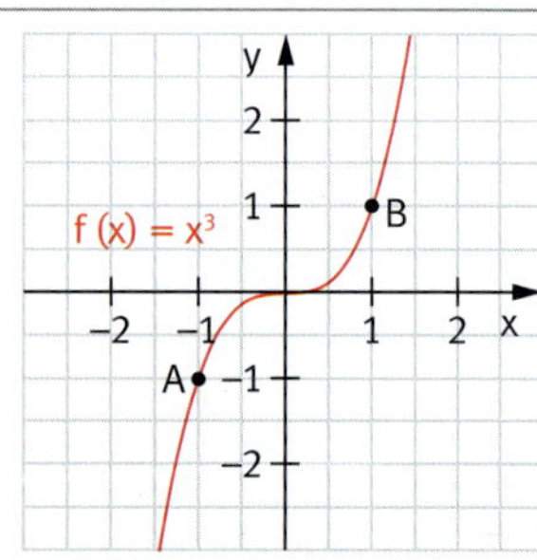 $\lim\limits_{x \to -\infty} f(x) = -\infty$ $\lim\limits_{x \to \infty} f(x) = \infty$
$n < 0$ an der Stelle 0 nicht definiert	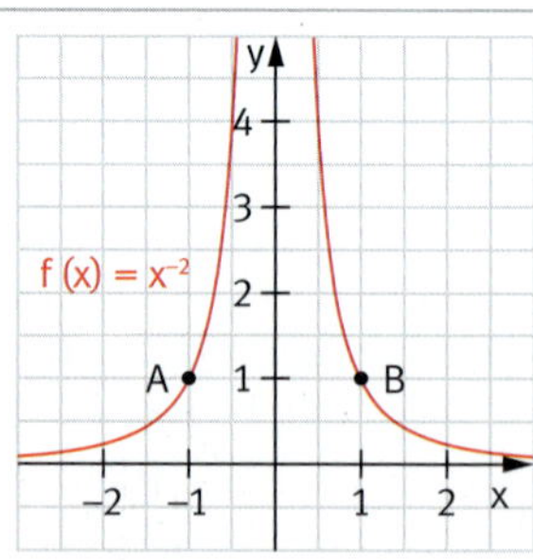 $\lim\limits_{x \to \pm\infty} f(x) = 0$	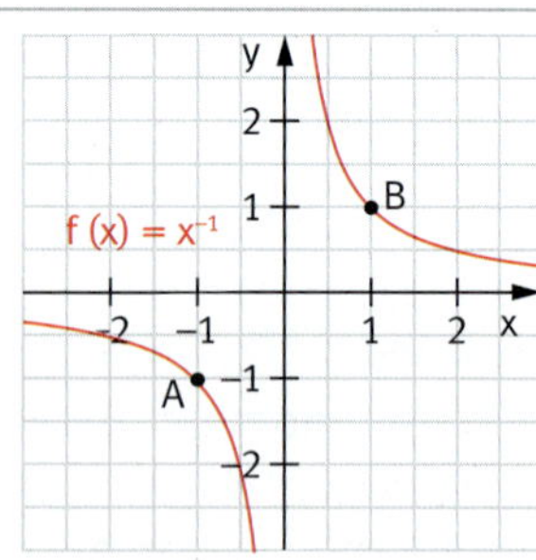 $\lim\limits_{x \to \pm\infty} f(x) = 0$

Lässt man bei einer Funktion f(x) die x-Werte gegen +∞ gehen und gehen dabei gleichzeitig auch die Funktionswerte gegen +∞, so schreibt man: $\lim\limits_{x \to +\infty} f(x) = \infty$

*Nähert sich eine Funktion für $x \to \pm\infty$ einem festen Wert (z. B. 0) immer mehr an (ohne diesen je zu erreichen), so liegt eine waagrechte **Asymptote** vor (y = 0). Man schreibt:* $\lim\limits_{x \to +\infty} f(x) = 0$

*Ist eine Funktion an einer bestimmten Stelle nicht definiert, so liegt eine **Definitionslücke** vor. An diesen Definitionslücken können senkrechte Asymptoten vorliegen.*

Für n < 0 sind die x- und die y-Achse jeweils Asymptoten.

Beispiele

Überprüfe mit deinem CAS.

I Betrachte die Graphen folgender Funktionen:

$f(x) = x^8$ $\qquad$ $g(x) = x^{-1}$ $\qquad$ $h(x) = x^{-4}$ $\qquad$ $i(x) = x^5$

Gib diejenigen Funktionen an, deren Graph …

a) symmetrisch zum Ursprung ist. **b)** eine Asymptote hat.

c) durch den Punkt A (–1 | 1) verläuft. **d)** $\lim\limits_{x \to +\infty} f(x) = +\infty$ hat.

Lösung:

a) g(x) und i(x) **b)** g(x) und h(x) **c)** f(x) und h(x) **d)** f(x) und i(x)

Verständnis

Begründe, dass die Graphen aller Potenzfunktionen $f(x) = x^n$ mit …
- ganzzahligem n und $n \neq 0$ durch den Punkt B (1 | 1) verlaufen.
- geradem n und $n \neq 0$ durch den Punkt A (–1 | 1) verlaufen.
- ungeradem n durch den Punkt A (–1 | –1) verlaufen.

Aufgaben

1 Ordne die Graphen den zugehörigen Funktionsgleichungen zu.

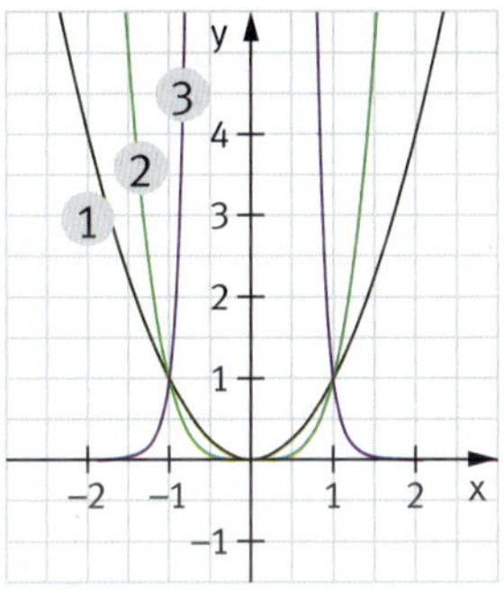

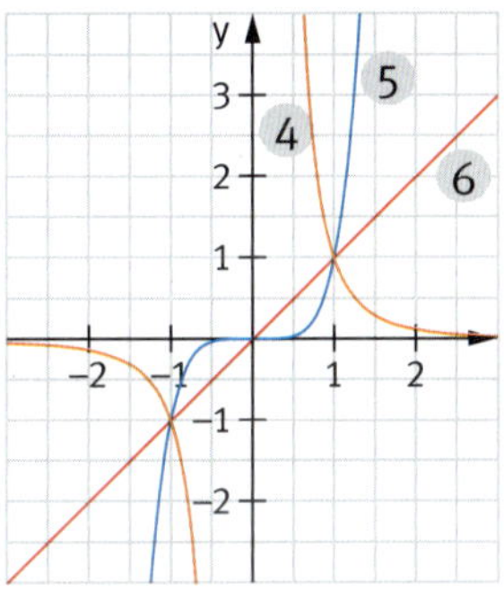

$f(x) = x^1$	$g(x) = x^4$
$h(x) = x^{-3}$	$i(x) = x^5$
$j(x) = x^{-8}$	$k(x) = x^2$

oHiMi 1 – 2

2 Ermittle alle gemeinsamen Punkte der Graphen folgender Funktionen.

Überprüfe mit deinem CAS.

a) $f(x) = x^3$ und $g(x) = x^{-1}$ **b)** $f(x) = x^5$ und $g(x) = x^8$

c) $f(x) = x^2$ und $g(x) = x^{-2}$ **d)** $f(x) = x^2$ und $g(x) = x^5$

3 Gib die Funktionsgleichung aller Potenzfunktionen der Form $f(x) = x^n$ mit ganzzahligen Exponenten an, deren Graph durch den folgenden Punkt geht:

a) P (1 | –1) **b)** Q (1 | 2) **c)** R (2 | 1) **d)** S (2 | 2)

e) T (2 | 3) **f)** U (2 | 4) **g)** V $(2 \mid \frac{1}{8})$ **h)** W (2 | –2)

Wissen

Symmetrie von Funktionsgraphen

Ist der Graph einer Funktion f(x) **symmetrisch** …

1 **zur y-Achse**, so gilt für jedes $x \in \mathbb{D}_f$: $f(x) = f(-x)$ ist. Man sagt: Die Funktion ist **gerade**.

2 **zum Koordinatenursprung**, so gilt für jedes $x \in \mathbb{D}_f$: $f(x) = -f(-x)$. Man sagt: Die Funktion ist **ungerade**.

- Begründe, dass dieser Zusammenhang zwischen den Funktionswerten **gleichwertig** mit der entsprechenden Symmetrie des Graphen ist.
- Zeige algebraisch, dass der Graph der Funktion …

a) $f(x) = x^2$ symmetrisch zur y-Achse ist. **b)** $g(x) = x^3$ symmetrisch zum Koordinatenursprung ist.

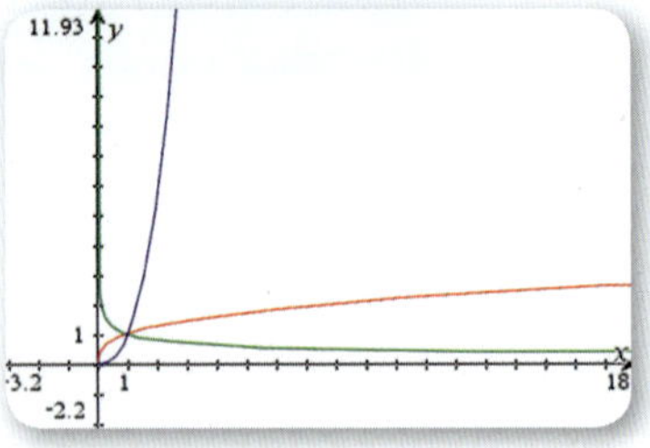

Mirjam untersucht die Graphen von Funktionen der Form $f(x) = x^q$ $(q \in \mathbb{Q})$. Sie überlegt: „Die Graphen sind sehr unterschiedlich. Ich muss strukturierter vorgehen. Zuerst stelle ich die Funktionen mit positiven und dann die mit negativen rationalen Exponenten dar."

- Stelle mit deinem CAS jeweils in einem gemeinsamen Koordinatensystem folgende Funktionen grafisch dar (jeweils drei):
  1 $f(x) = x^{\frac{1}{3}}$; $g(x) = x^{\frac{1}{4}}$; $h(x) = x^{\frac{3}{4}}$ 2 $f(x) = x^{\frac{5}{2}}$; $g(x) = x^{\frac{4}{3}}$; $h(x) = x^{\frac{11}{4}}$
  3 $f(x) = x^{-\frac{1}{3}}$; $g(x) = x^{-\frac{3}{4}}$; $h(x) = x^{-\frac{5}{4}}$ 4 $f(x) = x^{-\frac{4}{3}}$; $g(x) = x^{-\frac{5}{4}}$; $h(x) = x^{-\frac{3}{2}}$
- Finde Eigenschaften der Graphen in Abhängigkeit des Exponenten.

Merkwissen

Eine Funktion der Form $f(x) = x^q$ mit $q \in \mathbb{Q}$ und $x \geqq 0$ heißt **Potenzfunktion mit rationalem Exponenten.**

<table>
<tr><th></th><th>|q| < 1</th><th>|q| > 1</th></tr>
<tr><td rowspan="2">q > 0</td><td>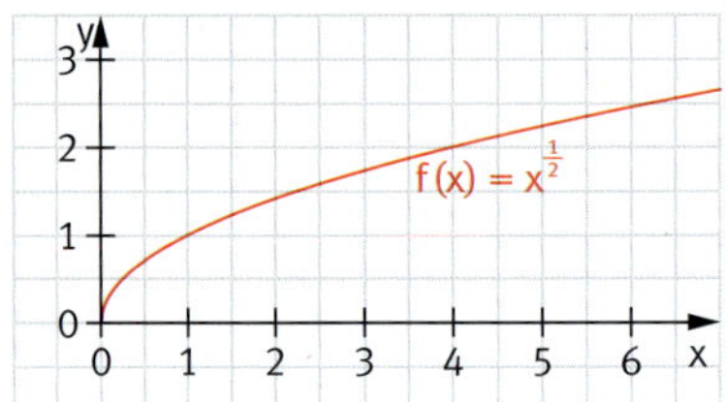
</td><td>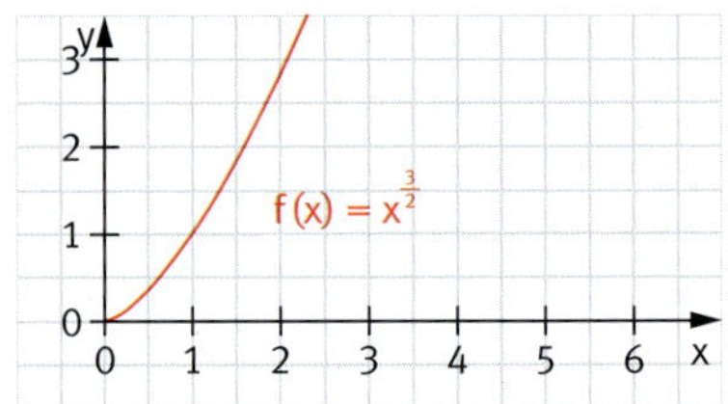
</td></tr>
<tr><td colspan="2">Diese Funktionen nennt man Wurzelfunktionen.
• f(0) = 0
• monoton steigend</td></tr>
<tr><td>q < 0</td><td>Eigenschaften:
• an der Stelle 0 nicht definiert
• durch den Punkt B (1 | 1)
• Asymptoten: x-Achse, y-Achse</td><td>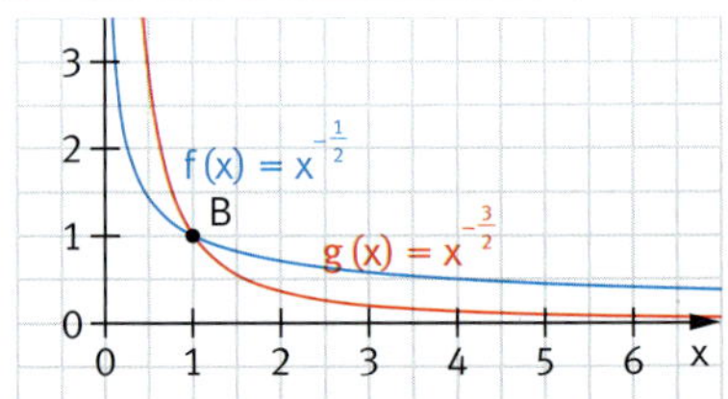
</td></tr>
</table>

Geht x gegen +∞, so gehen auch die Funktionswerte für positive q gegen +∞. Für 0 < q < 1 streben die Funktionswerte relativ langsam gegen +∞, während im Fall 1 < q die Funktionswerte schnell groß werden. Dies kann man verdeutlichen, wenn man die Funktionsgraphen mit dem Graph der Funktion f(x) = x vergleicht.

Geht x gegen 0, so gehen die Funktionswerte für negatives q gegen +∞. Geht x gegen +∞, nähern sich die Funktionswerte für negatives q immer mehr der 0 an.

Beispiele

Betrachte die Funktionsgraphen.

I $f(x) = x^{\frac{1}{6}}$ $g(x) = x^{-\frac{1}{4}}$ $h(x) = x^{\frac{5}{4}}$ $i(x) = x^{-\frac{3}{2}}$

Entscheide und begründe, welcher Graph ...

a) durch (0 | 0) verläuft. **b)** Asymptoten hat. **c)** für $x \to 0$ gegen $+\infty$ strebt.

Lösung:

a) f und h, da $q > 0$ **b)** g und i, da $q < 0$ **c)** g und i, da $q < 0$

Verständnis

- Paula sagt: Die Umkehrfunktion einer Funktion $f(x) = x^q$ ist die Funktion $f^{-1}(x) = x^{\frac{1}{q}}$ $(x \geqq 0)$. Hat sie Recht? Begründe anschaulich.

Aufgaben

oHiMi 1

1 Gib eine Potenzfunktion f (x) an, für die die folgenden Eigenschaften gelten.

a) $\lim\limits_{x \to +\infty} f(x) = 0$; f (x) ist an der Stelle x = 0 nicht definiert; $f(2) = \frac{1}{\sqrt{2}}$.

b) $\lim\limits_{x \to +\infty} f(x) = +\infty$; $f(0) = 0$; $f(4) = \sqrt{2}$

c) $\lim\limits_{x \to +\infty} f(x) = +\infty$; $f(0) = 0$; $f(4) = 4\sqrt{2}$

d) hat eine Asymptote; $\lim\limits_{x \to +\infty} f(x) = 0$; $f(1) = 1$

2 Ermittle einen möglichen Funktionsterm zu folgenden Graphen. Überprüfe mit deinem CAS.

a)
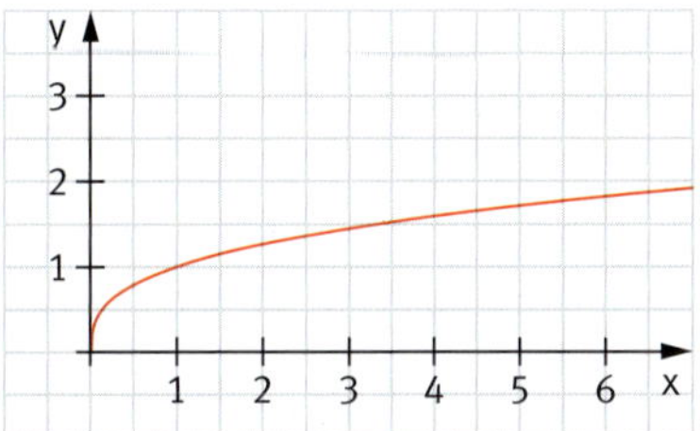

b)
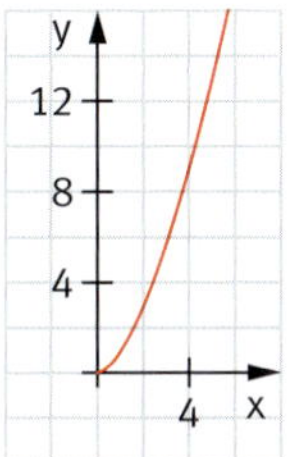

c)
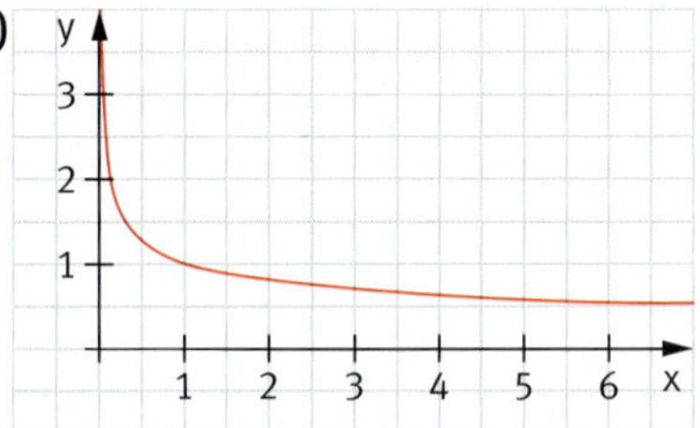

3 Stelle mithilfe deines CAS im gemeinsamen Koordinatensystem die Graphen der Funktionen $f(x) = x^2$ und $g(x) = x^{\frac{1}{2}}$ dar und vergleiche deren Verlauf.

Stelle im gleichen Koordinatensystem die Funktion f (x) = x dar.

a) Erläutere an konkreten Beispielen von Punktepaaren, wie z. B. P (2 | 4) und Q (4 | 2), den Zusammenhang zwischen den beiden Graphen.

b) Gehe mit den Funktionen $f(x) = x^4$ und $g(x) = x^{\frac{1}{4}}$ bzw. $f(x) = x^{-2}$ und $g(x) = x^{-\frac{1}{2}}$ analog vor.

c) Formuliere eine Vermutung, wie aus dem Graphen einer Potenzfunktion $f(x) = x^n$ der Graph der Funktion $g(x) = x^{\frac{1}{n}}$ entsteht.

Wissen

Symmetrie von Funktionsgraphen

Im Merkwissen wurden die Potenzfunktionen mit rationalen Exponenten nur auf der Menge der positiven bzw. nichtnegativen Zahlen definiert. Im vorherigen Kapitel wurden die Potenzfunktionen mit ganzzahligen Exponenten für alle reellen Zahlen definiert (teils $x \neq 0$). Diese bilden eine Teilmenge der Potenzfunktionen mit rationalen Exponenten. Tatsächlich können Potenzfunktionen mit rationalen Exponenten auch für negative x-Werte definiert werden: Ähnlich wie die n-te Wurzel aus einer negativen Zahl ist dies eine Vereinbarungssache. Auch dein CAS stellt solche Funktionen dar.
Eine mögliche Definition ist die folgende:

Sind m und n ganze Zahlen und n ungerade, so ist $f(x) = x^{\frac{m}{n}}$ ($x \in \mathbb{R}$) eine Potenzfunktion mit rationalem Exponenten.

- Begründe, warum die Einschränkung auf ungerade n notwendig ist.
- Formuliere Vermutungen und fertige Skizzen an, wie der Graph folgender Funktionen verlaufen könnte. Überprüfe anschließend mit deinem CAS.
  $a(x) = x^{\frac{1}{3}}$ $b(x) = x^{\frac{2}{3}}$ $c(x) = x^{\frac{4}{3}}$ $d(x) = x^{-\frac{1}{3}}$ $e(x) = x^{-\frac{2}{3}}$ $f(x) = x^{-\frac{4}{3}}$
- Wähle weitere ganzzahlige Werte für m und n (n ungerade) und stelle den Graphen der entsprechenden Potenzfunktion mit deinem CAS dar. Vergleiche die Schaubilder und erstelle einen Überblick über den Verlauf des Funktionsgraphen in Abhängigkeit vom Wert $\frac{m}{n}$.

Am besten bearbeitet ihr diese Aufgabe in vier Gruppen. Tragt eure Ergebnisse anschließend im Plenum vor.

Stelle mit deinem CAS den Graphen der Funktion $f(x) = x^3$ dar.

- Stelle im gleichen Koordinatensystem folgende Funktionen dar:
  (1) $a \cdot x^3$ (2) $(x + a)^3$ (3) $x^3 + a$ (4) $(ax)^3$
  Vergleiche die Graphen. Setze dabei für a folgende Werte ein:
  $a = 2;\ 3;\ 4;\ \frac{1}{2};\ \frac{1}{3};\ -1;\ -2;\ -3;\ -\frac{1}{2};\ -\frac{1}{3};\ 0$. Nutze den Schieberegler.
- Formuliere eine Vermutung, welchen Einfluss der Parameter a jeweils auf den Funktionsgraphen hat. Arbeite, falls notwendig, mit Fallunterscheidung.
- Überprüfe deine Vermutung an einer anderen Funktion, z. B. an $g(x) = x^{-1}$.

Merkwissen

Verändert man den Term einer Ausgangsfunktion, so hat das Einfluss auf den Verlauf des Graphen der Funktion. Häufige Veränderungen sind dabei:

<table>
<tr><th colspan="4">Veränderung des ...</th></tr>
<tr><th>Funktions-terms</th><th>Graphen</th><th>Funktions-terms</th><th>Graphen</th></tr>
<tr>
<td>$a \cdot f(x)$</td>
<td>Für $0 < |a| < 1$ Stauchung, für $1 < |a|$ Streckung des Graphen mit dem Faktor a in y-Richtung
Für $a < 0$ zusätzlich Spiegelung an der x-Achse
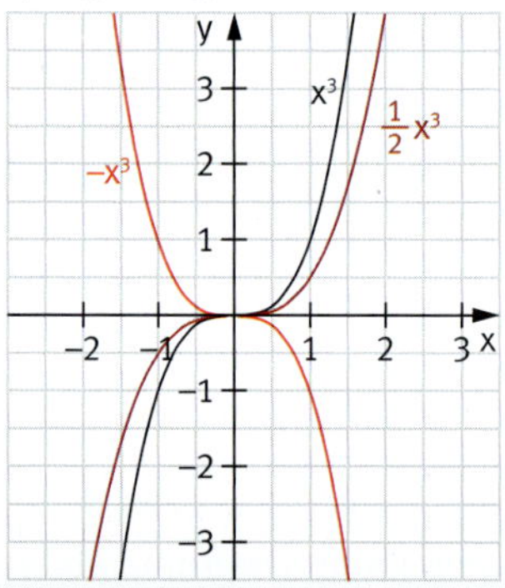
</td>
<td>$f(b \cdot x)$</td>
<td>Für $0 < |b| < 1$ Streckung, für $1 < |b|$ Stauchung des Graphen mit dem Faktor a in x-Richtung
Für $b < 0$ zusätzlich Spiegelung an der y-Achse
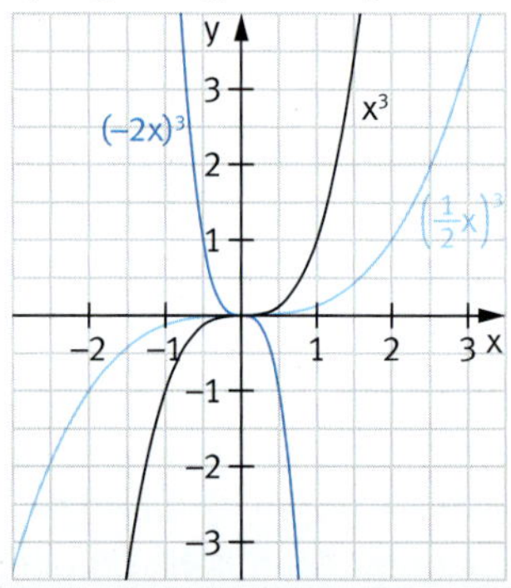
</td>
</tr>
<tr><th>Funktions-terms</th><th>Graphen</th><th>Funktions-terms</th><th>Graphen</th></tr>
<tr>
<td>$f(x) + c$</td>
<td>Verschiebung um c Einheiten in y-Richtung
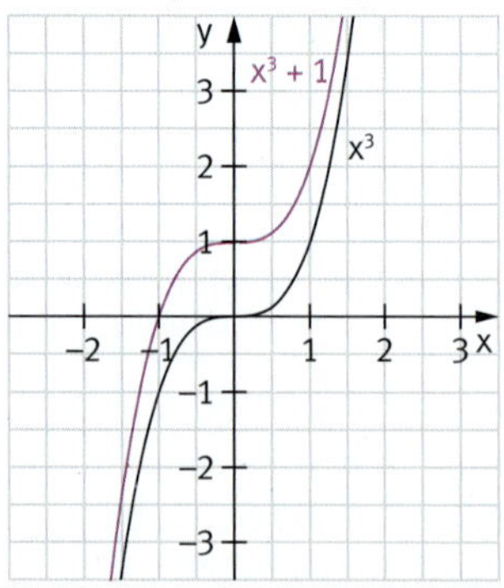
</td>
<td>$f(x - d)$</td>
<td>Verschiebung um d Einheiten in x-Richtung
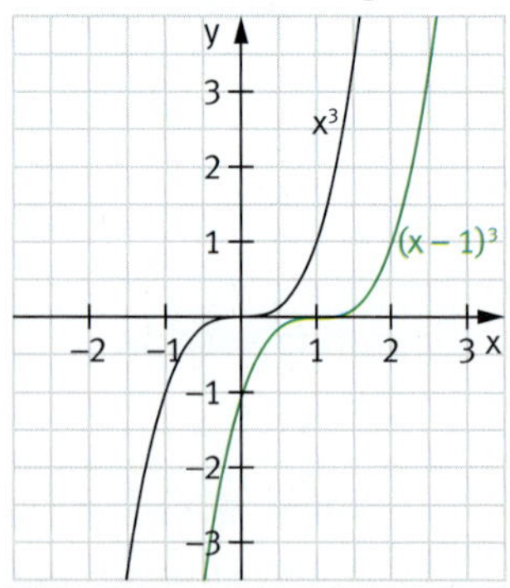
</td>
</tr>
</table>

Beispiele

I Beschreibe, wie der Graph folgender Funktionen aus dem Graphen von $f(x) = x^3$ hervorgeht.

a) $\frac{2}{3}x^3$ b) $-\frac{2}{3}x^3$ c) $\left(x - \frac{2}{3}\right)^3$ d) $x^3 - \frac{2}{3}$

Lösung:

a) Stauchung mit dem Faktor $\frac{2}{3}$

b) Stauchung mit dem Faktor $\frac{2}{3}$ und Spiegelung an der x-Achse

c) Verschiebung um $\frac{2}{3}$ Einheiten in x-Richtung

d) Verschiebung um $-\frac{2}{3}$ Einheiten in y-Richtung

II Gib den neuen Funktionsterm an. Die Funktion

1 $f(x) = x^4$ 2 $f(x) = \frac{1}{x^2}$ wird …

a) um 2 Einheiten in y-Richtung verschoben.

b) um –3 Einheiten in x-Richtung verschoben.

c) in y-Richtung mit dem Faktor 3 gestreckt.

d) an der y-Achse gespiegelt.

e) an der x-Achse gespiegelt.

Lösung:

1 a) $x^4 + 2$ b) $(x + 3)^4$ c) $3x^4$ d) $(-x)^4 = x^4$ e) $-x^4$

2 a) $\frac{1}{x^2} + 2$ b) $\frac{1}{(x+3)^2}$ c) $\frac{3}{x^2}$ d) $\frac{1}{(-x)^2} = \frac{1}{x^2}$ e) $-\frac{1}{x^2}$

Verständnis

- Eine „äußere Veränderung" bewirkt eine Veränderung des Graphen entlang der y-Achse, eine „innere" entlang der x-Achse. Ordne die Veränderungen aus dem Merkwissen entsprechend zu.

Aufgaben

oHiMi 1 – 3

1 Es wurden Änderungen an $f(x) = \sqrt{x}$ durchgeführt. Ordne den Funktionsgraphen die passenden Beschreibungen der Änderung und die jeweiligen Funktionsgleichungen zu.

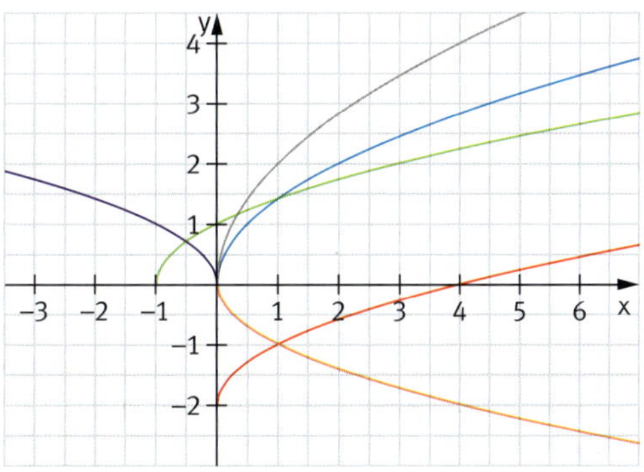

1 $f(x) = \sqrt{x} - 2$

2 $f(x) = \sqrt{x + 1}$

3 $f(x) = \sqrt{2x}$

4 $f(x) = 2 \cdot \sqrt{x}$

5 $f(x) = -\sqrt{x}$

6 $f(x) = \sqrt{-x}$

A Spiegelung an der y-Achse

B Streckung in y-Richtung mit dem Faktor 2

C Stauchung in x-Richtung mit dem Faktor $\frac{1}{2}$

D Verschiebung in x-Richtung um –1 Einheit

E Verschiebung in y-Richtung um –2 Einheiten

F Spiegelung an der x-Achse

„Ich habe die Funktion $f(x) = \frac{1}{x^3}$ um zwei Einheiten nach rechts verschoben, dann …“

2 Spielt mit einem Partner: Einer der Partner denkt sich eine Potenzfunktion aus und führt zwei bis drei Veränderungen daran durch. Er diktiert seinem Partner die Schritte, die er durchgeführt hat. Der Partner bestimmt den neuen Funktionsterm. Zum Schluss wird verglichen und die Rollen werden getauscht.

3 Britta behauptet, dass sie den Graphen der Funktion $f(x) = \frac{2}{x-2} + 1$ dargestellt hat. Stimmt das? Begründe.

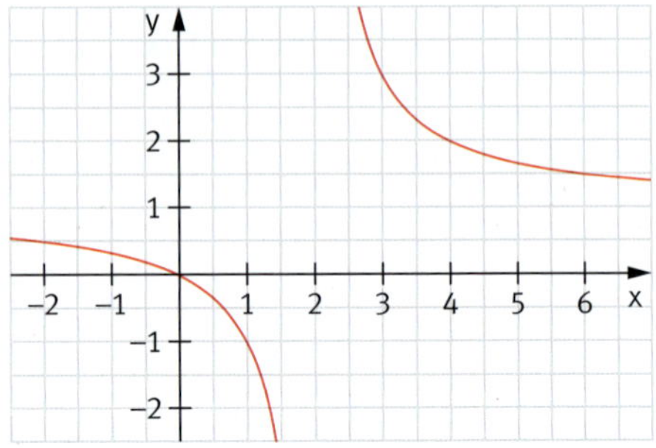

4 Die folgenden Funktionen sind entstanden, indem auf die Funktion $f(x) = x^3$ mehrere Veränderungen hintereinander durchgeführt wurden. Beschreibe diese zunächst, ohne den Graphen zu zeichnen. Überprüfe dann mit deinem CAS.

a) $f(x) = (x-2)^3 + 1$ **b)** $f(x) = 2\,(x-2)^3$ **c)** $f(x) = -x^3 + 1$

d) $f(x) = -(x-1)^3$ **e)** $f(x) = 2\,(x-1)^3 + 2$ **f)** $f(x) = -\frac{1}{2}\,(x-2)^3 + 1$

Es können auch mehrere Aussagen zu einer Funktion zutreffen. Überlege dir passende Ausgangsfunktionen.

5 Nachfolgend siehst du Potenzfunktionen, an denen Veränderungen durchgeführt wurden. Beurteile, ob die Aussage jeweils zutreffen kann.
Der Graph der Funktion …

A wurde um 4 Einheiten in x-Richtung verschoben.

B wurde in x-Richtung mit dem Faktor $\frac{1}{2}$ gestaucht.

C hat die Asymptote $x = 2$.   D hat die x-Achse als Asymptote.

E hat ein Symmetriezentrum im Punkt P (0 | 1).

F wurde um 1 Einheit in y-Richtung verschoben.

G ist symmetrisch zu $x = 4$.   H wurde in y-Richtung mit dem Faktor 2 gestreckt.

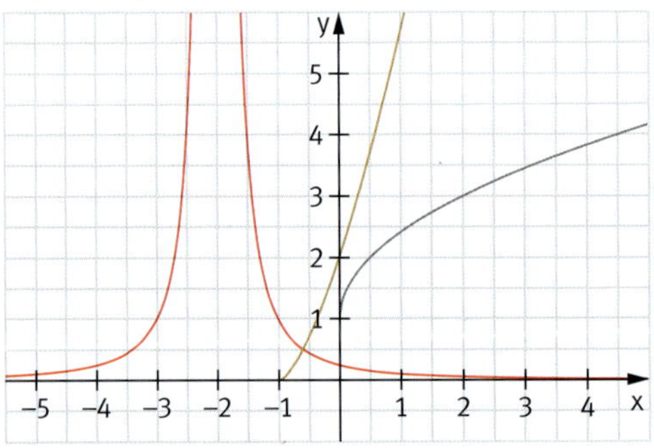

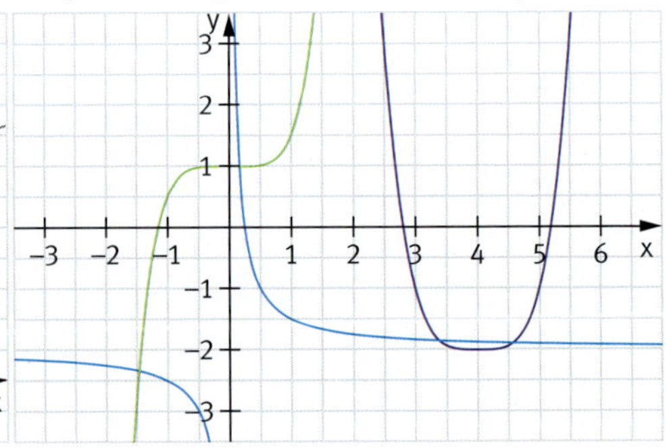

6 In der Fahrschule verwendet man folgende Näherungsformel für die Berechnung des Bremsweges in m: $s_B \approx 0{,}01v^2$. Dabei bezeichnet v die Geschwindigkeit zu Beginn des Bremsvorgangs in km/h.

a) Erläutere an Beispielen die Bedeutung der Formel.

b) Ermittle anhand der Formel einen Funktionsterm, der die Geschwindigkeit am Anfang des Bremsvorgangs in Abhängigkeit des Bremsweges angibt. Stelle die Funktion grafisch dar.

c) Stelle auf der Grundlage von b) für verschiedene Geschwindigkeitsüberschreitungen dar, wie sich die Bremswege in einer 30-Zone (in einer geschlossenen Ortschaft, auf einer Landstraße, auf der Autobahn) gegenüber der erlaubten Höchstgeschwindigkeit verlängern.

7 Spielt das Spiel „Zwei aus Drei“ zu zweit.

Vorbereitung: Fertige 20 Karten an. Stelle auf jeder Karte den Graphen einer Potenzfunktion dar. Achte darauf, dass es keine Doppelungen gibt.

Durchführung: Die Kärtchen werden gemischt und auf dem Tisch mit Schrift nach unten gestapelt. Die obersten drei Karten werden aufgedeckt und gut sichtbar in die Mitte des Tisches gelegt. Die Aufgabe ist, eine Eigenschaft zu finden, die zwei der dargestellten Funktionen gemeinsam haben, die dritte aber nicht. Wer zuerst eine solche Eigenschaft findet und diese auch erklärt, bekommt die zwei Karten. Es werden die nächsten zwei Karten aufgedeckt, damit man wieder drei Karten in der Mitte hat.

Spielende: Wer zum Schluss die meisten Karten erworben hat, gewinnt.

8 Manfred und Willi sind ratlos: Manfred hat mit seinem CAS die Funktion $f(x) = -\left(x - \frac{2}{3}\right)^3$ dargestellt, Willi hat $f(x) = \left(-x + \frac{2}{3}\right)^3$ eingegeben. Erstaunt stellen sie fest, dass die beiden Funktionsgraphen gleich aussehen. Manfred sagt: „Ich habe das negative Vorzeichen vor die Klammern gestellt, die Funktion $f(x) = x^3$ also an der x-Achse gespiegelt, du hast das negative Vorzeichen aber in den Klammern, dies sollte eine Spiegelung an der y-Achse hervorrufen. Ich verstehe es nicht.“

a) Überprüfe mit deinem CAS, ob die Funktionsgraphen übereinstimmen.

b) Finde eine Erklärung für diesen Sachverhalt.

c) Finde weitere Potenzfunktionen, bei denen die Spiegelung an der x-Achse und an der y-Achse denselben Funktionsgraphen erzeugt.

Physik

Gravitationsgesetz

Nach dem Gravitationsgesetz von Isaac Newton (1643–1727) berechnet sich die Gravitationskraft, die zwei Massen erfahren, nach der folgenden Formel:

$$F \approx 6{,}67 \cdot 10^{-11}\,\frac{\mathrm{N}\cdot\mathrm{m}^2}{\mathrm{kg}^2} \cdot \frac{m_1 \cdot m_2}{r^2}$$

Dabei bezeichnet r den Abstand zwischen den Körperschwerpunkten (in m) und m_1 bzw. m_2 die beiden Massen (in kg).

- Für Menschen auf der Erde gilt: Die Gravitationskraft, die ein Mensch erfährt, ist abhängig von der Meereshöhe, auf der er sich befindet. Ermittle einen Funktionsterm, der die Gravitationskraft in Abhängigkeit der Meereshöhe angibt, die die Erde auf dich ausübt. Stelle den Graphen der Funktion mit deinem CAS dar (Erdradius ≈ 6378 km, Erdmasse ≈ $5{,}9736 \cdot 10^{24}$ kg).
- Berechne, welche Gravitationskraft auf dich auf der Erdoberfläche (in 10 km Flughöhe, in 5 km Meerestiefe) wirkt.
- Berechne die Höhe, ab der du dich im Zustand der Mikrogravitation befinden würdest. Als Mikrogravitation bezeichnet man eine Gravitationskraft, die weniger als ein Millionstel der Schwerkraft auf der Erde entspricht, ein Zustand der Beinahe-Schwerelosigkeit.

2.7 Vermischte Aufgaben

1 Stelle in wissenschaftlicher Schreibweise dar.
a) 1 µm ≈ 0,000000001 km
b) 1 GB ≈ 1 000 000 000 B
c) Lichtgeschwindigkeit: c ≈ 30 000 000 000 $\frac{cm}{s}$
d) Ruhemasse eines Protons: m = 0,0000000000000000000016723 mg

2 Das Schachspiel steht ganz im Zeichen der Zweierpotenzen. Ergänze hierzu mit weiteren Beispielen die Tabelle.

2	4	8	16	32	64
Ein Spieler hat 2 Türme.				Es gibt insgesamt 32 weiße Felder.	

3 Gegeben ist die Funktion $f(x) = \frac{1}{x^3}$.
a) Gib die Definitions- und Wertemenge der Funktion an.
b) Zeichne den Graphen in ein Koordinatensystem ein.
c) Zeige, dass der Graph zu f punktsymmetrisch zu O (0|0) ist.

4 Zeichne die Graphen der Funktionen und ergänze ihre Eigenschaften im Heft.

	a) $f(x) = x^{\frac{1}{5}}$	**b)** $f(x) = x^{-\frac{1}{4}}$	**c)** $f(x) = x^4$	**d)** $f(x) = x^{\frac{1}{4}}$
Definitionsmenge				
Wertemenge				
Monotonie				
Nullstellen				
Asymptoten				
Gleichung der Umkehrfunktion				

5 Unterscheide in der Darstellung Potenzfunktionen mit positivem und negativem Exponenten. Begründe deine Entscheidung.

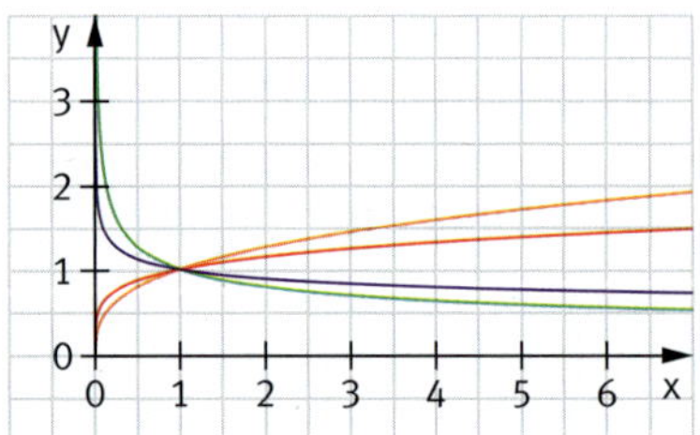

*Primzahlen der Art $2^n - 1$ heißen **Mersenne-Primzahlen**. Recherchiere nach ihren Eigenschaften und nach dem Zusammenhang zwischen ihnen und den sogenannten vollkommenen Zahlen.*

6 Die größte bis heute bekannte Primzahl ist $2^{74\,207\,281} - 1$ (Stand: Dezember 2016). Schätze ab, wie viele Ziffern diese Zahl im Dezimalsystem etwa hat.
Wie viele DIN-A4-Blätter braucht man, wenn man die Dezimaldarstellung dieser Zahl ausdrucken möchte?

7 Eines der klassischen Probleme der Antike war die sogenannte Würfelverdopplung: Zu einem Würfel soll ein weiterer Würfel mit doppeltem Volumen konstruiert werden. Ermittle das Verhältnis der Kantenlängen bzw. der Oberflächeninhalte der beiden Würfel.

8 Wir haben in diesem Kapitel nur Potenzen mit rationalen Exponenten definiert, obwohl der Taschenrechner auch mit irrationalen Exponenten umgehen kann. Beispielsweise erhält man für $2^{\sqrt{2}}$ den Wert 2,665144143. Eine mögliche Erklärung dafür könnte derart erfolgen:

Da $1 < \sqrt{2} < 2$ gilt, muss der Wert von $2^{\sqrt{2}}$ zwischen 2^1 und 2^2 liegen, also zwischen 2 und 4. Da aber auch $1{,}4 < \sqrt{2} < 1{,}5$ gilt, ist der Wert von $2^{\sqrt{2}}$ zwischen $2^{1,4}$ und $2^{1,5}$, also etwa zwischen 2,6390... und 2,8284..., usw.

a) Setze dieses Verfahren fort und ermittle den Wert von $2^{\sqrt{2}}$ auf drei Dezimalstellen genau. Verwende dabei die folgende Tabelle.

Intervallschachtelung für $\sqrt{2}$		Intervallschachtelung für $2^{\sqrt{2}}$	
1	2	$2^1 = 2$	$2^2 = 4$
1,4	1,5	$2^{1,4} = 2{,}6390...$	$2^{1,5} = 2{,}8284...$
1,41	1,42		

b) Verfahre analog mit $2^{\sqrt{3}}$, $3^{\sqrt{2}}$ und $3^{\sqrt{3}}$. Überprüfe anschließend mit deinem CAS.

c) Wie soll das Verfahren geändert werden, wenn es um $\left(\frac{1}{2}\right)^{\sqrt{2}}$ geht?

d) Formuliere eine mögliche Definition von Potenzen mit irrationalen Exponenten.

9 Gib einen möglichen Funktionsterm an. Gesucht ist eine Potenzfunktion ...

a) fünften Grades mit Symmetriezentrum P (1 | 1), die in y-Richtung mit dem Faktor $\frac{1}{2}$ gestaucht wurde.

b) mit $f(2) = -\sqrt{2}$, $f(4) = -1$ und $\lim\limits_{x \to +\infty} f(x) = -\infty$.

c) mit der Symmetrieachse $x = -2$, deren eine Asymptote die y-Achse ist und für die $f(0) = \frac{1}{16}$ gilt.

d) mit den Asymptoten $x = 3$ und $y = 2$, sowie mit $f(2) = 1$ und $f(4) = 3$.

Geschichte

Das Sierpinski-Dreieck

Das Sierpinski-Dreieck ist ein Gebilde, das iterativ (schrittweise sich wiederholend) entsteht: Aus einem gleichseitigen Dreieck wird zuerst das Mittendreieck entfernt. Mit den restlichen drei Dreiecken wird genauso vorgegangen, das Mittendreieck wird jeweils entfernt, usw. Interessant ist, wie sich dabei Flächeninhalt und Umfang verändern: Der Flächeninhalt wird nach jedem Schritt kleiner, der Umfang größer.

- Bestimme den Flächeninhalt und den Umfang des Sierpinski-Dreiecks nach 1, 2, 3, 4, ... Schritten in Bezug auf das Ausgangsdreieck mit Seitenlänge a. Fertige dazu eine Tabelle an.
- Wie groß wird der Flächeninhalt bzw. der Umfang des Sierpinksi-Dreiecks, wenn man den Vorgang unendlich lang fortsetzt?
- Recherchiere nach weiteren, ähnlichen mathematischen Gebilden.

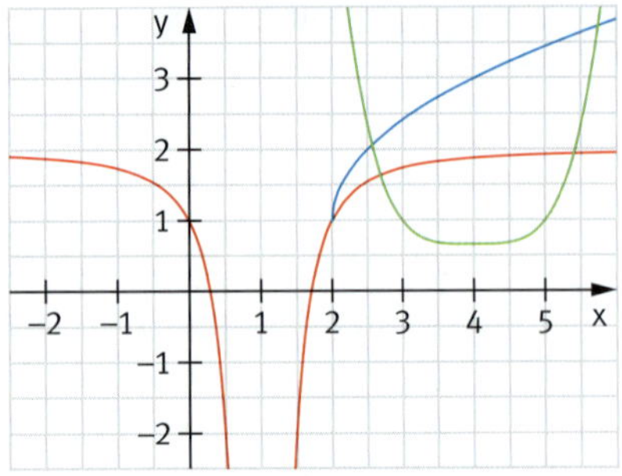

10 Beschreibe den Verlauf der Funktionsgraphen und ermittle jeweils einen möglichen Funktionsterm.

11 Eine kubische Funktion hat die allgemeine Form $f(x) = a \cdot (bx - d)^3 + c$. Gesucht ist nun eine kubische Funktion, deren Graph durch A (−1 | 4), B (0 | 0), C (1 | −2) und D (2 | 2) verläuft.

a) Erstelle anhand der vorgegebenen Punkte ein Gleichungssystem.

b) Das Gleichungssystem ist **nichtlinear**, somit gibt es kein allgemeines Verfahren zur Ermittlung der Lösungen. Finde durch inhaltliche Überlegungen und durch geschicktes Umformen ganzzahlige Lösungen.

c) Durch Ausmultiplizieren von $f(x) = a \cdot (bx - d)^3 + c$ kann man die Aufgabe auf die Lösung eines **linearen Gleichungssystems** zurückführen. Danach sind nicht mehr a, b, c und d, sondern die Koeffizienten von x^3, x^2, x und ein konstantes Glied zu finden. Multipliziere den Term aus und führe neue Unbekannte ein. Erstelle ein neues Gleichungssystem und löse es mithilfe deines CAS.

*Beim Ausmultiplizieren hilft dir im CAS der Befehl **expand**.*

d) Zeichne den Funktionsgraphen der ermittelten Funktion und überprüfe, ob er tatsächlich durch die angegebenen Punkte verläuft.

Wissen

Regression

Die sogenannte Regression ist ein mathematisches Verfahren, um eine Zuordnung möglichst gut mit einem Funktionsgraphen zu modellieren. In der Regel gibt es zwei Merkmale, zwischen denen man einen Zusammenhang vermutet (z. B. das Körpergewicht und die Körperlänge von Neugeborenen) und es liegen einige Messwertpaare (z. B. konkrete Gewichte und Längen von Neugeborenen) vor. Gesucht ist dann ein Funktionsgraph, der möglichst nah an den durch die Messwertpaare gegebenen Punkten verläuft. Der vermutete Zusammenhang kann unterschiedlich sein: linear, quadratisch, kubisch, usw. Ob der gefundene Graph den Zusammenhang tatsächlich gut modelliert, darüber gibt der sogenannte Korrelationskoeffizient r Auskunft: Je größer r im Betrag ist, desto stärker der Zusammenhang.

Im CAS sind bereits einige Regressionstypen vorprogrammiert.

- Führe für die Punkte A (−4 | 1), B (−2 | 2), C (0 | 0) und D (2 | 4) eine kubische Regression durch. Ein Korrelationskoeffizient 1 zeigt an, dass alle Punkte auf dem Funktionsgraphen liegen.

	A x	B y	C	D
=				=CubicRe
1	-4	1	Titel	Kubisch...
2	-2	2	RegEqn	a*x^3+b...
3	0	0	a	0.1875
4	2	4	b	0.75
5			c	-0.25
A1 -4				

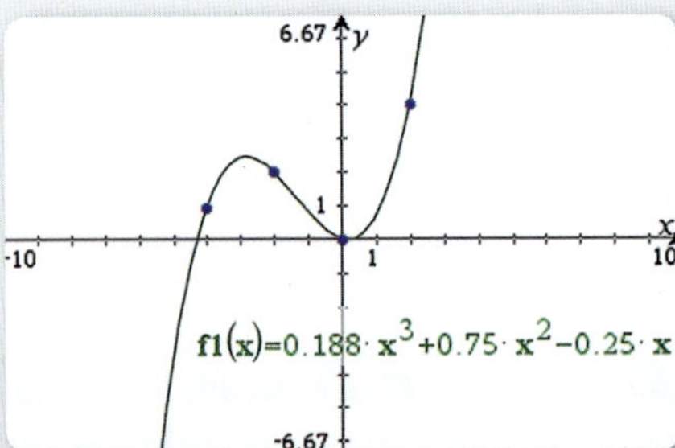

8410–08

- Führe eine lineare (eine quadratische) Regression mithilfe deines CAS für die obigen Punkte durch. Beschreibe die Lage des entsprechenden Funktionsgraphen und der vorgegebenen Punkte. Vergleiche anschließend die Korrelationskoeffizienten.
- Recherchiere, wie die Regression mit der **Methode der kleinsten Quadrate** zusammenhängt.

12 Johannes Kepler (1571–1630) hat die Umlaufzeiten t (in Tagen) und die mittleren Entfernungen E der Planeten zur Sonne (in Mio. km) analysiert und dabei einen Zusammenhang festgestellt: $E \approx 2{,}9 \cdot t^{\frac{2}{3}}$.

Einer Potenzregression liegt ein Funktionsterm der Form $f(x) = a \cdot x^b$ zugrunde.

a) Die Tabelle enthält die entsprechenden Daten der damals bekannten Planeten. Stelle die Wertepaare als Punkte grafisch dar. Führe mithilfe deines CAS eine Potenzregression durch und überprüfe die Behauptung von Kepler.

b) Die Planeten Uranus und Neptun wurden erst nach Keplers Zeit entdeckt. Überprüfe, ob auch für sie der Kepler'sche Zusammenhang zutrifft.

Planet	t in Tagen	E in Mio. km
Merkur	88	57,9
Venus	225	108,2
Erde	365	149,6
Mars	686	227,9
Jupiter	4329	778,3
Saturn	10 752	1427

13 Die Tabelle zeigt Bevölkerungsdaten des Landes Thüringen von 2004 bis 2013.

Wähle aus folgenden Funktionstypen: linear, quadratisch, kubisch, andere Potenzfunktionen.

a) Stelle die Daten grafisch dar.

b) Führe Regressionen mit dir vertrauten Funktionstypen durch und vergleiche deren Güte.

c) Schlussfolgere auf die Bevölkerungszahl zum aktuellen Zeitpunkt. Vergleiche mit der Zahl, die du einer aktuellen Statistik entnimmst.

Jahr	Bevölkerung in Thüringen
2004	2 355 280
2005	2 334 575
2006	2 311 140
2007	2 289 219
2008	2 267 763
2009	2 249 882
2010	2 235 025
2011	2 181 603
2012	2 170 460
2013	2 160 840

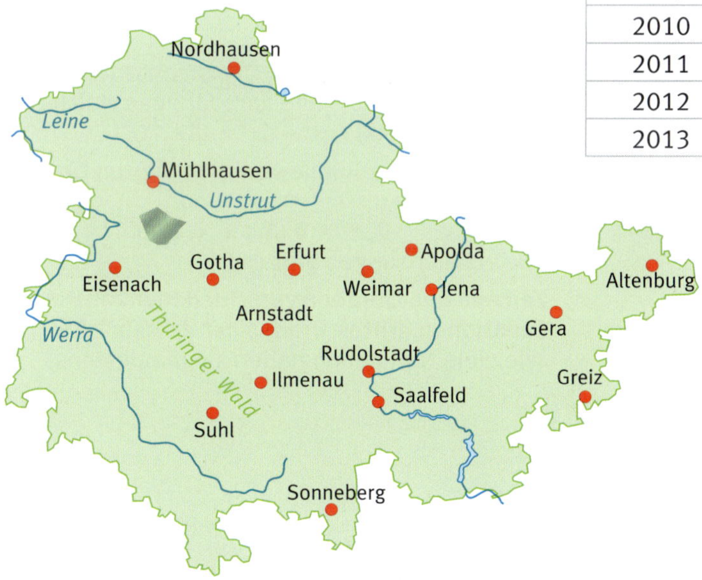

14 Die Durchbiegung einer einseitig eingeklemmten Blattfeder, auf deren freies Ende eine Kraft wirkt, kann näherungsweise durch den Funktionsterm $f(x) = ax^2 \cdot (x - d)$ beschrieben werden.

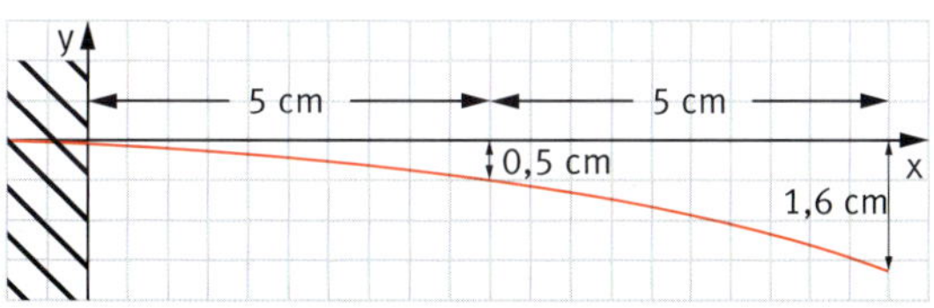

a) Ermittle die Parameter a und b aus den Angaben der Abbildung.

b) Wie groß ist die Durchbiegung an der Stelle x = 8 cm?

Potenzfunktionen als spezielle ganzrationale Funktionen

Reelle Funktionen der Form $f(x) = a_n x^n + a_{n-1} x^{n-1} + \ldots + a_1 x^1 + a_0$ mit $n \in \mathbb{N}$ und $a_i \in \mathbb{R}$ für $i = 0; 1; 2; \ldots; n$ heißen **ganzrationale Funktionen**. Die reellen Zahlen a_i sind die **Koeffizienten** der Funktion, a_0 nennt man oft auch Absolutglied. Die höchste Potenz, in der x im Funktionsterm mit einem von null verschiedenen Exponenten vorkommt, ist der **Grad** der Funktion. Ist also $a_n \neq 0$, so geht es um eine ganzrationale **Funktion n-ten Grades**.

Setzt man in ganzrationalen Funktionen alle Koeffizienten a_i bis auf ein a_k gleich null und a_k gleich 1, so erhält man die Potenzfunktion $f(x) = x^k$ mit $k \in \mathbb{N}$. Somit ist klar, dass jede Potenzfunktion mit natürlichem Exponenten gleichzeitig eine ganzrationale Funktion ist. Man kann sich den Sachverhalt auch umgekehrt vorstellen: Jede ganzrationale Funktion kann als Summe von Potenzfunktionen mit natürlichem Exponenten – eventuell mit reellen Koeffizienten als Faktoren modifiziert – aufgefasst werden.

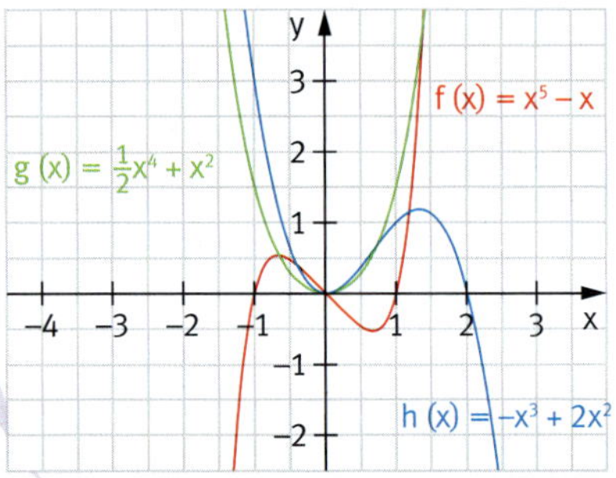

a) In den Abbildungen sind Beispiele für ganzrationale Funktionen mit …
- nur ungeraden …
- nur geraden …
- geraden und ungeraden …

Exponenten dargestellt.
Welcher Graph ist punktsymmetrisch, welcher ist achsensymmetrisch?

b) Stelle weitere ganzrationale Funktionen mit deinem CAS grafisch dar und formuliere eine Vermutung über den Zusammenhang zwischen den Exponenten und der Symmetrieeigenschaft des Funktionsgraphen.

c) Begründe deine Vermutung mithilfe der Symmetrieeigenschaft von Potenzfunktionen.

Nullstellen von ganzrationalen Funktionen

Ist x_0 eine **Nullstelle** der ganzrationalen Funktion $f(x) = a_n x^n + a_{n-1} x^{n-1} + \ldots + a_1 x^1 + a_0$, dann kann man f (x) in der Form $(x - x_0) \cdot g(x)$ schreiben, wobei g (x) eine ganzrationale Funktion vom Grad n – 1 ist.

Ist also x_0 eine Nullstelle von f (x), so kann man den Term $(x - x_0)$ ausklammern. Hieraus folgt, dass eine ganzrationale Funktion n-ten Grades höchstens n Nullstellen hat.

Geeignete Schrittfolge zur Bestimmung von Nullstellen:

1. Finden einer Nullstelle x_0 durch systematisches Probieren oder durch Näherungsverfahren. TIPP: Ganzzahlige Nullstellen einer ganzrationalen Funktion mit ganzzahligen Koeffizienten sind Teiler des Absolutglieds.
2. Durchführung einer sogenannten Polynomdivision, bei der $\frac{f(x)}{x - x_0} = g(x)$ bestimmt wird.
3. Wiederholung der Schritte 1 und 2 mit der Restfunktion g (x).

a) Finde – ohne CAS – alle ganzzahligen Nullstellen der Funktion $f(x) = x^3 - 6x^2 + 11x - 6$.

b) Gib eine ganzrationale Funktion vierten Grades mit den Nullstellen $x_1 = -5$, $x_2 = -2$, $x_3 = 0$ und $x_4 = 1$ an.
Wie viele Lösungen gibt es?

c) Zeichne den Graphen verschiedener ganzrationaler Funktionen dritten Grades mit deinem CAS.
Wie viele Nullstellen haben sie mindestens?

Ganzrationale Funktionen in der Wirtschaft
Auch Zusammenhänge zwischen wirtschaftlichen Größen kann man durch Funktionen wiedergeben.

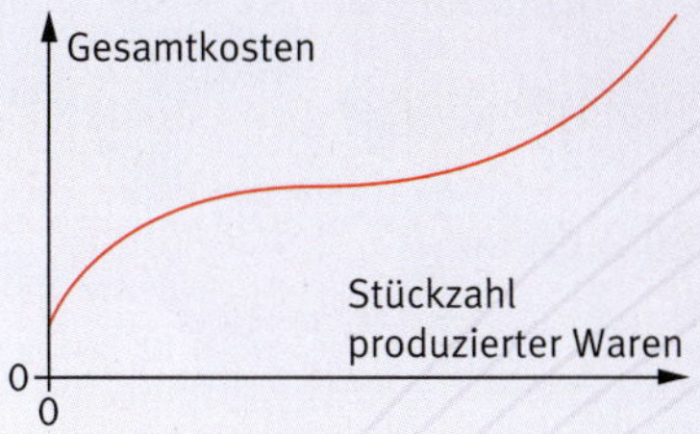

1 Die Abbildung zeigt den Verlauf einer typischen **Gesamtkostenfunktion**. Sie stellt die Kosten eines Unternehmens in Abhängigkeit von der produzierten Warenmenge dar. Oftmals beschreibt man die Gesamtkosten durch eine Funktion dritten Grades. Ihr Graph schneidet die y-Achse im positiven Bereich, da man die fixen Kosten (z. B. Miete für Fabrikgebäude) durch eine positive Zahl wiedergeben kann (fixe Kosten entstehen ja auch, wenn keine Produktion stattfindet). Der Graph der Funktion ist streng monoton steigend, da jede zusätzlich produzierte Warenmengeneinheit weitere Kosten verursacht. Die Funktionswerte steigen zuerst immer weniger stark an (durch vorhandene Arbeitskräfte, Maschinen, Rohstoffe etc. kostet die Herstellung zusätzlicher Warenmengen immer weniger), ab einem bestimmten Wert aber wieder mehr (um weitere Warenmengen zu produzieren braucht man zusätzliche Rohstoffe, Arbeitskräfte o. Ä.).

2 Ein einfaches Modell für eine **Erlösfunktion**, die abhängig von der verkauften Warenmenge die Einnahmen des Unternehmens darstellt, ist linear: Die Warenmenge wird mit dem fixen Verkaufspreis (Einheitspreis) multipliziert.

3 Der Gewinn des Unternehmens berechnet sich aus der Differenz von Erlös und Kosten: Die dazugehörende **Gewinnfunktion** ist im Falle einer kubischen Gesamtkostenfunktion und einer linearen Erlösfunktion ebenfalls kubisch.

Eine kleine Firma, die Metalldosen herstellt, hat monatlich 32 000 € fixe Kosten. Zusätzlich sind folgende Kostendaten bekannt:

Stückzahl	2000	3500	5500
Gesamtkosten in €	40 000	50 000	85 000

a) Ermittle den Funktionsterm der Gesamtkostenfunktion für eine Funktion dritten Grades. Verwende dein CAS. Zeichne den Graphen in ein Stückzahl-Kosten-Diagramm ein.

b) Die Firma verkauft die Metalldosen zu einem Einheitspreis von 15 €. Ermittle die Funktionsgleichung der Erlösfunktion und stelle den Graphen der Funktion im gleichen Diagramm dar.

c) Berechne, wie viele Waren die Firma produzieren bzw. verkaufen soll, damit die Kosten durch den Erlös gerade gedeckt werden?
(Die Firma befindet sich an der sogenannten **Gewinnschwelle**.)

d) Bei welchen verkauften Stückzahlen hat die Firma mehr Einnahmen als Kosten, befindet sich also in der sogenannten **Gewinnzone**?

e) Wie ist der zweite Schnittpunkt der beiden Graphen zu erklären?

f) Ermittle die Funktionsgleichung der Gewinnfunktion und bestimme im ökonomisch sinnvollen Definitionsbereich deren Maximum.

Überprüfe deine Fähigkeiten und Kenntnisse. Bearbeite dazu die folgenden Aufgaben und bewerte anschließend deine Lösungen mit einem Smiley.

☺	😐	☹
Das kann ich!	Das kann ich fast!	Das kann ich noch nicht!

Hinweise zum Nacharbeiten findest du auf der folgenden Seite. Die Lösungen stehen im Anhang.

Aufgaben zur Einzelarbeit

1 Schreibe die Terme ohne Exponenten.

a) $5^{-\frac{1}{2}}$ 5^1 5^{-1} $5^{\frac{1}{2}}$

b) 3^{-1} $(-1)^3$ $3^{\frac{1}{3}}$ $\left(-\frac{1}{3}\right)^3$

2 Was gehört zusammen?

$\sqrt[3]{a^2}$ $a^{-\frac{3}{2}}$ $a^{\frac{3}{2}}$ $\frac{1}{\sqrt{a^3}}$

$\sqrt{a^3}$ $\frac{1}{\sqrt[3]{a^2}}$ $a^{-\frac{2}{3}}$ $a^{\frac{2}{3}}$

3 Übertrage die Tabelle in dein Heft und vervollständige sie.

Exponent \ Basis	1	5	8	10
-1	□	□	$\frac{1}{8}$	□
$\frac{1}{3}$	□	□	□	$\sqrt[3]{10}$
□	□	$\frac{1}{\sqrt[3]{5}}$	□	□
$\frac{2}{3}$	□	□	$\sqrt[3]{64} = 4$	□
$-\frac{2}{3}$	$\frac{1}{\sqrt[3]{1^2}} = 1$	□	□	□

4 Betrachte die Potenz 2^4. Wie verändert sich der Wert der Potenz, wenn …

a) die Basis verdoppelt wird?

b) der Exponent halbiert wird?

c) die Basis halbiert wird?

d) die Basis durch ihren Kehrwert ersetzt wird?

e) der Exponent verdoppelt wird?

f) der Exponent durch seine Gegenzahl ersetzt wird?

5 Welche Gleichungen sind richtig? Wähle aus.

a) $2^3 \cdot 4^{\frac{3}{2}} = 2^9$

b) $\frac{6^{0,7}}{2^{0,7}} = 3^{0,7}$

c) $\frac{1}{\sqrt[3]{2}} = \sqrt[3]{4}$

d) $(\sqrt[3]{3})^4 \cdot 8^{\frac{4}{3}} \cdot 3^{-\frac{4}{3}} = 2^4$

e) $\frac{2}{\sqrt[5]{9}} = \sqrt[5]{27}$

f) $\sqrt{\sqrt[3]{\sqrt[4]{2}}} = 2^{\frac{1}{12}}$

6 Betrachte folgende Funktionen:

$f(x) = \frac{1}{2x^2}$ $g(x) = \frac{1}{2x}$ $h(x) = \frac{1}{2}x$

$i(x) = \frac{1}{2}x^2$ $j(x) = \frac{1}{2}x^3$

a) Wähle zwei Funktionen aus. Gib möglichst viele gemeinsame Eigenschaften an. Verfahre mit weiteren Funktionspaaren analog.

b) Wähle nun drei Funktionen aus. Finde mindestens eine Eigenschaft, die alle drei Funktionen gemeinsam haben.

7 Betrachte die Funktionen $f(x) = x^3$, $g(x) = 4x$ und $h(x) = \frac{16}{x}$. Bestimme ohne CAS alle gemeinsamen Punkte der drei Funktionsgraphen.

8 Die Abbildung zeigt den Graphen einer Potenzfunktion f. Welche Behauptungen sind richtig?

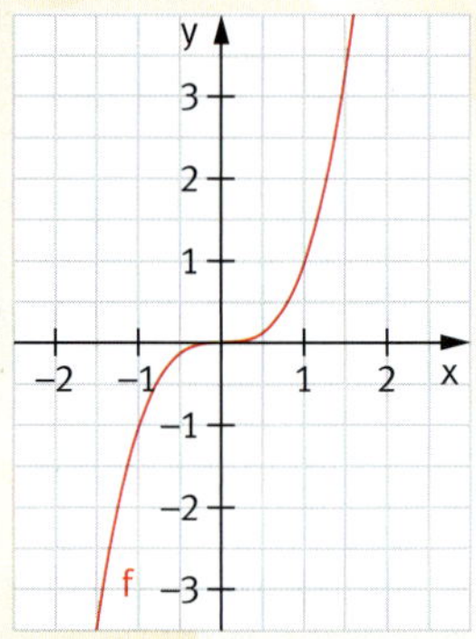

a) Der Graph ist symmetrisch zum Ursprung.

b) $\lim_{x \to 0} f(x) = \infty$

c) $f(-1) = f(1)$

d) Der Funktionsterm hat einen geraden Exponenten.

e) $f(-2) = -f(2)$

f) Der Funktionsterm hat einen rationalen, nicht ganzzahligen Exponenten.

9 Der Graph der Funktion $f(x) = \frac{1}{x^4}$ wurde an der x-Achse gespiegelt, in y-Richtung mit dem Faktor 2 gestreckt, um 2 Einheiten in x-Richtung und um −1 Einheit in y-Richtung verschoben.

a) Bestimme die Funktionsgleichung der entstandenen Funktion.

b) Zeichne den Graphen der neuen Funktion und beschreibe seinen Verlauf. Verwende dabei die folgenden Begriffe:

Grenzwert | Definitionslücke | Asymptote | symmetrisch

Das kann

10 Gegeben sind drei Funktionen:

$f_1(x) = x^3 \qquad f_2(x) = -\frac{1}{x^2} \qquad f_3(x) = \sqrt[4]{x}$

a) Stelle die Funktionen grafisch dar.

b) Ordne die Eigenschaften zu:

$\lim\limits_{x\to-\infty} f(x) = 0$	$\lim\limits_{x\to\infty} f(x) = 0$
$\lim\limits_{x\to 0} f(x) = \infty$	$\lim\limits_{x\to 0} f(x) = 0$
$\lim\limits_{x\to-\infty} f(x) = -\infty$	$\lim\limits_{x\to\infty} f(x) = -\infty$
$\lim\limits_{x\to\infty} f(x) = \infty$	$\lim\limits_{x\to 0} f(x) = -\infty$

11 Beschreibe den Verlauf des Graphen folgender Funktionen, ohne sie darzustellen. Überprüfe mit deinem CAS.

a) $a(x) = \sqrt[3]{\frac{1}{x}}$ **b)** $b(x) = \sqrt{x^3}$

c) $c(x) = \frac{1}{\sqrt{x^3}}$ **d)** $d(x) = \sqrt[3]{x^2}$

12 Bei sozialen Medien ist es heutzutage üblich, den Bekanntheitsgrad zwischen zwei Personen zu bestimmen. Personen, die man als Freunde angibt, sind Bekannte ersten Grades. Personen, die die Bekannten ersten Grades kennen, aber die Person selbst nicht, sind Bekannte zweiten Grades, usw.

a) Nehmen wir an, du hast 20 Bekannte ersten Grades und jeder von ihnen weitere 20, die du nicht kennst, usw. Wie viele Bekannte fünften Grades hast du? Berechne.

b) Wie viele Bekannte höchstens fünften Grades hast du? Vergleiche diese Zahl mit der aktuellen Erdbevölkerung.

c) Wie ändert sich die Zahl der Bekannten von höchstens fünftem Grad, wenn jeder 30 Bekannte hat?

Aufgaben für Lernpartner

Arbeitsschritte

1 Bearbeite die folgenden Aufgaben alleine.

2 Suche dir einen Partner und erkläre ihm deine Lösungen. Höre aufmerksam und gewissenhaft zu, wenn dein Partner dir seine Lösungen erklärt.

3 Korrigiere gegebenenfalls deine Antworten und benutze dazu eine andere Farbe.

Sind folgende Behauptungen **richtig** oder **falsch**? Begründe schriftlich.

13 Ein negatives Vorzeichen im Exponent bedeutet den Kehrwert der entsprechenden Potenz.

14 $\frac{7}{5}$ im Exponent bezeichnet die siebte Wurzel aus der 5. Potenz der Basis.

15 Potenzen mit gleicher Basis werden multipliziert, indem die Basis beibehalten wird und die Exponenten multipliziert werden.

16 Unter einer Wurzel darf keine Potenz mit negativem Exponent stehen.

17 $2^{\frac{3}{5}}$ ist kleiner als 2.

18 $3^5 \cdot \left(\frac{4}{3}\right)^5$ ist größer als 1000.

19 Der Graph von $f(x) = x^4$ ist symmetrisch zum Ursprung.

20 Jede Potenzfunktion mit ganzzahligem Exponenten hat genau eine Nullstelle.

21 Der Graph von $f(x) = 3(x + 2)^6 - 4$ hat keine Symmetrieachse.

22 Jede Potenzfunktion, deren Graph eine Asymptote hat, ist symmetrisch zum Ursprung.

23 Für $f(x) = \frac{1}{x^4}$ gilt, dass $\lim\limits_{x\to 0} f(x) = \infty$ ist.

24 Gilt für eine Potenzfunktion $f(2) = f(-2)$, so ist ihr Graph symmetrisch zur y-Achse.

Aufgabe	Ich kann ...	Hilfe
1, 3, 13, 14, 16	Potenzen mit rationalen Exponenten bestimmen.	S. 16, 18
2, 4, 5, 15, 17, 18	die Potenzgesetze begründen und anwenden.	S. 20
6, 7, 20	Eigenschaften für Potenzfunktionen mit ganzzahligen sowie rationalen Exponenten angeben.	S. 22, 24
8, 9, 10, 11, 19, 21, 22, 23, 24	Potenzfunktionen grafisch darstellen und Eigenschaften der Funktionen beschreiben.	S. 24, 26, 28
12	Potenzfunktionen zum Lösen inner- und außermathematischer Probleme einsetzen.	S. 28

S. 16 **S. 18**	$2^{-3} = \frac{1}{2^3}$ $\sqrt[5]{32} = 2$, da $2^5 = 32$ $\sqrt[5]{16} = \sqrt[5]{2^4} = 2^{\frac{4}{5}}$	Durch die Fortsetzung der Division einer Potenz durch ihre Basis entstehen **Potenzen mit negativen Exponenten**. Ist $a \neq 0$, dann gilt: $a^{-n} = \frac{1}{a^n}$ und es ist $a^0 = 1$. Die **n-te Wurzel** ($n \in \mathbb{N}$) aus $a \geqq 0$ ist diejenige nichtnegative Zahl, deren n-te Potenz gleich a ist. Es gilt $\sqrt[n]{a} = a^{\frac{1}{n}}$. Steht die m-te Potenz ($m \in \mathbb{Z}$) von $a \geqq 0$ unter der n-ten Wurzel ($n \in \mathbb{N}$), so gilt: $\sqrt[n]{a^m} = a^{\frac{m}{n}}$
S. 20	$2^5 \cdot 2^4 = 2^9$ $\quad 3^4 \cdot 2^4 = 6^4$ $\frac{1}{2} = \frac{16}{32} = \frac{2^4}{2^5} = 2^{-1}$ $\quad \frac{2^4}{5^4} = \left(\frac{2}{5}\right)^4$ $(2^3)^4 = 2^{12}$	Ist $a, b \neq 0$, und $m, n \in \mathbb{R}$, so gelten folgende **Potenzgesetze**: $a^m \cdot a^n = a^{m+n}$ $\quad a^n \cdot b^n = (a \cdot b)^n$ $\frac{a^m}{a^n} = a^{m-n}$ $\quad \frac{a^n}{b^n} = \left(\frac{a}{b}\right)^n$ $(a^m)^n = a^{m \cdot n}$
S. 24	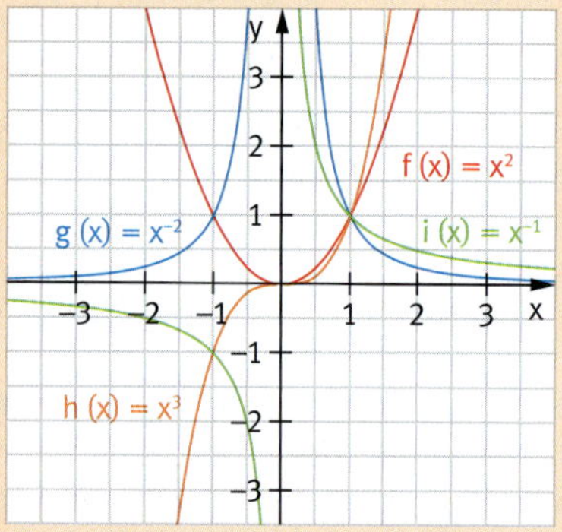	Eine Funktion der Form $f(x) = x^n$ mit $n \in \mathbb{Z}$ heißt **Potenzfunktion mit ganzzahligem Exponenten.** Der Graph der Funktion … • verläuft durch (1 I 1). • verläuft durch (−1 I 1) und ist **symmetrisch zur y-Achse**, wenn n gerade ist. • verläuft durch Q (−1 I −1) und ist **symmetrisch zum Ursprung**, wenn n ungerade ist. • hat sowohl die x-Achse als auch die y-Achse als **Asymptote**, wenn n negativ ist. Der **Grenzwert** einer Funktion ist derjenige Wert, dem sich die Funktionswerte annähern, wenn die x-Werte gegen $+\infty$, $-\infty$ oder einen bestimmten Wert x_0 streben.
S. 26	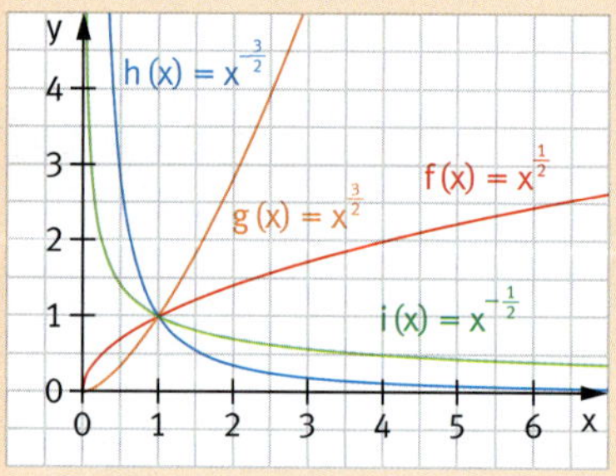	Eine Funktion der Form $f(x) = x^q$ mit $q \in \mathbb{Q}$ und $x \geqq 0$ heißt **Potenzfunktion mit rationalem Exponenten**. Der Graph der Funktion geht durch den Punkt P (1 I 1). Ist q positiv, so ist $\lim\limits_{x \to +\infty} f(x) = +\infty$, ist q negativ, dann ist $\lim\limits_{x \to +\infty} f(x) = 0$. Die x-Achse und die y-Achse sind **Asymptoten** des Funktionsgraphen, wenn q negativ ist.
S. 28	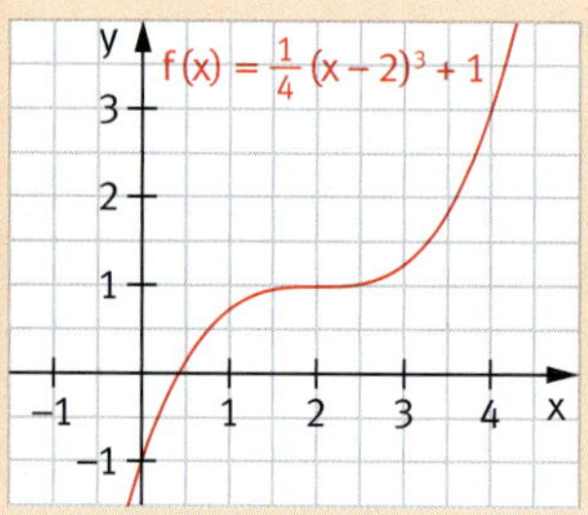	Die Funktionsterme von Potenzfunktionen kann man auf verschiedene Art und Weise verändern.

Terme

1 Entscheide, für welche rationalen Zahlen der Term definiert ist.

a) $\frac{5}{2-x}$ **b)** $\frac{4}{7+x}$ **c)** $\frac{5x}{(x+1)}$ **d)** $\frac{x}{x^2+1}$

2 Gegeben ist der Term $\frac{a^2}{(a+1)^2}$.

a) Bestimme den Wert des Terms für a = 2.

b) Der Term hat den Wert $\frac{25}{36}$. Berechne a.

c) Begründe, dass der Term nie den Wert $-\frac{1}{4}$ annehmen kann.

3 Ordne die Dominosteine so, dass gleichwertige Terme nebeneinander stehen. Es ergibt sich ein Lösungswort. Wie lautet es?

T	$y^{-1} \cdot x^2$	$2x \cdot y$
H	$xy + xy$	$\frac{y}{x}$
U	$x \cdot y \cdot x$	$\frac{x^2}{y}$
R	$\frac{x}{y} \cdot \frac{y^3}{x}$	Ende
L	Start	$x^2 \cdot y$
E	$xy \cdot x^{-2}$	$xy^2 : x$

4 Die Gleichung $y = \frac{a \cdot x}{b + c}$ wurde umgeformt. Erkläre, welche Umformungen richtig sind.

(1) $a = \frac{y \cdot (b + c)}{x}$ (2) $x = \frac{y}{a} \cdot b + c$

(3) $b = \frac{y}{a \cdot x} - c$ (4) $c = \frac{a \cdot x}{y} - b$

5 Löse die Klammern auf und vereinfache so weit wie möglich.

a) $2 - (-5 + a) \cdot (c + d)$

b) $(x - y) \cdot (y + x^2)$

c) $-5c - (4c - 9)$

d) $(t - s)^2 - (s + t)^2$

e) $-(3x^2 - 7x) + (5x - 8x^2 + 4)$

6 Die Seitenlängen eines Rechtecks unterscheiden sich um 8 cm. Verkürzt man die längere Seite um 5 cm, so ist der Flächeninhalt des neuen Rechtecks um 25 cm² kleiner als der des ursprünglichen Rechtecks. Bestimme die Seitenlängen des ursprünglichen Rechtecks.

Ähnlichkeit

7 Falte ein quadratisches Blatt Papier wie in der Abbildung.

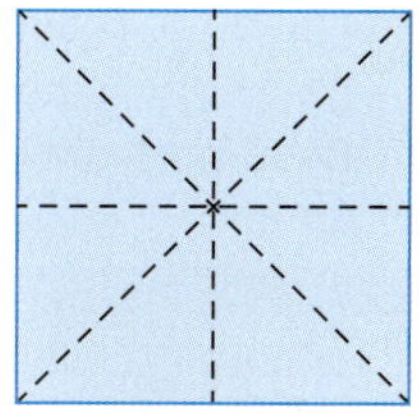

a) Markiere zwei Dreiecke, die zueinander ähnlich, aber nicht kongruent sind.

b) Färbe in den markierten Figuren aus a) gleiche Winkel in derselben Farbe.

c) Begründe die Gleichheit der Winkel.

8 Von der quadratischen Pyramide am Louvre in Paris soll ein Modell aus Holz im Maßstab 1 : 150 gebaut werden.

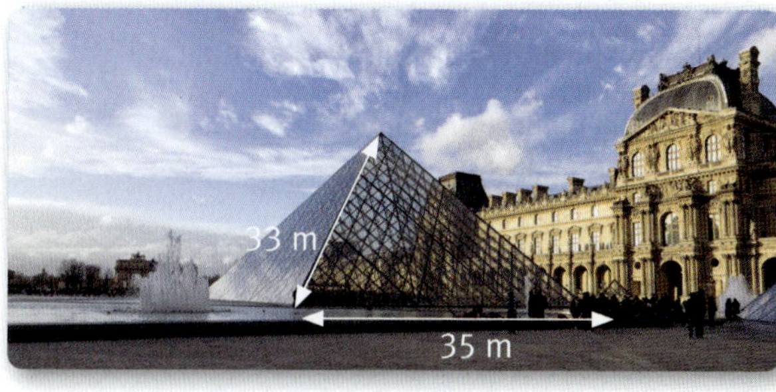

a) Gib die Seitenlängen des Modells an.

b) Für die Mantelfläche im Modell wird eine Größe von 871 cm² ermittelt. Wie groß ist die Glasoberfläche der Originalpyramide?

c) Die Originalpyramide hat ein Innenvolumen von rund 8900 m³. Bestätige diesen Wert. Wie schwer ist das Modell, wenn 1 cm³ Holz 0,5 g wiegt?

9 Bestimme die Maße der markierten Teile (g ∥ h).

a)

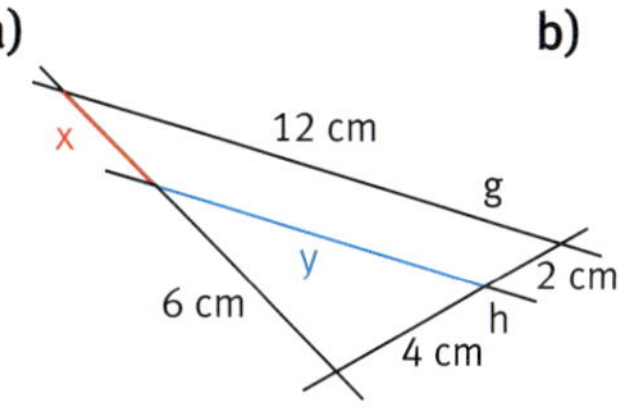

b)

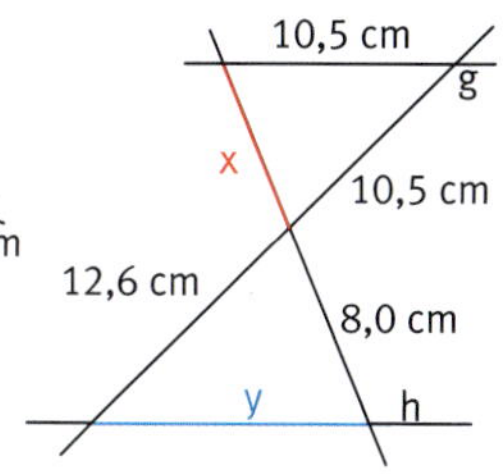

c)

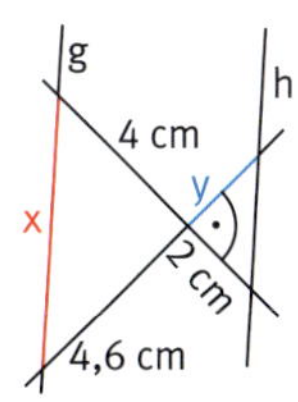

d)

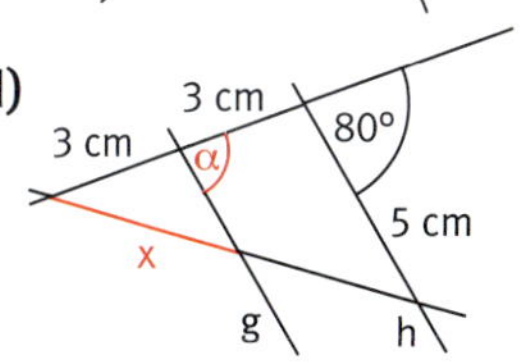

Kugeln und Kreise

10 Eine Kugel und ein Kreis haben jeweils einen Durchmesser von 4 cm.
Bestimme die Größe, für die das angegebene Maß steht.

a) $50{,}3\ \text{cm}^2$ b) 2 cm
c) 12,6 cm d) $33{,}5\ \text{cm}^3$
e) $12{,}6\ \text{cm}^2$ f) $16{,}75\ \text{cm}^3$

11 a) Zeichne einen Kreis, der einen Flächeninhalt von $19{,}63\ \text{cm}^2$ hat.
b) Berechne den Umfang des Kreises aus a).

12 Betrachtet man eine Halbkugel von oben, so sieht man einen Kreis. Vergleiche den Flächeninhalt des sichtbaren Kreises mit dem der Mantelfläche der Halbkugel.
Wähle einen beliebigen Radius.

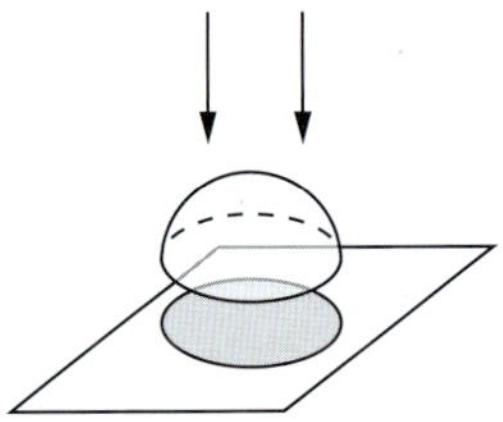

13 27 Tischtennisbälle (Radius jeweils 20 mm) sollen eng anliegend in einem Würfel verpackt werden. Zwischen jeweils 9 Bällen liegt eine Trennschicht aus dünnem Papier.

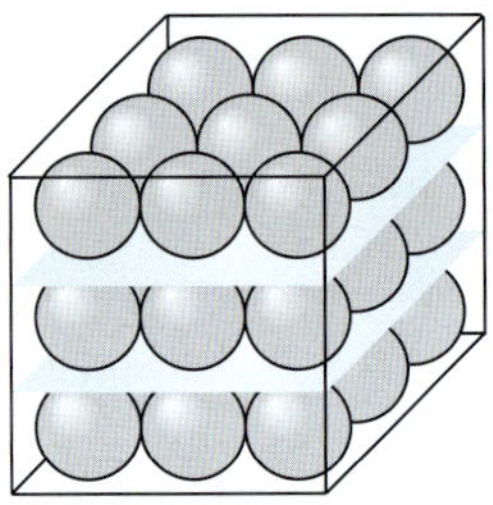

a) Bestimme die Oberfläche des Würfels.
b) Wie viel Prozent des Würfels sind durch die Tischtennisbälle ausgefüllt?

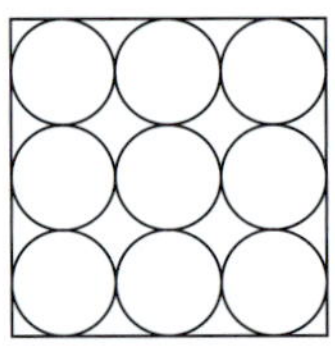

c) Konrad behauptet, dass er die Aufgabe b) so lösen kann: Er betrachtet 9 Kreise in einem Quadrat und berechnet den Flächenanteil, der nicht ausgefüllt ist. Diesen Prozentsatz kann er dann auch als Lösung für Aufgabe b) nehmen.
Überprüfe, ob Konrads Lösungsweg zum richtigen Ergebnis führt.
d) Für ein Kunstprojekt sollen die Tischtennisbälle angemalt werden. Berechne die zu bemalende Oberfläche.

Brüche

14 Ordne die Terme nach der Größe ihrer Ergebnisse.

a) ① $\frac{1}{2} \cdot \frac{1}{2}$ ② $\frac{1}{5} + \frac{1}{4}$ ③ $\frac{3}{8} \cdot \frac{8}{3}$
④ $\frac{6}{7} - \frac{2}{7}$ ⑤ $\frac{3}{4} + \frac{1}{8}$

b) ① $1{,}25 - 0{,}8$ ② $0{,}1 \cdot 10$ ③ $\frac{1}{3} + \frac{1}{4}$
④ $0{,}4 : \frac{1}{2}$ ⑤ $\frac{1}{3} \cdot 0{,}1$

15

A $\frac{1}{5}$ von $\frac{1}{7}$	① $\frac{1}{5} - \frac{1}{7}$
B $\frac{1}{5}$ vermehrt um $\frac{1}{7}$	② $\frac{1}{5} + \frac{1}{7}$
C $\frac{1}{5}$ vermindert um $\frac{1}{7}$	③ $\frac{1}{5} \cdot \frac{1}{7}$
D Wie oft passt $\frac{1}{7}$ in $\frac{1}{5}$?	④ $\frac{1}{5} : \frac{1}{7}$

a) Welche Aufgabe gehört zu welcher Beschreibung? Ordne zu.
b) Berechne zu jeder Aufgabe das Ergebnis.

16 Gib das Verhältnis an, in dem die Volumina der Körper zueinander stehen.

a)
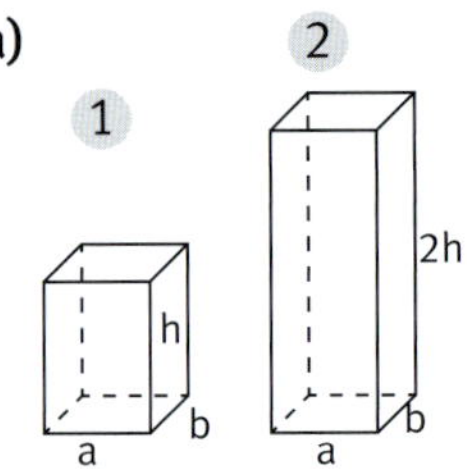

$\frac{V_2}{V_1} = \square$

b)
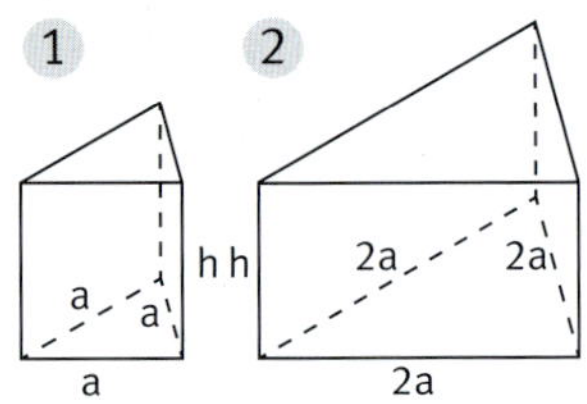

$\frac{V_2}{V_1} = \square$

c)
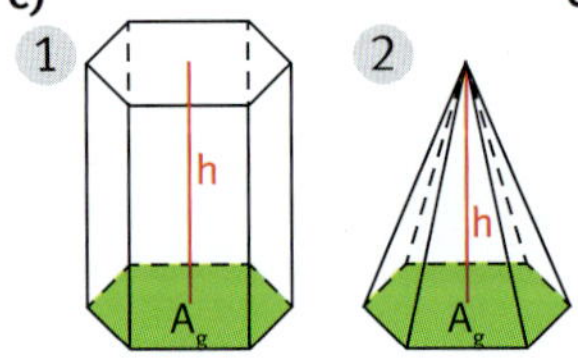

$\frac{V_2}{V_1} = \square$

d)
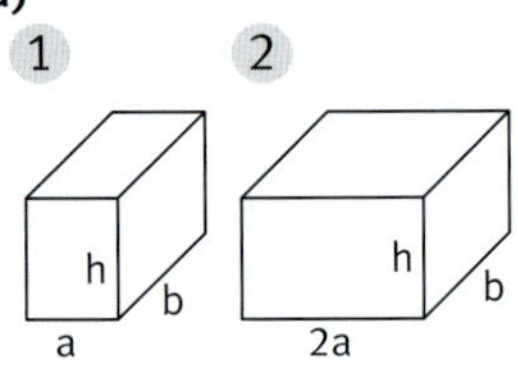

$\frac{V_2}{V_1} = \square$

17 Wie müsste man x verändern, sodass der Bruchterm $\frac{2 \cdot x}{3}$ …
a) einen doppelt so großen Wert erhält?
b) vom Betrag denselben Wert erhält, aber niemals negativ wird?
c) um 1 vermehrt wird?

3 Trigonometrische Berechnungen

Einstieg

Saskia will die Höhe des Chores des Erfurter Doms (roter Punkt) gegenüber dem Domplatz bestimmen. Sie hat eine genau 60 m lange Drachenschnur dabei. Den Winkel zum Dom misst sie mit einem Winkelmesser.

- Ermittle die eingezeichnete Höhe des Doms.
- Bestimme den Winkel, unter dem Saskia den Dom aus einer Entfernung von 100 m sehen würde.
- Wie weit ist Saskia vom Dom entfernt, wenn sie die angegebene Stelle unter einem Winkel von 60° sieht?

Ausblick

Am Ende dieses Kapitels hast du gelernt, ...

- Winkel und Seitenlängen in rechtwinkligen Dreiecken mithilfe von Sinus, Kosinus und Tangens zu berechnen.
- Winkel und Seitenlängen in beliebigen Dreiecken zu berechnen.
- den Flächeninhalt beliebiger Dreiecke durch Zusammenhänge mit Winkelgrößen zu berechnen.
- Sachaufgaben mithilfe von Winkelgrößen zu lösen.

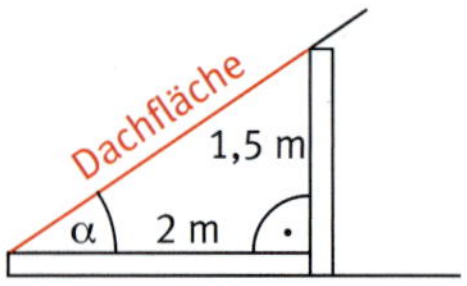

Bei der Besichtigung eines Einfamilienhauses möchte Familie Müller wissen, ob sich die Installation einer Solaranlage auf dem Dach lohnt. Dazu muss der Neigungswinkel α des Daches zwischen 30° und 50° liegen. Pläne für das Haus liegen nicht vor, aber Familie Müller hat einen Meterstab und eine Wasserwaage dabei und nimmt wie in der Skizze abgebildet Maß.

- Zeichne ein Dreieck in geeignetem Maßstab in dein Heft. Bestimme damit den Neigungswinkel α der Dachfläche.

Bezeichnungen im rechtwinkligen Dreieck:

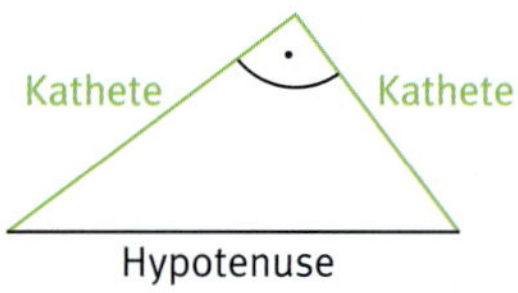

Merkwissen

In einem rechtwinkligen Dreieck sind die Seitenverhältnisse eindeutig durch die Größe der beiden spitzen Winkel festgelegt. Bezogen auf die spitzen Winkel des rechtwinkligen Dreiecks bezeichnet man diejenige **Kathete**, die dem **Winkel gegenüber** liegt, als **Gegenkathete,** und diejenige, die an dem Winkel **anliegt**, als **Ankathete**.

Beispiel für $\gamma = 90°$:

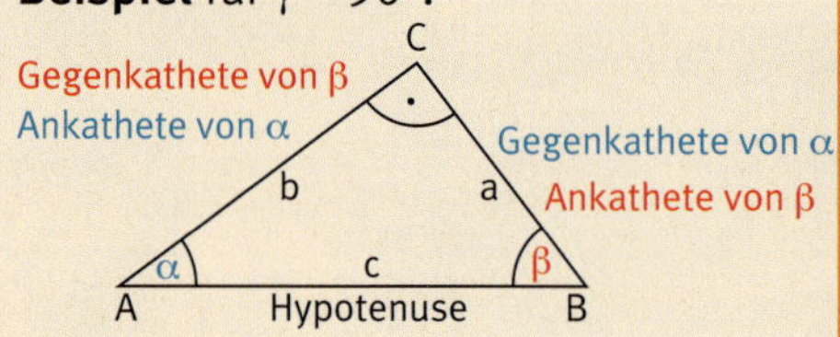

Steigungsdreiecke an einer Gerade sind alle zueinander ähnlich. Deshalb ist das **Verhältnis der Gegenkathete zur Ankathete** des Steigungswinkels α stets gleich:

Anstieg $m = \frac{4}{6} = \frac{2}{3} = \ldots$

In einem rechtwinkligen Dreieck bezeichnet man das Verhältnis der Längen von **Gegenkathete zu Ankathete** eines spitzen Winkels als **Tangens**, kurz **tan**:

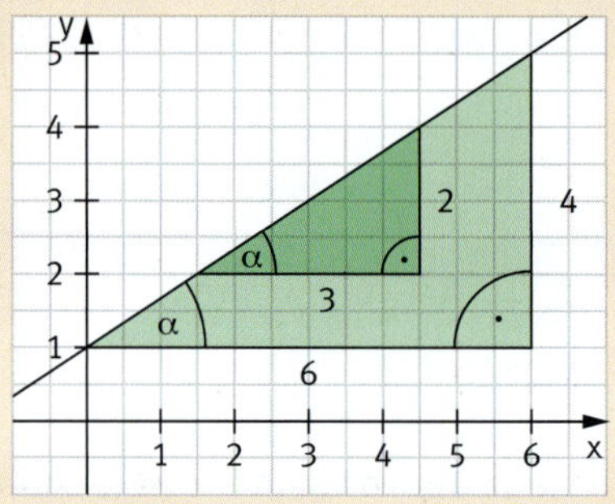

$$\text{Tangens des Winkels} = \frac{\text{Gegenkathete des Winkels}}{\text{Ankathete des Winkels}}$$

tan α sprich: „Tangens von α" oder „Tangens α"

Beispiel für $\gamma = 90°$:

$\tan \alpha = \frac{a}{b}$ $\quad \tan \beta = \frac{b}{a}$

Beispiele

Taschenrechner:

Tangens: tan

I Berechne den Tangens der Winkel α und β im gegebenen rechtwinkligen Dreieck ABC. Bestimme dann die Größe von α und β mit dem Taschenrechner.

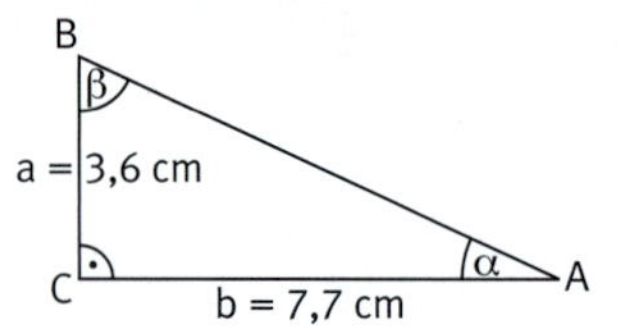

Lösung:

$\tan \alpha = \frac{a}{b} = \frac{3{,}6\text{ cm}}{7{,}7\text{ cm}} = \frac{36}{77} \quad \Rightarrow \alpha \approx 25°$

$\tan \beta = \frac{b}{a} = \frac{7{,}7\text{ cm}}{3{,}6\text{ cm}} = \frac{77}{36} \quad \Rightarrow \beta \approx 65°$

Den Winkel kannst du mit der Taschenrechnerfunktion $\tan^{-1}$ berechnen.

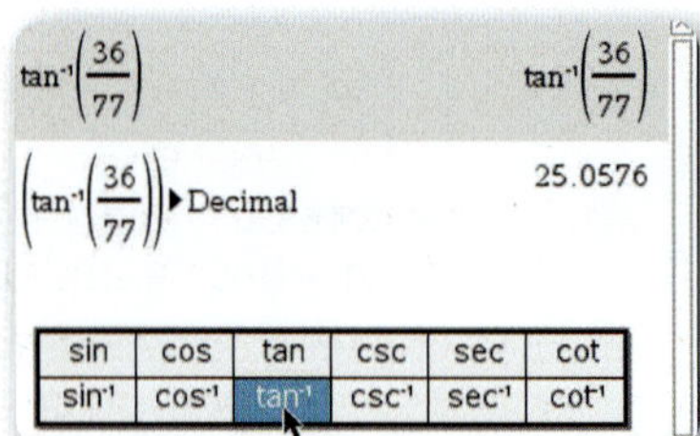

Verständnis

- Begründe, dass der Tangenswert eines Winkels größer als 1 werden kann.
- Erkläre, um welches Dreieck es sich handelt, wenn der Tangens den Wert 1 annimmt.

Aufgaben

1 Gib jeweils als Verhältnis der Seitenlängen an.

a) tan α, tan β **b)** tan β, tan γ **c)** tan α, tan γ **d)** tan α, tan β

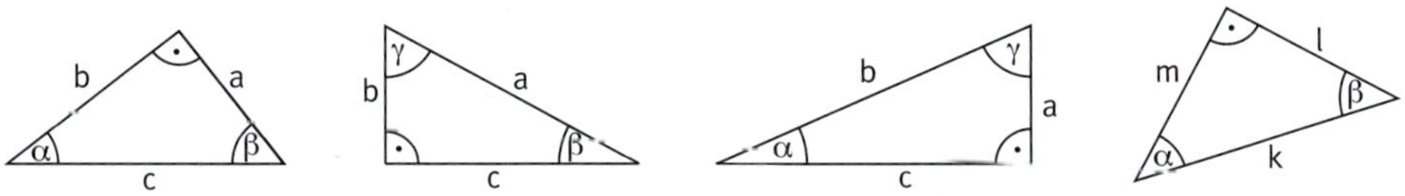

2 Berechne tan α und tan β für das Dreieck ABC mit γ = 90°. Runde auf zwei Stellen nach dem Komma.

a) a = 8,3 cm; b = 6,7 cm **b)** a = 73 mm; b = 113 mm

c) a = 12,4 m; b = 19,8 m **d)** a = 1,2 dm; b = 98 cm

Lösungen zu 2:
0,12; 0,63; 0,65; 0,81; 1,24; 1,55; 1,60; 8,17

3 Berechne die Größen der spitzen Winkel mit deinem CAS.

a) **b)** **c)** **d)**

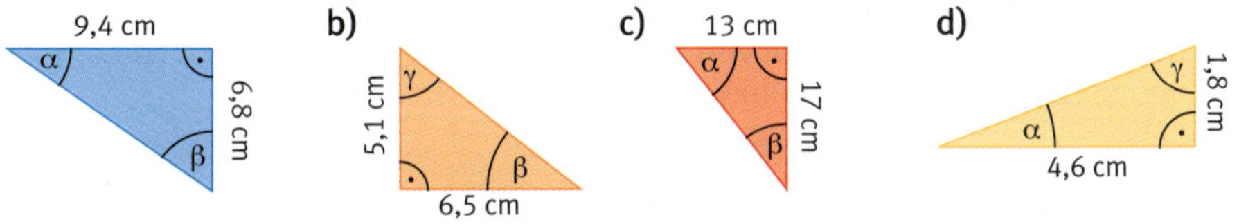

4 Zeichne Steigungsdreiecke zu den gegebenen Steigungen und bestimme den Steigungswinkel mithilfe des Tangens.

Steigung	10 %	50 %	80 %	100 %	200 %
Winkel					

8 % = $\frac{8}{100}$ bedeutet 8 Höhenmeter auf 100 m „in der Ebene“.

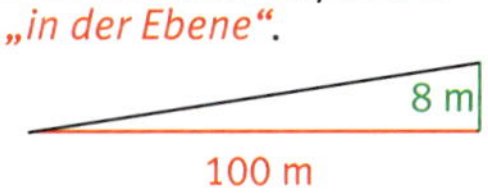

5 Stelle die Formeln für den Tangens eines rechtwinkligen Dreiecks ABC für jeden Winkel nach allen vorkommenden Seitenlängen um.

a) α = 90° **b)** β = 90° **c)** γ = 90°

6 Übertrage die Tabelle in dein Heft und berechne die fehlenden Werte.

	a	b	c	α	β	γ
a)		5,2 cm		30°	60°	
b)	1,9 cm	18,1 cm			90°	
c)			10,2 cm	90°		38°
d)	12,3 cm				90°	63°

Lösungen zu 6:
6°; 27°; 52°; 84°; 90°; 3,0; 6,0; 13,1; 16,6; 18,0; 21,7; 24,1

7 ① α = 30°; γ = 90°; b = 6 cm ② a = 5,6 cm; b = 9,0 cm; c = 10,6 cm

a) Konstruiere das rechtwinklige Dreieck mit dem passenden Kongruenzsatz (Planfigur – Beschreibung – Zeichnung).

b) Berechne fehlende Seitenlängen und Winkelgrößen und überprüfe an der Konstruktionszeichnung.

Erinnere dich an die Kongruenzsätze SSS, WSW, SWS und SsW.

Um an einer Schule den Zugang auch für Rollstuhlfahrer zu ermöglichen, soll neben dem Treppenaufgang eine Rampe errichtet werden. Es ist eine Höhe von 60 cm zu überwinden. Gemäß DIN-Vorschrift soll der Steigungswinkel der Rampe 3,4° betragen.

- Fertige eine maßstäbliche Zeichnung des Sachverhalts an. Nutze die bekannten Ähnlichkeitssätze und bestimme die tatsächliche Länge der Rampe.
- Beschreibe die Probleme, die sich aufgrund der geringen Größe des Steigungswinkels bei der zeichnerischen Bestimmung ergeben.

Merkwissen

In einem rechtwinkligen Dreieck nennt man das **Verhältnis der Längen von Gegenkathete zu Hypotenuse** eines spitzen Winkels den **Sinus** des Winkels, kurz **sin**:

Beispiel für $\gamma = 90°$:

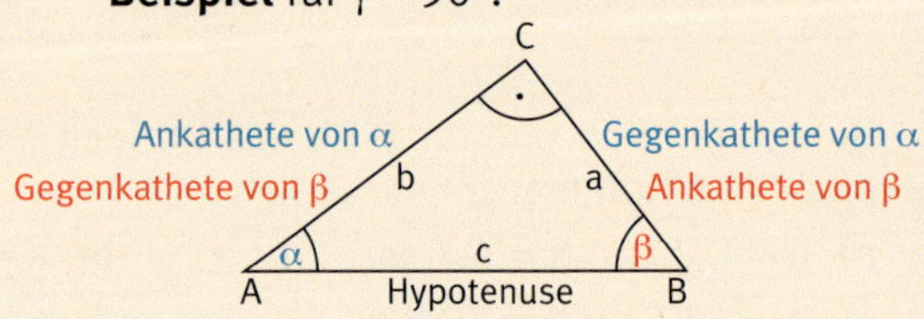

sin α sprich: „Sinus von α“ oder „Sinus α“

$$\text{Sinus des Winkels} = \frac{\text{Gegenkathete des Winkels}}{\text{Hypotenuse}} \qquad \sin\alpha = \frac{a}{c};\ \sin\beta = \frac{b}{c}$$

Das **Verhältnis der Längen von Ankathete zu Hypotenuse** eines spitzen Winkels nennt man **Kosinus** des Winkels, kurz **cos**:

cos α sprich: „Kosinus von α“ oder „Kosinus α“

$$\text{Kosinus des Winkels} = \frac{\text{Ankathete des Winkels}}{\text{Hypotenuse}} \qquad \cos\alpha = \frac{b}{c};\ \cos\beta = \frac{a}{c}$$

Beispiele

Sinus: sin

Kosinus: cos

I Gib als Verhältnis der Seitenlängen an. Berechne anschließend die Größe der Winkel mithilfe des Taschenrechners.

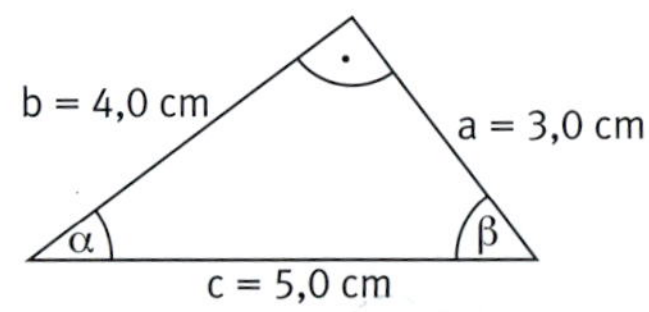

a) $\sin\alpha$ **b)** $\sin\beta$
c) $\cos\alpha$ **d)** $\cos\beta$

Lösung:

Den Winkel kannst du mit den Taschenrechnerfunktionen $\sin^{-1}$ bzw. $\cos^{-1}$ berechnen.

a) $\sin\alpha = \frac{a}{c} = \frac{3{,}0\text{ cm}}{5{,}0\text{ cm}} = 0{,}6 \Longrightarrow \alpha \approx 37°$

b) $\sin\beta = \frac{b}{c} = \frac{4{,}0\text{ cm}}{5{,}0\text{ cm}} = 0{,}8 \Longrightarrow \beta \approx 53°$

c) $\cos\alpha = \frac{b}{c} = \frac{4{,}0\text{ cm}}{5{,}0\text{ cm}} = 0{,}8 \Longrightarrow \alpha \approx 37°$

d) $\cos\beta = \frac{a}{c} = \frac{3{,}0\text{ cm}}{5{,}0\text{ cm}} = 0{,}6 \Longrightarrow \beta \approx 53°$

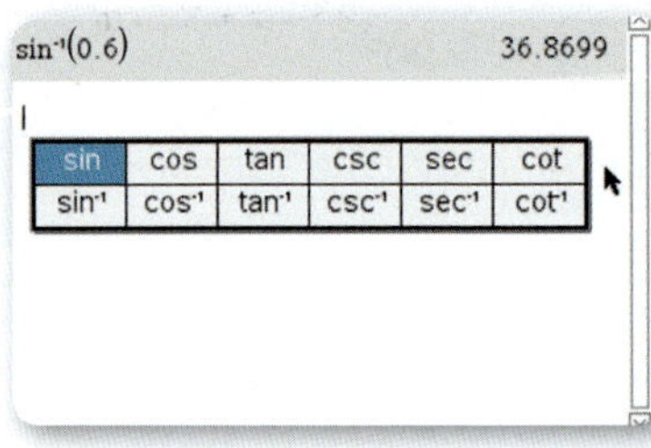

Verständnis

- Wie ändert sich der Wert des Sinus (Kosinus) eines Winkels, wenn sich bei ähnlichen Dreiecken die Länge aller Seiten verdoppelt, verdreifacht, …?
- Begründe: Der Sinuswert eines Winkels kann nie größer als 1 werden.

1 Gib Sinus und Kosinus der spitzen Winkel jeweils als Verhältnis der Seitenlängen an.

a)

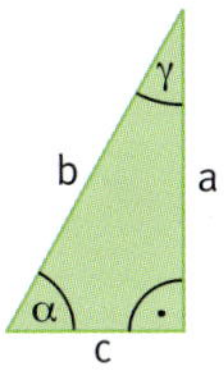

b)

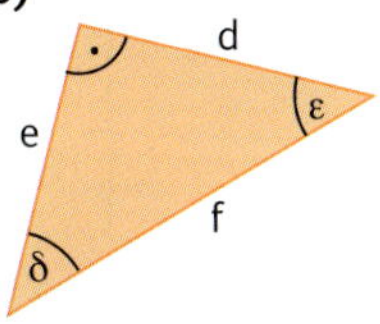

c)

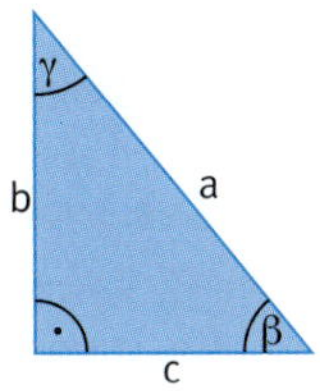

d)

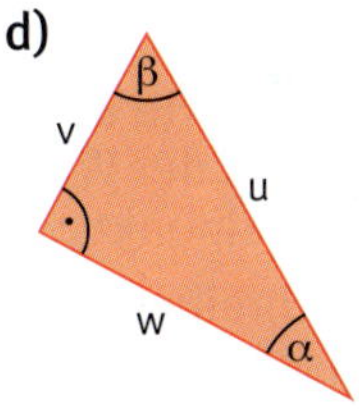

OHiMi 1 – 3

2 Gib ohne Rechnung mithilfe von Beispiel I die Sinuswerte (Kosinuswerte) sowie Winkelgrößen eines bei γ rechtwinkligen Dreiecks ABC an mit a = 6 cm, b = 10 cm und c = 8 cm. Begründe deine Lösung.

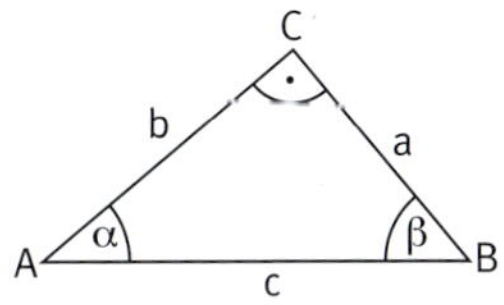

3 Stelle die Formeln für den Sinus und den Kosinus für das Dreieck ABC mit γ = 90° nach allen vorkommenden Seitenlängen um.

4 Das Dreieck ABC hat einen rechten Winkel γ.

a) Berechne jeweils sin α, sin β, cos α und cos β. Runde auf zwei Dezimalen.

① a = 5,5 cm; b = 4,8 cm; c = 7,3 cm ② a = 33 m; b = 56 m; c = 65 m

b) Begründe nur unter Nutzung der gegebenen Seitenlängen, dass die Dreiecke rechtwinklig bei γ sind.

5 Berechne die gesuchte Seitenlänge im rechtwinkligen Dreieck ABC mit γ = 90° und c = 4,5 cm.

a) α = 25°; a = □ **b)** β = 55°; a = □ **c)** α = 31°; b = □ **d)** β = 84°; b = □

6 **a)** Bei einem rechtwinkligen Dreieck mit γ = 90° sind die Hypotenuse c = 6,0 cm und die Kathete a = 3,6 cm gegeben. Timo berechnet die fehlenden Winkelgrößen und Seitenlängen.

Skizze:

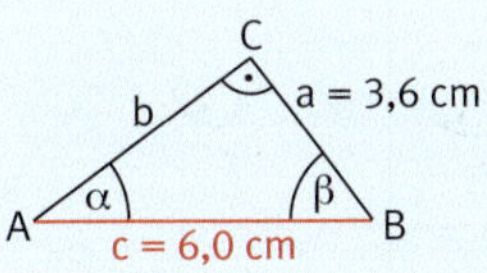

$\sin\alpha = \frac{a}{c} = \frac{3{,}6\ cm}{6{,}0\ cm} \Rightarrow \alpha \approx 37°$

$\cos\alpha = \frac{b}{c} \Rightarrow b = c \cdot \cos\alpha \quad b = 6{,}0\ cm \cdot \cos 37° \approx 4{,}8\ cm$

$\sin\beta = \frac{b}{c} = \frac{4{,}8\ cm}{6{,}0\ cm} \Rightarrow \beta \approx 53°$

① Beschreibe sein Vorgehen.

② Beschreibe, wie Timo den Winkel β geschickter bestimmen kann.

b) Erstelle eine Skizze. Berechne die fehlenden Größen im bei C rechtwinkligen Dreieck ABC.

① a = 2,8 cm; c = 5,3 cm ② b = 15,0 cm; c = 17,0 cm ③ b = 4,0 cm; β = 45°

Lösungen zu 6 b):
28°; 32°; 45°; 58°; 62°; 4,0; 4,5; 5,7; 8,0

7 Berechne für ein Dreieck ABC die fehlenden Tabellenwerte in deinem Heft.

Eine Skizze kann helfen.

	a	b	c	α	β	γ
a)	5,3 cm	□	□	90°	55°	□
b)	9,0 cm	10,2 cm	□	□	90°	□
c)	5,5 cm	4,4 cm	□	90°	□	□

Die Maßeinheit wählst du am besten größer als üblich, also beispielsweise 1 LE ≙ 6 cm.

Man bezeichnet einen Kreis mit Radius 1 LE, der um den Ursprung gezeichnet wird, als **Einheitskreis**.

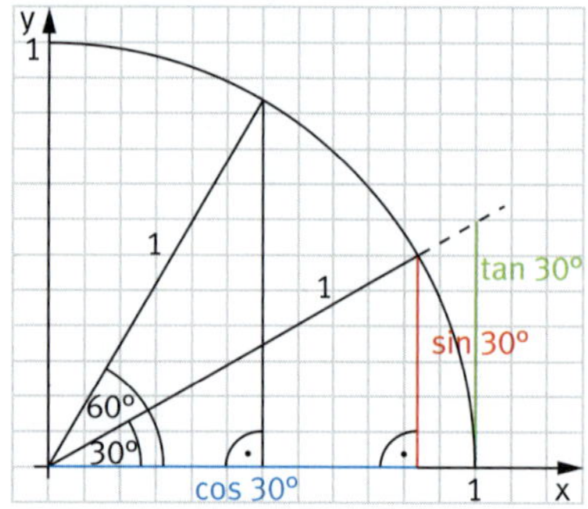

- Übertrage die Zeichnung in dein Heft.
- Erkläre, wie an einem Einheitskreis Sinus und Kosinus der Winkel am Kreismittelpunkt („Mittelpunktswinkel") ablesbar sind.
- Beschreibe und begründe Zusammenhänge zwischen Sinus und Kosinus an den eingezeichneten Dreiecken.
- Zeichne ein Dreieck mit dem Mittelpunktswinkel 45° und beschreibe Zusammenhänge zwischen Sinus und Kosinus.
- Die Begriffe Tangens und Tangente sind sich sehr ähnlich. Erkläre.

Merkwissen

In einem rechtwinkligen Dreieck ABC mit $\gamma = 90°$ bestehen folgende **Zusammenhänge zwischen Sinus, Kosinus und Tangens:**

- $\cos\alpha = \sin(90° - \alpha)$ und $\sin\alpha = \cos(90° - \alpha)$ (Begründung: $\beta = 90° - \alpha$)
- $\tan\alpha = \frac{\sin\alpha}{\cos\alpha}$ (Begründung: $\sin\alpha = \frac{a}{c}$, $\cos\alpha = \frac{b}{c}$ und $\tan\alpha = \frac{a}{b}$)

Wenn die Dreiecke anders bezeichnet sind, gilt Entsprechendes.

Es wird festgelegt:

(1) $\sin 0° = \cos 90° = 0$ (2) $\sin 90° = \cos 0° = 1$ (3) $\tan 0° = 0$

Beispiele

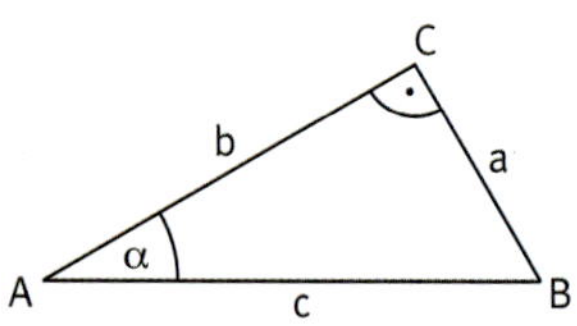

I Zeige den Zusammenhang $\tan\alpha = \frac{\sin\alpha}{\cos\alpha}$ auf zwei verschiedene Arten.

Lösung:

(1) Im Dreieck ABC mit $\gamma = 90°$ gilt $\tan\alpha = \frac{a}{b}$.
Erweitere den Bruch mit $\frac{1}{c}$, dann folgt:
$$\tan\alpha = \frac{a}{b} = \frac{a\cdot\frac{1}{c}}{b\cdot\frac{1}{c}} = \frac{\frac{a}{c}}{\frac{b}{c}} = \frac{\sin\alpha}{\cos\alpha}$$

(2) In den Dreiecken am Einheitskreis sei der Mittelpunktswinkel α.
Mit der Hypotenusenlänge $c = 1$ folgt:
$$\left.\begin{aligned}\sin\alpha &= \frac{a}{c} = \frac{a}{1} = a\\ \cos\alpha &= \frac{b}{c} = \frac{b}{1} = b\end{aligned}\right\}\text{ Somit: } \tan\alpha = \frac{a}{b} = \frac{\sin\alpha}{\cos\alpha}$$

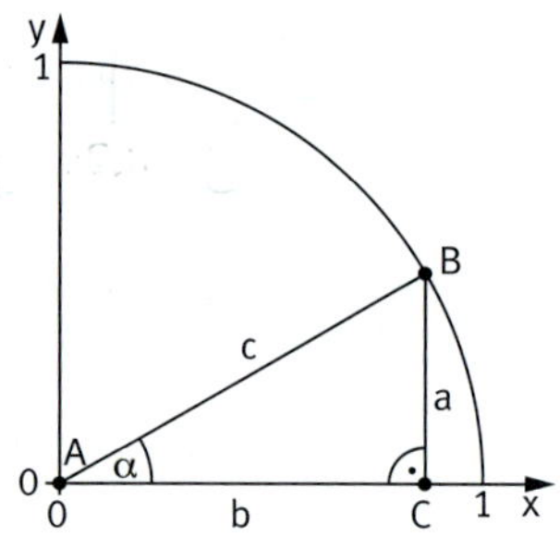

Verständnis

- Begründe anhand der Zeichnung am Einheitskreis, dass tan 90° nicht definiert ist. Erkläre auch anhand der Gleichung $\tan\alpha = \frac{\sin\alpha}{\cos\alpha}$.
- Beschreibe, wie sich der Wert von (1) $\sin\alpha$, (2) $\cos\alpha$ und (3) $\tan\alpha$ verändert, wenn α vergrößert (verkleinert) wird.

1 In einem CAS können trigonometrische Berechnungen auf mehreren Wegen eingegeben werden. Finde drei unterschiedliche Wege für den Sinus von 45°.

OHiMi 2 – 3

2 Ersetze in deinem Heft den Platzhalter so, dass eine wahre Aussage entsteht.

a) sin 45° = cos ▢ **b)** cos 20° = sin ▢ **c)** sin 75° = cos ▢
d) cos 80° = sin ▢ **e)** sin 20° ▢ sin 70° **f)** cos 40° ▢ cos 60°
g) tan 70° ▢ tan 60° **h)** cos 65° ▢ sin 35° **i)** tan 60° ▢ 1
j) tan 45° = ▢ **k)** cos 85° – sin 5° = ▢ **l)** cos 0° + cos 90° = ▢

3 **a)** Berechne die folgenden Produkte. Was stellst du fest?
(1) tan 35° · tan 55° (2) tan 40° · tan 50° (3) tan 20° · tan 70°
b) Finde noch weitere Beispiele für deine Vermutung mit dem CAS.
c) Begründe die Vermutung für ein rechtwinkliges Dreieck ABC mit $\gamma = 90°$.

4 Zeige die Richtigkeit der Angaben aus der Tabelle in der Randspalte. Zeichne dazu ein gleichschenklig-rechtwinkliges Dreieck ABC bzw. ein gleichseitiges Dreieck ABC mit jeweils a = b = 1 LE. Begründe die Symmetrie der Tabelle.

α	30°	45°	60°
sin α	$\frac{1}{2}$	$\frac{\sqrt{2}}{2}$	$\frac{\sqrt{3}}{2}$
cos α	$\frac{\sqrt{3}}{2}$	$\frac{\sqrt{2}}{2}$	$\frac{1}{2}$

5 **a)** Gib in dein CAS $(\sin\alpha)^2 + (\cos\alpha)^2$ ein und berechne das Ergebnis.
b) Berechne den Termwert für $\alpha = 30°$ (45°, 60°).
c) Begründe diesen Zusammenhang an einem rechtwinkligen Dreieck ABC mit $\gamma = 90°$. Nutze den Satz des Pythagoras.

Statt $(\sin\alpha)^2$ schreibt man auch kurz $\sin^2\alpha$. Für cos und tan gilt Entsprechendes.

6 **a)** Von einem spitzen Winkel α ist bekannt, dass sin α = 0,6 ist. Gesa berechnet cos α und tan α, ohne vorher α zu ermitteln. Beschreibe ihr Vorgehen.

(1)
$$(\sin\alpha)^2 + (\cos\alpha)^2 = 1$$
$$0{,}36 + (\cos\alpha)^2 = 1$$
$$(\cos\alpha)^2 = 0{,}64$$
$$\cos\alpha = 0{,}8$$

(2)
$$\tan\alpha = \frac{\sin\alpha}{\cos\alpha} = \frac{0{,}6}{0{,}8} = \frac{6}{8} = \frac{3}{4}$$
$$\tan\alpha = 0{,}75$$

b) Übertrage die Tabelle in dein Heft und ergänze dort die fehlenden Werte, ohne die Größe des Winkels α zu ermitteln. Runde auf zwei Dezimalen.

	1	2	3	4	5	6	7
sin α	0,25	▢	▢	0,11	▢	0,50	▢
cos α	▢	0,50	▢	▢	0,72	▢	0,81
tan α	▢	▢	1,00	▢	▢	▢	▢

7

Mithilfe des Einheitskreises kann man Sinus und Kosinus auch für Winkelwerte > 90° definieren.
sin (180° – α) = sin (α) für 90° < α < 180°
cos (180° – α) = –cos (α) für 90° < α < 180°

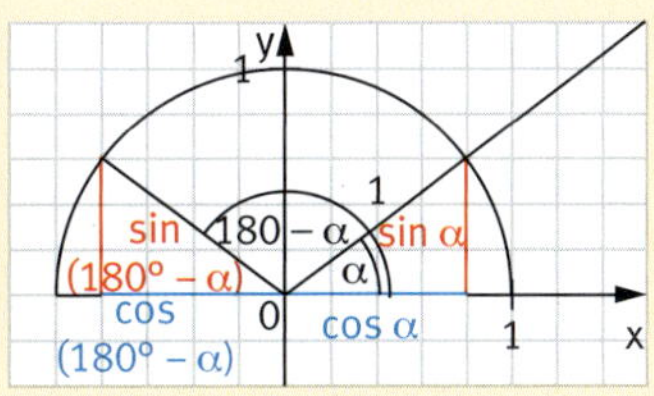

a) Übertrage die Zeichnung aus dem Kasten in doppelter Größe in dein Heft und zeichne die Werte für sin 40°, sin 140°, cos 40° und cos 40° ein.
b) Gib alle Winkelmaße $\alpha \in [0°; 180°]$ an, für die gilt:
(1) sin α = 0,5 (2) sin α = 1 (3) sin α = 0,8 (4) sin α = 0,3 (5) sin α = 0
(6) cos α = –0,7 (7) |cos α| = 1 (8) cos α = 0,5 (9) |cos α| = 0,9 (10) cos α = 0

Aufgaben

1 Zur Messung der Breite eines Flusses zieht man eine Standlinie von A nach B so, dass bei B durch Peilung ein rechter Winkel entsteht. Berechne die Flussbreite für die angegebenen Maße.

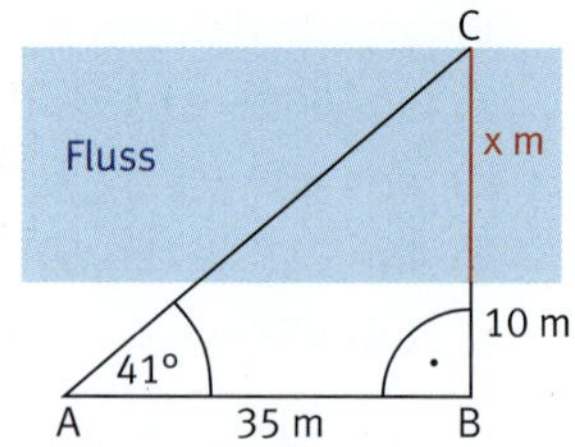

2 Ein Schiff fährt auf einem See von Abach über Bibertal nach Costein und auf dem gleichen Weg wieder zurück. Berechne die insgesamt zurückgelegte Strecke.

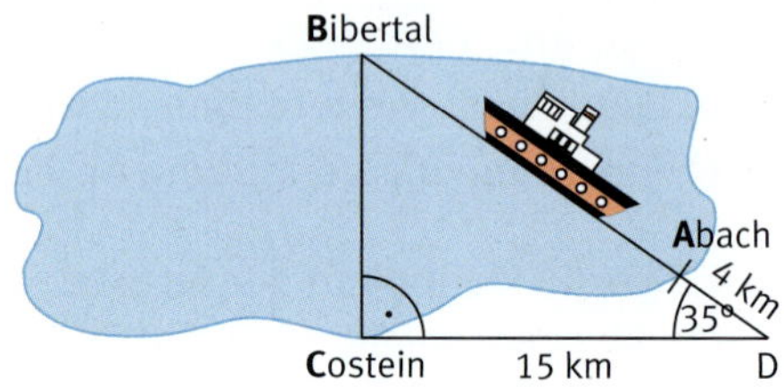

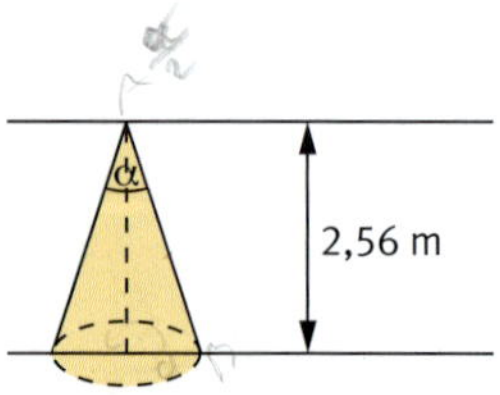

3 Herr Graf installiert in seiner Decke einen LED-Spot, der einen Abstrahlwinkel α von 36° (12°) hat. Wie groß ist der Durchmesser der beleuchteten Bodenfläche?

Lösungen zu 6:
8,7 %; 15,8 %; 100 %; 173,2 %

4 Berechne die Steigung in Prozent, wenn der Steigungswinkel eines Berghangs die Größe 5° (9°, 45°, 60°) hat. Zeichne jeweils ein zugehöriges Steigungsdreieck.

5 Ein Ballon steht 55 m über der Erde. Vom Ballon aus werden die Spitze D eines Turmes sowie sein Fußpunkt A anvisiert (Winkel gegenüber der Waagrechten).

a) Berechne die Entfernung des Ballons von der Turmspitze.

b) Bestimme die Turmhöhe.

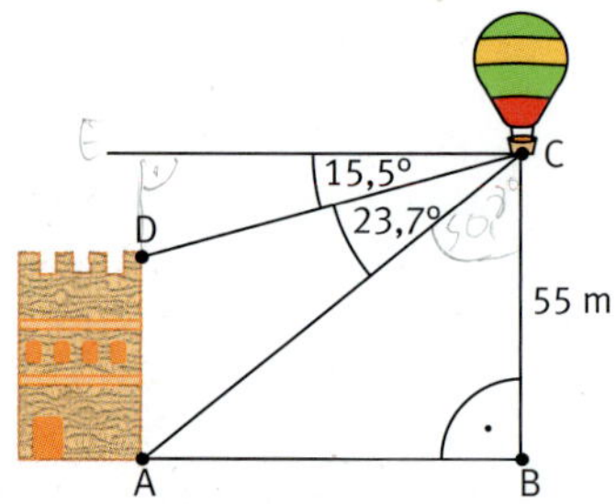

6 Eine Seilbahn hat zwei unterschiedlich steile Abschnitte.

a) Berechne die Steigungswinkel α und β.

b) Bestimme den gesamten Höhenunterschied von der Tal- zur Bergstation.

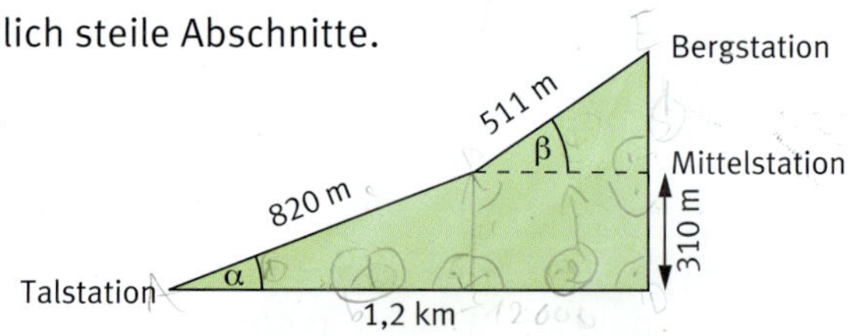

7 Berechne die Höhe h des Zirkuszeltes.

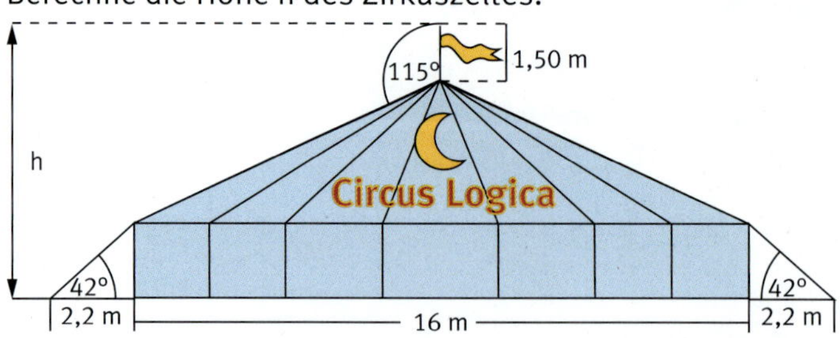

8 Von einem 65 m hohen Leuchtturm erblickt man ein Motorboot unter einem Tiefenwinkel von $\alpha = 4°$. Berechne die Entfernung des Motorboots vom Leuchtturm.

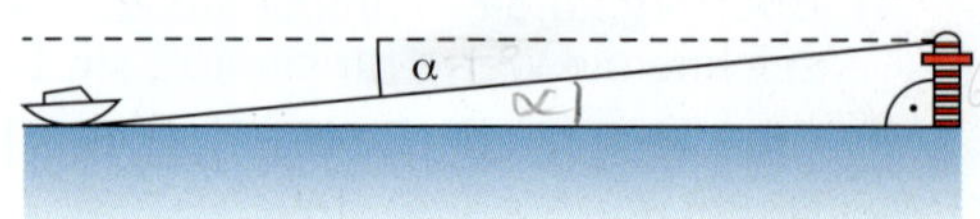

9 Ein Verkehrsflugzeug startet und überfliegt nach 20 km zurückgelegter Strecke einen Fluss. Berechne seine Flughöhe über dem Fluss, wenn der durchschnittliche Steigungswinkel 6° beträgt.

10 Der Hindenburgdamm verbindet die Nordsee-insel Sylt mit dem Festland. Der Querschnitt durch den Damm ist ein gleichschenkliges Trapez. Berechne die Dammhöhe und über-prüfe das Ergebnis durch eine maßstabsgenaue Zeichnung.

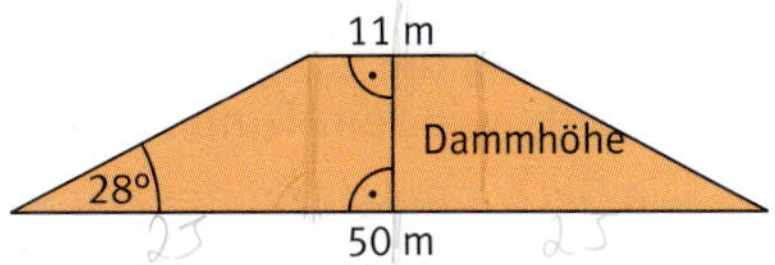

11 Der Skilift in Ernstthal am Rennsteig überwindet einen Höhenunterschied von 113,6 m und hat eine durchschnittliche Steigung von 22,4 %.
Berechne die Länge der Strecke, die man mit dem Lift zurücklegt.

12 Bei dem abgebildeten Kettenkarussell schließen bei maximaler Geschwindig-keit die Ketten mit der Horizontalen a einen Winkel von 40° ein. Die Kette und der Sitz S sind zusammen 3,90 m lang. Im Stillstand befindet sich der Sitz 60 cm über dem Karussellboden b.
Berechne, in welcher Höhe über dem Karussellboden b sich der Sitz S bei maximaler Geschwindigkeit befindet.

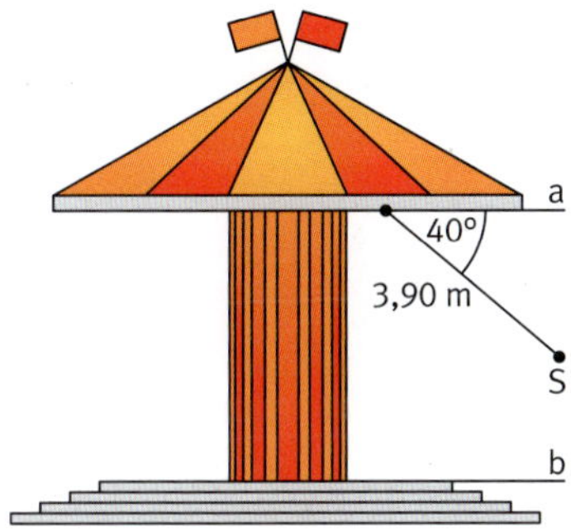

13

Die Pilatusbahn in der Schweiz ist die steilste Zahnradbahn der Welt. Auf einer 1200 m langen Steigungsstrecke bewältigt sie einen Höhenunterschied von 518,5 m.

a) Bestimme den Steigungswinkel in diesem Streckenabschnitt. Runde auf eine Dezimale. Gib die Steigung auch in Prozent an.

b) Die Oberweißbacher Bergbahn im Thüringer Wald überwindet als Standseil-bahn auf einer 1,4 km langen Strecke einen Höhenunterschied von 669 m. Vergleiche mit der Pilatusbahn.

14 Ein Turm der Höhe h = 25 m steht auf einem Hang, der unter einem Winkel von $\beta = 28°$ gegen die Horizontale geneigt ist. Die Schattenlänge $\overline{AB}$ des Turmes beträgt beim momentanen Sonnenstand 45 m. Berechne den Höhenwinkel α, unter dem die Sonne scheint.

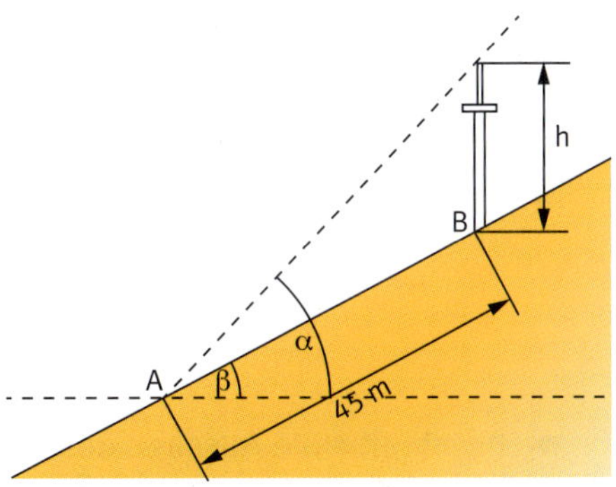

Bei Suhl verkürzt der Autobahnabschnitt mit dem Tunnel „Berg Bock“ den ursprünglichen Weg durch das Zentrum bis zur B 62 deutlich. Die Abbildung zeigt vereinfacht die Begebenheiten.

- Bestimme durch eine maßstäbliche Zeichnung die Länge des Autobahnabschnitts mit dem Tunnel „Berg Bock“.
- Die Skizze mit der eingezeichneten Höhe als Hilfslinie ermöglicht die Berechnung der Seitenlängen eines Dreiecks mithilfe der Sinuswerte in rechtwinkligen Dreiecken. Berechne die Länge des Autobahnabschnitts. Beschreibe dein Vorgehen.

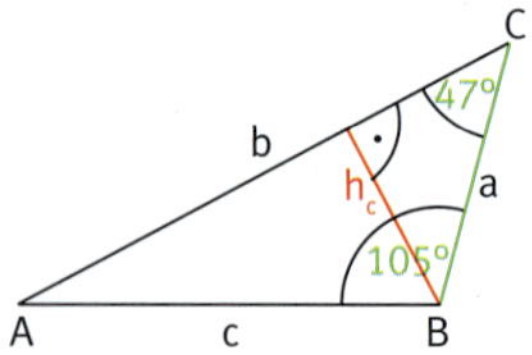

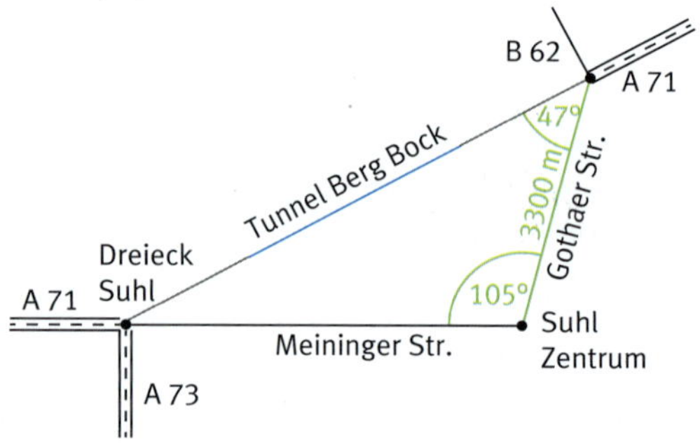

Merkwissen

Zerlegt man ein beliebiges Dreieck entlang einer Höhe in zwei Teildreiecke, so kann man die bekannten Zusammenhänge erkennen:

(1) $\sin\alpha = \frac{h_c}{b} \quad \Rightarrow \quad h_c = b \cdot \sin\alpha$

(2) $\sin\beta = \frac{h_c}{a} \quad \Rightarrow \quad h_c = a \cdot \sin\beta$

Gleichsetzen der Terme liefert:
$b \cdot \sin\alpha = a \cdot \sin\beta$ bzw. $\frac{\sin\alpha}{\sin\beta} = \frac{a}{b}$

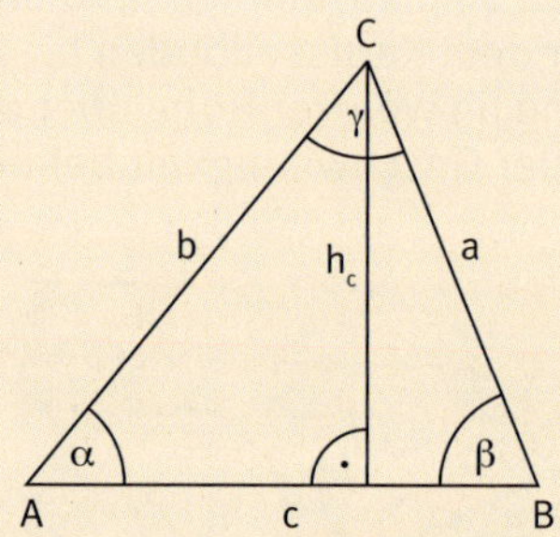

Diesen Zusammenhang nennt man den **Sinussatz** für beliebige Dreiecke ABC:
$\frac{\sin\alpha}{\sin\beta} = \frac{a}{b} \qquad \frac{\sin\alpha}{\sin\gamma} = \frac{a}{c} \qquad \frac{\sin\beta}{\sin\gamma} = \frac{b}{c}$
Dabei gilt für stumpfe Winkel α ($90° < \alpha < 180°$): $\sin\alpha = \sin(180° - \alpha)$.

Das Verhältnis der Sinuswerte zweier Winkelgrößen ist gleich dem Verhältnis der gegenüberliegenden Seitenlängen.

Beispiele

I Berechne die fehlenden Seitenlängen und Winkelmaße im Dreieck ABC.

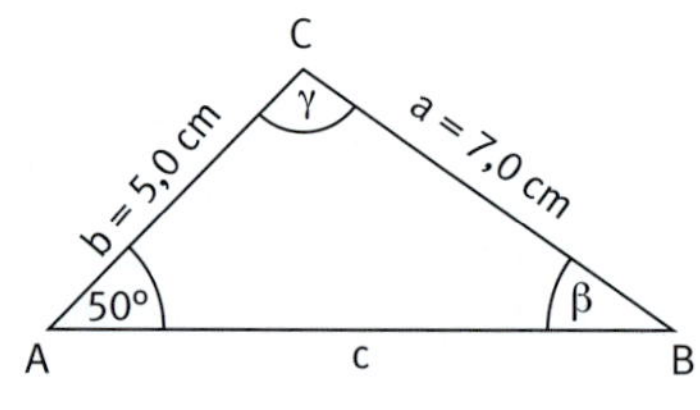

Lösung:

(1) $\frac{\sin\beta}{b} = \frac{\sin\alpha}{a}$

$\Rightarrow \sin\beta = b \cdot \frac{\sin\alpha}{a} = 5{,}0\text{ cm} \cdot \frac{\sin 50°}{7\text{ cm}}$

Damit folgt $\beta \approx 33{,}2°$. $\beta \approx 180° - 33{,}2°$ kommt nicht infrage, da die Winkelsumme im Dreieck ABC damit größer als 180° wäre.

(2) $\gamma \approx 180° - 50° - 33{,}2° = 96{,}8°$

(3) $\frac{c}{\sin\gamma} = \frac{a}{\sin\alpha} \Rightarrow c = \sin\gamma \cdot \frac{a}{\sin\alpha}$

$c = \sin 96{,}8° \cdot \frac{7{,}0\text{ cm}}{\sin 50°} \approx 9{,}1\text{ cm}$

Verständnis

- Beschreibe die Aussage des Sinussatzes in eigenen Worten.
- Erkläre das Vorgehen der Berechnungen in Beispiel I in eigenen Worten.

oHiMi 1 – 2

Schreibe nach Möglichkeit beim Aufstellen der Formel die gesuchte Variable in den Zähler.

1 Zeige anhand der Höhe h_b, dass in einem beliebigen Dreieck ABC gilt: $\frac{a}{\sin \alpha} = \frac{c}{\sin \gamma}$.

2 Löse den Sinussatz nach jeder Seitenlänge und jedem Sinuswert auf.

3 Berechne die fehlenden Winkel des Dreiecks.

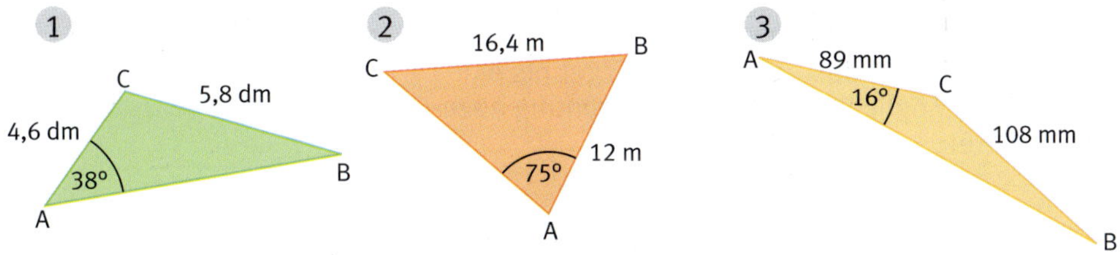

b) Welcher Kongruenzsatz sichert, dass die Winkelgrößen anhand der Angaben eindeutig zu berechnen sind?

4 a) Berechne die fehlenden Seitenlängen des Dreiecks. Beschreibe dein Vorgehen.

Lösungen zu 4: 1,4 cm; 11 cm; 9,2 cm; 3,5 cm; 15 cm; 7,9 cm

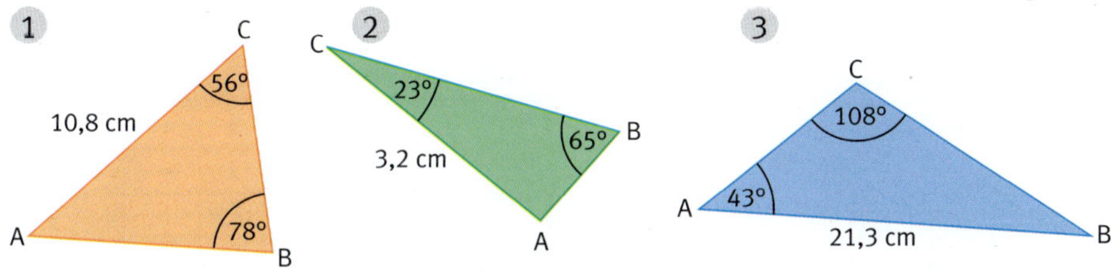

b) Begründe, dass in Teilaufgabe a) die Dreiecke durch die Angaben eindeutig bestimmt sind.

5 Ein Dreieck ABC mit $\alpha = 45°$, $b = 8{,}2$ cm und $a = 6$ cm kann nicht eindeutig konstruiert werden.
Berechne mithilfe von $\sin \beta = \sin (180° - \beta)$ die Winkel und Seitenlängen der beiden möglichen Dreiecke.

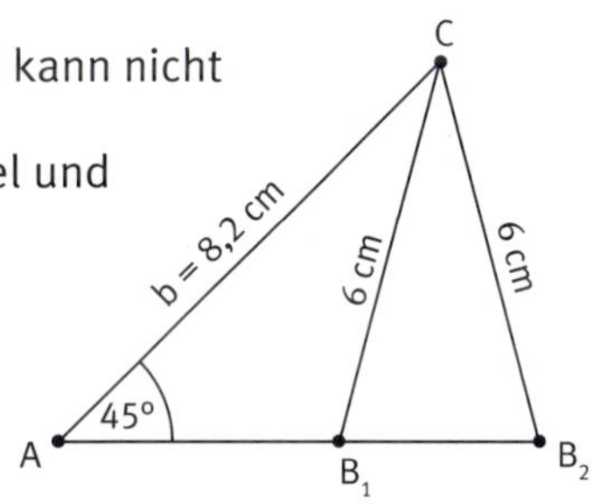

6 Berechne für ein Dreieck ABC die fehlenden Tabellenwerte.

	a)	b)	c)	d)	e)	f)
a	12 cm		45,3 mm	5,1 m		385 mm
b		3,6 dm		3,6 m	4,2 cm	
c	5,8 cm					721 mm
α			76°	50,5°		26,5°
β		47°			125°	
γ	28,6°	68,2°	12°		18,7°	

7 Gegeben ist das Dreieck ABC mit den Stücken:
$b = 5{,}0$ cm; $c = 6{,}5$ cm; $\gamma = 35°$
Berechne die Höhe h_c.

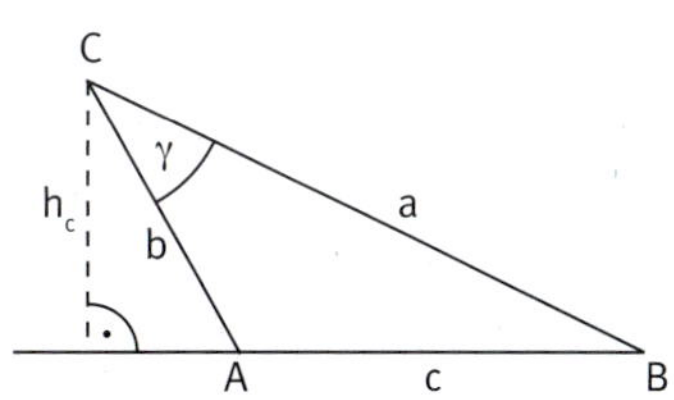

8 Von einem Dreieck ABC sind folgende Stücke gegeben:
$\overline{AC} = b = 77$ cm; $\alpha = 35°$; $\gamma = 95°$

a) Berechne die Länge der Seite c.

b) Konstruiere das Dreieck in einem geeigneten Maßstab und gib diesen an.

9 Interpretiere den nebenstehenden Screenshot. Gehe dabei auf das angestrebte Ergebnis ein. Gib eine Möglichkeit ein, die Berechnung abzuschließen.

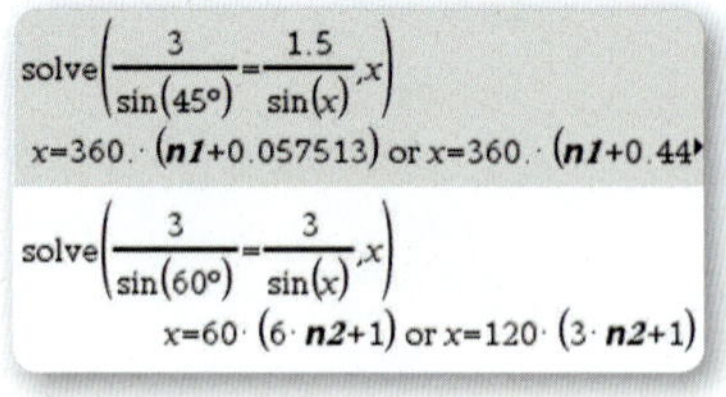

10

Bei der Berechnung einer Winkelgröße bei vorgegebenem Sinus- oder Kosinuswert mit dem CAS ist es wichtig, den Bereich anzugeben, in dem sich die Winkelgröße bewegen darf. Dafür eignet sich der senkrechte **Bedingungsstrich (with-Operator)**.

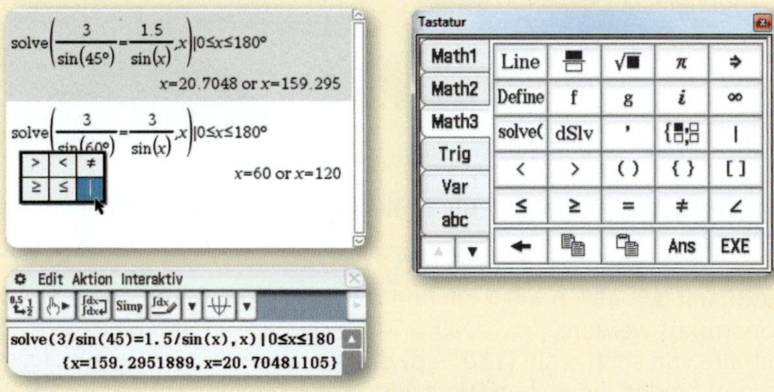

Berechne die Beispiele in den Screenshots mit deinem CAS.

11 Formuliere eine Aufgabenstellung zu der nebenstehenden Berechnung mit dem CAS. Bedenke dabei die Längeneinheit.

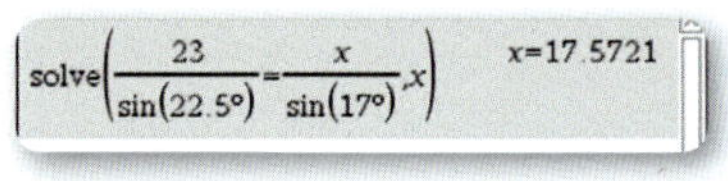

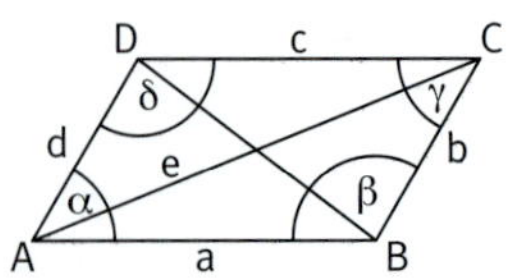

12 Bestimme im Parallelogramm ABCD die Länge der Seite b, wenn a = 6,8 cm, e = 9,6 cm und $\beta = 120°$.

13 Gegeben sind von einem Dreieck ABC die Punkte A (0|0), B (6|0) sowie $\alpha = 30°$. Ferner gilt: $\beta = 90° + \alpha$. Berechne die Koordinaten von C.

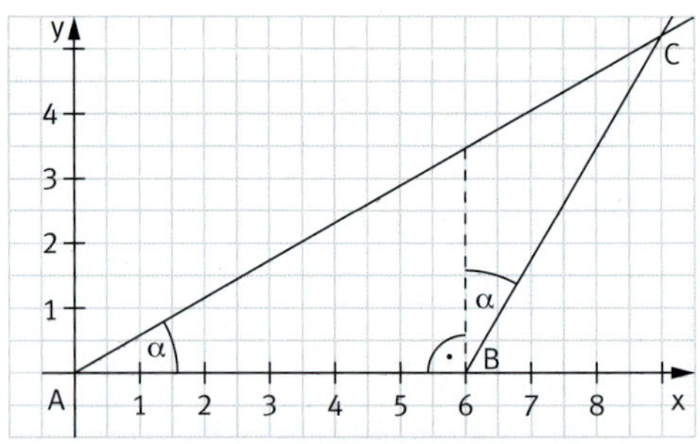

14 Gegeben ist das Dreieck ABC mit $a = 4{,}5$ cm, $b = 6{,}4$ cm und $\alpha = 35°$.

a) Konstruiere das Dreieck ABC (Planfigur – Zeichnung – Beschreibung).

b) Begründe, dass die Konstruktion zwei Lösungen hat.

c) Berechne die Größe der Winkel β_1 und β_2 für beide Lösungen.

d) Berechne für beide Lösungen jeweils die dritte Seitenlänge c_1 bzw. c_2.

15 Gegeben sind von der nebenstehenden Abbildung nebenan die Punkte A (0|0), B (4|0) sowie $\alpha = 20°$. Die rote Strecke ist das Lot von D auf die x-Achse.

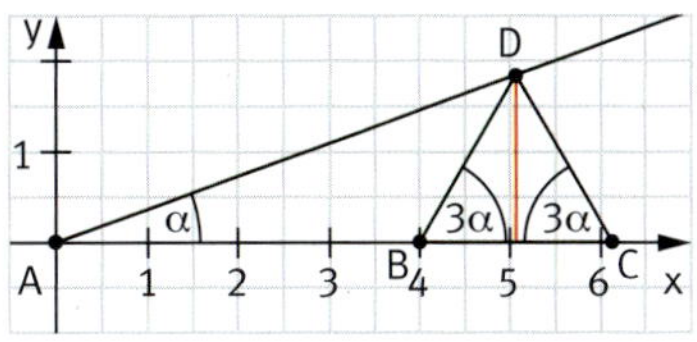

a) Berechne $\overline{AD}$.

b) Berechne die Koordinaten der Punkte C und D. Runde auf eine Dezimale.

16 Bei einem Wiederaufforstungsprogramm soll am Rennsteig ein dreieckiges Waldstück umzäunt werden, um es vor Wildbiss zu schützen. Bestimme anhand der Skizze die Länge des Zauns.

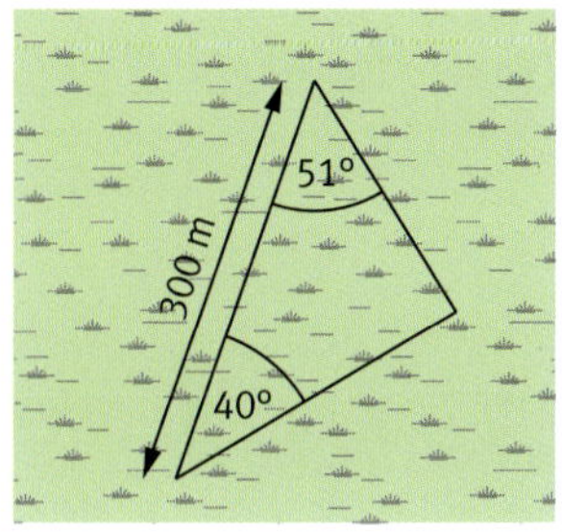

17 In einem Kletterwald kann man an einem Seil einen Fluss überqueren. Das Seil ist an zwei Bäumen befestigt, die 2,0 m, bzw. 1,5 m vom Fluss entfernt stehen.

a) Berechne die Breite des Flusses an dieser Stelle.

b) Zeichne das Dreieck in einem geeigneten Maßstab und gib diesen an.

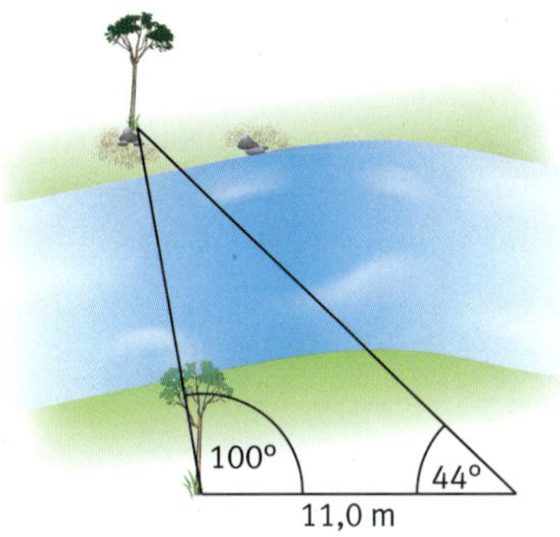

WISSEN

Umkreis eines Dreiecks

Mithilfe des Sinussatzes lässt sich eine Beziehung zwischen einer Seite eines beliebigen Dreiecks, ihrem Gegenwinkel und dem Umkreisradius r_u finden.

- Man kann beweisen, dass γ halb so groß ist wie der eingezeichnete Mittelpunktswinkel bei M. Veranschauliche dies mit einem dynamischen Geometrieprogramm.
- Begründe folgenden Zusammenhang:

$$\sin \gamma = \frac{c}{2 \cdot r_u}$$

- Zeige folgenden Zusammenhang:

$$\frac{a}{\sin \alpha} = \frac{b}{\sin \beta} = \frac{c}{\sin \gamma} = 2 \cdot r_u$$

- Berechne die Maße der nicht gegebenen Stücke des Dreiecks ABC.

a) $b = 5{,}7$ m; $c = 8{,}2$ m; $r_u = 4{,}5$ m **b)** $a = 4{,}2$ m; $c = 3{,}8$ m; $r_u = 2{,}9$ m **c)** $\alpha = 78°$; $\gamma = 54°$; $r_u = 5{,}2$ m

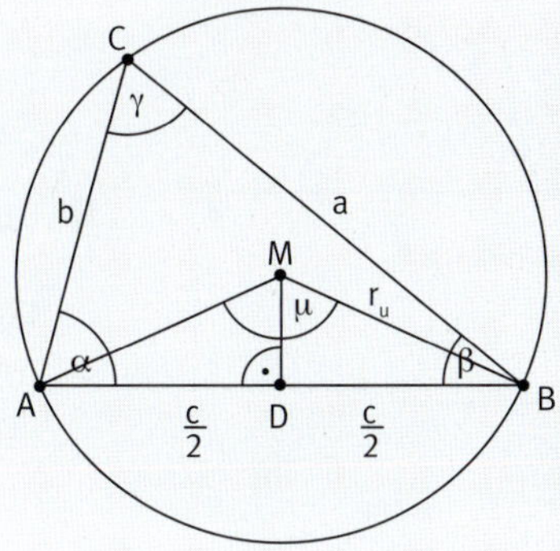

Mit der Idee der Herleitung des Sinussatzes lassen sich auch Zusammenhänge zwischen den Kosinuswerten der Winkelmaße und den Seitenlängen in einem beliebigen Dreieck ABC finden.

- Begründe, dass der Sinussatz nicht anwendbar ist, wenn ein Dreieck nach den Kongruenzsätzen SSS und SWS festgelegt ist.
- Erläutere die folgende Herleitung.

$\cos\alpha = \frac{s}{b} \Longrightarrow s = b\cdot\cos\alpha \Longrightarrow t = c - b\cdot\cos\alpha$

$\sin\alpha = \frac{h_c}{b} \Longrightarrow h_c = b\cdot\sin\alpha$

Nach Pythagoras gilt im ΔCDB: $a^2 = h_c{}^2 + t^2$

$$\begin{aligned} a^2 &= (b\cdot\sin\alpha)^2 + (c - b\cdot\cos\alpha)^2 \\ &= b^2\cdot(\sin\alpha)^2 + c^2 - 2bc\cdot\cos\alpha + b^2\cdot(\cos\alpha)^2 \\ &= b^2\cdot((\sin\alpha)^2 + (\cos\alpha)^2) + c^2 - 2bc\cdot\cos\alpha \end{aligned}$$

$\mathbf{a^2 = b^2 + c^2 - 2bc\cdot\cos\alpha}$

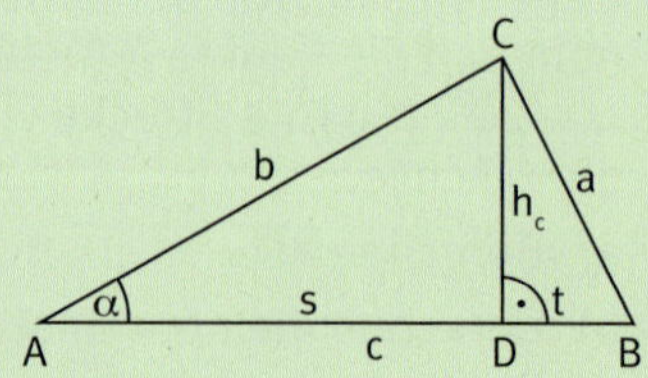

Beachte den Zusammenhang von Seite 49: $(\sin\alpha)^2 + (\cos\alpha)^2 = 1$

Merkwissen

Wenn bei einem Dreieck ABC zwei Seitenlängen und die Größe des eingeschlossenen Winkels gegeben sind, dann lässt sich die dritte Seitenlänge mithilfe des **Kosinussatzes** berechnen:

$a^2 = b^2 + c^2 - 2bc\cdot\cos\alpha$
$b^2 = a^2 + c^2 - 2ac\cdot\cos\beta$
$c^2 = a^2 + b^2 - 2ab\cdot\cos\gamma$

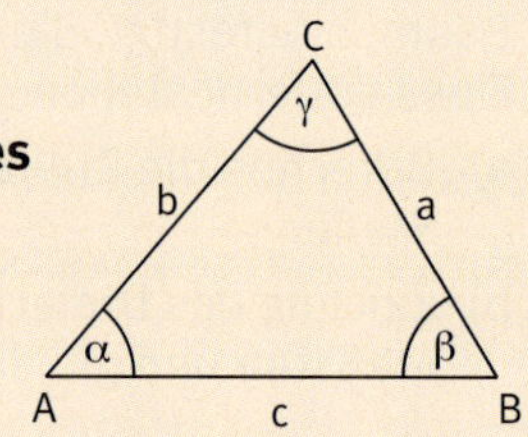

Beachte für stumpfe Winkel α $(90° < \alpha < 180°)$: $\cos\alpha = -\cos(180° - \alpha)$.

Beispiele

I Gegeben ist das Dreieck ABC mit a = 5,0 cm, b = 7,0 cm und $\gamma = 65°$. Bestimme c.

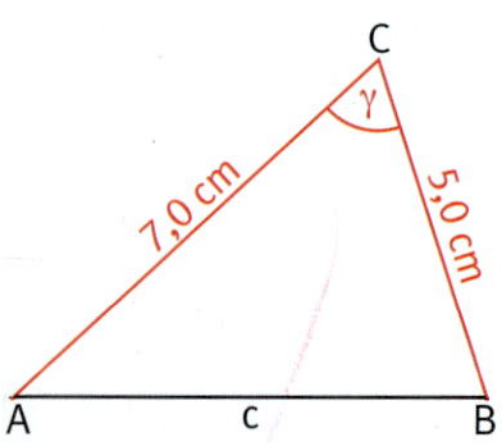

Beachte: c > 0.

Lösung:

ΔABC ist konstruierbar nach SWS. Nach dem Kosinussatz gilt:

$c^2 = a^2 + b^2 - 2ab\cdot\cos\gamma$

$c^2 = (5{,}0\text{ cm})^2 + (7{,}0\text{ cm})^2 - 2\cdot 5{,}0\text{ cm}\cdot 7{,}0\text{ cm}\cdot\cos 65° \approx 44{,}42\text{ cm}^2$

$\Longrightarrow c = \sqrt{44{,}42\text{ cm}^2} \approx 6{,}7\text{ cm}$

II Bestimme im Dreieck ABC mit a = 6 cm, b = 4 cm und c = 8 cm alle Winkelgrößen.

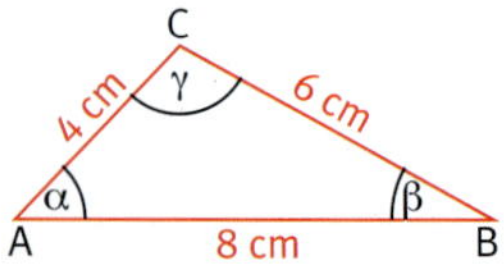

Man kann mit jedem Teil des Kosinussatzes beginnen.

Lösung:

ΔABC ist konstruierbar nach SSS.

1 Kosinussatz: $c^2 = a^2 + b^2 - 2ab\cdot\cos\gamma$ $\quad\Longrightarrow \cos\gamma = -\frac{c^2 - a^2 - b^2}{2ab}$

$\cos\gamma = -\frac{(8\text{ cm})^2 - (6\text{ cm})^2 - (4\text{ cm})^2}{2\cdot 6\text{ cm}\cdot 4\text{ cm}}$ $\quad\Longrightarrow \gamma \approx 104{,}5°$

2 Sinussatz: $\frac{\sin\alpha}{a} = \frac{\sin\gamma}{c}$ $\quad\Longrightarrow \sin\alpha = a\cdot\frac{\sin\gamma}{c}$

$\sin\alpha = 6\text{ cm}\cdot\frac{\sin 104{,}5°}{8\text{ cm}}$ $\quad\Longrightarrow \alpha \approx 46{,}6°$

3 Winkelsumme: $\beta = 180° - 104{,}5° - 46{,}6° = 28{,}9°$

Verständnis

- „Der Satz des Pythagoras ist ein Spezialfall des Kosinussatzes." Was meinst du dazu? Begründe.
- Beschreibe das Vorgehen bei den Lösungen in Beispiel I (Beispiel II) mit eigenen Worten.

Aufgaben

1 Stelle die Formeln des Kosinussatzes jeweils zum Kosinuswert des entsprechenden Winkels um. Beschreibe den allgemeinen Aufbau der umgestellten Formeln.

2 Zeige die folgenden Zusammenhänge wie zum Einstieg in dieses Kapitel.

a) $b^2 = a^2 + c^2 - 2ac \cdot \cos \beta$ **b)** $c^2 = a^2 + b^2 - 2ab \cdot \cos \gamma$

3 Berechne die fehlende Seitenlänge des Dreiecks ABC. Beschreibe dein Vorgehen.

a)

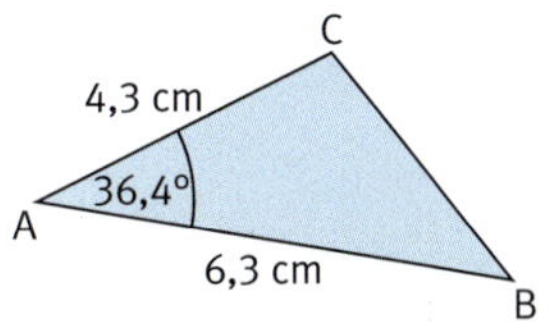

b)

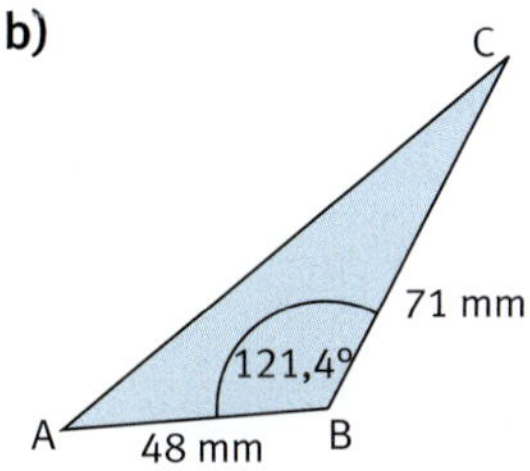

c)

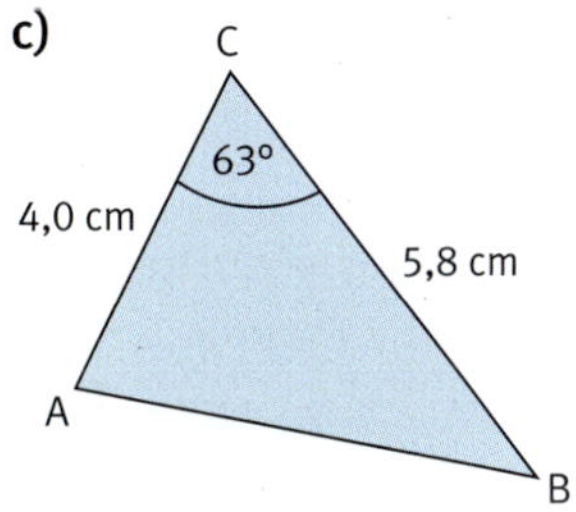

4 Berechne die fehlenden Winkel des Dreiecks ABC.

a)

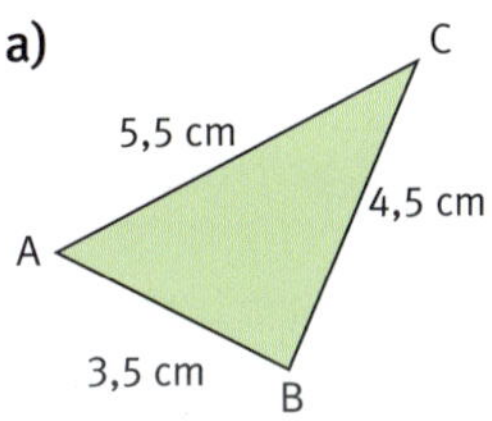

b)

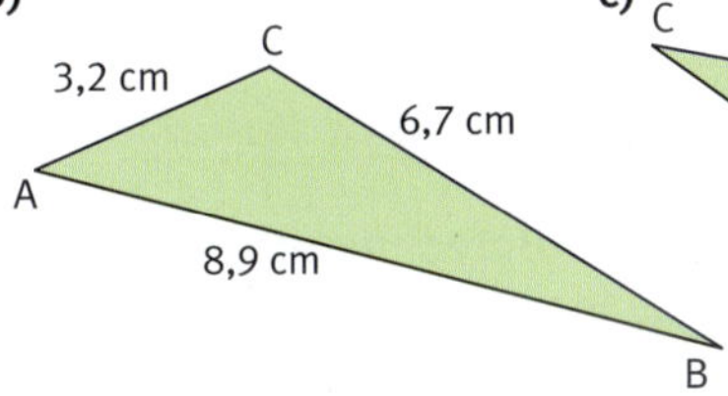

c)

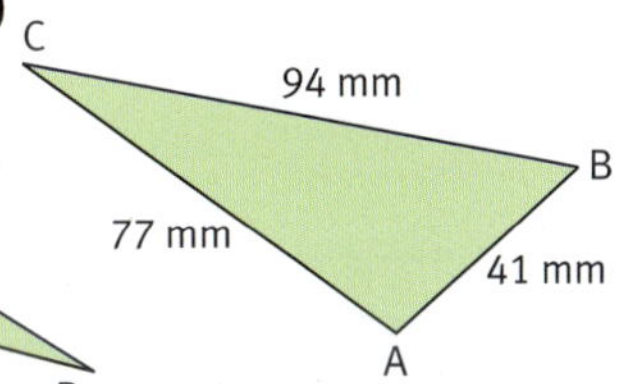

5 Berechne die fehlenden Werte für ein Dreieck ABC. Runde auf eine Dezimale.

	a)	b)	c)	d)	e)	f)
a		18,1 cm	87,3 km	812 m		3,3 cm
b	7,4 cm		123,5 km	706 m	2,3 dm	
c	5,6 cm	34,5 cm		582 m		
α	30,1°					36,9°
β		31,2°			19,1°	53,1°
γ			17,1°		151,0°	

Lösungen zu 5:
9,9; 4,4; 32,7; 77,5; 3,8; 102,2; 47,7; 21,2; 5,5; 90,0; 47,6; 58,1; 44,4; 26,2; 122,6; 1,2; 3,4; 130,2

6 Berechne die Längen der Diagonalen im Viereck ABCD.

a) a = 5,5 cm; b = 5,1 cm; d = 3,9 cm; $\alpha = 78{,}5°$; $\beta = 55{,}8°$

b) a = 15,5 cm; b = 20,4 cm; c = 14,0 cm; $\beta = 74{,}8°$; $\gamma = 30{,}1°$

c) a = 8,6 cm; a = b = c = d; $\alpha = 54°$

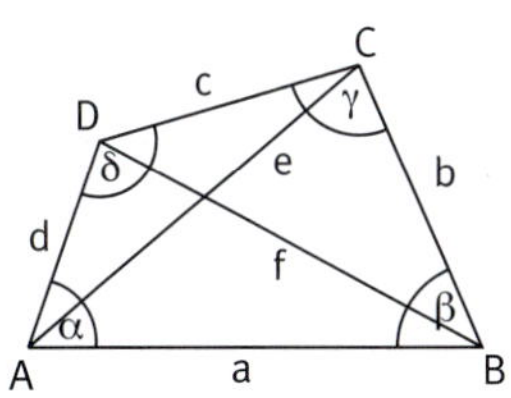

Die Diagonalen müssen nicht zwingend im Inneren des Vierecks liegen.

7 Berechne die Längen der Diagonalen eines Parallelogramms ABCD mit den abgebildeten Maßen.

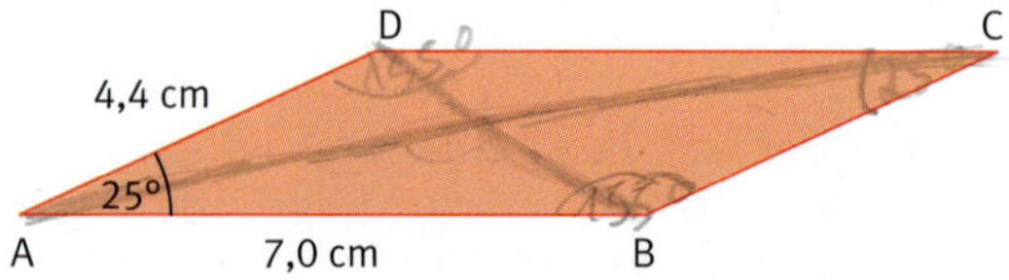

8 Die direkte Verbindungsstraße von einer Autobahnabfahrt (A) zu einem Gewerbegebiet (G) soll das Stadtzentrum (S) vom Lkw-Verkehr entlasten.

a) Berechne die Länge der Verbindungsstraße $\overline{AG}$.

b) Konstruiere das Dreieck SAG in einem geeigneten Maßstab und gib diesen an.

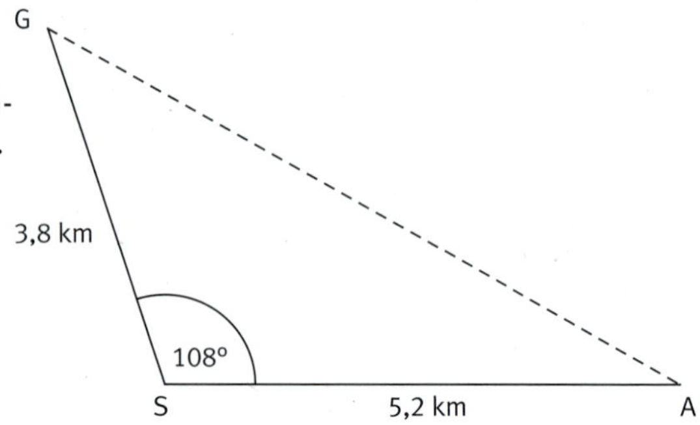

9 Paul hat folgende Aufgabe mithilfe des Kosinussatzes bearbeitet. Sein Ergebnis stimmt nicht. Finde den Fehler und korrigiere ihn.

- *Gegeben:* Dreieck ABC mit $a = 8$ cm; $b = 5{,}5$ cm; $c = 6{,}2$ cm
- *Gesucht:* β
- *Lösung:* $b^2 = a^2 + c^2 - 2ac \cdot \cos\beta$
- $5{,}5^2 = 8^2 + 6{,}2^2 - 2 \cdot 8 \cdot 6{,}2 \cdot \cos\beta$
- $30{,}25 = 64 + 38{,}44 - 4920{,}32 \cdot \cos\beta$
- $\cos\beta \approx 0{,}015$
- $\beta \approx 89{,}1°$

10 Erkläre die nebenstehende Berechnung. Beziehe dich dabei auf mögliche Strecken und Winkel. Gib eine Näherungslösung für das angezeigte Ergebnis an.

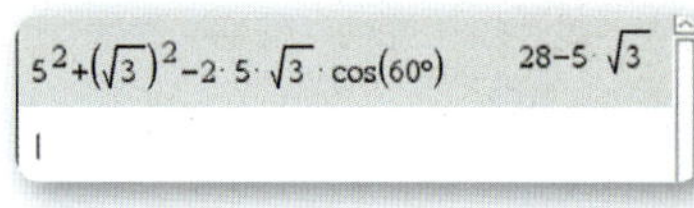

11 Ein dreieckiges Blumenbeet wird von Rändern der Längen 4,80 m, 3,80 m und 2,80 m begrenzt. Berechne die Größe der Winkel, die das Beet einschließt.

In einem konvexen Viereck verlaufen die Diagonalen im Innern des Vierecks.

12 Berechne die nicht angegebenen Seitenlängen, Winkelmaße sowie die Längen der Diagonalen im konvexen Viereck ABCD.

a) $a = 5{,}0$ cm; $b = 4{,}5$ cm; $c = 1{,}8$ cm; $d = 3{,}8$ cm; $\alpha = 80°$

b) $a = 15$ cm; $b = 20$ cm; $c = 13$ cm; $d = 10$ cm; $\beta = 72°$

c) $a = 8{,}6$ cm; $b = 7{,}4$ cm; $c = 9{,}8$ cm; $d = 8{,}8$ cm; $e = 7{,}7$ cm

13 Berechne in der abgebildeten Figur die Länge der Strecke x für $c = 6{,}0$ cm, $\alpha = 72°$ und $\beta = 42°$.

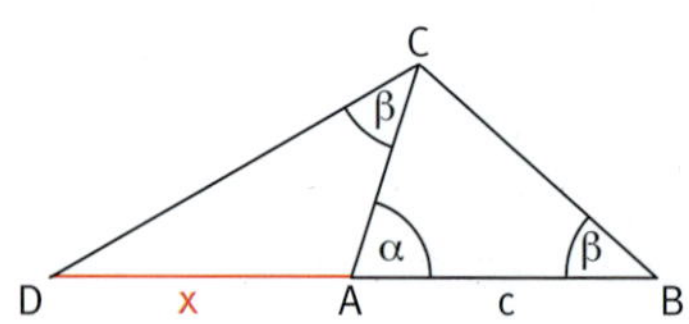

14 Von einem Dreieck ABC sind die Seite b = 8,8 cm, die Seitenhalbierende von b s_b = 5,2 cm und die Seite c = 6,2 cm gegeben.
Bestimme die Maße aller Winkel und Seiten des Dreiecks.

Lösungen zu 14:
7,4; 44,0; 55,7; 80,3

15 Gegeben ist das gleichschenklige Dreieck ABC.
Erstelle eine Formel zur Berechnung der Länge der Basis, wenn ...

a) c die Basis ist und a, b und γ bekannt sind.

b) a die Basis ist und b, c und α bekannt sind.

c) b die Basis ist und a, c und β bekannt sind.

16 Ein Schiff wird mit der Geschwindigkeit 6 $\frac{m}{s}$ nach Norden gesteuert. Eine Strömung mit der Geschwindigkeit 1 $\frac{m}{s}$ in Richtung NO drängt das Schiff vom Steuerkurs ab. Bestimme die Geschwindigkeit des Schiffes über Grund.

17 Durch einen Berg wird ein geradliniger Tunnel gebaut. Von einem Ort O aus sieht man den Eingang und den Ausgang des Tunnels. Von O bis zum Eingang des Tunnels sind es 2,7 km, bis zum Ausgang 3,5 km. Der Winkel zwischen den beiden gemessenen Strecken hat das Maß 28°. Berechne die Länge des Tunnels.

18 Zwei Kräfte F_1 = 168 N und F_2 = 213 N greifen am gleichen Angriffspunkt an und bilden miteinander einen Winkel von 57°. Berechne die resultierende Kraft F.

19 Begründe, warum es wenig sinnvoll ist, den Kosinussatz für gleichseitige Dreiecke aufzustellen.

20 Bei der Datensicherung ist ein Fehler unterlaufen. Rekonstruiere die fehlenden Informationen.

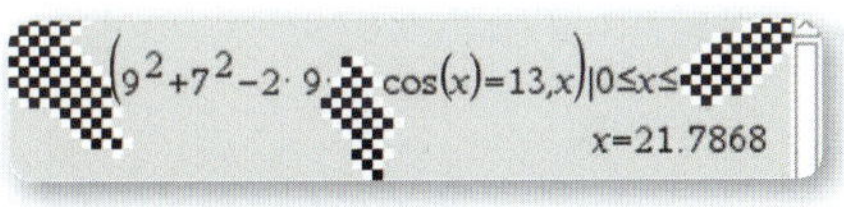

21 Paul und Klara gehen gleichzeitig vom selben Punkt los. Der Winkel zwischen den Richtungen, welche die beiden einschlagen, beträgt 43°. Paul geht mit einer Geschwindigkeit von 1 $\frac{m}{s}$, Klaras Geschwindigkeit beträgt 1,8 $\frac{m}{s}$.

a) Fertige eine Skizze des Sachverhalts an.

b) Berechne, wie weit die beiden nach 2 Minuten voneinander entfernt sind.

22 Die Höhe h einer Arbeitsbühne kann durch zwei Gelenke A und B variiert werden. Dabei gilt $\overline{AB} = \overline{BC}$ = 4,00 m, $\alpha \leq 87{,}5°$ sowie $\beta \leq 135°$.
A ist dabei 2,60 m über dem Boden.
Bestimme für α = 85° und β = 115° die Höhe h des Punktes C.

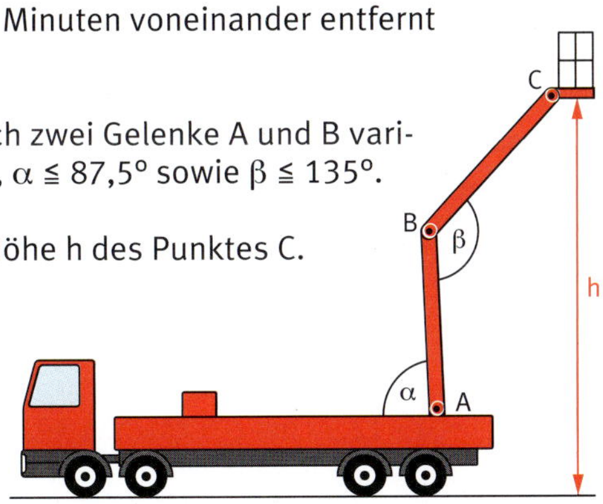

Im Internet kann man Sonnensegel bestellen, die man im Garten als Schattenspender aufspannen kann.
Ein Händler bietet dabei ein Segel in Form eines gleichseitigen Dreiecks mit einer Seitenlänge von 4,5 m an.

- Skizziere das Dreieck und zerlege es in zwei rechtwinklige Dreiecke.
- Berechne den Flächeninhalt des Dreiecks auf zwei verschiedene Arten, indem du ...
  1. den Sinussatz verwendest.
  2. den Satz von Pythagoras nutzt.

Merkwissen

Jedes Dreieck kann man entlang einer Höhe in **zwei rechtwinklige Teildreiecke** zerlegen.
Im nebenstehenden Dreieck gilt insbesondere:
$A_{Dreieck} = \frac{1}{2}c \cdot h_c$
Im Dreieck ADC gilt: $\sin\alpha = \frac{h_c}{b} \Longrightarrow h_c = b \cdot \sin\alpha$
Eingesetzt ergibt sich: $A_{Dreieck} = \frac{1}{2}c \cdot b \cdot \sin\alpha$
Allgemein gilt für den **Flächeninhalt eines Dreiecks ABC:**
$A = \frac{1}{2}b \cdot c \cdot \sin\alpha = \frac{1}{2}a \cdot c \cdot \sin\beta = \frac{1}{2}a \cdot b \cdot \sin\gamma$

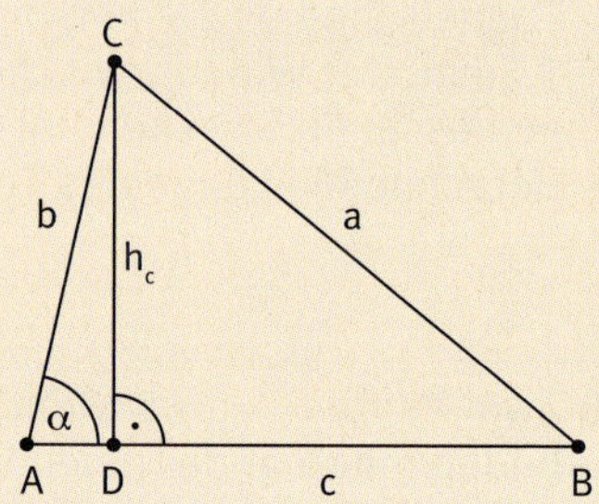

Beispiele

I Berechne den Flächeninhalt eines Dreiecks mit den Seitenlängen a = 42 mm, b = 26 mm und den Winkeln $\alpha = 77°$ und $\beta = 37°$.

Lösung:
Bestimmen des Winkels γ (hier mit Innenwinkelsatz):
$\gamma = 180° - 77° - 37° = 66°$
$A_{Dreieck} = \frac{1}{2}a \cdot b \cdot \sin\gamma$
$A_{Dreieck} = \frac{1}{2} \cdot 42\text{ mm} \cdot 26\text{ mm} \cdot \sin 66° \approx 499\text{ mm}^2$

II Berechne den Flächeninhalt eines Dreiecks mit den Seitenlängen a = 12,3 cm, b = 8,4 cm und c = 6,5 cm.

Lösung:
Bestimmen eines Winkels (hier mithilfe des Kosinussatzes):
$b^2 = a^2 + c^2 - 2a \cdot c \cdot \cos\beta \quad \Longrightarrow \cos\beta = -\frac{b^2 - a^2 - c^2}{2ac}$
$\cos\beta = \frac{(8{,}4\text{ cm})^2 - (12{,}3\text{ cm})^2 - (6{,}5\text{ cm})^2}{-2 \cdot 12{,}3\text{ cm} \cdot 6{,}5\text{ cm}} \approx 0{,}77 \quad \Longrightarrow \beta \approx 39{,}6°$
$A_{Dreieck} = \frac{1}{2}a \cdot c \cdot \sin\beta$
$A_{Dreieck} = \frac{1}{2} \cdot 12{,}3\text{ cm} \cdot 6{,}5\text{ cm} \cdot \sin 39{,}6° \approx 25{,}5\text{ cm}^2$

Verständnis

- Beschreibe die Flächeninhaltsformeln für Dreiecke mit eigenen Worten.
- Erkläre, wie man aus der Flächeninhaltsformel im Merkwissen den Spezialfall für rechtwinklige Dreiecke erhält.

Aufgaben

Lösungen zu 1:
4,6; 5,0; 9,0; 9,9; 13,1; 15,5; 16,0; 18,7; 27,3; 27,8; 37,5; 75,1; 112,2; 112,7; 132,5; 662,7
Die Einheiten sind nicht angegeben.

1 Berechne den Flächeninhalt des Dreiecks ABC. Bestimme gegebenenfalls fehlende Größen.

a) $a = 2{,}5$ cm; $b = 6{,}9$ cm; $\gamma = 32°$ **b)** $a = 55$ mm; $c = 29$ mm; $\beta = 123{,}8°$

c) $a = 6{,}3$ cm; $c = 4{,}5$ cm; $\alpha = 40°$ **d)** $a = 5$ cm; $b = 6{,}9$ cm; $\beta = 40°$

2 Berechne den Flächeninhalt des gleichschenkligen Dreiecks ABC.

a) $b = c$; $a = 5{,}2$ cm; $\alpha = 62°$ **b)** $a = b = 3{,}4$ cm; $\alpha = 44°$

3 **a)** Zeige, wie im Merkwissen, die Gültigkeit der Flächeninhaltsformeln.

1 $A = \frac{1}{2} a \cdot c \cdot \sin\beta$ 2 $A = \frac{1}{2} a \cdot b \cdot \sin\gamma$

b) Zeige, dass die Flächeninhaltsformel auch für stumpfwinklige Dreiecke gilt.
Verwende die abgebildete Skizze.

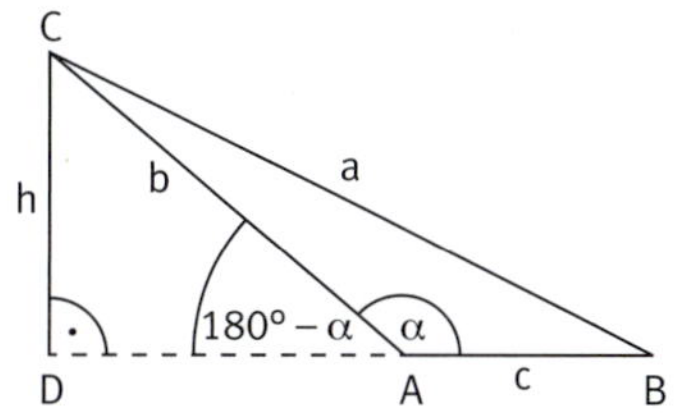

oHiMi 3

4 In einem Dreieck sind zwei Seiten 5,6 m und 2,9 m lang. Der von den beiden Seiten eingeschlossene Winkel hat eine Größe von 100°.

a) Berechne den Flächeninhalt und den Umfang des Dreiecks.

b) Konstruiere dieses Dreieck in einem geeigneten Maßstab und gib diesen an.

5 Von der abgebildeten Waldfläche ABCD soll die Teilfläche ABC neu aufgeforstet werden.
Berechne die neu aufgeforstete Fläche in Hektar

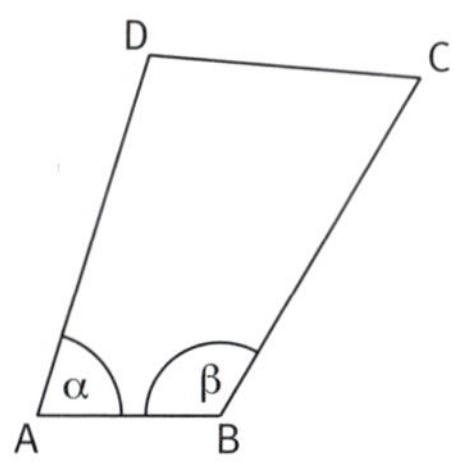

$\overline{AB} = 350$ m
$\overline{AC} = 980$ m
$\overline{AD} = 710$ m
$\overline{CD} = 520$ m
$\alpha = 73°$
$\beta = 120°$

6 In einem allgemeinen Dreieck sind zwei Seiten 5,6 m und 2,9 m lang. Der von den beiden Seiten eingeschlossene Winkel hat eine Größe von 100°.

a) Berechne den Flächeninhalt und den Umfang des Dreiecks.

b) Konstruiere dieses Dreieck in einem geeigneten Maßstab.

Gib den Maßstab an.

7 Bei einem gleichschenkligen Dreieck beträgt die Schenkellänge 6 cm und die Länge der Basis 5 cm.

a) Berechne den Flächeninhalt, indem du den Satz des Pythagoras nutzt. Zerlege hierzu das Dreieck geeignet in Teildreiecke.

b) Überprüfe das Ergebnis aus a), indem du die Formel aus dem Merkwissen anwendest. Berechne zuvor fehlende Größen.

8 Berechne den Flächeninhalt eines regelmäßigen n-Ecks mit dem Umkreisradius $r = 8$ cm für $n = 4$ ($n = 8$; $n = 10$).

1 Geländefahrzeuge werden miteinander verglichen.

a) Bestimme den Steigungswinkel, den Fahrzeuge mit folgender Steigfähigkeit überwinden können.

① 54 % ② 60 % ③ 90 %

b) Berechne die Steigung in Prozent für die folgenden Steigungswinkel.

① 30° ② 35° ③ 58°

2

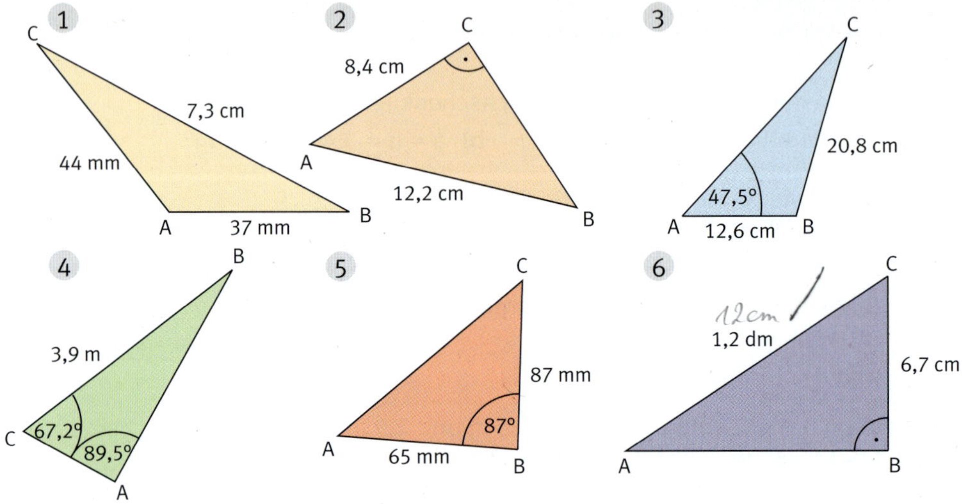

a) Berechne die fehlenden Seitenlängen und Winkelgrößen.

b) Begründe jeweils, dass das Dreieck eindeutig bestimmt ist.

3 Bestimme die Größe des Winkels α im rechtwinkligen Dreieck ABC. Zeichne dazu ein passendes rechtwinkliges Dreieck.

a) $\sin \alpha = 0{,}6$ **b)** $\cos \alpha = 0{,}8$ **c)** $\tan \alpha = 3{,}0$ **d)** $\sin \alpha = 0{,}5$

4 Gegeben ist ein Dreieck ABC mit der Seitenlänge c = 6 cm und den Winkelgrößen $\alpha = 40°$ und $\beta = 70°$.

a) Konstruiere das Dreieck mit deinem DGS und wähle hierzu A (0|0) und B (6|0).

b) Berechne die fehlenden Winkel- und Seitengrößen sowie den Flächeninhalt.

c) Ermittle den Flächeninhalt mit dem DGS und vergleiche mit dem Ergebnis aus Teilaufgabe b).

5 Berechne die fehlenden Winkel- und Seitengrößen sowie den Flächeninhalt A für ein Dreieck ABC.

	a	b	c	α	β	γ	A
a)	69 cm		3,4 dm	52°			
b)	1022 mm	1457 mm	998 mm				
c)	3,0 cm		5,0 cm		90°		
d)		8,3 cm		30°	112°		
e)	6,40 km	5,20 km				58,2°	

6 An eine Uferböschung, die geradlinig abfällt, wird ein Bootssteg gebaut. Zur Befestigung werden im Abstand von 1,3 m vier Pfähle in den Boden gerammt.

a) Bestimme mithilfe des Tangens die Länge der Pfähle, wenn sie jeweils 1 m tief im Boden stecken.

b) Findest du auch eine Berechnungsmöglichkeit, ohne den Tangens zu nutzen?

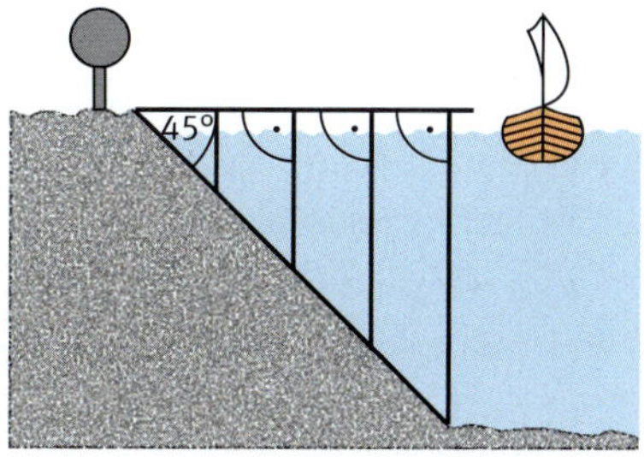

7 Die Skizze gibt die bekannten Maße an einem gleichschenkligen Trapez an. Berechne die Länge der fehlenden Seiten. Beachte: Es gibt zwei Lösungen.

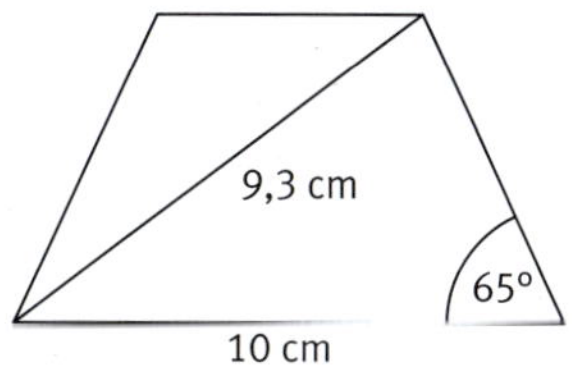

8 Ein gleichseitiges Dreieck hat die Seitenlänge a = 5 cm. Berechne den Radius des Umkreises und des Inkreises.

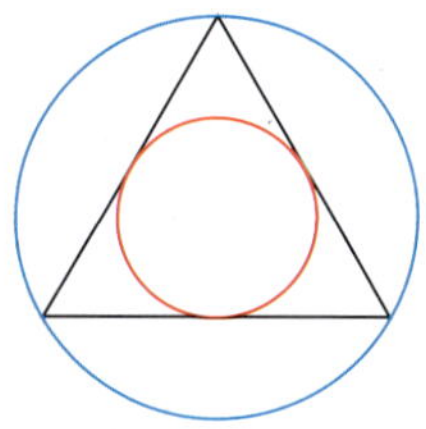

9 Ein gleichseitiges Dreieck hat eine Höhe von 8 cm. Bestimme die Seitenlängen.

10 Erläutere die nebenstehende Berechnung. Beschreibe eine mögliche zusammengesetzte Fläche, die der Berechnung zugrunde liegen könnte. Beziehe dich dabei auf die einzelnen Rechenschritte.

$ag := a1 + 2 \cdot a2$	$a1 + 2 \cdot a2$
$\text{solve}\left(\frac{8.35}{\sin(50°)} = \frac{x}{\sin(40°)}, x\right)$	$x = 7.00648$
$a2 := 0.5 \cdot 0.7 \cdot 8.35$	2.9225
$\sqrt{7^2 + (10.9)^2 - 2 \cdot 7 \cdot 10.9 \cdot \cos(60°)}$	9.56609
$a1 := 0.5 \cdot 7 \cdot 10.9 \cdot \sin(60°)$	33.0389
ag	38.8839

11 Gegeben ist das Dreieck ABC mit A (1|2), B (6|−1) und C (5|4). Gesucht sind die Seitenlängen a, b, c. Luisa macht folgenden Ansatz:

a) Beschreibe den Ansatz von Luisa. Berechne die gesuchten Seitenlängen.

b) Bestimme die Innenwinkel des Dreiecks ABC. Nutze die roten Hilfsdreiecke. Beschreibe dein Vorgehen.

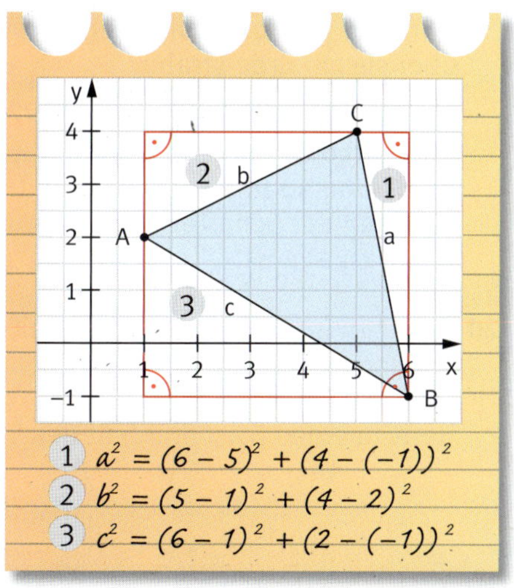

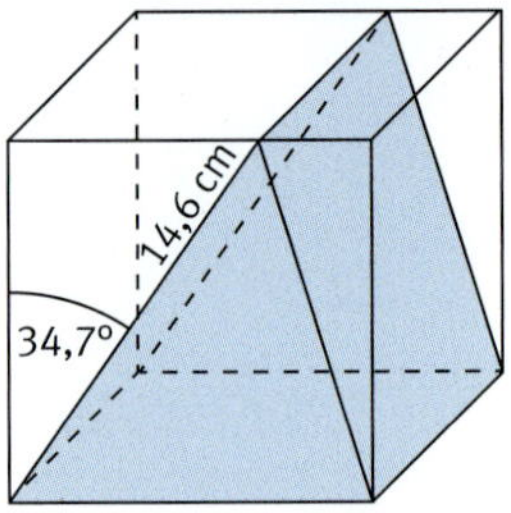

12 Ein Würfel wird in drei Teilkörper zerlegt (siehe Skizze). Berechne das Volumen des blau gefärbten Teilkörpers.

13 Von einer Raute sind die folgenden Teilstücke bekannt. Berechne jeweils den Flächeninhalt und den Umfang.

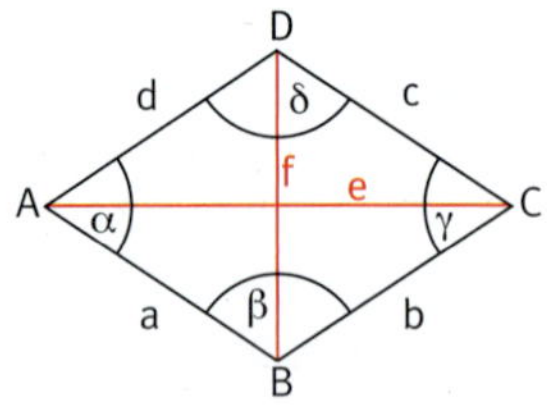

a) $a = 7{,}5$ cm; $\alpha = 120°$ **b)** $e = 8$ cm; $\beta = 100°$
c) $a = 5{,}3$ m; $\beta = 45°$ **d)** $f = 37$ mm; $\alpha = 23°$
e) $f = 1{,}2$ dm; $\beta = 86°$ **f)** $a = 2{,}8$ dm; $\alpha = 95°$
g) $a = 12{,}4$ cm; $\beta = 160°$ **h)** $e = 120$ m; $\alpha = 10°$

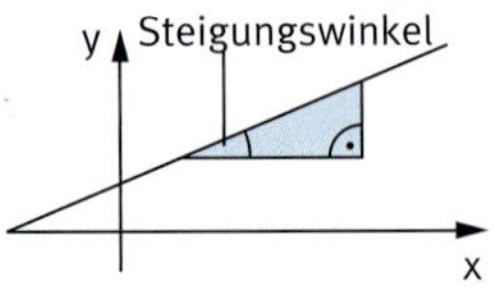

14 Berechne die Steigungswinkel der zugehörigen Gerade im Koordinatensystem. Zeichne die Gerade und überprüfe durch Messung.
a) $y = 2{,}5x + 3{,}6$ **b)** $5y = x + 5$ **c)** $y = \frac{3}{4}x - 1{,}2$

15 Gegeben ist jeweils das gleichschenklige Dreieck ABC mit den angegebenen Koordinaten. Berechne die Winkel α, β und γ. Runde auf eine Dezimale.
a) A (1 | 1); B (5 | 1); C (3 | 8) **b)** A (–3 | –1); B (3 | –1); C (0 | 5)
c) A (4 | 1); B (7,5 | 3); C (6 | 4,5) **d)** A (1 | –3); B (9 | 1); C (3 | 3)

Lösungen zu 16: 4,5; 6,4; 8,1

16 Berechne die Höhen des Dreiecks ABC mit $a = 8{,}3$ cm, $b = 6{,}6$ cm und $\alpha = 43°$.

17 In einem Park wird ein dreieckiges Rasenstück neu eingesät. Zwei Seiten sind 5 m bzw. 12 m lang, der von ihnen eingeschlossene Winkel hat die Größe 50°. Bestimme die Menge Grassamen, die man benötigt, wenn pro Quadratmeter 40 g gesät werden sollen.

Hinweis: Probiere bei b) aus.

18 Ein Schlauchboot fährt mit 1 m/s von einem Ufer der Saale zum anderen. Die Saale ist an der Stelle 32 m breit und hat eine Fließgeschwindigkeit von 3 m/s. Das Boot wird abgetrieben.
a) Bestimme den Versatz, den das Boot im Vergleich zu einer senkrechten Überfahrt erfährt.
b) Ermittle den Winkel, den das Boot einschlagen müsste, um senkrecht von einem Ufer zum anderen zu gelangen.

19 Der Schatten einer Kletterwand ist 17 m lang, während die Sonne unter einem Winkel von 53° über sie zur Erde strahlt.
a) Berechne die Höhe der Kletterwand.
b) Bestimme den Winkel, unter dem die Sonnenstrahlen auf die Erde treffen, wenn der Schatten der Kletterwand 20 m lang ist.

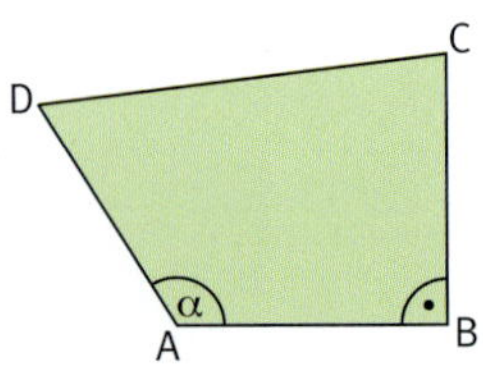

20 Gegeben ist ein Viereck ABCD mit den folgenden Stücken:
$\overline{CD} = 8{,}0$ cm; $\overline{AB} = \overline{BC} = 5{,}3$ cm; $\alpha = 122°$
Berechne den Flächeninhalt des Vierecks.

21 Berechne für ein Dreieck mit der Seite b = 8,9 cm und den Winkeln $\beta = 112°$ und $\gamma = 37°$ die fehlenden Größen.

Lösungen zu 21: 4,9; 5,8; 31

22 Für ein Dreieck ABC sind folgende Angaben vorhanden. Berechne die Koordinaten der jeweils fehlenden Punkte. Konstruiere die Dreiecke mit deinem DGS und vergleiche mit deinen Rechenergebnissen.

a) A (1 | 0); B (9 | 0); $\alpha = 32°$; $\beta = 62°$ **b)** A (0 | 0); C (4 | 4); $\alpha = 32°$; $\beta = 85°$

23 Die Grundfläche einer 12 m hohen, geraden Pyramide ist ein Rechteck mit den Seitenlängen 10 m und 14 m.

a) Zeichne ein Schrägbild der Pyramide im Maßstab 1 : 200.

b) Berechne die Größe der Neigungswinkel der Seitenkanten (Seitenflächen) gegen die Grundfläche.

24 An Bord eines Schiffes wird der Leuchtturm C gleichzeitig von verschiedenen Punkten A und B, die 25 m auseinander liegen, angepeilt. Dabei ergeben sich die Peilungswinkel $\alpha = 38{,}5°$ und $\beta = 47{,}4°$. Berechne die Entfernungen $\overline{AL}$ und $\overline{BL}$ sowie den Abstand $\overline{CL}$ des Leuchtturms von der Fahrtstrecke.

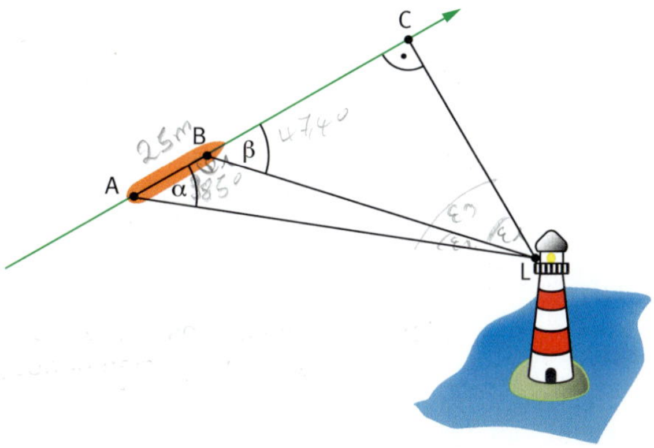

25 Die Skizze zeigt die Maße eines symmetrischen Flugdrachens. Es gilt: t = 1,12 m, s = 10,50 m und $\alpha = 120°$.

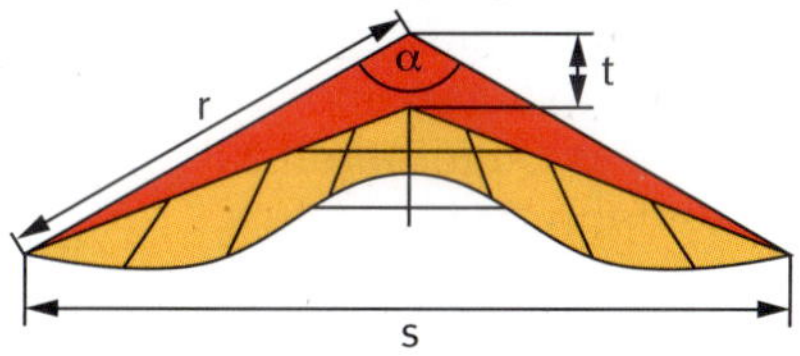

a) Berechne die Länge r der vorderen Kante der Tragfläche.

b) Der vordere Teil des Flugdrachens wird mit rotem Stoff bespannt. Bestimme, wie viel Quadratmeter Stoff dafür notwendig sind.

c) Die Restfläche des Flugdrachens soll mit gelbem Stoff bespannt werden. Ihr Inhalt ergibt sich aus der roten Fläche mit einem 16 %-igen Materialzuschlag. Berechne die Gesamtfläche des Gleiters.

26 Zwei Schlepper ziehen ein großes Frachtschiff mit einer Zugkraft von jeweils 500 kN und unter einem Winkel von 30° in den Hafen. Mit welcher Kraft wird das Frachtschiff „nach vorne" gezogen? Fertige zunächst eine Skizze an.

Verwende ein Kräfteparallelogramm aus der Physik.

Höhenmessung

Zur Messung von Höhenwinkeln wurde viele Jahrhunderte hindurch der Quadrant verwendet, ein einfach zu bauendes Gerät, das recht genaue Werte lieferte.

a) Betrachte die Abbildung. Baue aus Karton einen Quadranten (Radiuslänge 20 cm) mit Gradeinteilung und z. B. einem an einer Schnur befestigten Stein als Senklot.

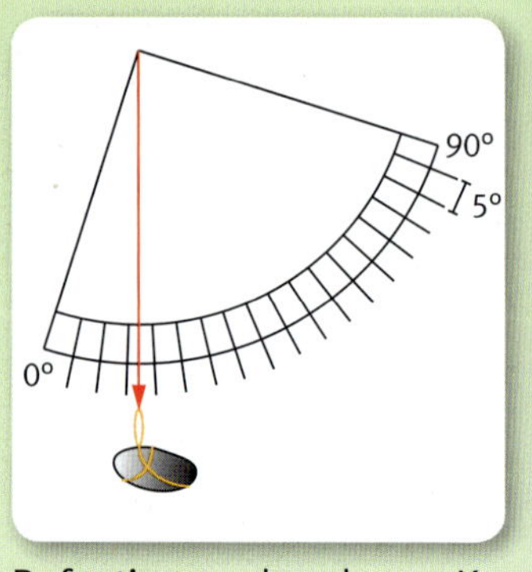

Befestige an der oberen Kante zwei Ösen (z. B. Ringösen, gebogene Büroklammern), durch die hindurch das zu messende Objekt angepeilt wird.

b) Beschreibe, wie mithilfe des Quadranten die Höhe eines Objektes gemessen werden kann.

c) Oft ist es wichtig, die Höhe von Bäumen zu kennen, um etwa zu entscheiden, ob bei der Fällung des Baumes Gefahr für ein Wohngebäude ausgeht. Suche im Umkreis deiner Schule oder deines Wohnhauses nach hohen Bäumen und versuche, deren Höhe mithilfe des Quadranten zu bestimmen. Du kannst das Verfahren ebenso für Gebäude anwenden.

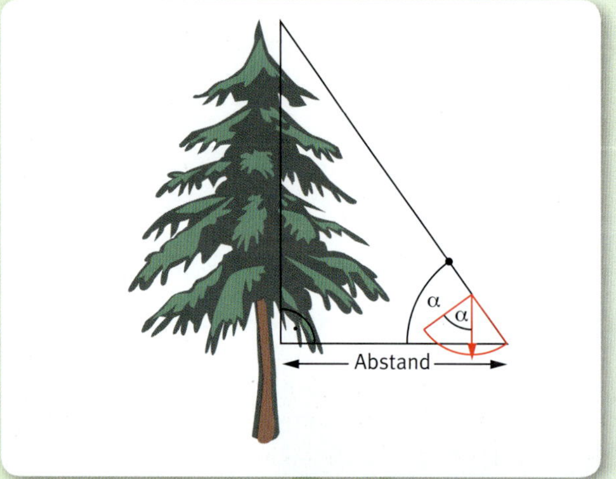

Abstände in der Ebene messen: Vorwärtseinschneiden

Möchte man die Entfernung zweier Punkte (hier: P und Q) in der Ebene bestimmen, wenn man diese Entfernung nicht direkt messen kann, kann die Methode des „Vorwärtseinschneidens" angewendet werden. Ausgehend von den Endpunkten A und B einer Standlinie werden die Punkte angepeilt und jeweils der Winkel im Verhältnis zur Standlinie gemessen. Mit den bekannten Winkeln und der Länge der Standlinie $\overline{AB}$ können dann die Längen der Strecken $\overline{AP}$ (Sinussatz im Dreieck ABP) und $\overline{BQ}$ Sinussatz im Dreieck ABQ) berechnet werden.

a) Probiere das Verfahren anhand einer bekannten Entfernung aus, zum Beispiel auf dem Sportplatz. Überprüfe deine Ergebnisse auf Genauigkeit.

b) Bestimme die Länge von $\overline{PQ}$ für folgende Maße:
$\overline{AB} = 60$ m
$\alpha_1 = 59{,}5°$ $\quad\beta_1 = 29{,}7°$
$\alpha_2 = 104{,}0°$ $\quad\beta_2 = 83{,}3°$

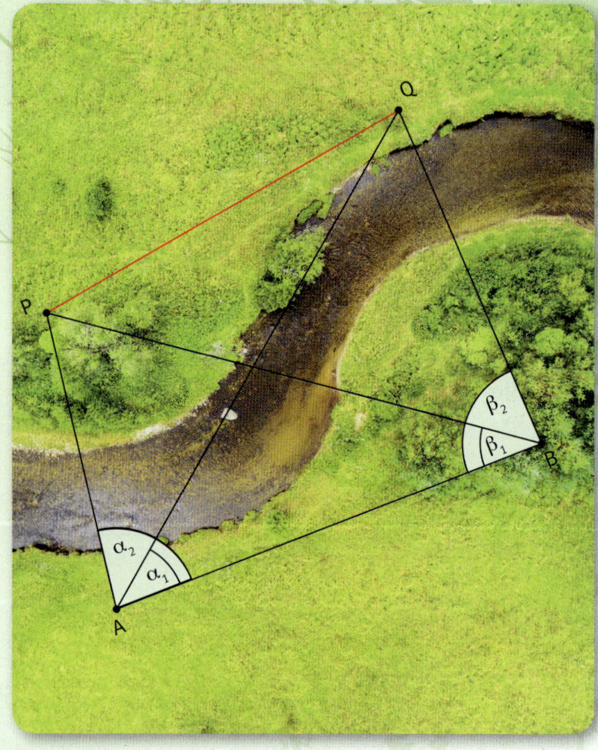

c) Suche dir selbst Punkte in der Ebene (z.B. am Ufer eines Sees oder Flusses) und bestimme deren Entfernung.

Standortbestimmung für Smartphones

Wenn du ein Smartphone besitzt, hast du bestimmt schon einmal entschieden, ob eine App deinen Standort verwenden darf. Hier gibt es viele Einsatzmöglichkeiten. In einem Supermarkt beispielsweise können auf dem eigenen Smartphone – abhängig vom Produktbereich, in dem man sich gerade befindet – Sonderangebote eingeblendet werden.
Wie funktioniert nun die Positionsbestimmung? Der Einfachheit halber gehen wir davon aus, dass wir uns immer auf demselben Stockwerk bewegen.
Ein Smartphone misst die Signalstärke von sogenannten Beacons, das sind Sender, die in dem Raum angebracht sind, und ermittelt aus dieser Signalstärke den Abstand zum jeweiligen Sender. Das Handy hat also folgende Informationen:

- Position der Sender (fest im Raum installiert)
- Abstand zu den Sendern aufgrund der Signalstärke

Wie wird nun die Position des Smartphones ermittelt? Durch Anwendung des Kosinussatzes kann diese tatsächlich exakt berechnet werden!

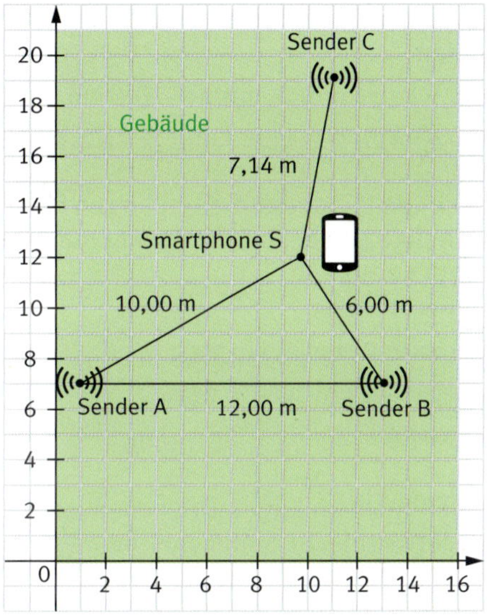

a) Warum reichen zwei Sender zur Standortbestimmung nicht aus? Begründe anhand einer Skizze.

b) Im Beispiel besitzen drei Sender folgende Positionen:
A (1 | 7), B (13 | 7) und C (11 | 19). Das Smartphone S hat zu A den Abstand 10,00 m, zu B den Abstand 6,00 m und ist 7,14 m von C entfernt.
Übertrage die Zeichnung ins Heft und berechne mit dem Kosinussatz die Größe des Winkels α im Dreieck ABS.
Mithilfe des Sinus kannst du die Länge der Höhe von S auf $\overline{AB}$ berechnen und mit dem Kosinus die Länge der Strecke von A bis zum Fußpunkt dieser Höhe.
Für den Standpunkt des Smartphones S gibt es jetzt noch zwei Möglichkeiten. Gib für beide die Koordinaten an.
Zeige anhand des Abstands von C und S, dass die Zeichnung den richtigen Standort S zeigt. Wie groß wäre andernfalls der Abstand von C und S?

c) Fertige eine neue Zeichnung an und verschiebe den Sender B auf die Koordinaten (13 | 5), mit Abständen 10,00 m zu A, 6,00 m zu B und 18,41 m zu C. Ermittle die Koordinaten des Standpunkts näherungsweise mit dem Zirkel.
Die rechnerische Lösung ist hier aufwändiger. Schaffst du es trotzdem?

d) Der Lehrling des Elektromeisters soll drei Beacons A, B und C im Supermarkt installieren. Er macht es sich einfach und setzt den Sender C in die Mitte zwischen A und B (Koordinaten von A und B wie in b)). Was würdest du dem Lehrling raten? Begründe.

e) Auch in der Schule kann diese Technologie angewendet werden. Zum Beispiel könnten Unterrichtsmaterialien auf einem Smartphone angezeigt werden, wenn man sich in bestimmten Klassenräumen befindet. Überlege weitere Anwendungen, die für dich sinnvoll sein könnten.

Überprüfe deine Fähigkeiten und Kenntnisse. Bearbeite dazu die folgenden Aufgaben und bewerte anschließend deine Lösungen mit einem Smiley.

☺	😐	☹
Das kann ich!	Das kann ich fast!	Das kann ich noch nicht!

Hinweise zum Nacharbeiten findest du auf der folgenden Seite. Die Lösungen stehen im Anhang.

Aufgaben zur Einzelarbeit

1 Das Dreieck ABC hat einen rechten Winkel bei γ. Berechne $\sin\alpha$, $\cos\alpha$ und $\tan\alpha$ für folgende Seitenlängen. Runde gegebenenfalls auf zwei Dezimalen.

a) $a = 5{,}6$ cm; $b = 9{,}0$ cm; $c = 10{,}6$ cm

b) $a = 0{,}49$ km; $b = 1{,}68$ km; $c = 1{,}75$ km

2 Berechne die fehlenden Seitenlängen für folgende rechtwinklige Dreiecke ABC. Runde auf eine Stelle nach dem Komma.

a) $\beta = 90°$; $\gamma = 48°$; $b = 8{,}8$ cm

b) $\alpha = 17°$; $\beta = 73°$; $a = 124{,}8$ m

c) $\alpha = 57°$; $\gamma = 90°$; $a = 1{,}3$ km

d) $\alpha = 90°$; $\beta = 42°$; $a = 78{,}5$ mm

3 Gib in den rechtwinkligen Dreiecken jeweils das Längenverhältnis für Sinus, Kosinus und Tangens der spitzen Winkel an.

a)

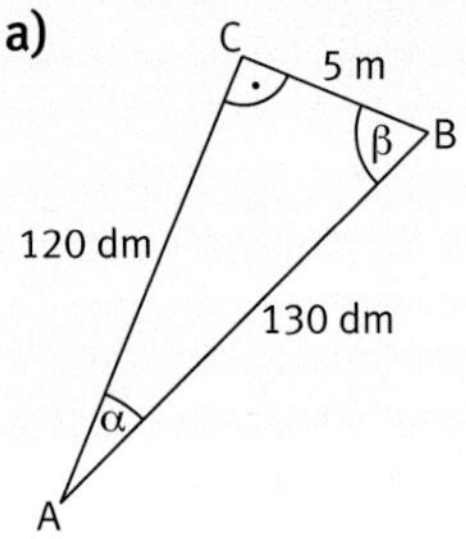

b)

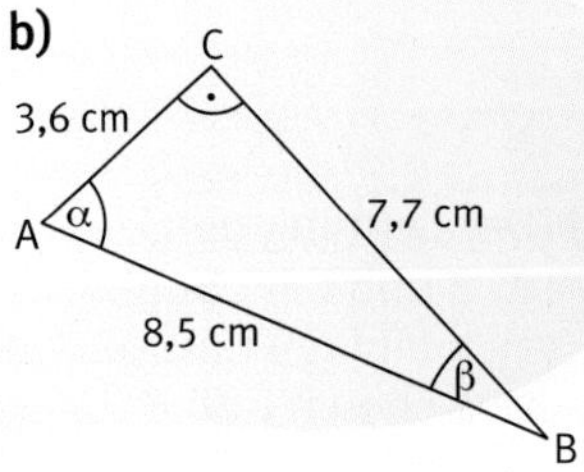

4 In einem Dreieck ABC ist $\gamma = 90°$. Berechne mit dem Taschenrechner oder CAS die Winkel α und β. Runde auf eine Dezimale.

a) $\tan\alpha = 0{,}21$ **b)** $\tan\alpha = 5$ **c)** $\sin\alpha = 0{,}25$

d) $\sin\alpha = 0{,}6$ **e)** $\sin\alpha = 0{,}32$ **f)** $\sin\beta = 0{,}46$

g) $\tan\beta = 2{,}5$ **h)** $\cos\beta = 0{,}7$ **i)** $\tan\beta = 1$

5 Bestimme im rechtwinkligen Dreieck ABC ($\gamma = 90°$) den gesuchten Winkel mithilfe ...

1 der Innenwinkelsumme im Dreieck.

2 der Zusammenhänge von Sinus und Kosinus.

a) $\sin 17° = \cos\beta$ **b)** $\sin\alpha = \cos 36°$

c) $\sin 56° = \cos\beta$ **d)** $\sin 72° = \cos\beta$

e) $\sin\alpha = \cos 42°$ **f)** $\sin\alpha = \cos 58°$

6 Welche der Dreiecke ABC sind (im Rahmen der Messgenauigkeit) rechtwinklig? Gib den rechten Winkel an.

a) $a = 1{,}7$ m; $c = 2{,}0$ m; $\beta = 45°$

b) $a = 5$ cm; $b = 4$ cm; $\gamma = 37°$

7 Berechne den Steigungswinkel (d. h. Winkel des Anstiegs) der zugehörigen Gerade.

a) $y = 3{,}8x$ **b)** $y = -5{,}5x + 3$

8 Ein Dreieck ABC besitzt die Seitenlängen $c = 6$ cm, $a = 4$ cm und den Winkel $\alpha = 40°$.

a) Berechne den Winkel β. Wie viele Möglichkeiten findest du?

b) Berechne für beide Dreiecke den Flächeninhalt.

9 **a)** Konstruiere das Dreieck ABC mit $b = 6{,}2$ cm, $\alpha = 35°$ und $c = 8{,}4$ cm.

b) Berechne die Länge der Seite a und überprüfe zeichnerisch.

10 Ein gleichseitiges Dreieck hat eine Höhe von 8,9 cm. Berechne seinen Flächeninhalt.

11 Ein gleichschenkliges Dreieck ABC hat folgende Maße: $a = c = 6{,}5$ cm und $b = 7{,}8$ cm.

a) Bestimme alle drei Winkelgrößen und die Höhe des Dreiecks auf die Basis.

b) Berechne den Flächeninhalt des Dreiecks auf zwei verschiedene Arten.

12 Berechne die fehlenden Seitenlängen und Winkelmaße für das Dreieck ABC.

a) $c = 8{,}5$ dm; $\beta = 32°$; $\gamma = 87°$

b) $c = 67$ cm; $\alpha = 103°$; $\gamma = 46°$

c) $a = 5{,}2$ cm; $\beta = 63{,}1°$; $\gamma = 95{,}6°$

d) $a = 7{,}3$ cm; $b = 4{,}7$ cm; $\alpha = 65°$

e) $b = 7{,}8$ cm; $c = 5{,}5$ cm; $\gamma = 33{,}2°$

13 Berechne die fehlenden Werte der Größen a, b, c, α, β und γ des Dreiecks ABC.

a)

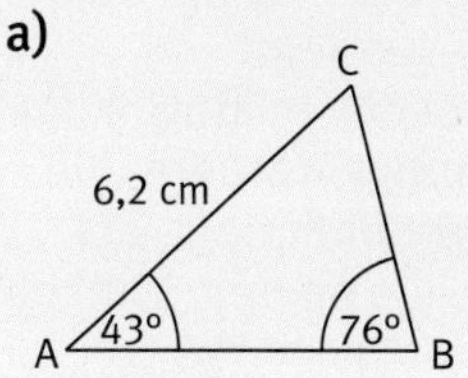

b)

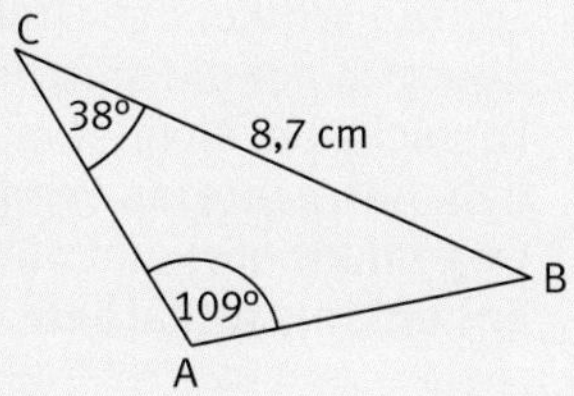

c)

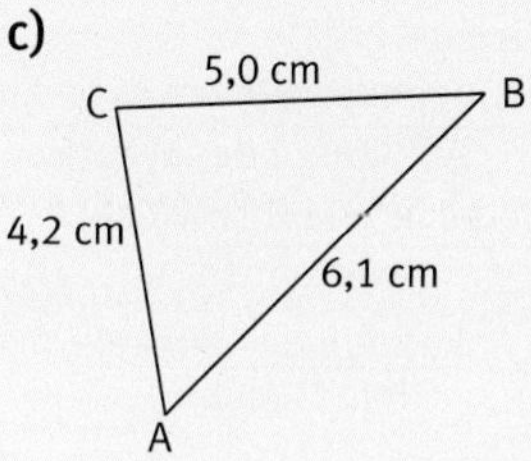

d)

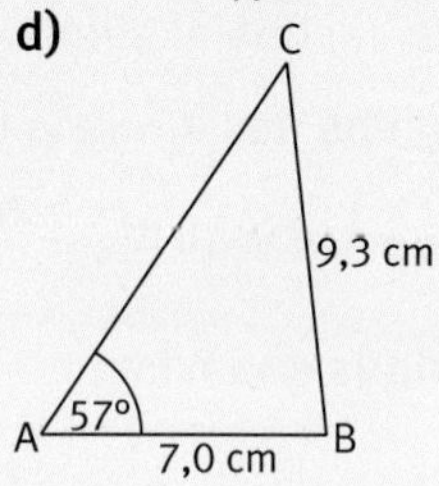

14 Berechne das Volumen der quadratischen Pyramide.

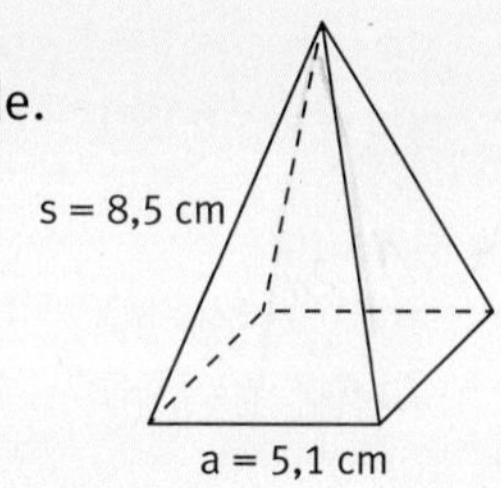

15 Vom Dreieck ABC sind die Seiten b = 6,3 cm und c = 9,4 cm sowie die Größe des Winkels α = 71° bekannt. Berechne die Länge von a mithilfe des Kosinussatzes.

16 Bestimme jeweils die fehlenden Werte in der Tabelle für ein Dreieck ABC. Runde auf eine Dezimale.

	a)	b)	c)
a		6,4 m	4,6 cm
b	6,7 cm	5,8 m	7,0 cm
c	5,9 cm	10,5 m	
α	63,5°		
β			
γ			123,0°

17 Bestimme den Flächeninhalt eines gleichseitigen Dreiecks mit der Seitenlänge 8,8 cm.

18 Berechne den Flächeninhalt des Dreiecks ABC.

a) a = 2,5 cm b = 6,9 cm γ = 32°
b) a = 55 mm c = 29 mm β = 123,8°
c) a = 5 cm b = 7 cm β = 40°

Aufgaben für Lernpartner

Arbeitsschritte

1. Bearbeite die folgenden Aufgaben alleine.
2. Suche dir einen Partner und erkläre ihm deine Lösungen. Höre aufmerksam und gewissenhaft zu, wenn dein Partner dir seine Lösungen erklärt.
3. Korrigiere gegebenenfalls deine Antworten und benutze dazu eine andere Farbe.

Sind folgende Behauptungen **richtig** oder **falsch**? Begründe schriftlich.

19 Der Sinus eines Winkels bezeichnet das Verhältnis von Gegenkathete zu Hypotenuse.

20 Der Wert des Sinus eines Winkels geteilt durch den Wert des Kosinus dieses Winkels ergibt den zugehörigen Wert des Tangens dieses Winkels.

21 Sinus, Kosinus und Tangens eines Winkels sind immer kleiner als 1.

22 Zur Berechnung des Flächeninhalts eines Dreiecks ABC benötigt man nur drei der Werte für a, b, c, α, β oder γ.

23 Der Sinussatz gilt nicht für rechtwinklige Dreiecke.

24 Der Kosinussatz ist ein Sonderfall des Satzes von Pythagoras.

25 Den Flächeninhalt eines Dreiecks kann man mithilfe zweier Seitenlängen und dem Sinus des eingeschlossenen Winkels berechnen.

Aufgabe	Ich kann …	Hilfe
1, 3, 4, 7, 21	mit dem Tangens im rechtwinkligen Dreieck Winkel und Streckenlängen berechnen.	S. 44
1, 2, 3, 4, 5, 19, 21	mit Sinus und Kosinus im rechtwinkligen Dreieck Winkel und Streckenlängen berechnen.	S. 46
6, 10, 14, 20	Problemstellungen zu rechtwinkligen Dreiecken mit Sinus, Kosinus und Tangens lösen.	S. 48
8, 11, 12, 13, 23	den Sinussatz für beliebige Dreiecke anwenden.	S. 52
9, 11, 13, 15, 16, 24	den Kosinussatz für beliebige Dreiecke anwenden.	S. 56
8, 10, 11, 17, 18, 22, 25	Flächeninhalte beliebiger Dreiecke berechnen.	S. 60

3.11 Auf einen Blick

S. 44

Beispiel für $\gamma = 90°$:

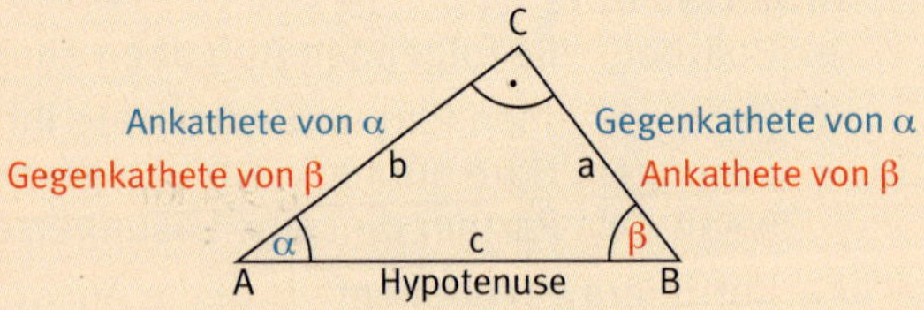

In einem rechtwinkligen Dreieck sind die Seitenverhältnisse eindeutig durch die Größe der beiden spitzen Winkel des Dreiecks festgelegt.
Bezogen auf die spitzen Winkel des rechtwinkligen Dreiecks bezeichnet man diejenige **Kathete**, die dem **betrachteten Winkel gegenüber** liegt, als **Gegenkathete,** und diejenige, die an dem Winkel **anliegt**, als **Ankathete**.

S. 44
S. 46

Im oben abgebildeten Dreieck:

- $\tan \alpha = \frac{a}{b}$; $\tan \beta = \frac{b}{a}$
- $\sin \alpha = \frac{a}{c}$; $\sin \beta = \frac{b}{c}$
- $\cos \alpha = \frac{b}{c}$; $\cos \beta = \frac{a}{c}$

In einem rechtwinkligen Dreieck gilt:

- **Tangens** des Winkels $= \frac{\text{Gegenkathete des Winkels}}{\text{Ankathete des Winkels}}$
- **Sinus** des Winkels $= \frac{\text{Gegenkathete des Winkels}}{\text{Hypotenuse}}$
- **Kosinus** des Winkels $= \frac{\text{Ankathete des Winkels}}{\text{Hypotenuse}}$

S. 48

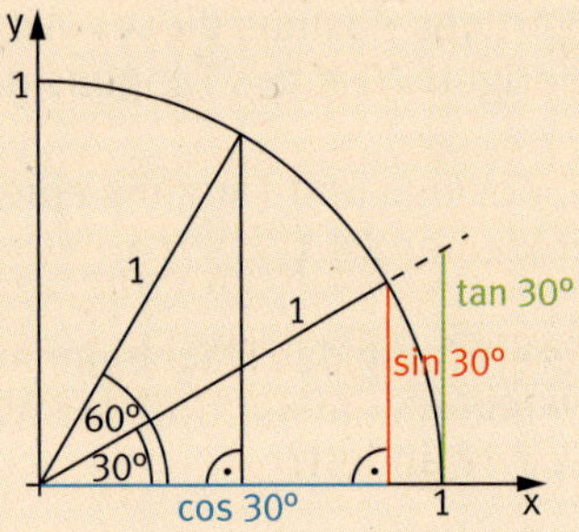

Im rechtwinkligen Dreieck ABC mit $\gamma = 90°$ gilt:

- $\sin \alpha = \cos (90° - \alpha)$
- $\cos \alpha = \sin (90° - \alpha)$

Festlegung:

- $\sin 0° = \cos 90° = 0$
- $\sin 90° = \cos 0° = 1$
- $\tan 0° = 0$

S. 52

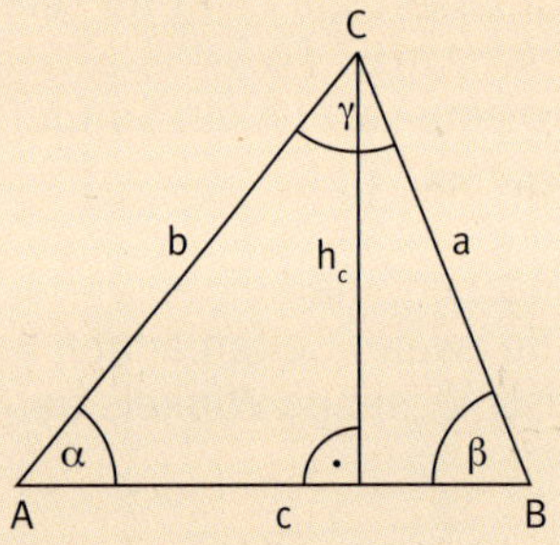

Sinussatz

In einem Dreieck ABC gilt:

$$\frac{a}{\sin \alpha} = \frac{b}{\sin \beta} = \frac{c}{\sin \gamma}$$

Es gilt für stumpfe Winkel α $(90° < \alpha < 180°)$:
$\sin \alpha = \sin (180° - \alpha)$

S. 56

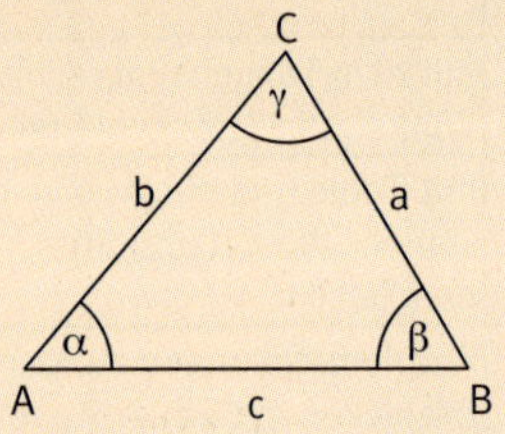

Kosinussatz

In einem Dreieck ABC gilt:

$a^2 = b^2 + c^2 - 2bc \cdot \cos \alpha$

$b^2 = a^2 + c^2 - 2ac \cdot \cos \beta$

$c^2 = a^2 + b^2 - 2ab \cdot \cos \gamma$

Es gilt für stumpfe Winkel α $(90° < \alpha < 180°)$:
$\cos \alpha = -\cos (180° - \alpha)$

S. 60

Beispiel:
ΔABC mit $a = 42$ mm, $b = 26$ mm und $\gamma = 66°$

$A = \frac{1}{2} a \cdot b \cdot \sin \gamma$

$A_{Dreieck} = \frac{1}{2} \cdot 42\text{ mm} \cdot 26\text{ mm} \cdot \sin 66°$

$A_{Dreieck} \approx 499\text{ mm}^2$

Flächeninhalt eines Dreiecks ABC

$A = \frac{1}{2} b \cdot c \cdot \sin \alpha = \frac{1}{2} a \cdot c \cdot \sin \beta = \frac{1}{2} a \cdot b \cdot \sin \gamma$

Figuren

1 Entscheide, welche Aussagen wahr und welche falsch sind.

a) Jedes Parallelogramm ist ein Rechteck.
b) Jedes Quadrat ist ein Drachenviereck.
c) Es gibt Trapeze, die Drachenvierecke sind.
d) Ein Rechteck ist niemals eine Raute.

2 Überprüfe, ob die Eigenschaftskarten zu dem Viereck gehören.

1 Gegenüberliegende Seiten sind parallel.
2 Hat mindestens zwei rechte Winkel.
3 Hat mindestens zwei Symmetrieachsen.
4 Hat vier gleich lange Seiten.
5 Hat mindestens zwei gleich große Winkel.

a) Trapez **b)** Quadrat
c) Raute **d)** Parallelogramm

3 Ein Viereck besitzt genau eine Symmetrieachse und hat einen Umfang von 20 cm.

a) Begründe, dass es sich dabei nicht um ein Rechteck handeln kann.
b) Zeichne mindestens zwei verschiedene Vierecke, die diese Eigenschaft erfüllen.
c) Entscheide, welche Vierecksarten überhaupt bei den Eigenschaften möglich sind.

4 Bestimme Flächeninhalt und Umfang der dargestellten Figuren. Zeichne die Figur, wenn nötig.

a) Trapez

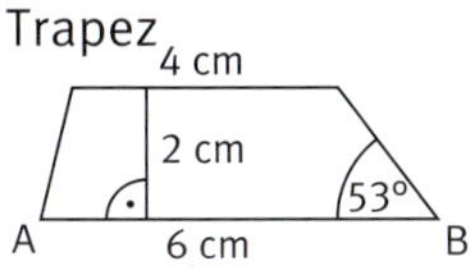

b)

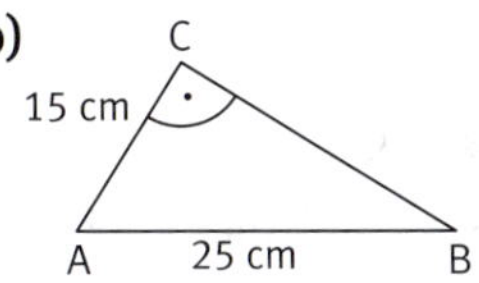

c) Parallelogramm

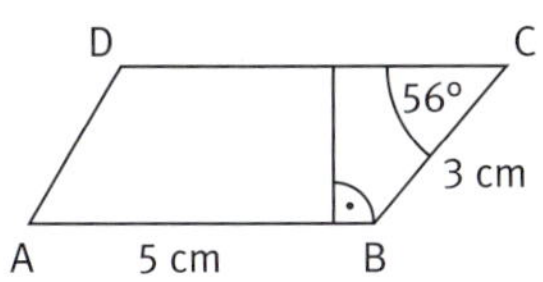

d) Raute

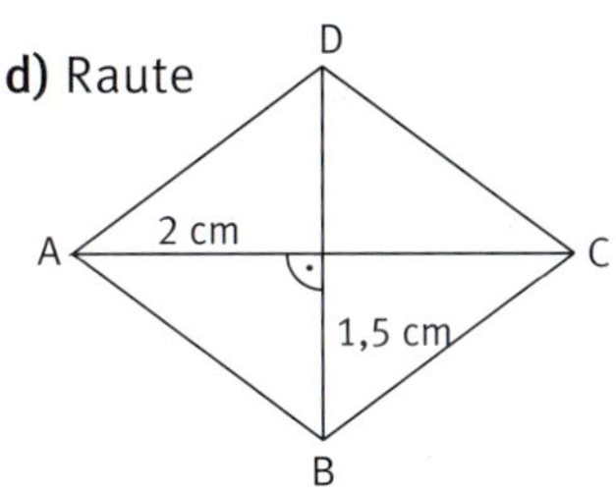

Daten und Zufall

5 Während eines Fußballspiels wurde notiert, welche Strecke jeder einzelne Spieler in dieser Zeit gelaufen ist:
7,2 km; 8,0 km; 12,1 km; 9,4 km; 10,0 km; 8,7 km; 8,9 km; 10,2 km; 0,5 km; 9,9 km; 4,5 km; 4,5 km

a) Bestimme Median, Modalwert und arithmetisches Mittel der Laufwege.
b) Welche der bei a) berechneten Größen stellt einen geeigneten Mittelwert für die Laufwege dar? Begründe auch, dass die anderen nicht so gut geeignet sind.

6 Bei einem Talentwettbewerb erhalten die Teilnehmer bis zu 10 Punkte. Die Tabelle zeigt die Punkteverteilung für die 19 Teilnehmer:
9; 9; 7; 10; 6; 8; 5; 9; 2; 7; 8; 8; 10; 9; 4; 7; 6; 8; 10

a) Zeichne einen Boxplot zum Sachverhalt.
b) Wie viele Punkte müsste ein weiterer Teilnehmer bekommen, damit sich der Boxplot nicht verändert?

7 Gib für folgende Ereignisse das Gegenereignis an.

a) Beim Würfeln wird eine gerade Augenzahl geworfen.
b) Beim doppelten Münzwurf tritt mindestens einmal Wappen auf.
c) Beim Ziehen einer Karte aus einem Skatblatt zieht man entweder eine rote Karte oder das Pik Ass.

8 Ein Glücksrad besteht wie in der Abbildung aus einem roten, einem blauen und einem gelben Feld.

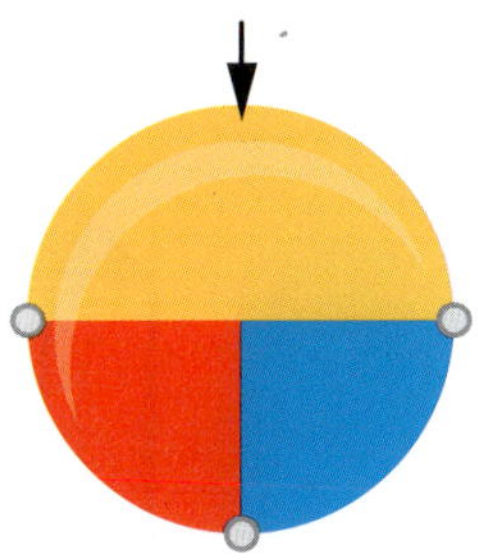

a) Gib für jede Farbe die Wahrscheinlichkeit beim einmaligen Drehen des Glücksrads an.
b) Das Glücksrad wird zweimal gedreht. Wie viele verschiedene Farbkombinationen sind insgesamt möglich? Beachte die Reihenfolge.
c) Beim ersten Drehen wird Rot gedreht. Konrad sagt: „Dann ist es jetzt viel wahrscheinlicher als gerade eben, dass nun Gelb gedreht wird." Äußere dich zu dieser Aussage.

Prismen und Pyramiden

9 Skizziere zu den Schrägbildern jeweils ein Zweitafelbild und das zugehörige Netz.

a) 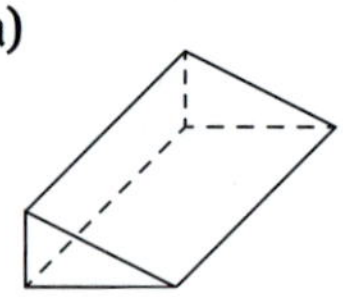

b) 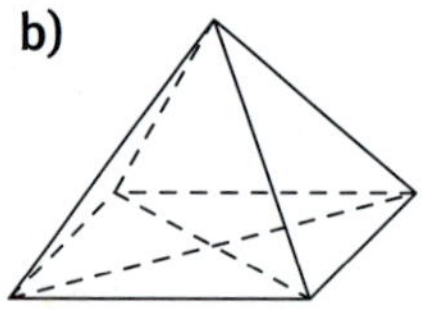

10 Entscheide, ob es sich um ein Prisma, eine Pyramide, beides oder um keines von beiden handeln kann. Der Körper hat …

a) 6 Ecken und 5 Flächen.

b) 8 Kanten.

c) eine gerade Anzahl an Flächen und eine ungerade Anzahl an Kanten.

d) mehr als 5 Flächen, aber weniger als 12 Kanten.

11 Das dargestellte Prisma hat ein Volumen von 23,4 cm^3. Die gleich hohe Pyramide wird vollständig mit Wasser gefüllt, anschließend wird das Wasser in das Prisma geschüttet. Bis zu welcher Höhe ist das Prisma dann gefüllt?
Es gilt a = 3 cm.

12 Das Dach eines Pavillons muss neu bespannt werden. Dazu nutzt man eine Plastikplane.

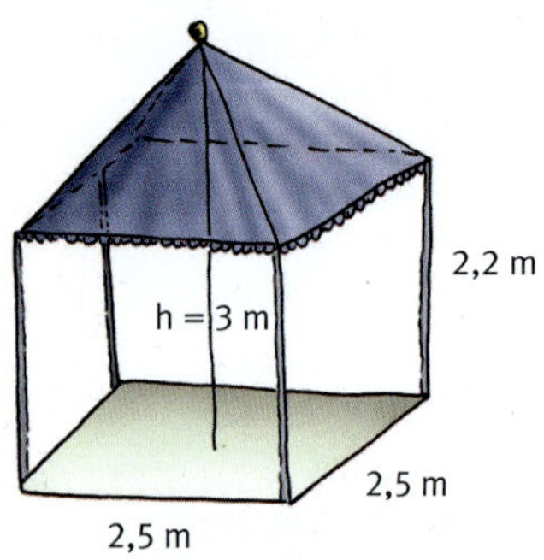

a) Bestimme die Seitenhöhe des Dachs.

b) Berechne den Flächeninhalt des Dachs.

c) Für Nähte und Verschnitt muss noch einmal mit 12 % zusätzlicher Dachplane gerechnet werden. Wie viel Folie ist insgesamt nötig?

Lineare Gleichungssysteme

13 Gib zu den dargestellten Graphen ein Gleichungssystem und dessen Lösung an.

a) 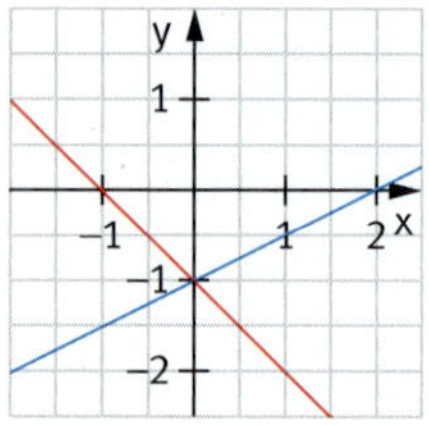

b) 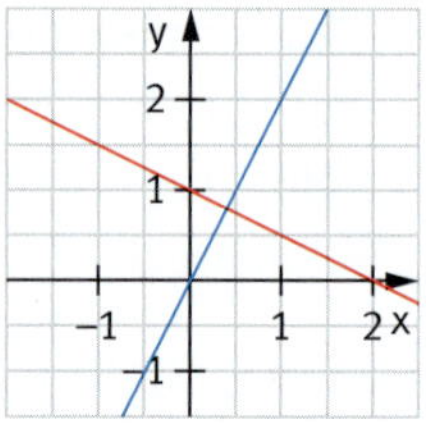

14 Löse folgende Gleichungssysteme grafisch.

a) I $y = x + 2$
II $x + y = 0$

b) I $x - y = 3$
II $2x + y = 0$

15 Gegeben sind vier Gleichungssysteme.

① I $2x + y = 10$
II $y = x - 2$

② I $3x - y = 3$
II $2x - y = 7$

③ I $x = 12 - y$
II $y + 3 = x$

④ I $x - y = 3$
II $2x + y = 10$

a) Welches rechnerische Verfahren bietet sich zur Lösung des Gleichungssystems an? Begründe.

b) Löse das Gleichungssystem mit dem gewählten Verfahren aus a).

16 Das Diagramm zeigt die Kosten bei einen Handytarif.

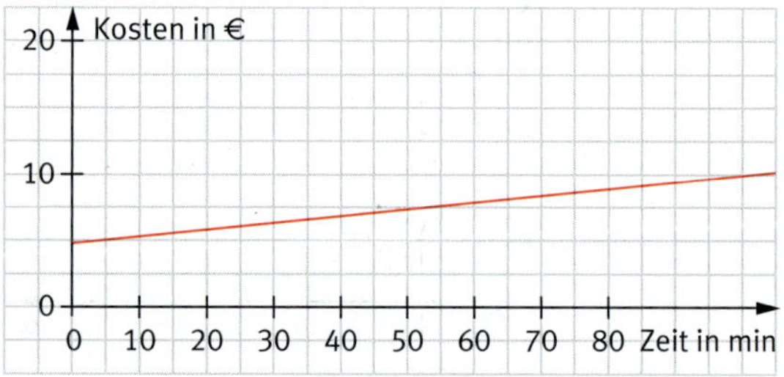

a) Beschreibe den Tarif in Worten. Gib eine Funktionsgleichung an.

b) Übernimm den Graphen in dein Heft und zeichne einen weiteren Tarif ein, der günstiger ist, wenn man weniger als 50 min telefoniert, aber teurer ist bei mehr als 50 min.

c) Gib für deinen eingezeichneten Tarif eine zugehörige Gleichung an.

d) Gib ein Gleichungssystem an, mit dem man ausrechnen kann, ab wann sich welcher Tarif lohnt. Löse das Gleichungssystem.

4 Trigonometrische Funktionen

Einstieg

Auf einer Kreisscheibe mit Radius 1 dm, die sich gleichmäßig dreht, ist am Rand ein Holzstift befestigt. Die Bewegung des Holzstiftes wird einmal senkrecht auf den Boden und einmal waagrecht an die Wand projiziert.

- Beschreibe die Bewegung des Schattens auf dem Boden und an der Wand.
- Zum Zeitpunkt $t = 0$ ist der Holzstift „ganz oben". Begründe, mit welchen der Graphen (1) bis (4) die Schattenbewegungen an der Wand bzw. am Boden beschrieben werden können. Stell dir dabei vor, dass unter dem Schatten ein Papier mit gleichbleibender Geschwindigkeit gezogen wird.

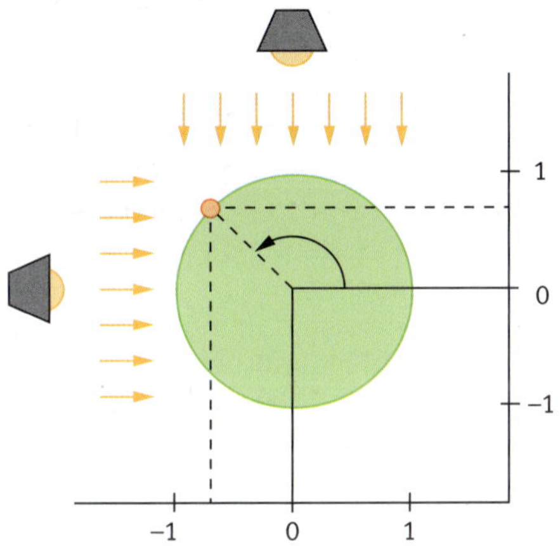

(1)
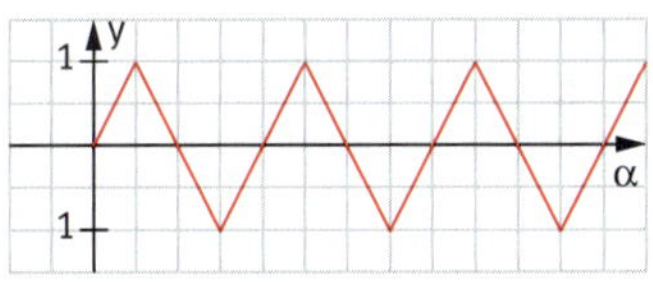

(2)
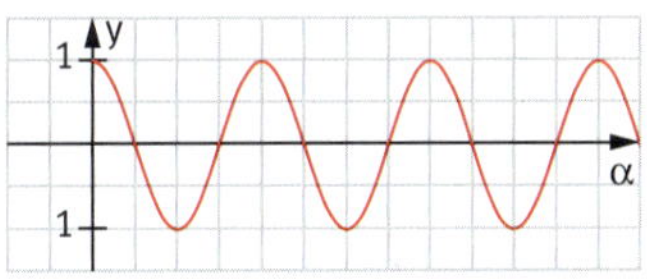

(3)
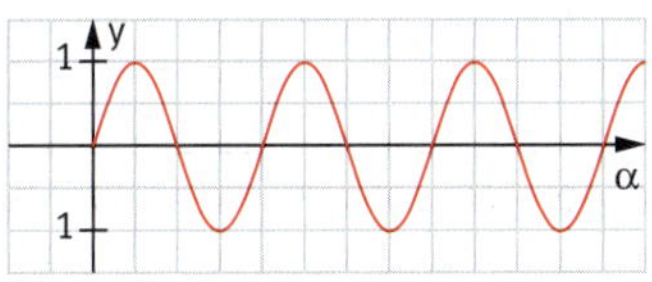

(4)
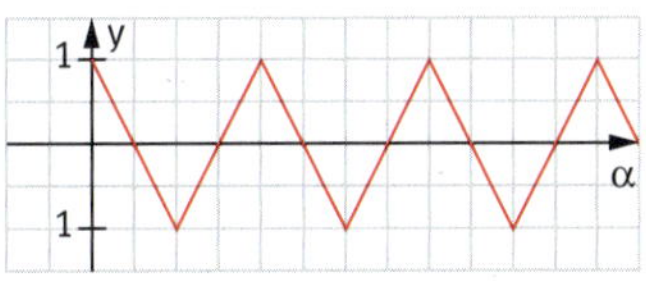

Ausblick

Am Ende dieses Kapitels hast du gelernt, ...

- dass man Winkel auch im Bogenmaß messen kann.
- die Eigenschaften der Sinusfunktion zu beschreiben.
- den Zusammenhang von Sinus- und Kosinusfunktion zu beschreiben.
- den Einfluss der Parameter auf den Graphen der Sinusfunktion zu erläutern.
- Vorgänge im Alltag mit periodischen Funktionen zu modellieren.

Beim Voltigieren wird ein Pferd an einer etwa 9 m langen Leine (der „Loge“) im Kreis geführt, während die Sportlerinnen und Sportler ihre Übungen auf dem Pferd turnen.

- Untersuche den Zusammenhang zwischen dem Mittelpunktswinkel α, den die Leine dabei überstreicht, und der Bogenlänge x, also der Strecke, die das Pferd zurücklegt. Übertrage dazu die Tabelle in dein Heft und vervollständige.

α	0°	30°	60°	90°	...	360°
x	0 m	▢	▢	▢	▢	▢

- Für den Umfang u eines Kreises gilt $u = 2\pi r$. Gib für jedes Wertepaar aus der Tabelle den Anteil des Drehwinkels vom Vollwinkel $\frac{\alpha}{360°}$ sowie den Anteil des Kreisbogens vom Gesamtumfang $\frac{x}{2\pi r}$ an. Beschreibe Auffälligkeiten.

Merkwissen

An einem Einheitskreis (r = 1 LE) kann man jedem Mittelpunktswinkel α eindeutig die Länge des zugehörigen Kreisbogens x zuordnen.
Wichtige Winkel lassen sich damit als Vielfache bzw. Teile der Kreiszahl π ausdrücken:

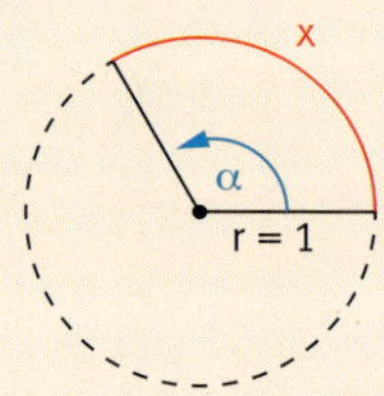

α im Gradmaß	30°	45°	60°	90°	180°	270°	360°
x im Bogenmaß	$\frac{\pi}{6}$	$\frac{\pi}{4}$	$\frac{\pi}{3}$	$\frac{\pi}{2}$	π	$\frac{3}{2}\pi$	2π

Die Länge dieses Kreisbogens am Einheitskreis kann man auch als Maß für den zugehörigen Mittelpunktswinkel verwenden. Man bezeichnet dieses Winkelmaß als **Bogenmaß** und gibt ihm die Einheit „rad“ (von „Radiant“).

Wenn feststeht, dass ein Winkel im Bogenmaß gemessen wird, lässt man die Einheit „rad“ auch oft weg.
Auf deinem CAS (bzw. Taschenrechner) musst du angeben, in welcher Einheit dein Winkel angegeben ist:
DEG („degree“): Gradmaß
RAD („radient“): Bogenmaß

Beispiele

I Gesucht ist das zugehörige Bogenmaß zum Winkel $\alpha = 120°$.
Beschreibe dein Vorgehen und interpretiere anschließend das Ergebnis.

Lösung:
Anteil des Winkels 120° am Vollkreis: $\frac{120°}{360°} = \frac{1}{3}$
Bestimmung des Bogenmaßes als Anteil von 2π:
$\frac{1}{3} \cdot 2\pi = \frac{2}{3}\pi \approx 2{,}094$
Wenn der Einheitskreis einen Radius von 1 cm hat, dann gehört zu einem Mittelpunktswinkel von 120° ein Kreisbogen mit einer Länge von ca. 2,1 cm.

II Bestimme die Größe des Mittelpunktswinkels in Grad, der zum Bogenmaß 1 rad gehört. Beschreibe dein Vorgehen.

Lösung:
1. Anteil der Bogenlänge 1 am Gesamtumfang des Einheitskreises: $\frac{1}{2\pi}$
2. Bestimmung des Gradmaßes als Anteil von 360°: $\frac{1}{2\pi} \cdot 360° \approx 57{,}3°$

Verständnis

- Erkläre die Bezeichnung „Bogenmaß“ für die Größe eines Winkels.
- Bestimme das Bogenmaß zu Vielfachen von 180° (360°).
- Richtig oder falsch? Begründe. „Ein Winkel von 10 rad ist kleiner als ein Winkel von 10°.“

Aufgaben

oHiMi 1

1 Übertrage den Kreis mit r = 5 cm in dein Heft und ergänze jeweils die fehlenden Angaben. Schreibe die Angaben im Bogenmaß als Anteile von π.

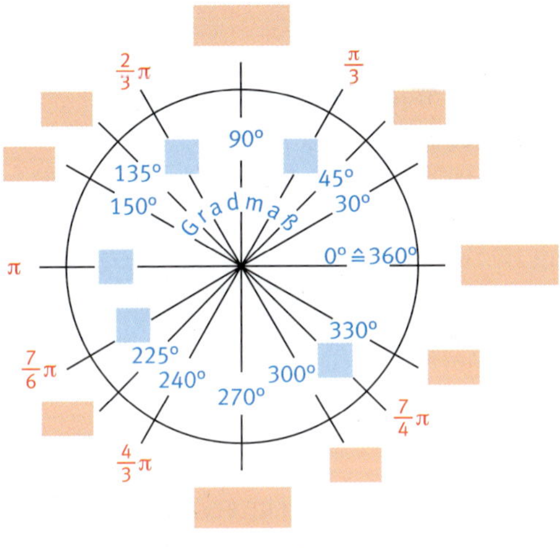

2 Übertrage die Tabelle in dein Heft und bestimme die fehlenden Werte. Runde auf zwei Dezimalen.

Lösungen zu 2: (nur Maßzahlen) 0,01; 0,43; 6,22; 8,12; 12,48; 17,45; 28,65; 249,81; 344,92; 429,72; 731,09; 2591,49

a)

Winkel im …	1	2	3	4	5	6
Gradmaß	24,5°	356,3°	0,5°	▢	▢	▢
Bogenmaß	▢	▢	▢	0,5	4,36	6,02

b)

Winkel im …	1	2	3	4	5	6
Gradmaß	465,3°	715,0°	1000°	▢	▢	▢
Bogenmaß	▢	▢	▢	7,5	12,76	45,23

3 Bestimme die Größe des Winkels von 1° im Bogenmaß. Gehe vor wie in Beispiel II.

4 An einem Kreis mit Radius 6 cm beträgt die Länge eines Kreisbogens 8 cm (15 cm). Bestimme den zugehörigen Mittelpunktswinkel …

a) im Bogenmaß.
b) im Gradmaß.

5 Es sei α der Mittelpunktswinkel am Einheitskreis und x die Länge des zugehörigen Kreisbogens.

a) Begründe die Quotientengleichheit am Einheitskreis: $\frac{\alpha}{360°} = \frac{x}{2\pi}$

b) Zeige folgende Gleichheit für den Winkel im Bogenmaß x und im Gradmaß α.

① $x = \frac{\alpha}{360°} \cdot 2\pi = \frac{\alpha}{180°} \cdot \pi$

② $\alpha = \frac{x}{2\pi} \cdot 360° = \frac{x}{\pi} \cdot 180°$

Konzentrische Kreise sind Kreise um denselben Mittelpunkt.

Wenn man die einzelnen Punkte der Strecken und Bögen markiert, ist das Messen mittels DGS einfacher. Die Option „Messung" gibt es auch als Zweitbelegung (Rechtsklick). Zum Berechnen der Verhältnisse bietet sich die Tabellenkalkulation an.

8410–09

6 Zeichne mit einem CAS oder einer dynamischen Geometriesoftware drei konzentrische Kreise mit unterschiedlichem Radius. Definiere in jedem Kreis einen Kreisbogen über demselben Winkel.

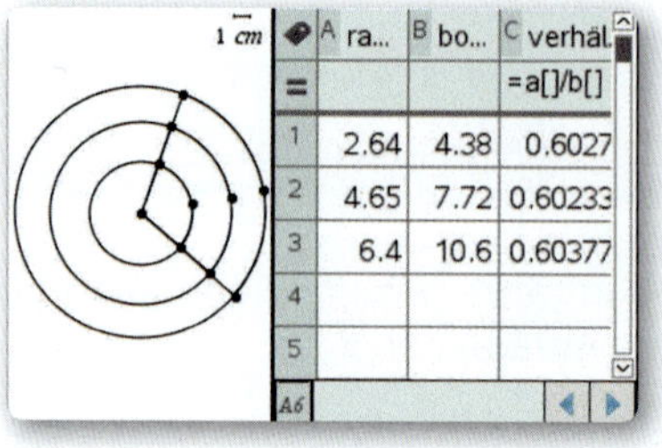

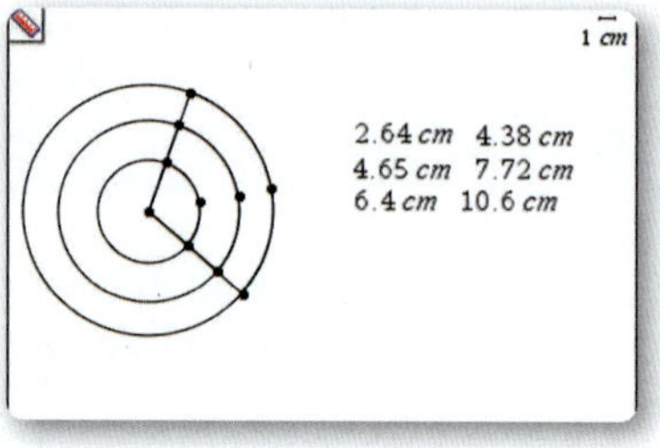

a) Miss jeweils die Bogenlängen und zugehörigen Radien. Setze die beiden Größen ins Verhältnis zueinander. Formuliere eine Vermutung.

b) Überprüfe deine Vermutung für weitere Winkelgrößen.

c) Bestimme die Bogenlänge für die verschiedenen Radien aus a) und b) mithilfe des zugehörigen Bogenmaßes.

d) Begründe, dass die Zuordnung *Winkelgröße im Bogenmaß → Länge eines Kreisbogens* für jeden beliebigen Kreisradius proportional ist.

7 Bestimme die Werte am Einheitskreis durch Überlegung und prüfe die Ergebnisse mit dem Taschenrechner.

a) $\cos \pi$ b) $\sin \frac{\pi}{2}$ c) $\sin \frac{3}{2}\pi$ d) $\cos -\frac{\pi}{4}$ e) $\sin \frac{5}{6}\pi$

Lösungen zu 8:
-4π; -2π; $-\frac{\pi}{2}$; $-\frac{\pi}{3}$; 0; 0; $\frac{\pi}{6}$; $\frac{\pi}{3}$; $\frac{\pi}{2}$; $\frac{5}{3}\pi$; $\frac{3}{2}\pi$; 2π; 10°; 4π; 45°; 50°; 60°; 90°; 120°; 130°; 170°; 180°; 270°; 315°; 360°; 405°

8 Ermittle die Lösungen der Gleichung im angegebenen Intervall möglichst ohne Verwendung des Taschenrechners.

	Gleichung	Intervall
a)	$\cos x = 0{,}5$	$-\pi \leqq x \leqq 2\pi$
c)	$\cos \alpha = \frac{1}{2}\sqrt{2}$	$0° \leqq \alpha \leqq 450°$
e)	$\sin (2\alpha) = 0$	$0° \leqq \alpha \leqq 360°$
g)	$\sin (3\alpha) = 0{,}5$	$0° \leqq \alpha \leqq 180°$
i)	$\cos \left(x + \frac{\pi}{2}\right) = 1$	$-2\pi \leqq x \leqq 2\pi$

	Gleichung	Intervall
b)	$\sin \alpha = 1$	$0° \leqq \alpha \leqq 360°$
d)	$\sin \alpha = \frac{1}{2}\sqrt{3}$	$0° \leqq \alpha \leqq 180°$
f)	$\cos (-x) = 1$	$-2\pi \leqq x \leqq 2\pi$
h)	$\sin \frac{x}{2} = 0$	$-4\pi \leqq x \leqq 4\pi$
j)	$\cos \left(x - \frac{\pi}{3}\right) = \frac{\sqrt{3}}{2}$	$-\pi \leqq x \leqq \pi$

9 Es ist $\sin \left(\frac{3}{2}\pi\right) = -1$. Gib mindestens vier weitere Winkel im Bogenmaß an, die den gleichen Sinuswert besitzen.

10 Bestimme ohne Taschenrechner, welche Terme denselben Wert haben.

$\sin 18°$	$\cos 342°$	$\cos 72°$	$\sin \left(\frac{11}{10}\pi\right)$
$\sin (-36°)$	$\cos \left(\frac{3}{10}\pi\right)$	$\sin 396°$	$\sin 504°$
$\cos 252°$	$\cos 792°$	$\cos (-72°)$	$\cos \left(\frac{7}{5}\pi\right)$

11 Bestimme den Wert des Terms im Kopf.

a) $\sin\frac{\pi}{2}$ b) $\tan\frac{\pi}{4}$ c) $\cos\frac{\pi}{6}$

d) $\left(\sin\frac{\pi}{4}+\cos\frac{\pi}{4}\right)^2$ e) $\left(\sin\frac{\pi}{3}\right)^2+\left(\cos\frac{\pi}{3}\right)^2$ f) $\cos\frac{\pi}{2}+\cos\frac{\pi}{4}$

g) $\sin\frac{\pi}{2}+\sin\frac{\pi}{4}$ h) $\left(\sin\frac{\pi}{3}+\frac{\pi}{6}\right)-\left(\sin\frac{\pi}{3}+\frac{\pi}{6}\right)$

12 Zeige, dass sich der Flächeninhalt eines Kreissektors mit Radius r und Mittelpunktswinkel x als $A=\frac{1}{2}r^2\cdot x$ bestimmen lässt, wobei x im Bogenmaß angegeben wird.

13 Auf einer kreisförmigen Rennbahn möchten sich Saskia und Mika ein Wettrennen liefern. Die Kreisbahn von Saskia hat den Radius $r_1 = 40$ m, die von Mika den Radius $r_2 = 42$ m. Berechne den Winkel α, um den die Startlinie von Mika gegenüber der von Saskia verschoben werden muss, damit beide Laufstrecken gleich lang sind.

14 Überprüfe, ob die Aussage wahr oder falsch ist. Begründe.

a) $\cos 20 > \cos 20°$ b) $\sin 17° > \cos 117°$ c) $\sin 57° < \sin 3{,}1$

15 Es gibt verschiedene Maße, um Winkelgrößen zu beschreiben. Ein CAS kann mit allen umgehen, sodass man unter Einstellungen zwischen den Maßen wechseln kann. Dabei stehen **DEG** bzw. **360°** für **Gradmaß** und **RAD** bzw. **2π** für **Bogenmaß.**

a) Probiere die unterschiedlichen Eingabemodi selbst aus.

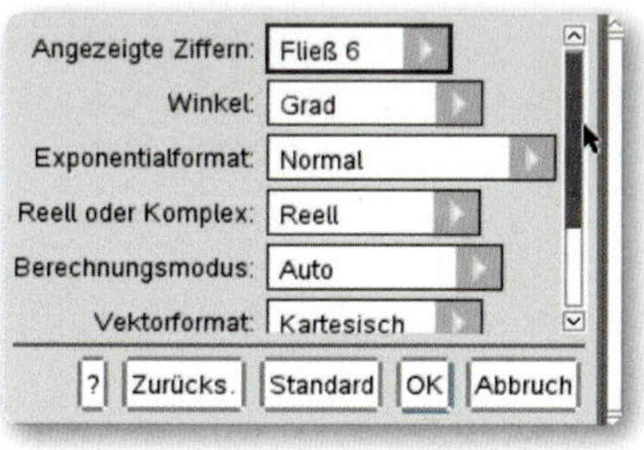

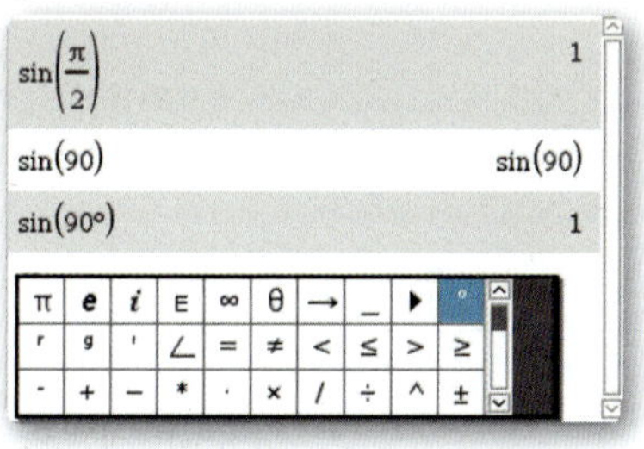

Wenn man die Winkeleinstellung nicht immer verändern möchte, kann man auch das Symbol „°“ für Grad mit eingeben. Damit rechnet das CAS immer im Gradmaß.

Neben den zwei vorgestellten Winkelmaßen gibt es weitere, wie z. B. das „Neugrad“ (GON). Diese sind aber nicht so gebräuchlich.

b) Rechne die Winkelwerte in das jeweils andere Winkelmaß um.

(1) 45° (2) $\frac{\pi}{2}$ (3) 72° (4) $\frac{3}{2}\pi$

(5) $0 \leq \alpha \leq 360°$ (6) $-\pi \leq \alpha \leq \pi$ (7) 1023° (8) $\frac{5}{12}\pi$

16 Interpretiere den nebenstehenden Screenshot. Formuliere ein Vorgehen, um Werte des einen Winkelmaßes in das andere umzurechnen.

Versuchsaufbau:

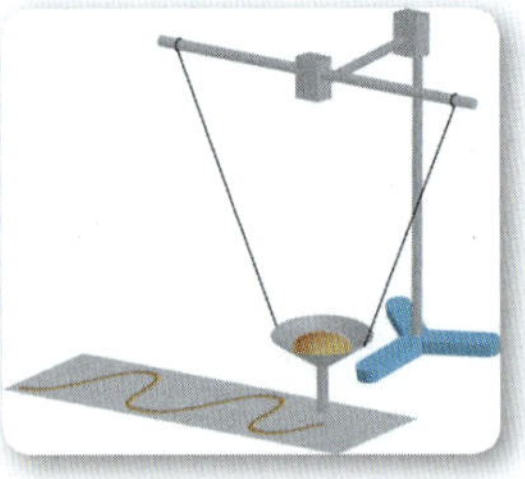

Im Alltag lassen sich wiederholende Vorgänge beobachten, wie beispielsweise die Wellenbewegung von Wasser. Solche Bewegungen sollen untersucht werden:

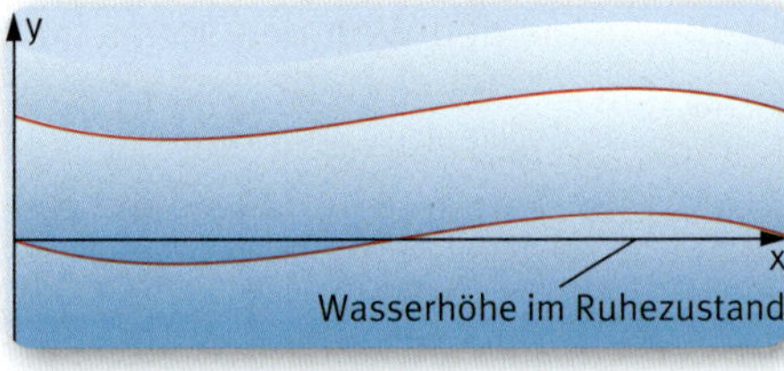

- Baue eine Versuchsanordnung mit einem Trichterpendel wie abgebildet auf. Dabei ist der Trichter mit feinem Sand gefüllt (kleine Trichteröffnung!). Lasse nun den Trichter schwingen und ziehe gleichzeitig eine untergelegte Papierbahn mit gleichmäßiger Geschwindigkeit. Fixiere den Sandgraphen mit Haarspray.
- Kennzeichne am Sandgraphen die Ruhelage des Pendels. Markiere markante Punkte und beschreibe mit ihnen die Schwingung des Trichters.

Merkwissen

Im Einheitskreis lässt sich jedem Winkelmaß x eindeutig ein Sinuswert zuordnen. Die Funktion $f(x) = \sin x$ $(x \in \mathbb{R})$ heißt **Sinusfunktion.**

Den Graphen der Sinusfunktion erhält man, indem man auf der x-Achse den Winkel x im Bogenmaß und als y-Koordinate den zugehörigen Sinuswert abträgt.

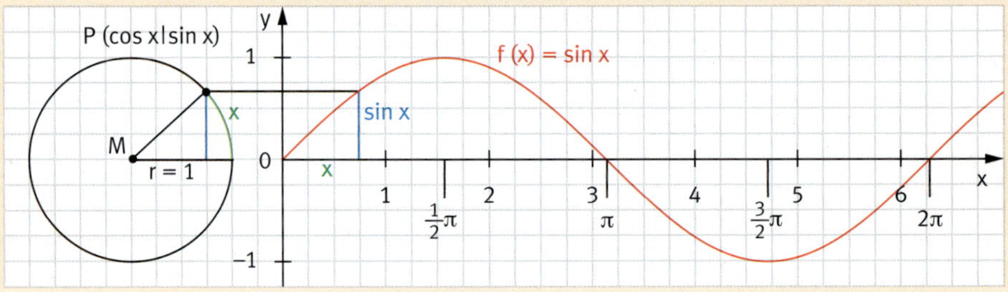

Da sich die Funktionswerte der Sinusfunktion in gleichen Abständen stets wiederholen, spricht man von einer **periodischen** Funktion. Den kürzesten Abstand zwischen den Wiederholungen bezeichnet man als **Periodenlänge**.

I Bestimme alle Werte x aus $-\pi \leqq x \leqq 3\pi$, für die gilt: $\sin x = \frac{\sqrt{2}}{2}$. Veranschauliche die Lösung grafisch.

Lösung:

Beachte: Die Lösungen x_1 und x_2 wiederholen sich stets nach einer Periodenlänge.

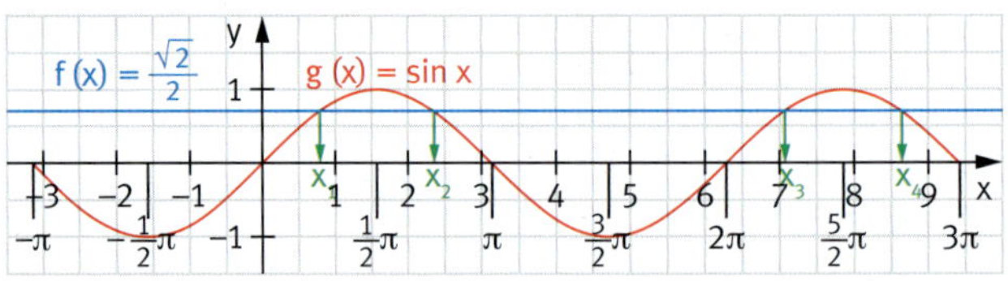

$x_1 = \frac{\pi}{4}$

$x_2 = \pi - \frac{\pi}{4} = \frac{3\pi}{4}$

$x_3 = \frac{\pi}{4} + 2\pi = \frac{9\pi}{4}$

$x_4 = \frac{3\pi}{4} + 2\pi = \frac{11\pi}{4}$

- Erkläre den Zusammenhang zwischen Hochpunkten der Sinusfunktion und der Lage eines Punktes P auf der Einheitskreislinie.
- Beschreibe die Arten von Symmetrie, die du in der Sinusfunktion erkennen kannst.

OHiMi 1 – 3

1 Gib jeweils die Periodenlänge der periodischen Funktion an.

a)
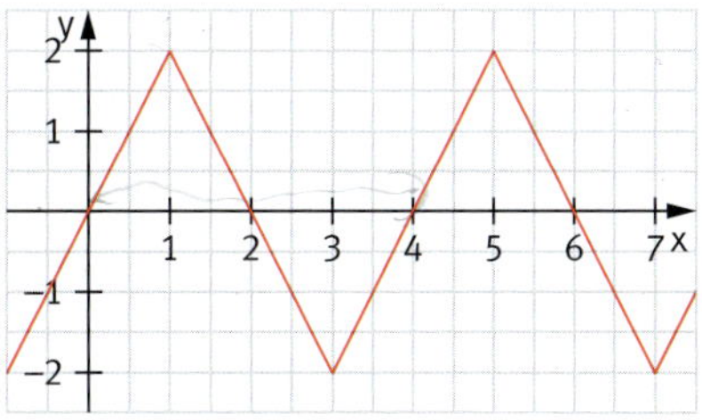

b)
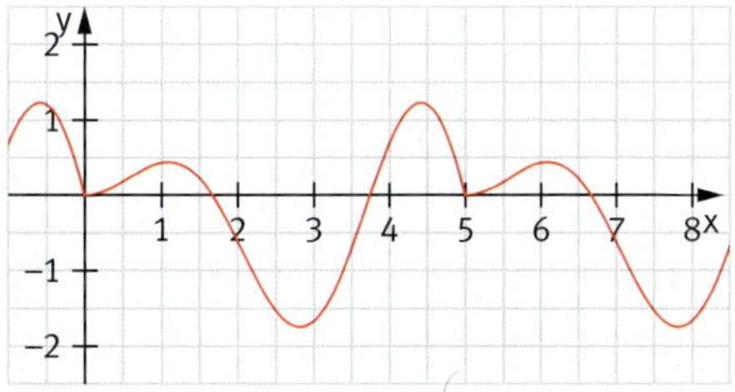

2 a) Bestätige die Symmetrieeigenschaft der Sinusfunktion: $f(-x) = -f(x)$.

b) Beschreibe die Eigenschaft der Sinusfunktion mit eigenen Worten:
$\sin(x + k \cdot 2\pi) = \sin x$ mit $k \in \mathbb{Z}$

3 Der Graph der Sinusfunktion wurde mithilfe von neun ausgewählten Punkten erstellt.

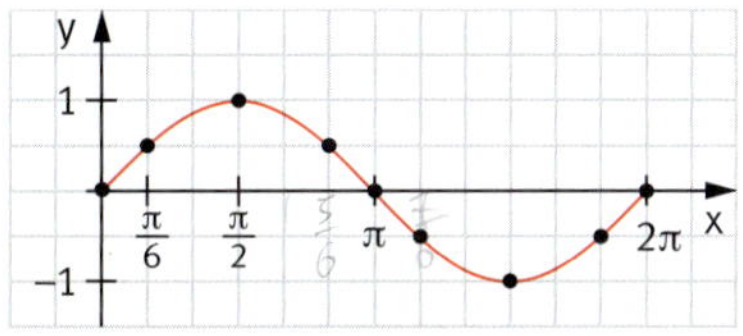

a) Gib die Koordinaten der Punkte an.

b) Erkläre, dass es zum einfachen Zeichnen geschickt ist, die beiden Achsen unterschiedlich und wie abgebildet zu skalieren.

c) Skizziere den Verlauf des Graphen der Sinusfunktion mit der abgebildeten Achsenskalierung für $-2\pi \leqq x \leqq 2\pi$. Beschreibe dein Vorgehen.

4 Untersuche den Graphen der Sinusfunktion mithilfe des CAS. Erstelle dazu einen Steckbrief in deinem Heft.

5 Ermittle grafisch die Lösungsmenge wie in Beispiel I.

a) $\sin x = 0{,}5$ für $-\pi \leqq x \leqq 2\pi$

b) $\sin x < 0{,}5$ für $0 \leqq x \leqq 2\pi$

6

CAS bieten die Möglichkeit, trigonometrische Funktionen grafisch darzustellen und zu untersuchen. Die Eingabe am CAS erfolgt wie üblich über die Eingabezeile. Wichtig ist, das Winkelmaß mit der Achsenskalierung abzustimmen. Im Allgemeinen bietet sich das Bogenmaß (RAD) an. Die Auswahl erfolgt unter „Einstellungen“.

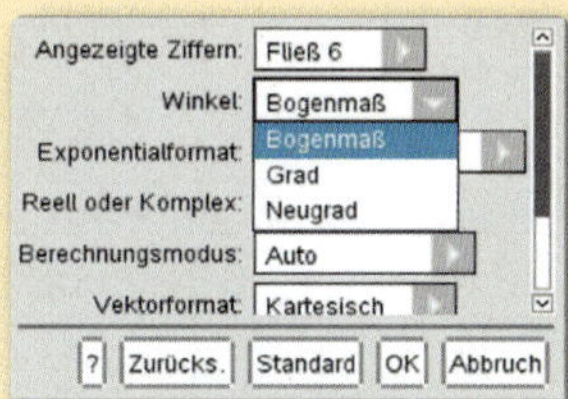

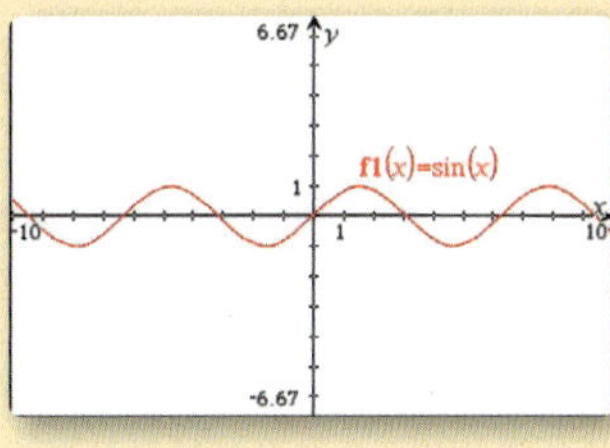

a) Erzeuge mit deinem CAS den Graph der Sinusfunktion im Grad- und Bogenmaß.

b) Erzeuge die folgenden Screenshots.

1
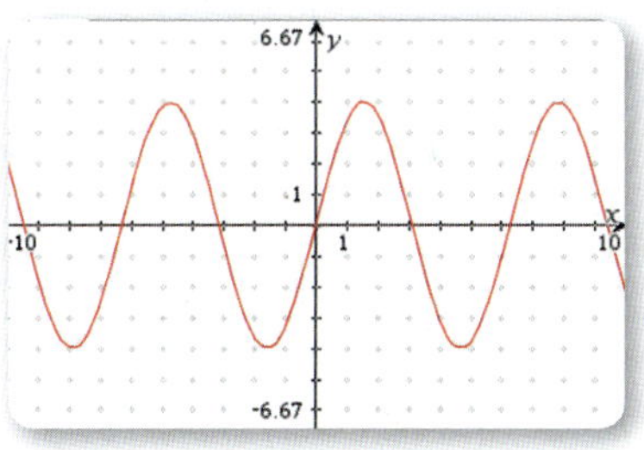

2
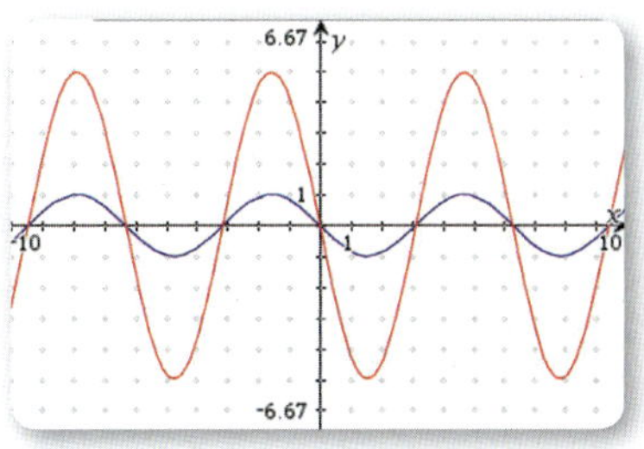

Eigenschaften der Sinusfunktion

Definitionsmenge $\mathbb{D}$:

Wertemenge $\mathbb{W}$:

Periodenlänge:

Nullstellen:

Symmetrie:

Wichtig ist, dass der zu untersuchende Parameter mit der „Variable des Schiebereglers“ übereinstimmt.

Am besten bildet ihr vier verschiedene Gruppen und tauscht euch anschließend aus.

8410–10

Mit einem CAS kann man den Einfluss von Parametern untersuchen.

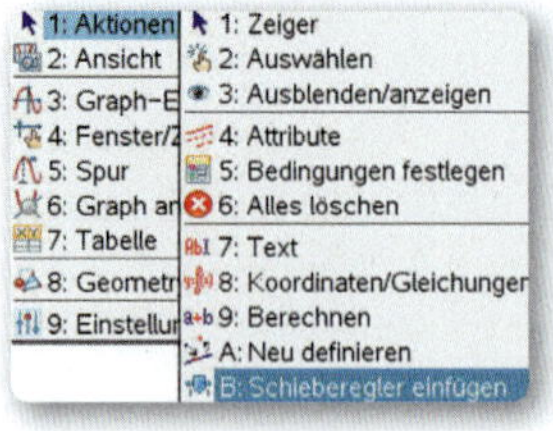

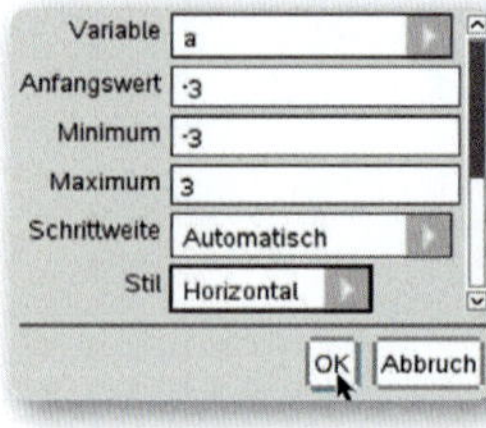

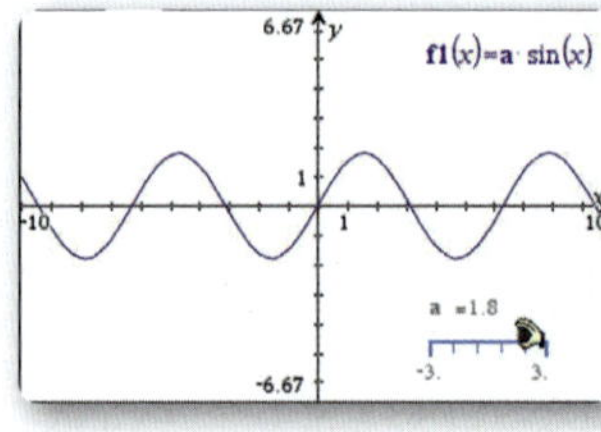

- Untersuche den Einfluss der folgenden Parameter auf die Sinusfunktion.

(1) $f(x) = a \cdot \sin x$ (2) $f(x) = \sin(b \cdot x)$ (3) $f(x) = \sin x + c$ (4) $f(x) = \sin(x + d)$

Merkwissen

Die **allgemeine Sinusfunktion** lässt sich in der Form
$f(x) = a \cdot \sin(b \cdot (x - d)) + c$ mit $x, c, d \in \mathbb{R}$ und $a, b \in \mathbb{R} \setminus \{0\}$ schreiben.

(1) Der Parameter a verändert den Wertebereich ($y \in [-|a|; |a|]$).

*Der Faktor $|a|$ heißt auch **Amplitude**.*

$|a| < 1$ staucht / $|a| > 1$ streckt } sin x in y-Richtung. $a < 0$ spiegelt $|a| \cdot \sin x$ an der x-Achse.

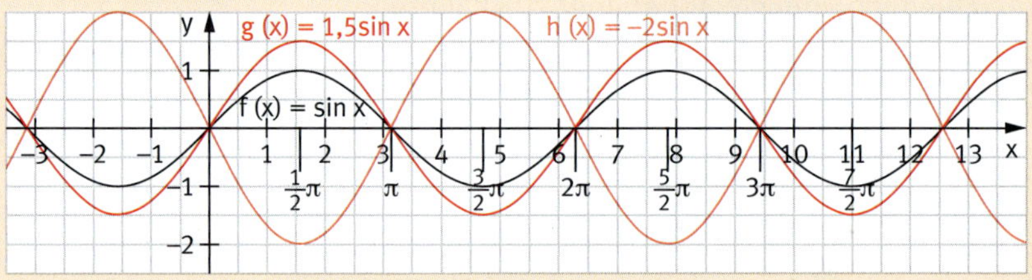

(2) Der Parameter b verändert die Periodenlänge.

$|b| < 1$ verlängert / $|b| > 1$ verkürzt } die Periodenlänge gegenüber sin x. $b < 0$ spiegelt $\sin(|b| \cdot x)$ an der x-Achse.

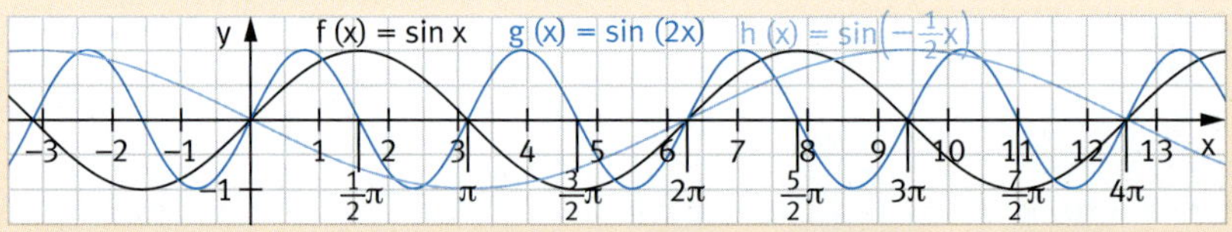

(3) Der Parameter c verschiebt die Funktion sin x entlang der y-Achse:
$c > 0$ verschiebt in positive Richtung, $c < 0$ verschiebt in negative Richtung.

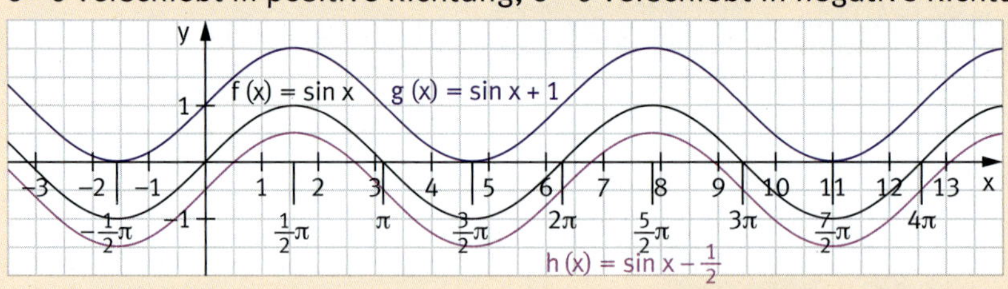

(4) Der Parameter d verschiebt die Funktion sin x entlang der x-Achse:
$d > 0$ verschiebt in positive Richtung, $d < 0$ verschiebt in negative Richtung.

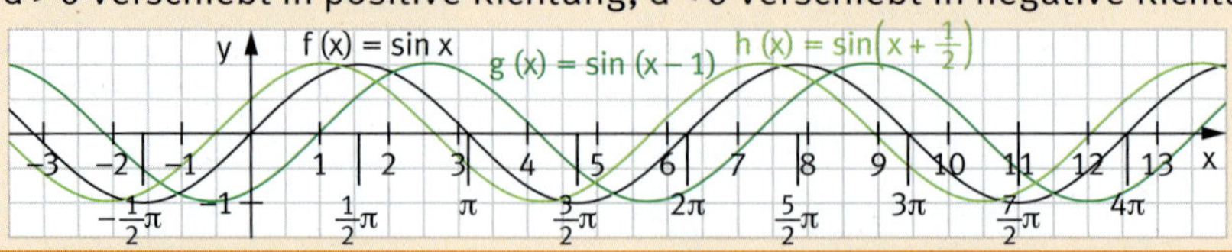

BEISPIELE

I Gib mindestens zwei mögliche Funktionsgleichungen zum roten Graphen an. Begründe dein Vorgehen.

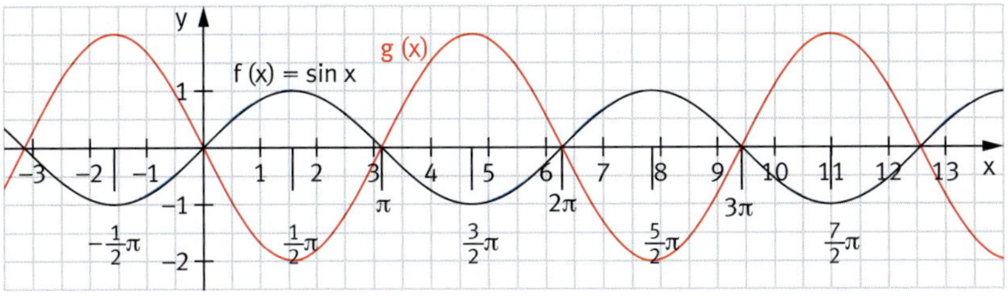

Der Graph der Grundfunktion sin x kann bei der Lösung helfen.

Lösungsmöglichkeiten:

Funktionsgleichung	Begründung
1 $g(x) = -2 \cdot \sin x$	Der Graph ist gestreckt: $\lvert a\rvert = 2$. Der Graph ist an der x-Achse gespiegelt, also $a < 0$.
1 $g(x) = 2 \cdot \sin(x - \pi)$	Der Graph ist gestreckt: $\lvert a\rvert = 2$. Mit $a > 0$ wurde der Graph um π in positiver Richtung entlang der x-Achse verschoben.
1 $g(x) = 2 \cdot \sin(x + \pi)$	Der Graph ist gestreckt: $\lvert a\rvert = 2$. Mit $a > 0$ wurde der Graph um π in negativer Richtung entlang der x-Achse verschoben.

VERSTÄNDNIS

- Richtig oder falsch? Der Graph der Sinusfunktion mit $f(x) = 2 \cdot \sin(0{,}5x)$ hat die Amplitude $\frac{1}{2}$. Begründe.
- Erkläre: Die Sinusfunktionen $f(x) = -3 \cdot \sin x$ und $g(x) = 3 \cdot \sin x$ haben dieselbe Amplitude.

AUFGABEN

1 Ordne jeder Funktionsgleichung den richtigen Graphen zu. Begründe deine Auswahl.

$f(x) = \sin x$

$g(x) = \sin\left(x - \frac{1}{6}\pi\right)$

$h(x) = 2 \sin\left(x - \frac{1}{6}\pi\right)$

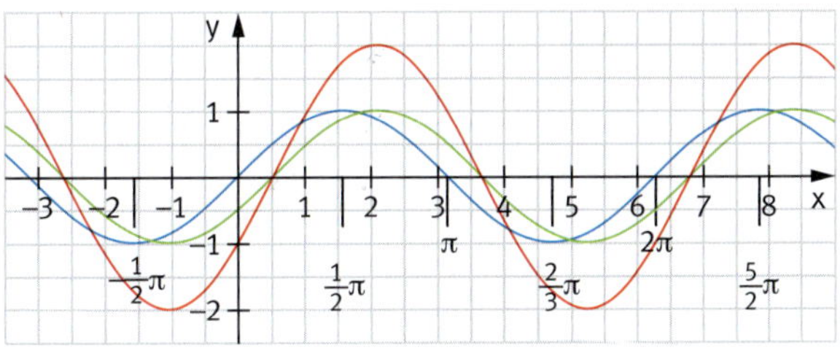

2 1 $f(x) = 3 \sin x$ 2 $f(x) = \sin x + 3$ 3 $f(x) = \sin(3x)$
4 $f(x) = \sin\left(x + \frac{1}{2}\pi\right)$ 5 $f(x) = -2 \sin(x + \pi)$ 6 $f(x) = \frac{1}{2} \sin\left(x - \frac{1}{2}\pi\right)$

a) Zeichne den Graphen der Funktion im Bereich $[-2\pi; 2\pi]$ in dein Heft.
b) Gib jeweils die Wertemenge $\mathbb{W}$, die Periodenlänge und die Amplitude an.

oHiMi 1 – 2

3 Finde alle gemeinsamen Nullstellen der beiden Funktionen f und g im Bereich $-2\pi \leqq x \leqq 2\pi$. Schaffst du es ohne CAS?

a) $f(x) = \sin x$ und $g(x) = \sin(2x)$ **b)** $f(x) = \sin\left(\frac{1}{2}x\right)$ und $g(x) = \sin(2x)$

oHiMi 4 – 6

4 Gib mindestens zwei mögliche Funktionsgleichungen zu dem roten Graphen an. Begründe dein Vorgehen. Der Vergleich mit $f(x) = \sin x$ kann helfen.

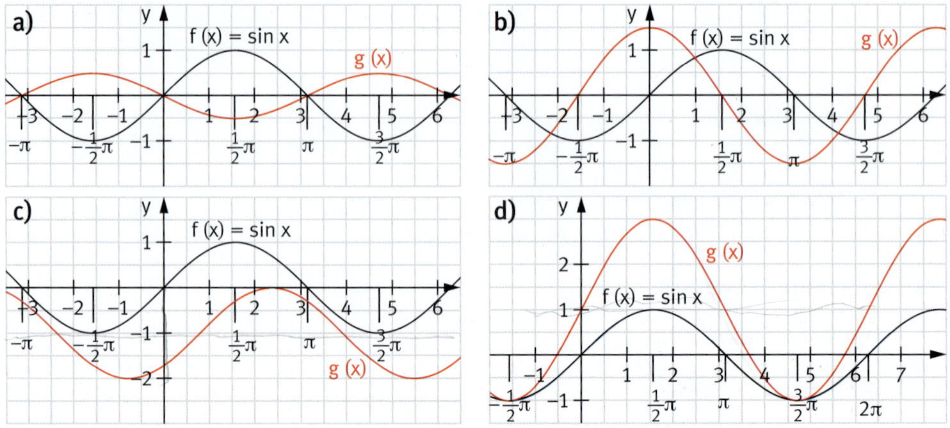

5

A WANTED $\mathbb{W} = [-2; 2]$ Periodenlänge: 2π eine Nullstelle bei $\frac{1}{2}\pi$	B WANTED $\mathbb{W} = [0; 4]$ Periodenlänge: π Schnittpunkt y-Achse: P (0 | 2)	C WANTED $\mathbb{W} = [0; 4]$ Periodenlänge: 8π eine Nullstelle bei 6π

1 $f(x) = 4\sin(2x)$	2 $f(x) = 2\sin\left(x + \frac{1}{2}\pi\right)$	3 $f(x) = 2\sin(2x) + 2$
4 $f(x) = -2\sin\left(\frac{1}{2}x - \pi\right)$	5 $f(x) = 2\sin\left(\frac{1}{4}x\right) + 2$	6 $f(x) = 2\sin(4x) + 4$

a) Ordne die Steckbriefe einer Funktionsgleichung zu. Begründe deine Auswahl.

b) Erstelle einen solchen Steckbrief für die übrigen drei Funktionen.

6 Ist die Aussage wahr oder falsch? Begründe.

7 Beschreibe, wie man schrittweise den Graphen der Funktion f (x) erhält. Zeichne den Graphen für $-\pi \leqq x \leqq 4\pi$ in dein Heft und überprüfe die Zeichnung mit dem CAS.

a) $f(x) = 3 \cdot \sin(2x) - 1;\ (x \in \mathbb{R})$ **b)** $f(x) = 2{,}5\sin\left(\frac{x}{2} + \frac{\pi}{2}\right);\ x \in \mathbb{R}$

8 Finde unter den Funktionsgraphen alle, die identische Graphen in $\mathbb{R}$ besitzen. Überprüfe mit dem CAS.

$-0{,}75 \sin x$ $\qquad \frac{3}{4} \cdot \sin(x + \pi)$ $\qquad -1{,}5 \sin\left(x - \frac{1}{2}\pi\right) + 1$

$\frac{3 \sin\left(x + \frac{1}{2}\pi\right)}{2} + 1$ $\qquad \frac{3 \sin(x - \pi)}{4}$ $\qquad \frac{-2 \sin(x - \pi) - 6}{3}$

$\frac{2}{3} \sin(x + \pi) - 2$ $\qquad -\frac{1}{2} \cdot \left(3 \cdot \sin\left(x - \frac{1}{2}\pi\right) - 2\right)$ $\qquad -2 - \frac{2 \sin(x - \pi)}{3}$

9 Erzeuge und vergleiche die beiden Screenshots. Gehe dabei auf die Verlässlichkeit der CAS-Lösungen ein.

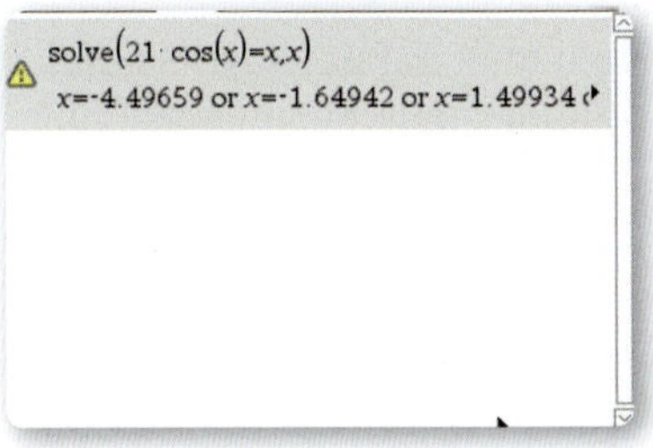

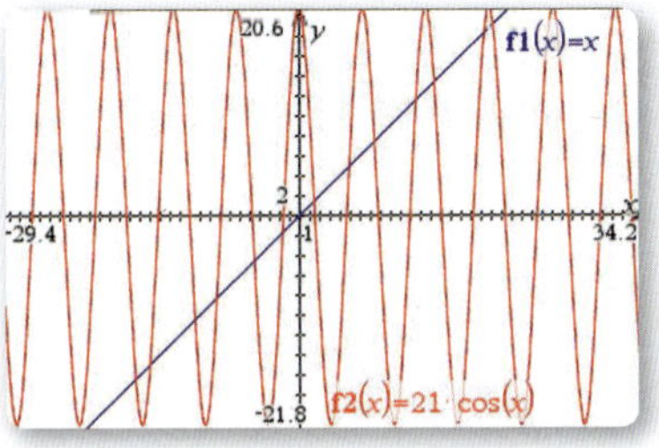

Warnhinweise der CAS sind wichtig und informativ. Sie müssen beachtet werden.

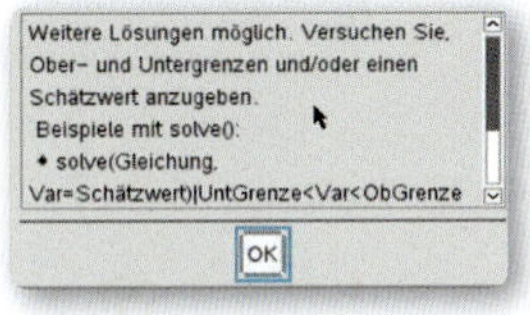

10 Erzeuge die folgenden Screenshots.

a)
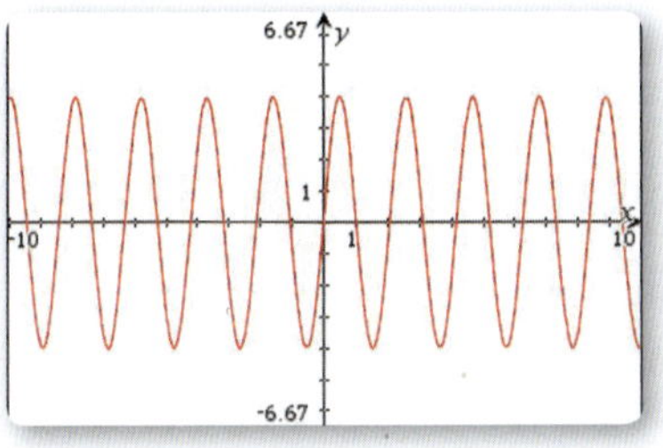

b)
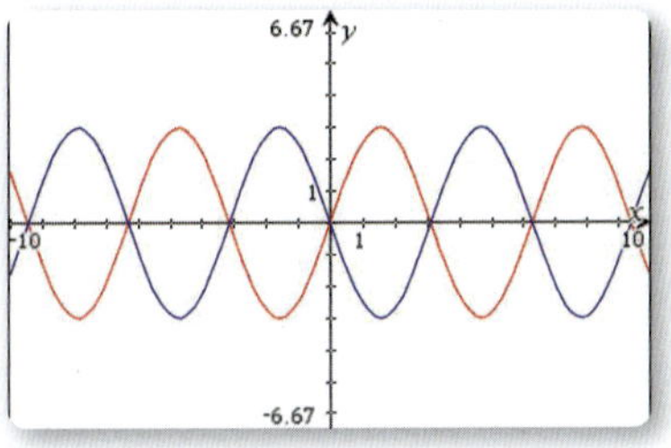

11 Funktionen können sich auch überlagern.

1 $f(x) = \sin x \cdot \sin x$ $\qquad$ 2 $f(x) = \sin(2x) \cdot \sin(2x)$ $\qquad$ 3 $f(x) = \sin x \cdot \sin(2x)$

a) Stelle den Graphen der Funktion mit dem CAS dar und beschreibe seinen Verlauf.

b) Erkläre, wie der Graph aus den beiden Grundfunktionen sin x bzw. sin (2x) entstanden ist.

12 Die Funktionsgleichung des schwarzen Graphen entsteht durch eine Verknüpfung der Funktionen f_1 und f_2.

a) Beschreibe, wie der schwarze Graph aus dem blauen und roten Graph entsteht.

b) Ermittle die zugehörige Funktionsgleichung.

c) Erzeuge mit deinem CAS weitere Verknüpfungen von f_1 und f_2.

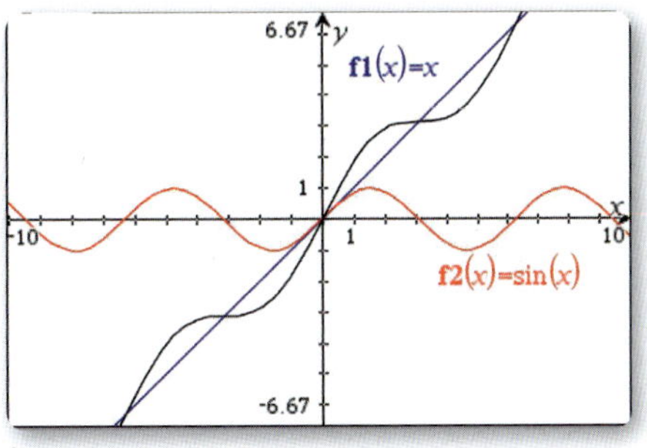

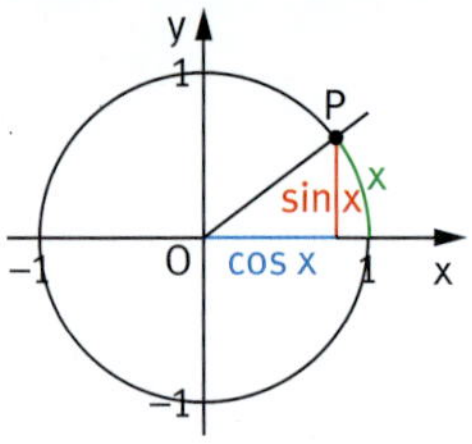

- Erstelle mit dem CAS den Graphen der Funktion f (x) = cos x.
- Beschreibe die Zusammenhänge zwischen den Graphen von sin x und cos x.
- Erkläre den Verlauf des Graphen von cos x mithilfe eines Punktes auf dem Einheitskreis.

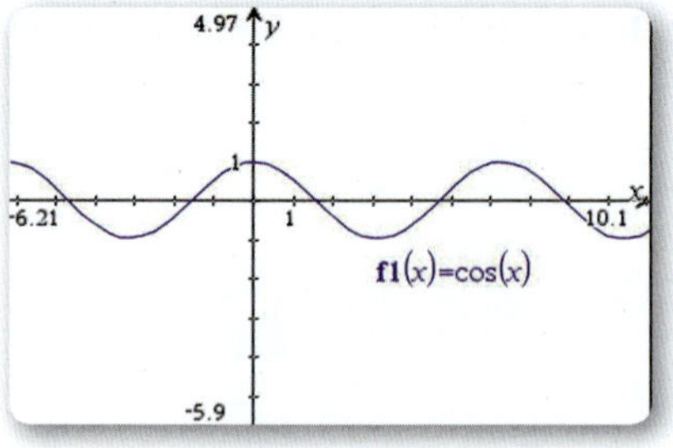

MERKWISSEN

Die Funktion f (x) = cos x (x ∈ ℝ) heißt **Kosinusfunktion.**

Den Graphen der Kosinusfunktion erhält man, indem man auf der x-Achse den Winkel x im Bogenmaß und als y-Koordinate den zugehörigen Kosinuswert abträgt.

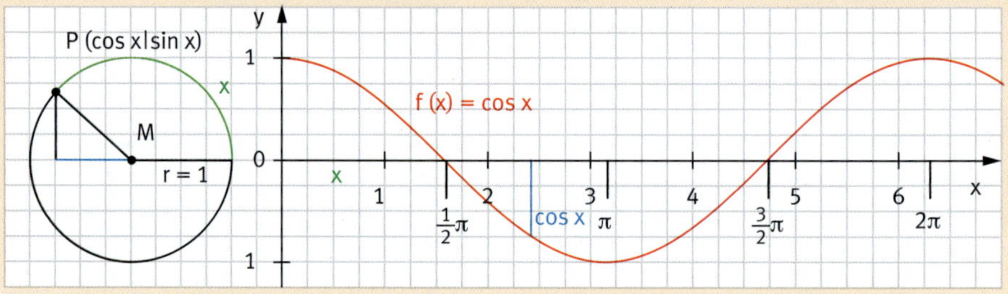

Wie die Sinusfunktion lässt sich auch die Kosinusfunktion in ihrer **allgemeinen Form** schreiben: f (x) = a · cos (b · (x – d)) + c. Die Änderungen ergeben sich aufgrund derselben Überlegungen wie bei der allgemeinen Sinusfunktion.

BEISPIELE

Beachte: Die Lösungen x_1 und x_2 wiederholen sich stets nach einer Periodenlänge.

I Ermittle die Lösungen der Gleichung cos x = –0,5 für x ∈ [–2π; 2π].

Lösung:

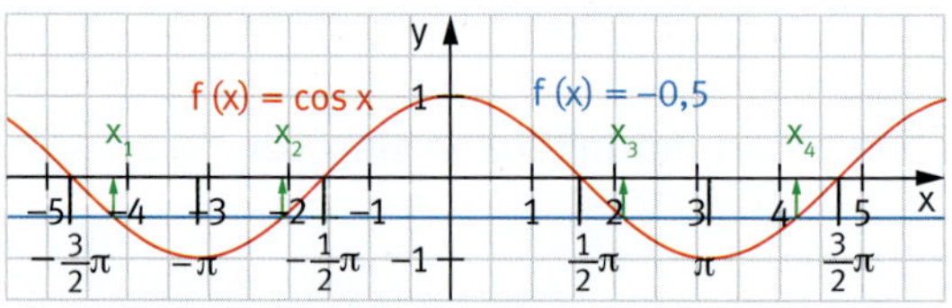

$x_1 = -\frac{4}{3}\pi$

$x_2 = -\frac{2}{3}\pi$

$x_3 = -\frac{4}{3}\pi + 2\pi = \frac{2}{3}\pi$

$x_4 = -\frac{2}{3}\pi + 2\pi = \frac{4}{3}\pi$

VERSTÄNDNIS

- Beschreibe, wie der Graph der Kosinusfunktion aus dem der Sinusfunktion hervorgeht.
- Erkläre den Zusammenhang zwischen Hochpunkten (Tiefpunkten) der Kosinusfunktion und der Lage von P auf der Kreislinie des Einheitskreises.

AUFGABEN

1 Erkläre das Zustandekommen des Graphen zur Kosinusfunktion, indem du beschreibst, wie die x-Koordinaten übertragen werden können.

2 **a)** Untersuche mit dem CAS die Veränderungen der Parameter a, b, c und d der allgemeinen Form der Kosinusfunktion $f(x) = a \cdot \cos(b \cdot (x - d)) + c$.

Parameter	Funktion		Veränderung gegenüber $f(x) = \cos x$
1 $a \cdot \cos x$	$f(x) = 2 \cdot \cos x$	$f(x) = -2 \cdot \cos x$	▢
	$f(x) = 0{,}5 \cdot \cos x$	$f(x) = -0{,}5 \cdot \cos x$	
2 $\cos(b \cdot x)$	$f(x) = \cos(1{,}5x)$	$f(x) = \cos(-1{,}5x)$	▢
	$f(x) = \cos\left(\frac{1}{2}x\right)$	$f(x) = \cos\left(-\frac{1}{2}x\right)$	
3 $\cos x + c$	$f(x) = \cos x + 1$	$f(x) = \cos x - 1$	▢
	$f(x) = \cos x + \frac{1}{2}$	$f(x) = \cos x - \frac{1}{2}$	
4 $\cos(x - d)$	$f(x) = \cos(x - \pi)$	$f(x) = \cos(x + \pi)$	▢
	$f(x) = \cos\left(x - \frac{\pi}{4}\right)$	$f(x) = \cos\left(x + \frac{\pi}{4}\right)$	

b) Vergleiche den Einfluss der Parameter mit den Parametern bei der Sinusfunktion in Kapitel 4.3.

3 1 $f(x) = \cos 1{,}5x$ 2 $f(x) = 1{,}5 \cos\left(\frac{2}{3}x\right) + 1$ 3 $f(x) = \cos(0{,}5x + \pi)$

a) Zeichne den Graphen der Funktion im Bereich $-2\pi \leqq x \leqq 2\pi$ ins Heft.

b) Gib Wertemenge, Periodenlänge und Amplitude der Funktion an.

4 Beschreibe, wie man schrittweise den Graphen von $f(x) = -\cos\left(x - \frac{1}{3}\pi\right) + 1$ erhält. Zeichne ihn für $-\pi \leqq x \leqq 4\pi$ und kontrolliere die Zeichnung mittels CAS.

5 Entscheide, welche der folgenden Aussagen für die trigonometrischen Funktionen zutreffend sind. Die richtigen Lösungsbuchstaben ergeben in der Reihenfolge der Aufgaben ein Lösungswort ($z \in \mathbb{Z}$; $x \in \mathbb{R}$).

L	1 $\cos x = \cos(-x)$	E	2 $\cos x$ ist punktsymmetrisch zu O (0|0).
A	3 $\sin x = \sin(x + z \cdot 2\pi)$	U	4 $\sin x = \cos(x + z \cdot \pi)$
G	5 $\sin x = -\sin(-x)$	E	6 $\cos x = \cos(x - z \cdot 2\pi)$
R	7 $\cos x = -\sin\left(x - \frac{1}{2}\pi\right)$	I	8 $\cos 2x = 2 \cos x$

6 Bestimme alle Lösungen der Gleichung im Bereich $-\pi \leqq x \leqq \pi$. Überprüfe mit dem CAS.

a) $\cos x = 0{,}5$ **b)** $\cos 2x = -0{,}5$ **c)** $\cos x = 0{,}423$
d) $\sin x = -0{,}087$ **e)** $\cos x = -0{,}914$ **f)** $\sin x = 0{,}892$

7 Untersuche die Graphen der Funktionen auf Symmetrie. Gib die Lage des Symmetriezentrums bzw. der Symmetrieachsen an. Überprüfe mit dem CAS.

a) $f(x) = \sin x$; $x \in [0; 2\pi]$
b) $f(x) = \sin x$; $x \in [-\pi; \pi]$
c) $f(x) = \sin x$; $x \in \mathbb{R}$
d) $f(x) = \cos x$; $x \in [0; 2\pi]$
e) $f(x) = \cos x$; $x \in [-\pi; 2\pi]$
f) $f(x) = \cos x$; $x \in \mathbb{R}$
g) $f(x) = \sin 2x$; $x \in [0; 2\pi]$
h) $f(x) = \cos 2x$; $x \in [-\pi; 2\pi]$
i) $f(x) = \cos 2x$; $x \in \mathbb{R}$

Aufgaben

Die Uhrzeiten berücksichtigen nicht die Sommerzeit.

1 Die Tabelle zeigt die Uhrzeiten für den Sonnenauf- und -untergang in Nordhausen.

Datum	01.01.	15.01.	01.02.	15.02.	01.03.	15.03.	01.04.	15.04.
Aufgang	8:27	8:21	8:00	7:36	7:07	6:36	5:57	5:26
Untergang	16:14	16:33	17:02	17:28	17:53	18:18	18:46	19:10

Datum	01.05.	15.05.	01.06.	15.06.	01.07.	15.07.	01.08.	15.08.
Aufgang	4:54	4:30	4:11	4:04	4:09	4:22	4:44	5:06
Untergang	19:36	19:58	20:20	20:32	20:33	20:24	20:02	19:37

Datum	01.09.	15.09.	01.10.	15.10.	01.11.	15.11.	01.12.	15.12.
Aufgang	5:33	5:55	6:21	6:44	7:14	7:39	8:04	8:21
Untergang	19:01	18:29	17:53	17:21	16:47	16:25	16:08	16:04

a) Stelle die Sonnenaufgangszeiten (Sonnenuntergangszeiten) grafisch dar. Beschreibe deren Verlauf.

b) Modelliere mit dem CAS eine Funktionsgleichung für die Sonnenaufgangszeiten (Sonnenuntergangszeiten, Tageslängen).

2 Das London Eye ist mit einer Höhe von 135 m das größte Riesenrad Europas. Für eine Umdrehung braucht es etwa 30 min. Die Abbildung zeigt den „Höhengraph" einer Gondel während eines Durchlaufs.

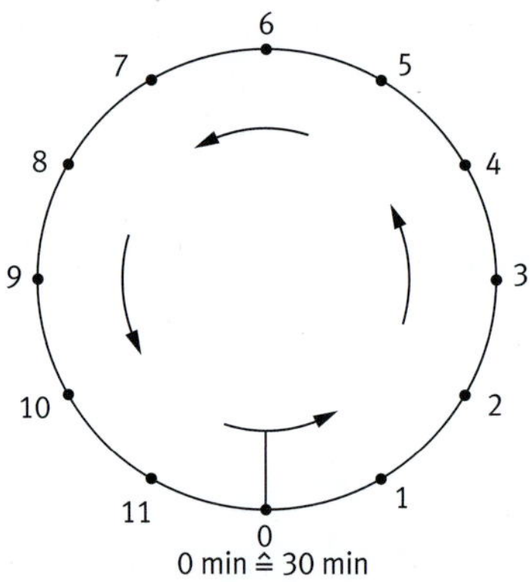

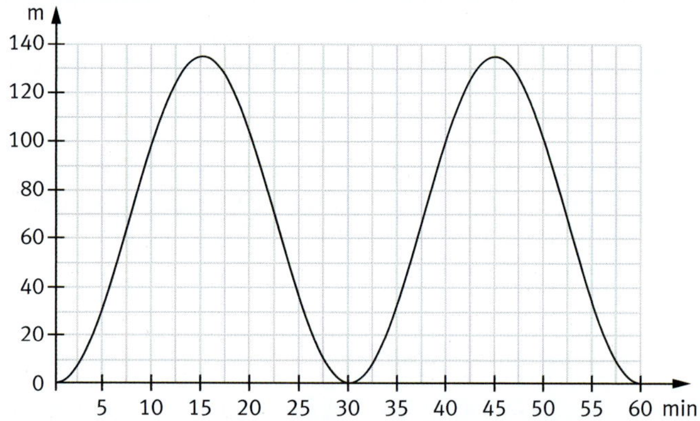

a) Übertrage den „Höhengraph" in dein Heft und markiere die 12 Punkte der Abbildung am Graphen.

b) Begründe die Aussage: Der Verlauf des Graphen gleicht einer Sinusfunktion.

c) Gib die Funktionsgleichung einer Sinusfunktion an, mit der man den Funktionsgraphen beschreiben kann. Erkläre dein Vorgehen.

3 Bei modernen Heizsystemen kann man mithilfe von Thermostaten und Steuereinheiten die Temperatur regeln. Im Kinderzimmer eines Hauses wurde eine Temperatur von 21 °C vorgewählt. Sobald die Temperatur auf 20,5 °C gesunken ist, schaltet sich die Heizung zu, nach Erreichen der gewünschten 21 °C schaltet sich die Heizung ab, die Temperatur steigt aber wegen der dann warmen Heizkörper noch weiter auf 21,5 °C. Der Abkühlvorgang aufgrund von Wärmeverlusten von 21,5 °C auf 20,5 °C dauert zwei Stunden, der Erwärmungsvorgang bis zu einer Temperatur von 21,5 °C ebenfalls.

a) Begründe, dass die dargestellte Situation ein periodischer Vorgang ist.

b) Finde eine Funktionsgleichung, mit der sich die Situation modellieren lässt.

4 Bedingt durch die Erdrotation und die Anziehungskraft von Erde und Mond bzw. Sonne entstehen periodische Wasserbewegungen der Ozeane, die sich vor allem an den Küsten bemerkbar machen. Man spricht von Ebbe und Flut.
Ein Gezeitenkalender zeigt die jeweiligen Stände von Hoch- und Niedrigwasser, die man – für die Schifffahrt wichtig – auch schon einige Zeit im Voraus berechnen kann. Die Grafik zeigt den Wasserstand an der Fischerbalje in Borkum am 1. und 2. Oktober 2016.

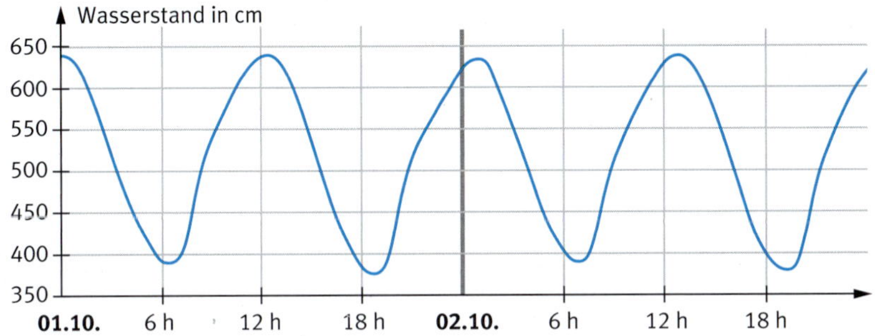

Steigt der Meeresspiegel an, so spricht man von „Flut“, sinkt er ab, spricht man von „Ebbe“. Hat das Wasser den höchsten bzw. niedrigsten Stand erreicht, so spricht von „Hoch- bzw. Niedrigwasser“.

a) Bestimme die Periodenlänge des Graphen. Erkläre ihre Bedeutung.

b) Ermittle mit dem CAS eine Funktionsgleichung, die den Verlauf möglichst gut wiedergibt. Berechne mit der Funktionsgleichung mindestens drei Werte und überprüfe am Graphen. Lege zunächst eine Tabelle an und trage einige abgelesene Funktionswerte ein.

5 Der Gezeitenverlauf der Nordsee in der Nähe des Ärmelkanals kann näherungsweise durch $h(t) = 9 - \frac{7}{2} \cdot \cos\left(\frac{5\pi}{29} \cdot t\right)$ beschrieben werden. Dabei gibt h (t) die Höhe des Wasserstandes in Metern über Grund in Abhängigkeit der Zeit t an. Die Zeit wird in Stunden nach dem letzten Niedrigwasser gemessen.

a) Lass dir die Funktion in einem geeigneten Bereich von deinem CAS zeichnen.

b) Das letzte Niedrigwasser war um 6:00 Uhr. Bestimme die Zeitpunkte des nächsten Hoch- und Niedrigwassers.

c) Eine Kanalfähre hat ca. 7 m Tiefgang. Ermittle ausgehend von b) die Zeiträume, in denen sie den Kanal innerhalb der nächsten 24 Stunden besser nicht durchqueren sollte.

6 Auf der Rückseite bestimmter Fahrkarten der Deutschen Bahn findet sich als Sicherheitsmerkmal ein Wellenmuster.

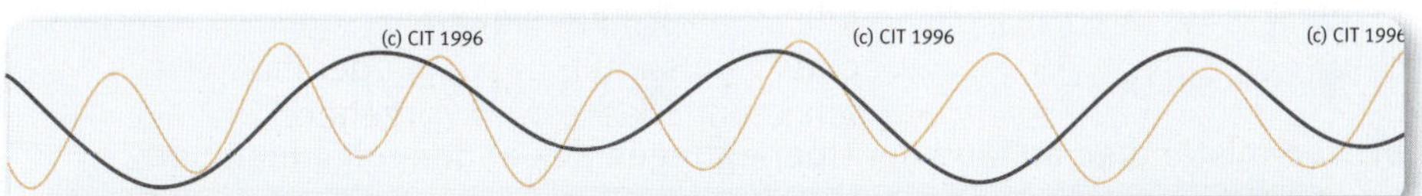

a) Bestimme eine trigonometrische Funktion, deren Graph eine der beiden Wellen annähernd beschreibt.

Denke über die Verknüpfung zweier trigonometrischer Funktionen nach.

b) Überlege dir weitere Möglichkeiten (siehe Beispiel-Screenshot), um das Muster ausgefallener zu gestalten. Gib die entsprechenden trigonometrischen Funktionen an.

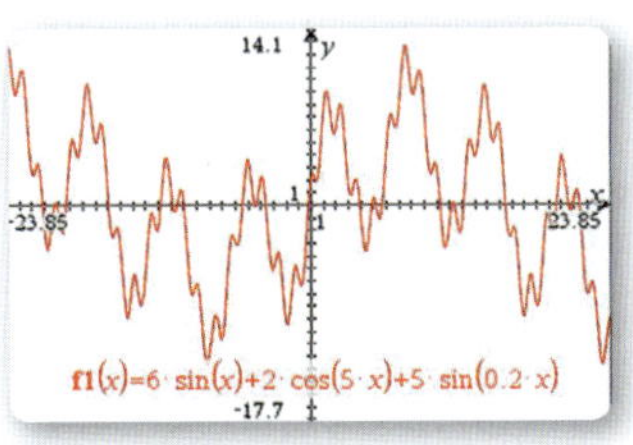

Aufgaben

oHiMi 1–5

1 Beschreibe die folgenden Situationen anhand periodischer Vorgänge.

a) Sonnenaufgang im Laufe eines Jahres **b)** Wechselspannung

c) Ebbe und Flut **d)** Schwingung einer Saite

2 Die Geraden schneiden sich unter einem Winkel von 38°.
Bestimme das Maß des eingezeichneten Drehwinkels und gib den zugehörigen Sinus- und Kosinuswert an.

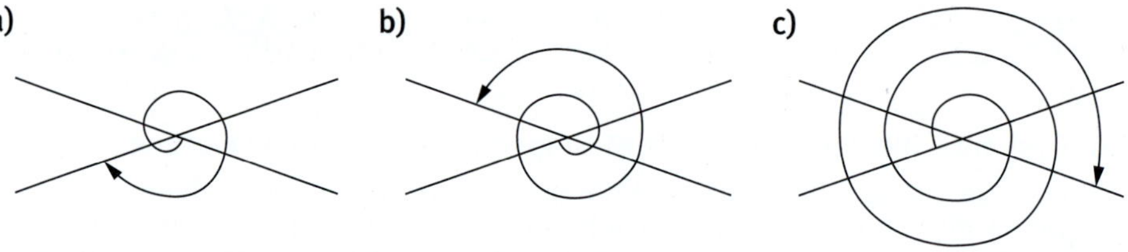

Erstelle für die Aufgaben 3–5 Wertetabellen, wenn notwendig.

3 **a)** Zeichne eine Sinusfunktion y = sin x. Stelle in demselben Koordinatensystem folgende Funktionen dar und beschreibe die Unterschiede zu y = sin x.

① $y = 2 \cdot \sin x$ ② $y = -\sin x$ ③ $y = -2 \cdot \sin x$ ④ $y = \frac{1}{2} \cdot \sin x$

b) Vervollständige anhand der Überlegungen aus a) den folgenden Satz:

Bei einer Sinusfunktion der Form $y = a \cdot \sin x$ beschreibt der Faktor a ...

4 **a)** Zeichne eine Sinusfunktion y = sin x. Stelle in demselben Koordinatensystem folgende Funktionen dar und beschreibe die Unterschiede zu y = sin x.

① $y = \sin x + 1$ ② $y = \sin x - 1$ ③ $y = \sin x + 0{,}5$ ④ $y = \sin x - 2$

b) Vervollständige anhand der Überlegungen aus a) den folgenden Satz:

Bei einer Sinusfunktion der Form $y = \sin x + c$ beschreibt der Wert c ...

5 **a)** Zeichne eine Sinusfunktion y = sin x. Stelle in demselben Koordinatensystem folgende Funktionen dar und beschreibe die Unterschiede zu y = sin x.

① $y = \sin\left(x + \frac{\pi}{2}\right)$ ② $y = \sin\left(x + \frac{\pi}{4}\right)$

③ $y = \sin\left(x - \frac{\pi}{2}\right)$ ④ $y = \sin\left(x - \frac{\pi}{6}\right)$

b) Vervollständige anhand der Überlegungen aus a) den folgenden Satz:

Bei einer Sinusfunktion der Form $y = \sin(x - d)$ beschreibt der Wert d ...

6 Bestimme zu jedem Funktionsterm die Amplitude, die Periodenlänge, die Wertemenge $\mathbb{W}$ sowie die kleinste nichtnegative Nullstelle ($\mathbb{D} = \mathbb{R}$).

a) $f(x) = -\cos(-x)$ **b)** $f(x) = \sqrt{3}\sin(4x) - 1{,}5$ **c)** $f(x) = -\sin\left(\frac{\pi}{2}x\right) - 0{,}5$

d) $f(x) = 4\cos x + 2\sqrt{2}$ **e)** $f(x) = \sin\left(2x - \frac{\pi}{4}\right)$ **f)** $f(x) = 2\sin(1{,}5x + 2\pi)$

7 Lass dir die Kosinus- und die Sinusfunktion von deinem CAS darstellen.

a) Verschiebe einen der beiden Graphen, bis er deckungsgleich mit dem anderen Graphen ist. Interpretiere die zugehörige Funktionsgleichung.

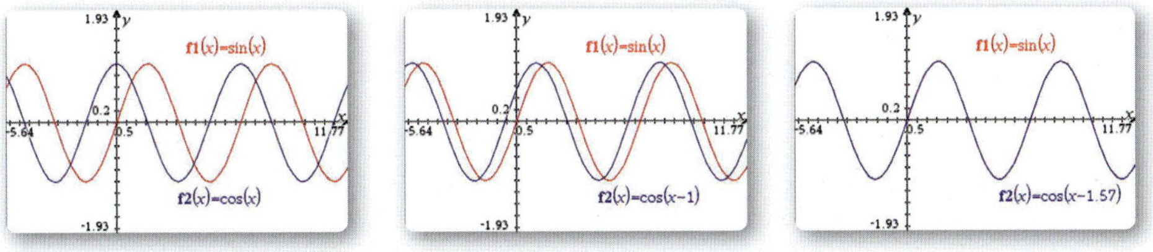

b) Formuliere eine Beziehung zwischen Sinus und Kosinus ...

1 verbal. 2 mit einer Formel.

Da es sich hierbei um ein grafisches Verfahren handelt, werden nur numerische Näherungen angegeben. Die Vermutung in Bezug auf algebraisch exakte Werte müssen per Eingabe überprüft werden.

8 Beim Rechnen mit Winkelfunktionen entstehen trigonometrische Gleichungen. Im Allgemeinen haben diese Gleichungen unendlich viele Lösungen. Damit ein CAS einzelne Lösungen anzeigt, muss der Lösungsbereich eingeschränkt werden. Oft bietet sich dafür die Standardperiodenlänge an.

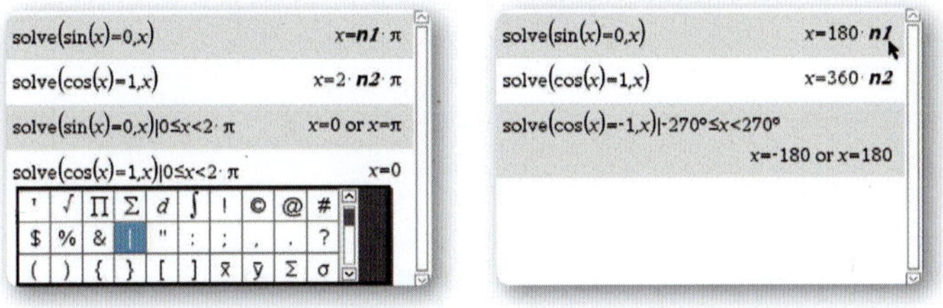

a) Interpretiere die Anzeigen des CAS. Gehe dabei auf die Anzahl der Nullstellen und die Periodenlänge der Sinusfunktion ein.

b) Erzeuge ähnliche Anzeigen mit deinem CAS.

9 Erkläre die Bilder und führe ein entsprechendes Experiment selbst durch.

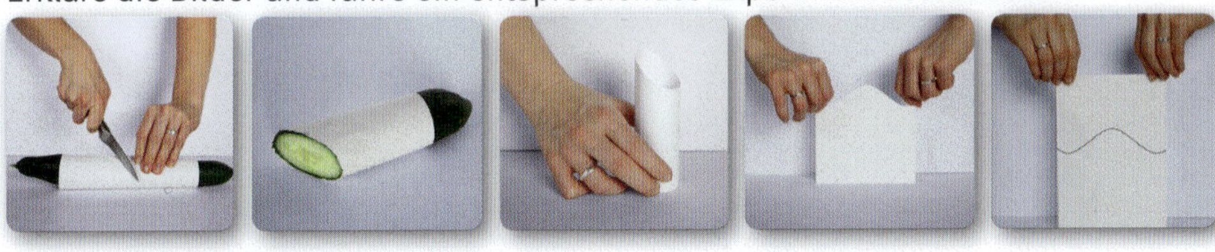

10 Als es noch keine Taschenrechner gab, mussten die Werte für die Sinusfunktion aus Tabellen, wie der in der Randspalte, abgelesen werden. Die **Einheit '** gibt dabei eine Winkelminute an, d. h. wie bei der Uhr wird der Vollkreis in 60 Minuten eingeteilt.

a) Schreibe als gerundete Dezimalzahl:
25° 10'; 25° 20'; 25° 30'; 25° 40' und 25° 50'

b) Suche die Werte für sin (25° 30'), sin (27° 20') und sin (29° 40'). Überprüfe mit dem Taschenrechner.

c) Berechne die Differenzen der Sinuswerte für alle ganzzahligen Gradzahlen in der Tabelle. Begründe, warum diese Differenzen nicht konstant sind.

d) Erkläre, für welche Werte der Sinusfunktion die Differenzen aus c) von Grad zu Grad zunehmen (abnehmen). Betrachte Winkel zwischen 0° und 180°.

°	'	sin
25	0	0,4226
	10	0,4253
	20	0,4279
	30	0,4305
	40	0,4331
	50	0,4358
26	0	0,4384
	10	0,4410
	20	0,4436
	30	0,4462
	40	0,4488
	50	0,4514
27	0	0,4540
	10	0,4566
	20	0,4592
	30	0,4617
	40	0,4643
	50	0,4669
28	0	0,4695
	10	0,4720
	20	0,4746
	30	0,4772
	40	0,4797
	50	0,4823
29	0	0,4848
	10	0,4874
	20	0,4899
	30	0,4924
	40	0,4950
	50	0,4975
30	0	0,5000

11 Ordne jedem Funktionsgraph eine passende Funktionsgleichung zu. Begründe die Auswahl.

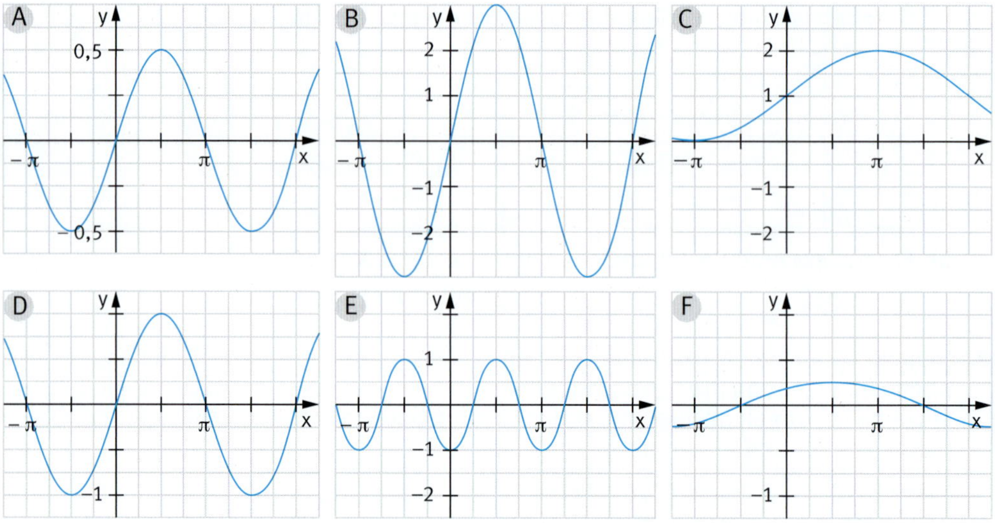

1. $y = 3 \sin x$
2. $y = \sin\left(\frac{1}{2}x\right) + 1$
3. $y = -\sin(-x)$
4. $y = 0{,}5 \sin x$
5. $y = \cos\left(\frac{\pi}{2} - x\right)$
6. $y = \cos(2x + \pi)$
7. $y = \frac{1}{4}\sin\left(\frac{x}{2} + \frac{\pi}{4}\right)$

12 **a)** Beschreibe, wie man schrittweise aus dem Graph der Sinusfunktion $f(x) = \sin x$ den Graph von $g(x) = 2{,}5 \sin\left(\frac{1}{2}x + \frac{\pi}{2}\right)$ erhält ($\mathbb{D} = \mathbb{R}$).

b) Zeichne den Graphen von $g(x)$ im Bereich $0 \leq x \leq 4\pi$.

13 Überprüfe, ob die Aussage wahr oder falsch ist. Begründe die Antwort.

	Aussage
a)	Die Funktion $f(x) = \sin[2(x + 1)]$ mit $D_f = \mathbb{R}$ ist periodisch mit der Periode π.
b)	$(\sin 2)^2 + (\cos 2)^2 < (\sin 3)^2 + (\cos 3)^2$
c)	$2 \cos\frac{\pi}{4} < \cos\left(2 \cdot \frac{\pi}{4}\right)$
d)	Der Punkt $P\left(\frac{5\pi}{4} \middle\| -\frac{1}{2}\sqrt{2}\right)$ liegt sowohl auf dem Graphen der Funktion $f(x) = \sin x$ wie auf dem Graphen der Funktion $g(x) = \cos x$; $D_f = \mathbb{R} = D_g$.
e)	Für jeden Wert von $x \in [0; \pi]$ gilt $\cos x = \sqrt{1 - (\sin x)^2}$.
f)	Die Lösungsmenge der Gleichung $(\sin x - 1) \cdot (\cos x + 1) = 0$ über der Grundmenge $[-\pi; 2\pi]$ ist $\mathbb{L} = \left\{-\pi; \frac{\pi}{2}; \pi\right\}$.
g)	Der Graph der Funktion $f(x) = x \sin x$ mit $D_f = \mathbb{R}$ ist achsensymmetrisch zur y-Achse.
h)	Der kleinere der beiden Winkel, den die Zeiger einer Uhr um 15 Uhr 40 miteinander bilden, hat die Größe 130°.
i)	$\frac{\sin 45°}{\sqrt{2}} = \cos 300°$
j)	$\cos 2 > \cos 4 > \cos 3$

14 Gegeben ist die Funktion $f(x) = \frac{1}{2}\cos(3\pi \cdot x)$.

a) Erzeuge eine Wertetabelle mit 30 Einträgen, in der sich kein Eintrag wiederholt.

b) Beschreibe das allgemeine Vorgehen, um vergleichbare Tabellen mit beliebig vielen Einträgen für weitere periodische Funktionen zu erzeugen.

15 Die Spannung im Wechselstromkreis kann vereinfacht mit der Gleichung $U(t) = U_{max} \cdot \sin(2\pi f \cdot t)$ beschrieben werden. Die Grafik zeigt die idealisierte Spannungskurve für die in Haushalten übliche Netzspannung mit einer Frequenz f von 50 Hz.

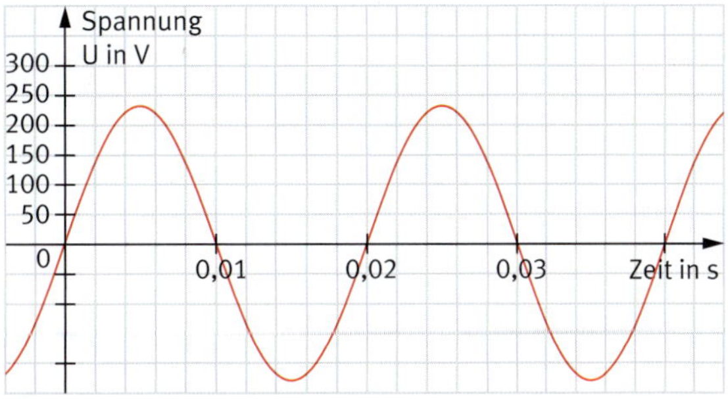

a) Gib eine Gleichung für den Funktionsgraphen an.

b) Der Effektivwert der Netzspannung berechnet sich nach der Formel $U_{eff} = \frac{1}{\sqrt{2}} \cdot U_{max}$. Bestimme den Effektivwert der Netzspannung.

16 Die Sinuskurve schneidet die Kosinuskurve im Bereich $x \in [-2\pi; 2\pi]$ in genau vier Punkten:

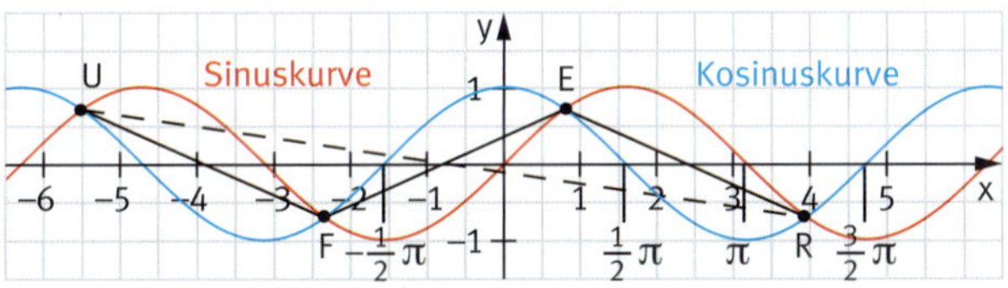

a) Ermitte die Koordinaten dieser vier Schnittpunkte U, F, E und R sowie die Länge l des Streckenzugs UFER.

b) Um wie viel Prozent ist der Streckenzug UFER länger als die Strecke $\overline{UR}$?

17 Zeige, dass der Term $\frac{\sin\left(\frac{\pi}{2} - x\right)}{\cos\left(\frac{\pi}{2} - x\right)} \cdot \left[\frac{\sin(\pi + x)}{\cos(\pi - x)} + \frac{\sin(\pi - x)}{\cos(-x)}\right]$ für jeden Wert von $x \in \left]-\pi; \pi\right[$ außer $-\frac{\pi}{2}$; 0 und $\frac{\pi}{2}$ den Wert 2 hat.

18 Gegeben sind Screenshots von Funktionen der Form $f(x) = \sin(b \cdot x)$.

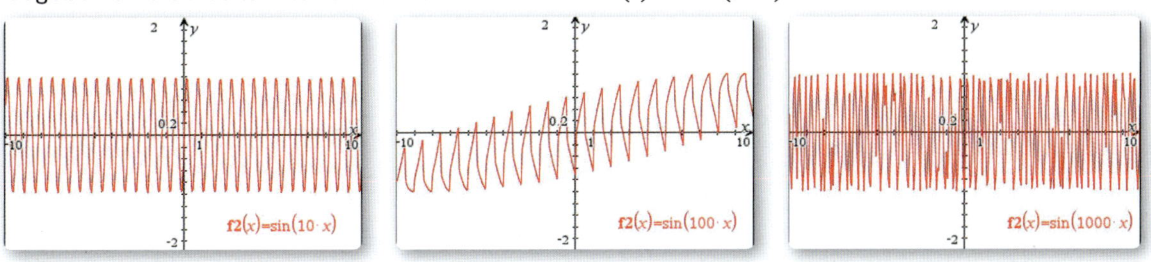

a) Vergleiche die Grafikausgabe mit dem erwarteten Funktionsplot.

b) Untersuche die Grafikausgabe für noch höhere Faktoren im Argument der Sinusfunktion und vergleiche deine Beobachtungen mit deinen Erwartungen.

Additionstheoreme

Die Formeln, die es ermöglichen, aus den Sinus- und Kosinuswerten zweier Winkel α und β die Sinus- und Kosinuswerte der Winkel $\alpha + \beta$ bzw. $\alpha - \beta$ zu ermitteln, nennt man Additionstheoreme.

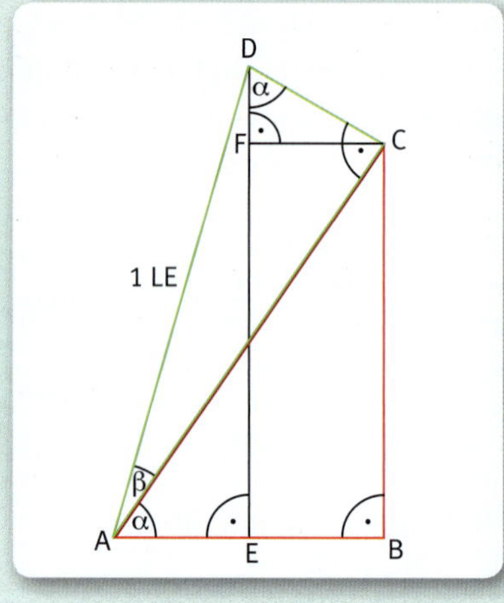

Herleitung von (sin $\alpha + \beta$) und cos $(\alpha + \beta)$

Betrachte die Abbildung nebenan. Die Dreiecke ABC und ACD sind rechtwinklig mit $0° < \alpha + \beta < 90°$. Zeichnet man das Lot vom Punkt D auf AB (Lotfußpunkt E) und das Lot vom Punkt C auf DE (Lotfußpunkt F), so erhält man weitere rechtwinklige Dreiecke. Dabei enthalten die Dreiecke ABC und DFC den Winkel α; das Dreieck ACD enthält den Winkel β und das Dreieck AED den Winkel $(\alpha + \beta)$. Das Viereck EBCF ist dabei ein Rechteck.

Betrachte das Dreieck ACD:

$\cos\beta = \frac{\overline{AC}}{1} = \overline{AC}$ $\qquad \sin\beta = \frac{\overline{CD}}{1} = \overline{CD}$

Betrachte nun das Dreieck ABC:

$\sin\alpha = \frac{\overline{BC}}{\overline{AC}} = \frac{\overline{BC}}{\cos\beta} \Rightarrow \overline{BC} = \sin\alpha \cdot \cos\beta$

Betrachte das Dreieck DFC:

$\cos\alpha = \frac{\overline{FD}}{\overline{CD}} = \frac{\overline{FD}}{\sin\beta} \Rightarrow \overline{FD} = \cos\alpha \cdot \sin\beta$

Betrachte das Dreieck AED:

$\sin(\alpha + \beta) = \frac{\overline{ED}}{\overline{AD}} = \frac{\overline{EF} + \overline{FD}}{1} = \overline{BC} + \overline{FD}$

Es folgt: $\sin(\alpha + \beta) = \sin\alpha \cdot \cos\beta + \cos\alpha \cdot \sin\beta$

Betrachte das Dreieck ABC:

$\cos\alpha = \frac{\overline{AB}}{\overline{AC}} = \frac{\overline{AB}}{\cos\beta} \Rightarrow \overline{AB} = \cos\alpha \cdot \cos\beta$

Betrachte das Dreieck DFC:

$\sin\alpha = \frac{\overline{FC}}{\overline{CD}} = \frac{\overline{FC}}{\sin\beta} \Rightarrow \overline{FC} = \sin\alpha \cdot \sin\beta$

Betrachte das Dreieck AED:

$\cos(\alpha + \beta) = \frac{\overline{AE}}{\overline{AD}} = \frac{\overline{AB} - \overline{EB}}{1} = \overline{AB} - \overline{FC}$

Es folgt: $\cos(\alpha + \beta) = \cos\alpha \cdot \cos\beta - \sin\alpha \cdot \sin\beta$

a) Erkläre die Herleitungsschritte mit eigenen Worten.

b) Bestimme sin 60° (sin 75°) mithilfe von sin 30°, cos 30°, sin 45° und cos 45°.

c) Wende die Additionstheoreme an und überprüfe die Richtigkeit mit dem Taschenrechner.

1. sin (45° + 30°)
2. cos (180° + 45°)
3. sin (15° + 15°)
4. cos (180° – 60°)

d) Übertrage zunächst die nebenstehende Zeichnung in dein Heft. Begründe dann mithilfe dieser Zeichnung, dass für $0° < \beta \leq \alpha < 90°$ stets gilt:

$\sin(\alpha - \beta) = \sin\alpha \cdot \cos\beta - \cos\alpha \cdot \sin\beta$
$\cos(\alpha - \beta) = \cos\alpha \cdot \cos\beta + \sin\alpha \cdot \sin\beta$

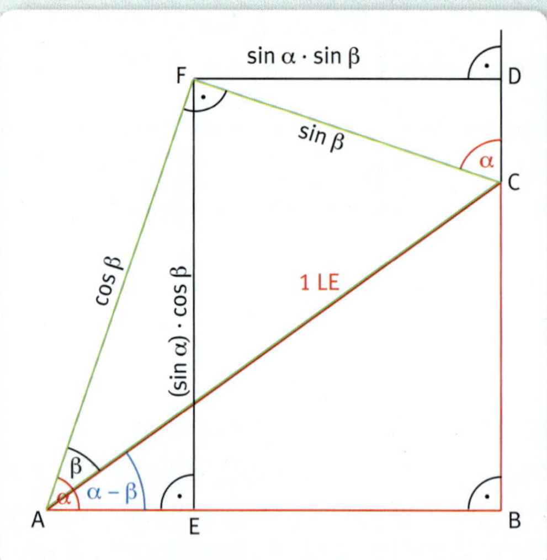

e) Berechne für $\sin\alpha = \frac{5}{13}$ und $\cos\beta = \frac{12}{13}$ ohne Berechnung der Winkelmaße folgende Werte:

1. sin $(\alpha + \beta)$
2. cos $(\alpha + \beta)$
3. sin $(\alpha - \beta)$
4. cos $(\alpha - \beta)$

Mehrfaches Winkelmaß

Betrachte die Additionstheoreme nebenan.

a) Bestimme sin (2α) und cos (2α), indem du in die Additionstheoreme $\alpha = \beta$ einsetzt.

b) Zeige, dass für $0° \leqq \alpha \leqq 30°$ stets gilt:
$\sin(3\alpha) = 3 \sin\alpha - 4 (\sin\alpha)^3$

c) Die Basis eines gleichschenkligen Dreiecks ist 8 cm, die Basishöhe 3 cm lang. Finde, ohne die Größe der Basiswinkel zu ermitteln, heraus, wie sich der Flächeninhalt (der Umfang) des Dreiecks ändert, wenn jeder der beiden Basiswinkel verdoppelt wird, die Länge der Basis aber unverändert bleibt. Übernimm die Skizze ins Heft und trage zunächst die Maße ein.

d) Zeige, dass für $0° \leqq \alpha < 45°$ stets gilt
$\tan(2\alpha) = \frac{2 \tan\alpha}{1 - (\tan\alpha)^2}$

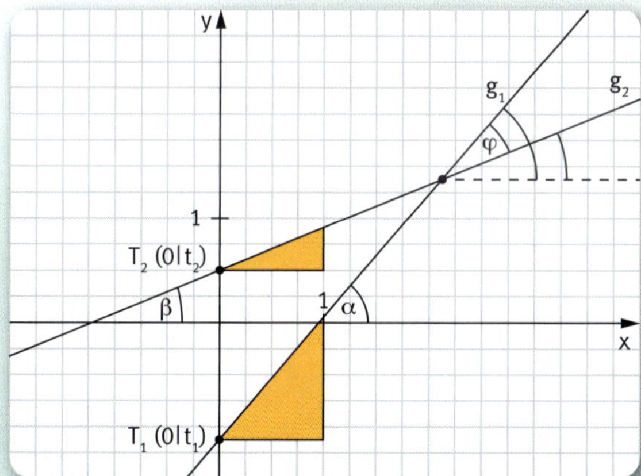

Mehr Tangens

a) Zeige mithilfe der Additionstheoreme, dass für $0° < \beta \leqq \alpha < 90°$ stets gilt:
$\tan(\alpha - \beta) = \frac{\tan\alpha - \tan\beta}{1 + \tan\alpha \cdot \tan\beta}$

b) Erläutere anhand der Zeichnung, dass für den spitzen Winkel φ, unter dem die Geraden g_1: $y = m_1x + t_1$ und g_2: $y = m_2x + t_2$ einander schneiden, für $m_1 > m_2 \geqq 0$ stets gilt:

$\tan\varphi = \frac{m_1 - m_2}{1 + m_1 \cdot m_2}$

c) Ermittle jeweils die Größe des spitzen Winkels zwischen den Geraden g_1 und g_2. Nutze das Ergebnis aus b).

1. g_1: $y = 3x + 1$ $\quad$ g_2: $y = x + 5$
2. g_1: $4x - y = 8$ $\quad$ g_2: $y = 0{,}6x + 8$
3. g_1: $10x - y = 25$ $\quad$ g_2: $9x - 11y = 0$

Überprüfe deine Fähigkeiten und Kenntnisse. Bearbeite dazu die folgenden Aufgaben und bewerte anschließend deine Lösungen mit einem Smiley.

☺	😐	☹
Das kann ich!	Das kann ich fast!	Das kann ich noch nicht!

Hinweise zum Nacharbeiten findest du auf der folgenden Seite. Die Lösungen stehen im Anhang.

Aufgaben zur Einzelarbeit

1

55° | −275° | −155° | −25°
415° | 95° | −235° | 125°
335° | 205° | 85° | −265°

a) Finde alle zusammengehörigen Winkel, die den gleichen Sinuswert haben.

b) Gib zu jedem Winkel das zugehörige Bogenmaß an.

2 Bestimme alle Lösungen der Gleichung zwischen $-\pi$ und π. Runde auf zwei Dezimalen.

a) $\sin x = 0{,}892$ b) $\sin x = 0{,}423$
c) $\sin x = -0{,}087$ d) $\sin x = -1{,}000$
e) $\sin x = -0{,}914$ f) $\sin x = -0{,}996$

3 Zeichne jeweils einen Einheitskreis und markiere den zugehörigen Bereich auf der Kreislinie.

a) $\sin x \geqq 0{,}5$ b) $0{,}3 \leqq \sin x \leqq 0{,}8$

4 Es gilt: $\sin(-x) = -\sin x$.

a) Zeige an Beispielen die Gültigkeit dieses Zusammenhangs.

b) Begründe den Zusammenhang.

5 Zeichne den Graphen von $f(x) = \sin x$, indem du die Sinuswerte für $-2\pi \leqq x \leqq 4\pi$ im Abstand von $\frac{\pi}{4}$ berechnest, im Koordinatensystem abträgst und verbindest. Gib die Nullstellen der Funktion an.

6 Ermittle die Periodenlänge der Funktion.

a)

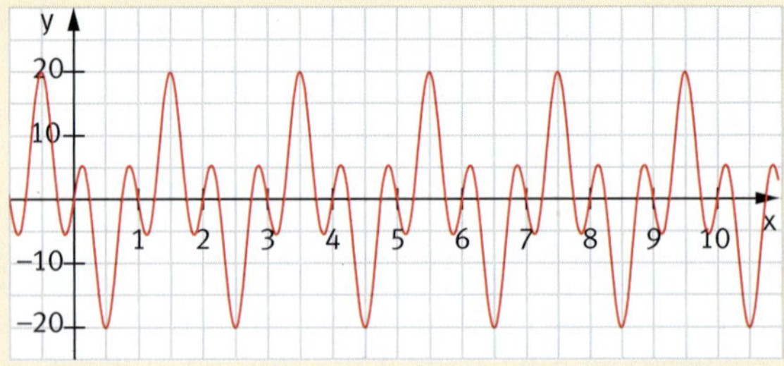

b)

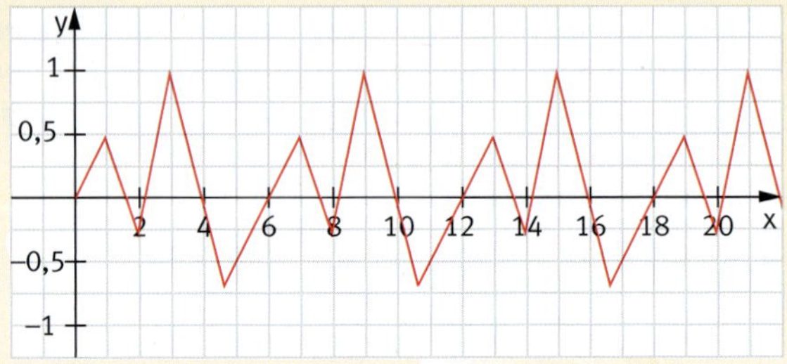

7 Vervollständige jeweils den Satz.
Bei einer Sinusfunktion mit der Gleichung ...

a) $f(x) = a \cdot \sin x$ beschreibt der Faktor a ...

b) $f(x) = \sin(b \cdot x)$ beschreibt der Faktor b ...

c) $f(x) = \sin(x - d)$ beschreibt der Wert d ...

8 Gib zu dem abgebildeten roten Graphen eine zugehörige Funktionsgleichung an. Beschreibe dein Vorgehen.

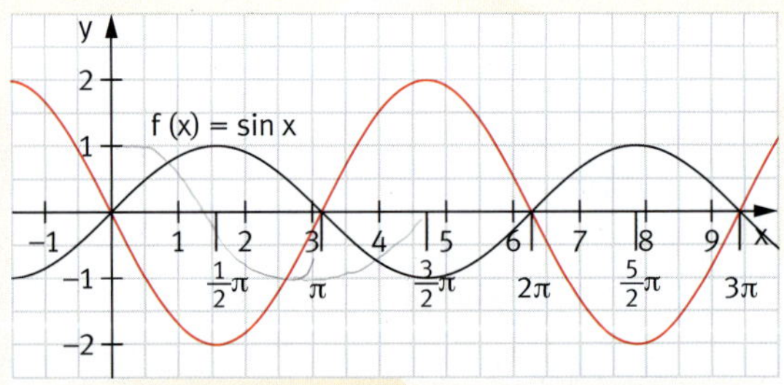

9 Ermittle alle Nullstellen der Funktion im angegebenen Intervall.

a) $f(x) = \cos x$ $\mathbb{D} = [-2\pi; 2\pi]$
b) $f(x) = 2 + \sin x$ $\mathbb{D} = [0; 2\pi]$
c) $f(x) = \sin x - 0{,}5$ $\mathbb{D} = [0; 3\pi]$
d) $f(x) = \cos x + \frac{1}{2}\sqrt{2}$ $\mathbb{D} = [-2\pi; 2\pi]$

10 Ermittle jeweils die Werte der Parameter und die Periodenlänge. Die Abbildung zeigt …

a) Graphen von Funktionen $f(x) = a \cdot \sin x$; $a \in \mathbb{R}\setminus\{0\}$, $\mathbb{D} = \mathbb{R}$ im Bereich $0 \leqq x \leqq 3\pi$.

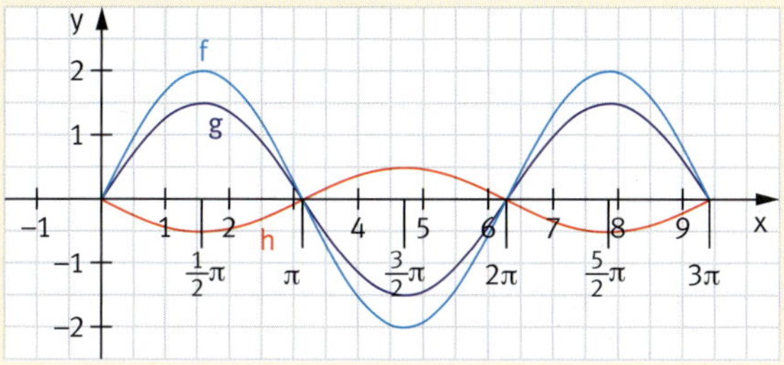

b) Graphen von Funktionen $g(x) = a \cdot \sin(b \cdot x)$; $b \in \mathbb{R}\setminus\{0\}$, $\mathbb{D} = \mathbb{R}$ im Bereich $0 \leqq x \leqq 2\pi$.

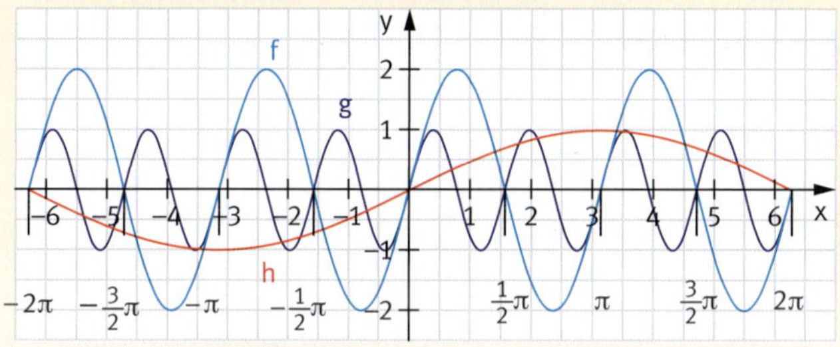

11 Das Säulendiagramm veranschaulicht die durchschnittliche tägliche Sonnenscheindauer auf der Insel Mauritius im Indischen Ozean.

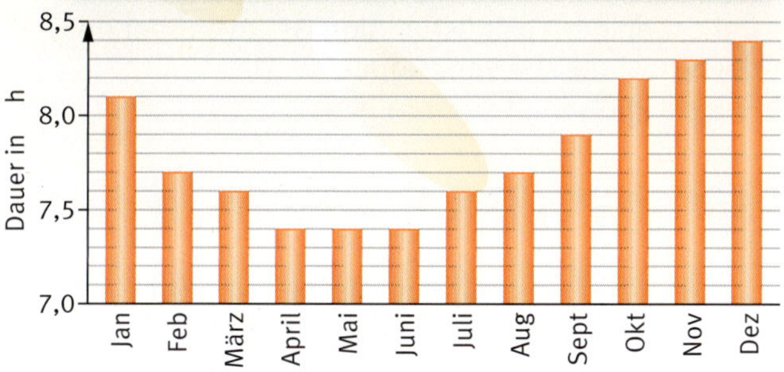

a) Beschreibe das Diagramm.

b) Monique hat die Sonnenscheindauer durch den Term

$$f(t) = 0{,}5\,\text{h} \cdot \sin\left[\frac{2\pi}{365\,\text{d}}(t - 258\,\text{d})\right] + 7{,}9\,\text{h}$$

beschrieben. Die Variable t steht dabei für die Anzahl der vergangenen Tage seit Jahresbeginn. Beurteile die Güte des Terms.

Aufgaben für Lernparnter

Arbeitsschritte

1. Bearbeite die folgenden Aufgaben alleine.
2. Suche dir einen Partner und erkläre ihm deine Lösungen. Höre aufmerksam und gewissenhaft zu, wenn dein Partner dir seine Lösungen erklärt.
3. Korrigiere gegebenenfalls deine Antworten und benutze dazu eine andere Farbe.

Sind folgende Behauptungen **richtig** oder **falsch**? Begründe schriftlich.

12 Die Sinuswerte wiederholen sich am Einheitskreis jeweils nach π Einheiten.

13 Mit dem Bogenmaß kann man die Größe eines Winkels am Einheitskreis eindeutig angeben.

14 Die Sinusfunktion ist eine periodische Funktion.

15 Die Kosinusfunktion erhält man, indem man die Sinusfunktion um $\frac{\pi}{2}$ entlang der x-Achse in eine beliebige Richtung verschiebt.

16 Der Graph der Kosinusfunktion ist achsensymmetrisch zur y-Achse.

17 Die Funktion $f(x) = 2 \cdot \sin x$ hat gegenüber der Funktion $g(x) = \sin x$ die doppelte Periodenlänge.

18 Die Funktion $f(x) = 2 \cdot \sin x + 0{,}5$ hat den Wertebereich $\mathbb{W} = [-0{,}5;\ 2{,}5]$.

19 Die Sinusfunktion und die Kosinusfunktion haben dieselbe Periodenlänge.

Aufgabe	Ich kann …	Seite
1, 2, 12, 13	Winkel im Bogenmaß angeben.	S. 74
3, 4, 5, 14	Eigenschaften der Sinusfunktion beschreiben und erkennen.	S. 78
6, 7, 8, 10, 17, 18	die Sinusfunktion in ihrer allgemeinen Form nutzen und aus der Sinusfunktion herleiten.	S. 80
9, 11, 15, 16, 19	Zusammenhänge zwischen Sinus- und Kosinusfunktion beschreiben.	S. 84

4.9 Auf einen Blick

S. 74

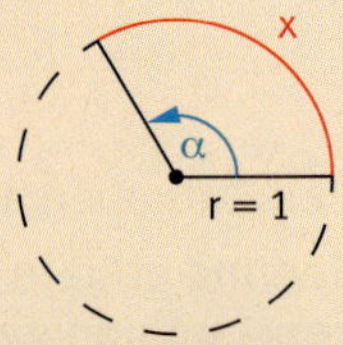

α im Gradmaß	90°	180°	270°	360°
x im Bogenmaß	$\frac{\pi}{2}$	π	$\frac{3}{2}\pi$	2π

An einem Einheitskreis (r = 1 LE) kann man jedem Mittelpunktswinkel α eindeutig die Länge des zugehörigen Kreisbogens x zuordnen.
Die Länge dieses Kreisbogens am Einheitskreis kann man auch als Maß für den zugehörigen Mittelpunktswinkel verwenden. Man bezeichnet dieses Winkelmaß als **Bogenmaß** und gibt ihm die Einheit „rad“ (von „Radiant“).

S. 78

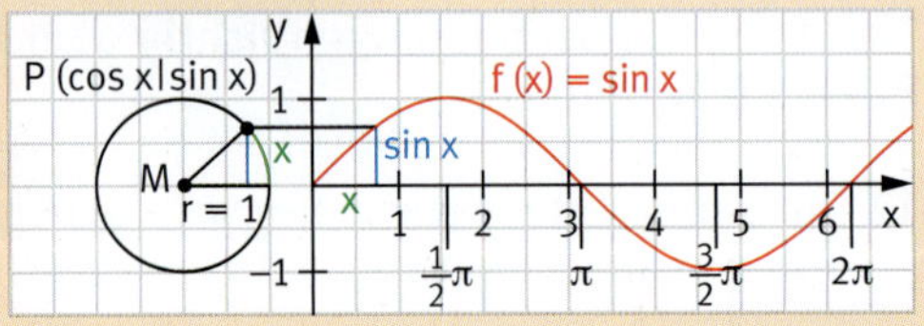

Im Einheitskreis lässt sich jedem Winkelmaß x eindeutig ein Sinuswert zuordnen. Die Funktion $f(x) = \sin x$ ($x \in \mathbb{R}$) heißt **Sinusfunktion**.
Da sich die Funktionswerte der Sinusfunktion in gleichen Abständen stets wiederholen, spricht man von einer **periodischen** Funktion.

S. 80

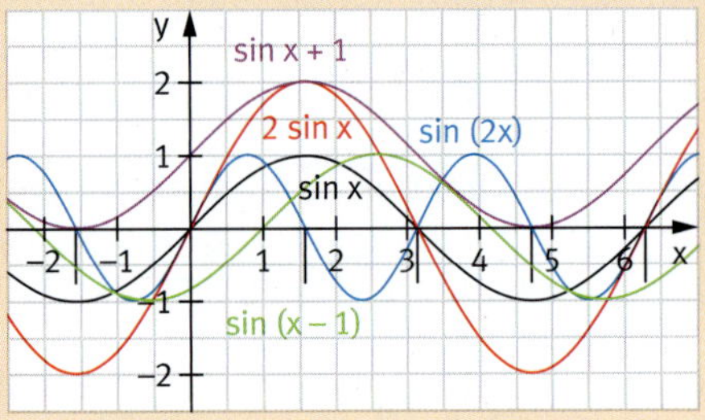

Die allgemeine Sinusfunktion lässt sich in der Form $f(x) = a \cdot \sin(b \cdot (x - d)) + c$ mit $x, c, d \in \mathbb{R}$ und $a, b \in \mathbb{R} \setminus \{0\}$ schreiben.

- Der Parameter a verändert den Wertebereich ($y \in [-|a|; |a|]$).
- Der Parameter b verändert die Periodenlänge.
- Der Parameter c verschiebt den Graphen der Funktion sin x entlang der y-Achse.
- Der Parameter d verschiebt den Graphen der Funktion sin x entlang der x-Achse.

S. 84

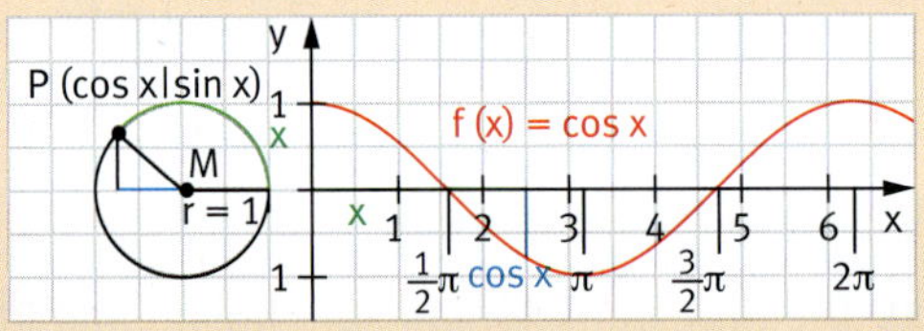

Die Funktion $f(x) = \cos x$ ($x \in \mathbb{R}$) heißt **Kosinusfunktion**.
Den Graphen der Kosinusfunktion erhält man, indem man auf der x-Achse den Winkel x im Bogenmaß und als y-Koordinate den zugehörigen Kosinuswert abträgt.
Der Graph der Kosinusfunktion ist gegenüber dem der Sinusfunktion verschoben. Es gilt:
$\cos x = \sin\left(x + \frac{\pi}{2}\right)$

Prozent- und Zinsrechnung

1 Ergänze die Tabelle.

	a)	b)	c)
Grundwert	200 €	▢	28 m
Prozentsatz	12 %	32 %	▢
Prozentwert	▢	25,6 kg	7 m

2 Der Preis eines Gartengrills wird erst um 10 % gesenkt und dann wieder um 7 % angehoben. In einem anderen Geschäft wird er um 8 % gesenkt und anschließend um 5 % verteuert. Bestimme, welcher Preis am Ende günstiger ist, wenn beide Gartengrills am Anfang gleich viel gekostet haben.

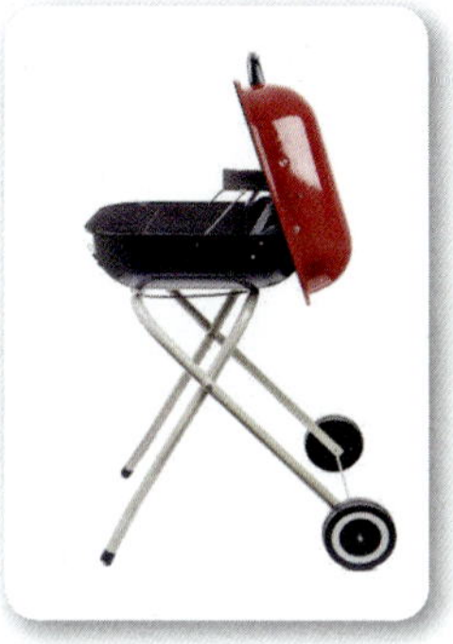

3 Die Abbildung zeigt die Mediennutzung von Kindern im Jahr 2014. Insgesamt wurden 1220 Kinder befragt.

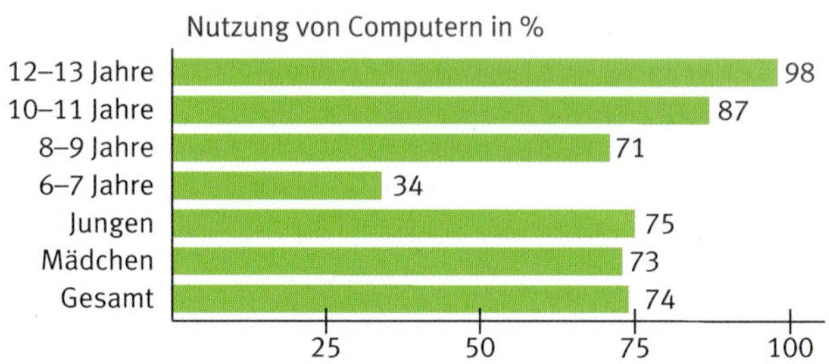

a) Berechne die Anzahl der befragten Kinder, die schon einmal einen Computer genutzt haben.

b) Sabrina behauptet: „Von den 12- und 13-Jährigen in der Befragung haben bisher mehr Kinder einen Computer genutzt als von den befragten 10- und 11-Jährigen.“ Nimm Stellung zu der Aussage.

c) Joris meint: „Die Darstellung ist falsch, da kommen ja mehr als 100 % bei Jungen und Mädchen zusammen“ Erkläre Joris’ Fehler.

4 Ein Vermögen wird zu 3,5 % p. a. verzinst. Berechne das Guthaben nach dreijähriger Laufzeit, wenn zu Beginn 12 000 € eingezahlt wurden. Die Zinsen werden mitverzinst.

Dreiecke

5 Welche Dreiecke haben denselben Flächeninhalt?

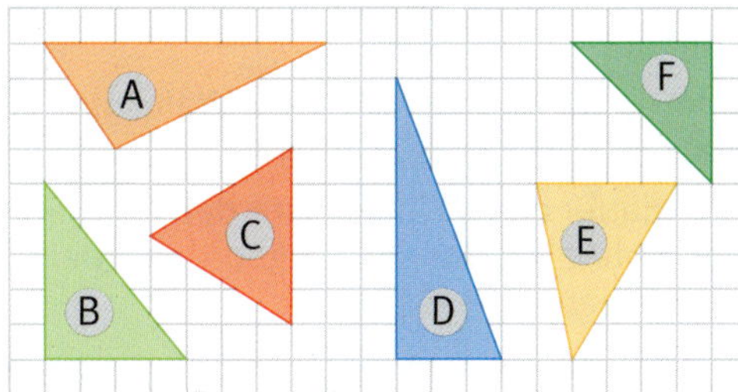

6 Wie verändern sich (1) die Innenwinkel, (2) der Flächeninhalt und (3) der Umfang eines Dreiecks, wenn man alle Seitenlängen …

a) verdoppelt? b) drittelt?

7 Begründe, ob sich ein Dreieck ABC mit folgenden Maßen eindeutig konstruieren lässt. Konstruiere es gegebenenfalls.

a) $\alpha = 20°$; $\beta = 70°$; $\gamma = 90°$

b) a = 2,5 cm; b = 3,7 cm; c = 5,1 cm

c) $\alpha = 40°$; c = 7 cm; $\beta = 37°$; $\gamma = 120°$

d) a = 4 cm; b = 7,2 cm; $\gamma = 80°$

8 Zur Bestimmung der Länge eines Tunnels von A nach B betrachtet man die Orte vom Punkt S aus. Bestimme die Länge des Tunnels durch eine maßstäbliche Zeichnung.

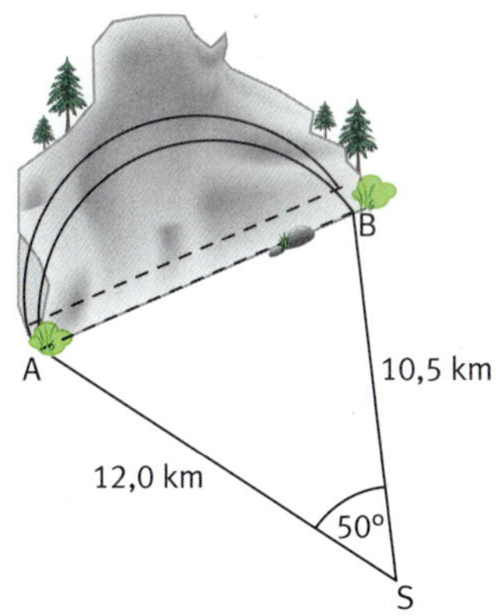

9 Gib an, welche besondere Linie des Dreiecks jeweils gestrichelt eingezeichnet ist.

a)

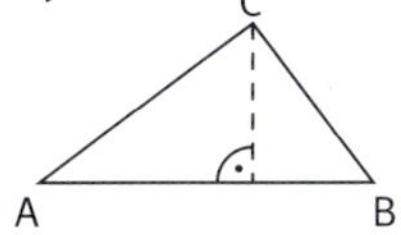

b)

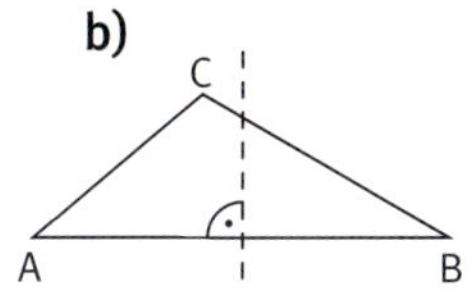

c)

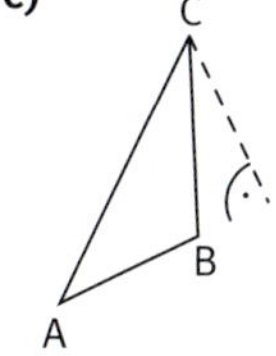

d)

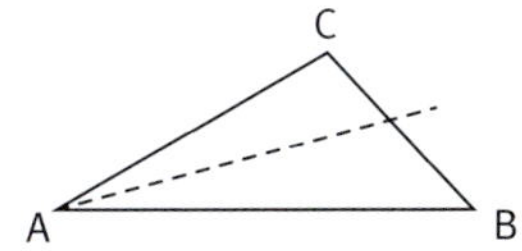

Funktionen

10 Ermittle, ob die Zuordnung proportional, umgekehrt proportional, linear oder keine dieser Arten ist. Begründe.

a) Der Menge an Bäumen in einem Wald wird die Anzahl ihrer Blätter zugeordnet.

b) Der Zeitdauer eines Filmes wird der benötigte Speicherplatz auf der DVD zugeordnet (bei gleich bleibender Qualität).

c) Jeder Seitenlänge eines Quadrats wird dessen Flächeninhalt zugeordnet.

d) Die Kosten einer Klassenfahrt werden gleichmäßig auf die Anzahl der Schüler in einer Klasse verteilt.

11 Gib zu jedem Funktionsgraphen eine mögliche Funktionsgleichung an.

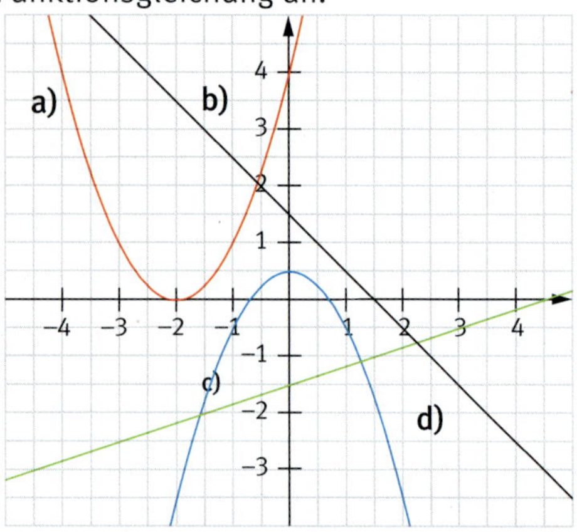

12 Eine lineare Funktion schneidet die y-Achse im Punkt P (0|−1).

a) Zeichne drei verschiedene Funktionsgraphen, die diese Bedingung erfüllen.

b) Gib zu jedem Graphen aus a) die Funktionsgleichung an. Finde Gemeinsamkeiten.

13 Eine Normalparabel wird um einige Längeneinheiten (LE) verschoben bzw. an einer Achse gespiegelt. Gib jeweils eine Funktionsgleichung an.

a) Verschiebung um 2 LE nach rechts und 1 LE nach unten

b) Spiegelung an der x-Achse, anschließend Verschiebung um 3 LE nach oben

c) Spiegelung an der y-Achse, anschließend Verschiebung um 2 LE nach rechts

Satz des Pythagoras

14 Berechne die Länge der rot markierten Strecken.

a)

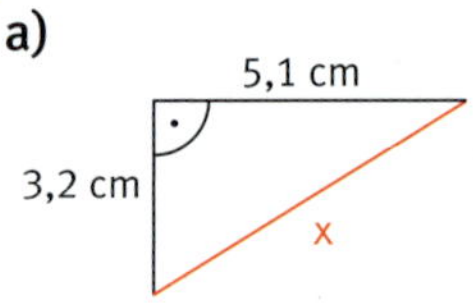

b)

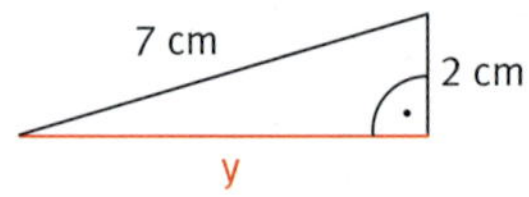

c)

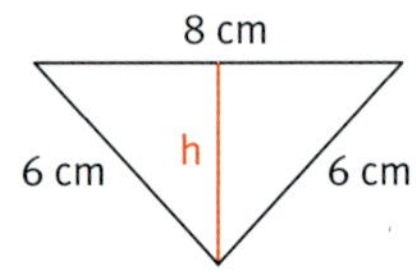

d)

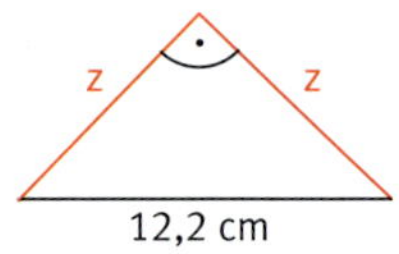

15 An einer Straße steht das abgebildete Verkehrsschild.

a) Beschreibe in Worten die Bedeutung des Schildes.

b) Auf einem bestimmten Streckenabschnitt werden 40 m Höhenunterschied zurückgelegt. Ermittle die Länge der Straße in diesem Abschnitt.

16 Wie weit kann man (theoretisch) von einem Turm sehen, der 90 m hoch ist? Schätze zuerst und rechne dann. Gehe davon aus, dass die Erde eine exakte Kugel ist und keine Berge oder Ähnliches die Sicht versperren.

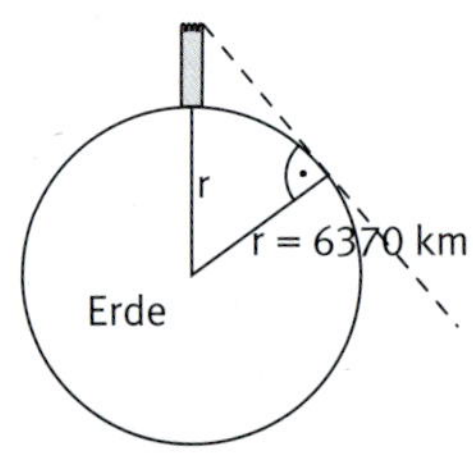

17 Die Abbildung zeigt das Netz einer geraden Pyramide mit quadratischer Grundfläche

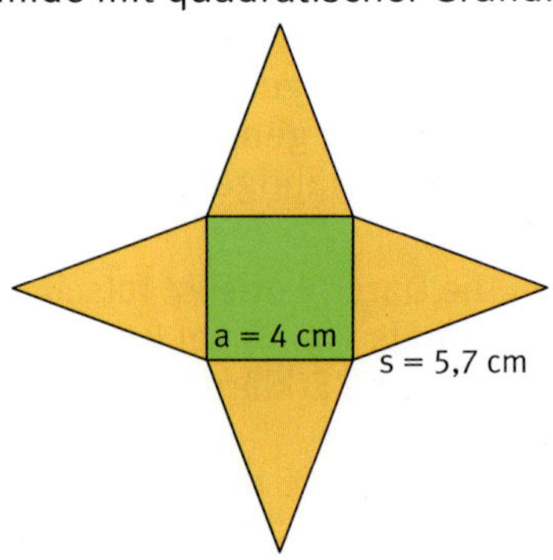

a) Berechne die Höhe der Pyramide.

b) Berechne das Volumen und den Oberflächeninhalt der Pyramide.

5 Exponentialfunktionen

Einstieg

Immer wieder hört man, dass die Bevölkerung der Erde so stark wächst, dass irgendwann kein Platz mehr auf der Erde ist.

- Recherchiere im Internet den aktuellen Stand der Weltbevölkerung und die derzeitige Wachstumsrate. Wie viele Menschen leben in einem Jahr (in zwei Jahren, in 10 Jahren) auf der Welt, wenn sich die Wachstumsrate nicht verändert?

Ausblick

Am Ende dieses Kapitels hast du gelernt, ...

- verschiedene Wachstumsvorgänge zu unterscheiden.
- Exponentialfunktionen grafisch darzustellen und deren Eigenschaften anzugeben.
- Problemstellungen aus verschiedenen Bereichen mithilfe von Exponentialfunktionen zu lösen.
- die Logarithmenschreibweise anzuwenden.
- Exponentialgleichungen aufzustellen und zu lösen.

Isabells Mutter möchte, dass Isabell ihr Geld spart. Aus diesem Grund möchte sie für Isabell einen Anreiz zum Sparen schaffen und schlägt ihr zwei Möglichkeiten vor.

- Was rätst du Isabell? Begründe.
- Berechne jeweils, wie viel Geld Isabell nach dem 3., 6., 9. und 12. Monat insgesamt von ihrer Mutter erhalten würde.
- Stelle beide Sparmöglichkeiten in einem geeigneten Diagramm dar.

Merkwissen

Unter Wachstum versteht man die Zu- bzw. Abnahme einer Größe.
Zwei der **wichtigsten Wachstumsarten** sind:

1 lineares Wachstum

In gleichen Zeiträumen nehmen die Werte um den gleichen Summanden zu.

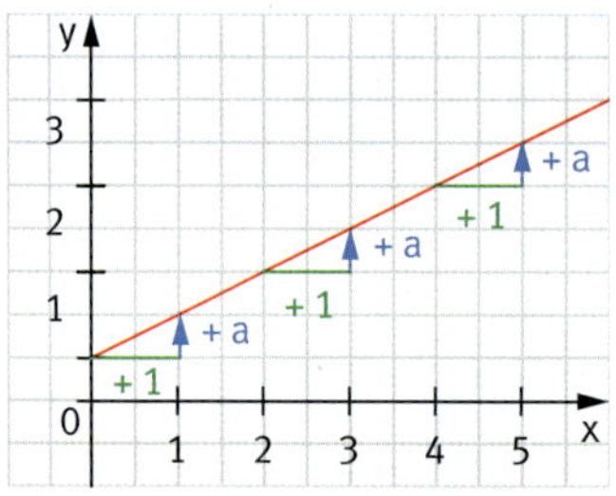

x	0	1	2	3
y	0,5	1	1,5	...

x: + 1, + 1, + 1; y: + 0,5, + 0,5, + 0,5

2 exponentielles Wachstum

In gleichen Zeiträumen werden die Werte mit dem gleichen Faktor vervielfacht.

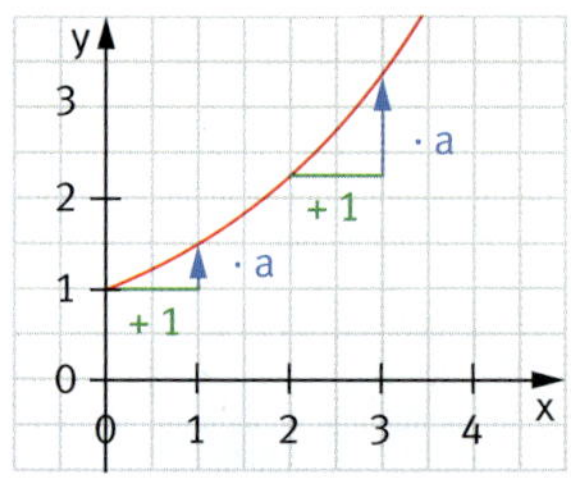

x	0	1	2	3
y	1	1,5	2,25	...

x: + 1, + 1, + 1; y: · 1,5, · 1,5, · 1,5

Auch **Zerfalls- und Abnahmeprozesse** lassen sich mit linearem bzw. exponentiellem Wachstum beschreiben. Dann gilt:

lineares Wachstum	exponentielles Wachstum
Der Summand ist kleiner null.	Der positive Faktor ist kleiner 1.

Beispiele

I Gib an, ob es sich um lineares oder exponentielles Wachstum handelt.

a) Eine Kiefer ist beim Pflanzen 1,20 m hoch und wächst pro Jahr ca. 44 cm.

b) Der Holzbestand eines kleinen Waldes nimmt jährlich um 4 % zu.

c) Ein Kieferwolllausweibchen legt bis zu 500 Eier pro Jahr, aus denen innerhalb weniger Wochen wieder geschlechtsreife Weibchen entstehen können.

Lösung:

a) Die Kiefer wächst jedes Jahr um eine konstante Länge, darum ist das Wachstum linear.
b) Jedes Jahr wächst der Holzbestand um den Faktor 1,04; damit ist das Wachstum exponentiell.
c) Hier ist das Wachstum anfangs näherungsweise mit dem Faktor 500 exponentiell. Wenn aber der gesamte Kieferbestand befallen ist, wird aufgrund der Nahrungsknappheit auch die Fortpflanzung der Kieferwolllaus zurückgehen.

Verständnis

- Tim behauptet: „Das lineare Wachstum verläuft langsamer als das exponentielle.“ Stimmt das? Begründe.

Aufgaben

Algen im Lake Chao

oHiMi 1 – 2

1 Gib an, ob es sich um lineares oder exponentielles Wachstum handelt. Begründe.

a) Der Lake Chao in China war von einer Plage befallen. In nur einer Woche verdoppelte sich die Anzahl der Grünalgen im fünftgrößten See Chinas.
b) Maik steckt jeden Monat 10 € in sein Sparschwein.
c) Herr Müller ist in ein Schneeballsystem geraten und verkauft nun Lizenzen für Wasserfilter. Er muss drei Lizenzen verkaufen; die Käufer der Lizenzen müssen wiederum drei Lizenzen verkaufen, um Gewinn zu erzielen.

2 Ordne den folgenden Wachstums- und Abnahmevorgängen das richtige Diagramm zu. Begründe deine Antwort.

A Bei Leistungssportlern steigt der Puls beim Training gleichmäßig bis zu einem bestimmten Maximum an.
B Ein Auto verliert jährlich ca. 18 % an Wert.
C Ein Bakterium vermehrt sich in einem abgeschlossenen Gefäß.
D Jona fährt mit konstanten 120 $\frac{km}{h}$ auf der Autobahn und zählt die Anzahl der Kilometer, bis er von der Autobahn abfährt.

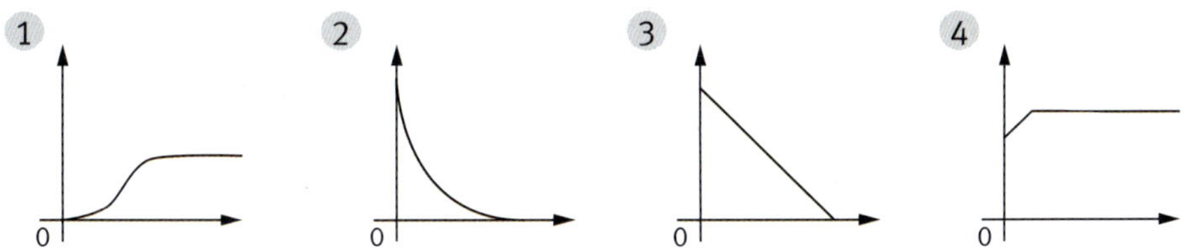

Alltag

Bierschaumzerfall (2 Personen)

Bierschaum zerfällt im Laufe der Zeit.

- Nimm eine Sorte Malzbier und fülle damit ein zylindrisches Glas so, dass recht viel Schaum entsteht. Untersuche dann den Zerfall des Bierschaumes. Vervollständige dazu die Tabelle im Heft.
- Stelle den Bierschaumzerfall grafisch dar. Bestimme eine Funktionsgleichung.

Anteil des anfangs vorhandenen Schaums	1	$\frac{1}{2}$	$\frac{1}{4}$	$\frac{1}{8}$	…
Höhe des Bierschaums in cm	■	■	■	■	■
Zeit in s	■	■	■	■	■

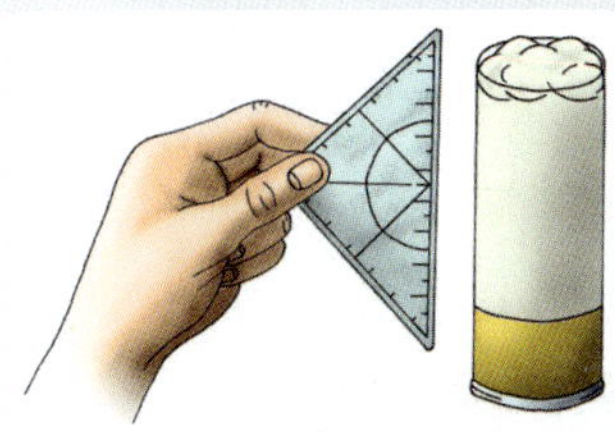

Die meisten Menschen haben damals übrigens beides gemacht: Spende und Eiswasser.

Im Jahr 2014 wurde per Facebook eine ungewöhnliche Spendenaktion ins Leben gerufen: die Ice Bucket Challenge. Dabei konnte sich ein Nominierter entweder für eine Spende zur Bekämpfung von ALS, einer Nervenkrankheit, entscheiden oder sich einen Eimer mit Eiswasser über den Kopf schütten. Nachdem man eine der beiden Optionen ausgeführt hatte, nominierte man drei weitere Menschen, die wiederum vor die Wahl gestellt wurden: Spenden oder Eiswassereimer.

- Gehe davon aus, dass von einer Nominierung bis zur Benennung drei weiterer Personen ca. ein Tag vergeht. Ermittle die Anzahl der Menschen, die dann nach drei, fünf bzw. zehn Tagen nominiert wurden.
- Stelle die Zuordnung *Zeit in Tagen* → *Nominierungen* in einem geeigneten Diagramm dar.
- Ermittle eine zugehörige Funktionsgleichung.

Merkwissen

Eine Funktion der Form $f(x) = a^x$ ($a \in \mathbb{Q}^+$; $a \neq 1$; $x \in \mathbb{R}$) nennt man **Exponentialfunktion**; a ist dabei der **Wachstumsfaktor**.

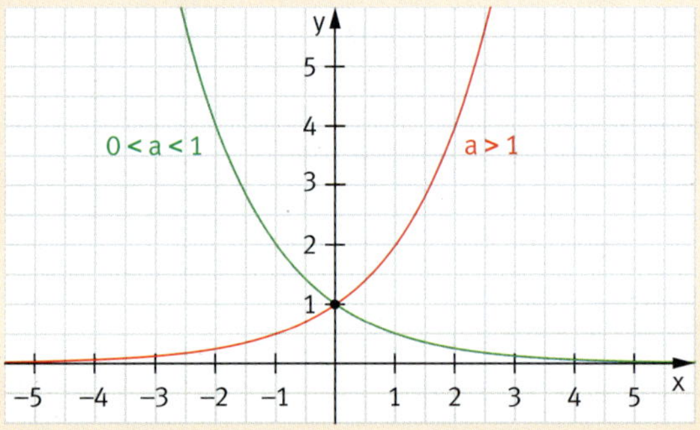

Die Graphen der Funktionen $f(x) = a^x$ haben folgende Eigenschaften:

- $f(0) = 1$
- Definitionsbereich: $x \in \mathbb{R}$
- Wertebereich: $y \in \mathbb{R}^+$
- Aus der Spiegelung der Funktion $f(x) = a^x$ an der y-Achse erhält man die Exponentialfunktion $g(x) = \frac{1}{a^x} = a^{-x}$.
- Der Graph nähert sich der x-Achse an. Die x-Achse ist eine **waagrechte Asymptote**.

  Für $a > 1$ nähert sich f(x) mit kleiner werdendem x der Zahl 0 an: $\lim\limits_{x \to -\infty} f(x) = 0$

  Für $0 < a < 1$ nähert sich f(x) mit größer werdendem x der Zahl 0 an: $\lim\limits_{x \to +\infty} f(x) = 0$

*Ein Graph nähert sich einer **Asymptote** an, ohne dass er sie berührt. Graph und Asymptote kommen sich „unendlich nahe“.*

Beispiele

I Die Intensität des Lichts nimmt mit steigender Wassertiefe ab. Pro Meter wird das Licht um 40 % schwächer. Die Lichtintensität an einer Wasseroberfläche soll 100 % betragen.

a) Gib eine Funktionsgleichung an, die die Lichtintensität in Abhängigkeit von der Wassertiefe beschreibt.

b) Zeichne den Graphen der Funktionsgleichung aus a) in ein geeignetes Koordinatensystem.

Lösung:

a) Nach 1 m Wassertiefe beträgt die Lichtintensität noch 60 % = 0,6. Nach 2 m Wassertiefe sinkt die Lichtintensität auf $0{,}6 \cdot 0{,}6 = 0{,}36 = 36\ \%$. Somit ergibt sich die Funktionsgleichung: $f(x) = 0{,}6^x$

b) 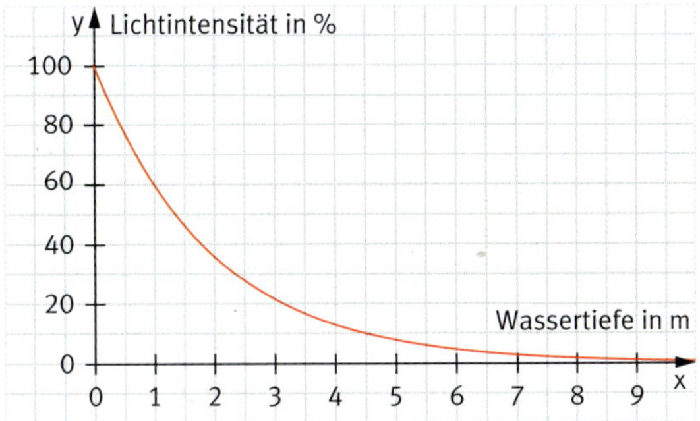

Verständnis

- Beschreibe den Graphen von $f(x) = a^x$ für $a = 1$ und begründe, dass es sich nicht um eine Exponentialfunktion handelt.
- Lina behauptet, dass die Exponentialfunktion $f(x) = 2^x$ schneller ansteigt als die Potenzfunktion $g(x) = x^2$. Stimmt das? Begründe.

Aufgaben

oHiMi 1 – 2

1 Lukas hat gehört, dass man ein Blatt Papier nur 7 Mal falten kann – auf die Größe und Dicke des Papiers soll es dabei nicht ankommen.

a) Überprüfe die These durch Ausprobieren.

b) Gib eine Funktionsgleichung an, die die Zuordnung beschreibt: *Anzahl der Faltungen → Anzahl der Papierlagen.*

c) Stelle die Funktionsgleichung aus b) in einem Koordinatensystem dar.

2 Der Graph einer Exponentialfunktion $f(x) = a^x$ soll durch den Punkt P verlaufen. Bestimme die Funktionsgleichung wie im Beispiel.

$f(x) = a^x$	$P(3 \mid 125)$
$125 = a^3$	
$a = 125^{\frac{1}{3}} = \sqrt[3]{125} = 5$	$f(x) = 5^x$

a) $P(2 \mid 4)$ **b)** $P(2 \mid 0{,}04)$ **c)** $P(3 \mid 7)$ **d)** $P(4 \mid 0{,}0256)$

3 Der Erfinder des Schachspiels soll angeblich einem Kalifen ein ungewöhnliches Angebot gemacht haben: „Als Lohn für die Entwicklung meines Spieles möchte ich mit Reiskörnern bezahlt werden. Sieh dir dazu das Schachbrett genau an. Auf dem ersten Feld soll 1 Korn liegen, auf dem zweiten 2 Körner und auf dem darauffolgenden immer doppelt so viele wie auf dem Feld zuvor, so lange, bis auf diesem Weg alle Felder gefüllt sind.“ Auf welchem Feld liegen genug Körner, um …

Daten eines Reiskorns: Abmessungen: 5 mm × 1 mm × 1 mm Masse m = 0,03 g

a) zu einer Mahlzeit Reis (eine Portion) zu essen?

b) einen Menschen damit aufzuwiegen?

c) einen Lkw zu beladen?

d) eine Reiskette bis zum Mond zu legen?

e) die Erdkugel mit Reiskörnern zu übersähen?

Dargestellt sind die Graphen der Funktionen $f_1(x) = 1{,}5^x$, $f_2(x) = 1{,}5^x - 2$, $f_3(x) = 1{,}5^{x-2}$ und $f_4(x) = 2 \cdot 1{,}5^x$.

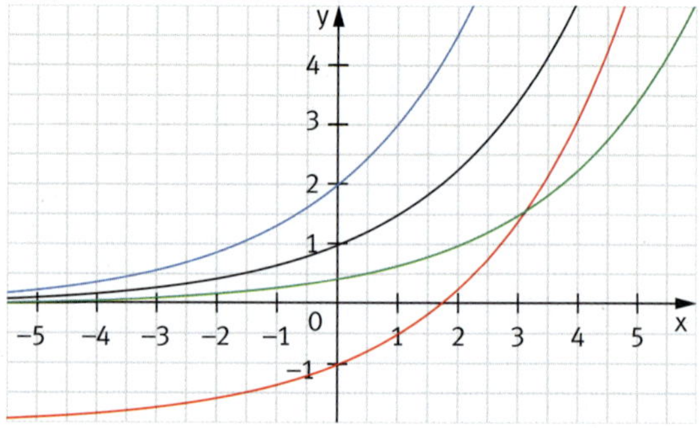

- Ordne den Graphen die zugehörigen Funktionsgleichungen zu. Schaffst du es ohne CAS?
- Arbeitet in Gruppen und untersucht den Einfluss der Parameter bei $f(x) = b \cdot a^{x+d} + c$ für $a = 1{,}5$ auf den Verlauf des Graphen im Vergleich zu $f_1(x) = 1{,}5^x$.
  Gruppe 1: $b \in \{-2; -1{,}5; -1; -0{,}5; 1; 1{,}5; 2; 2{,}5\}$; $c = d = 0$
  Gruppe 2: $c \in \{-2; -1{,}5; -1; -0{,}5; 1; 1{,}5; 2; 2{,}5\}$; $b = 1$; $d = 0$
  Gruppe 3: $d \in \{-2; -1{,}5; -1; -0{,}5; 1; 1{,}5; 2; 2{,}5\}$; $b = 1$; $c = 0$
- Beschreibt den Einfluss des Parameters auf …
  1 die Schnittpunkte mit den Achsen.
  2 den Definitions- und Wertebereich.
  3 das Verhalten im Unendlichen.

Merkwissen

Der Graph einer **Exponentialfunktion** mit der Gleichung …

1 $f(x) = b \cdot a^x$ ($a \in \mathbb{Q}^+$; $b, x \in \mathbb{R}$; $b \neq 0$) entsteht durch Streckung bzw. Stauchung des Graphen von $f_1(x) = a^x$.
Ist $b < 0$, liegt eine Spiegelung an der x-Achse vor.

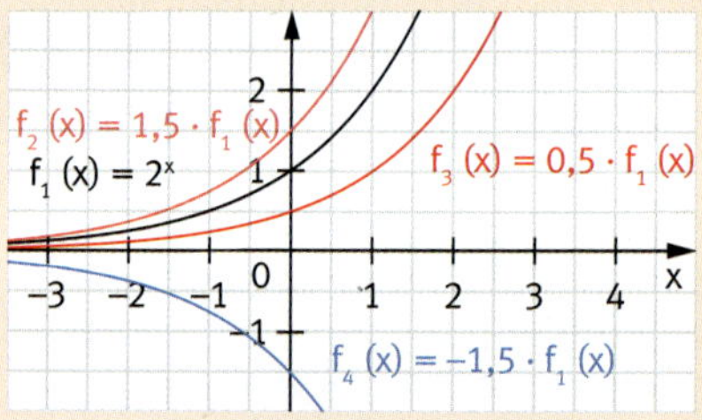

2 $f(x) = a^x + c$ ($a \in \mathbb{Q}^+$; $c, x \in \mathbb{R}$) entsteht durch **Verschiebung** des Graphen von $f_1(x) = a^x$ **entlang der y-Achse**:
nach oben für $c > 0$
nach unten für $c < 0$

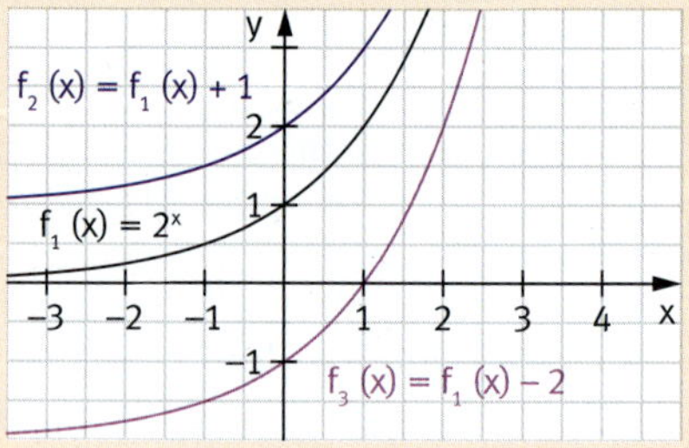

3 $f(x) = a^{x-d}$ ($a \in \mathbb{Q}^+$; $d, x \in \mathbb{R}$) entsteht durch **Verschiebung** des Graphen von $f_1(x) = a^x$ **entlang der x-Achse**:
nach rechts für $d > 0$
nach links für $d < 0$

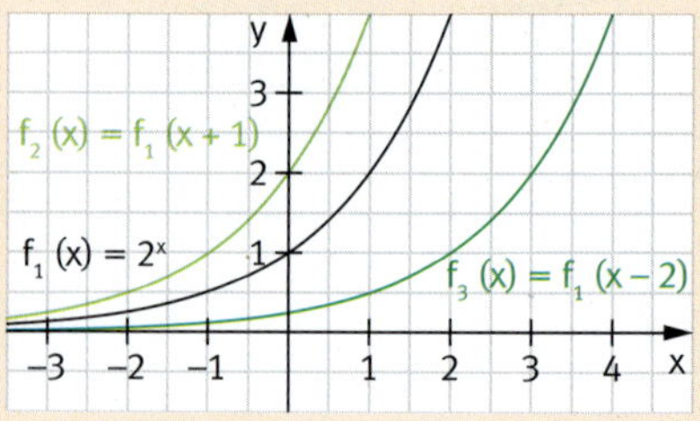

Beispiele

I Finde heraus, wie sich bei der Exponentialfunktion mit $f(x) = 2^x$ ($x \in \mathbb{R}$) der Funktionswert ändert, wenn man …

a) x um 1 vergrößert.
b) x um 2 vergrößert.
c) x verdoppelt.
d) x halbiert.

Lösung:

a) Der Funktionswert wird verdoppelt, da $2^{x+1} = 2 \cdot 2^x$ ist.
b) Der Funktionswert wird vervierfacht, da $2^{x+2} = 2^2 \cdot 2^x = 4 \cdot 2^x$ ist.
c) Der Funktionswert wird quadriert, da $2^{2x} = (2^x)^2$ ist.
d) Aus dem Funktionswert wird die Quadratwurzel gezogen, da $2^{\frac{x}{2}} = (2^x)^{\frac{1}{2}} = \sqrt{2^x}$ ist.

II Bestimme das Verhalten der Funktionen für $x \to \pm\infty$.

a) $f(x) = 2^x - 1$ **b)** $f(x) = -0{,}1^x + 1$ **c)** $f(x) = \frac{1}{2} \cdot (3^x - 4)$

Lösung:
Mithilfe der grafischen Darstellung ergibt sich:

a)
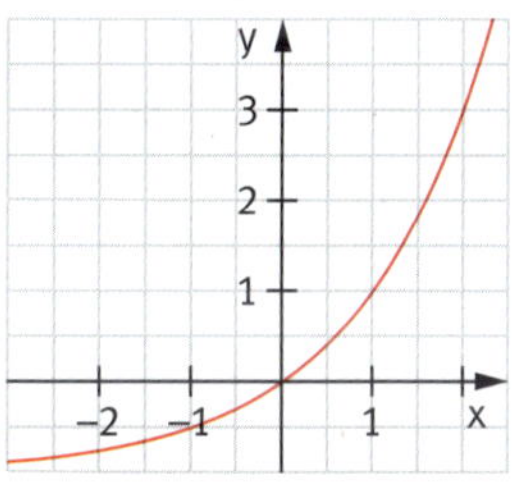

$\lim\limits_{x \to -\infty} (2^x - 1) = -1$

$\lim\limits_{x \to +\infty} (2^x - 1) = +\infty$

waagrechte Asymptote für $x \to -\infty$: $y = -1$

b)
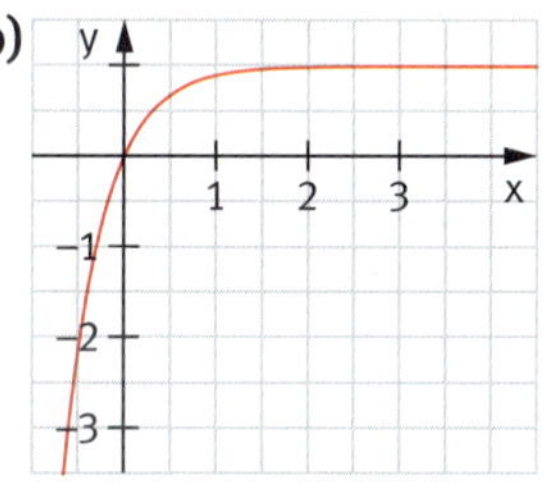

$\lim\limits_{x \to -\infty} (-0{,}1^x + 1) = -\infty$

$\lim\limits_{x \to +\infty} (-0{,}1^x + 1) = 1$

waagrechte Asymptote für $x \to +\infty$: $y = 1$

c)
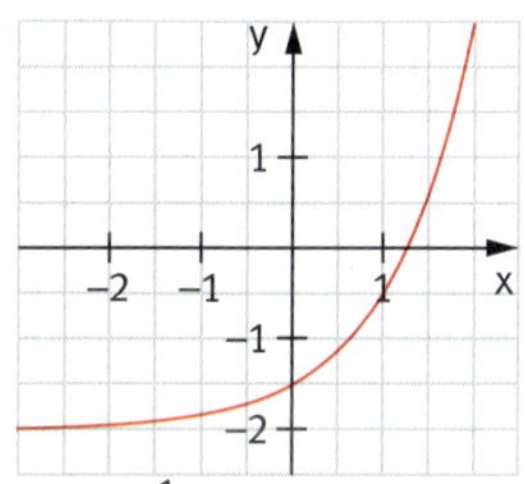

$\lim\limits_{x \to -\infty} \frac{1}{2} \cdot (3^x - 4) = -2$

$\lim\limits_{x \to +\infty} \frac{1}{2} \cdot (3^x - 4) = \infty$

waagrechte Asymptote für $x \to -\infty$: $y = -2$

Wenn ein Funktionsgraph einer Gerade beliebig nahe kommt, sie aber nie erreicht, so nennt man die Gerade eine Asymptote.

Verständnis

- Franz behauptet, dass der Einfluss der Parameter bei Potenz- und Exponentialfunktionen analog ist. Erläutere diese Aussage.
- Anna behauptet, dass es eine Exponentialfunktion der Form $f(x) = b \cdot a^{x-d} + c$ gibt, deren Graph durch alle vier Quadranten des Koordinatensystems verläuft. Stimmt das? Begründe.

Aufgaben

1 Bestimme das Verhalten des Graphen für $x \to \pm\infty$.

a) $f(x) = -6^x - 8$ **b)** $f(x) = -0{,}5^x + 3$ **c)** $f(x) = \frac{1}{2} \cdot (0{,}5^x - 9)$
d) $f(x) = 2^x - 3^x$ **e)** $f(x) = 3 \cdot 0{,}1^x - 4$ **f)** $f(x) = -\frac{5}{3} \cdot (3^x - 6)$
g) $f(x) = -(4 - 2)^x$ **h)** $f(x) = -0{,}2^x + 5^x$ **i)** $f(x) = \frac{1}{6} \cdot 1{,}5^x - 4 \cdot \frac{1}{2}$

Vergiss nicht, dass du mit deinem CAS auch hinein- und herauszoomen kannst.

oHiMi 2 – 3

2 Gib Parameter so an, dass die Funktion $f(x) = b \cdot a^{x-d} + c$ ...

a) durch die Quadranten I, II und III verläuft.

b) nicht den III. Quadranten passiert, aber die waagrechte Asymptote der Funktion durch diesen Quadranten verläuft.

c) streng monoton steigend ist und eine waagrechte Asymptote bei $y = 3$ besitzt.

3 Eine Exponentialfunktion der Form $f(x) = b \cdot 2^x + c$ besitzt eine waagrechte Asymptote bei $y = 2$ und verläuft durch den Punkt P (2 | 14). Sabine notiert nebenstehenden Lösungsweg zur Ermittlung der Parameter b und c. Erläutere ihren Lösungsweg.

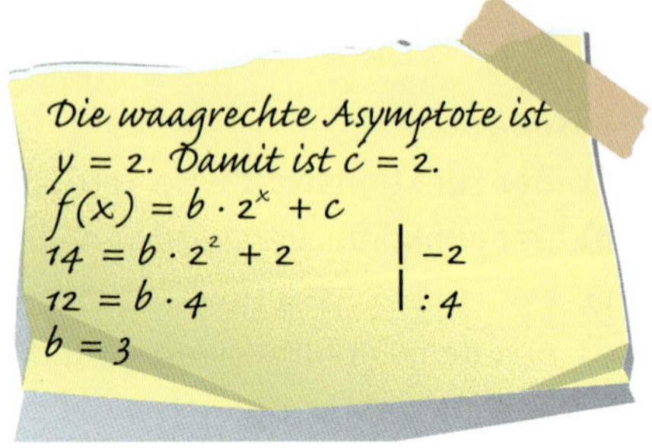

Nutze das Grafikmenü deines CAS.

4 Gegeben ist die Funktion $f(x) = 0{,}4^x$ für $-2 \leqq x \leqq 2{,}5$.

a) Zeichne den Graphen der Funktion in ein Koordinatensystem (1 LE ≙ 1 cm).

b) Führe jeweils die Abbildung durch: Zeichne den Graphen und gib eine Funktionsgleichung für ihn an.

1. $f_1(x)$: f (x) wird an der y-Achse gespiegelt.
2. $f_2(x)$: f (x) wird um 2 cm nach rechts verschoben.
3. $f_3(x)$: f (x) wird um 1 cm nach oben und 2 cm nach rechts verschoben.

5 Gegeben sind Graphen von Funktionen g, h und k mit der Gleichung $y = b \cdot 0{,}5^x + c$.
Ermittle die Parameter mithilfe eines linearen Gleichungssystems und erläutere deren Einfluss auf den Verlauf des Graphen im Vergleich zum Graphen von $f(x) = 0{,}5^x$.

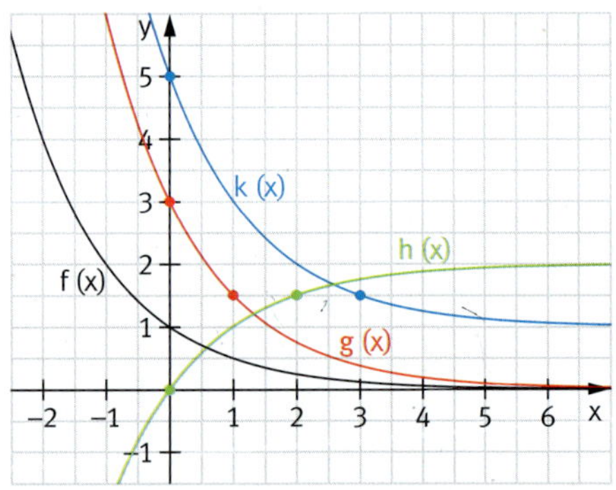

6 Erzeuge die nachstehenden Screenshots mit deinem CAS.

a) 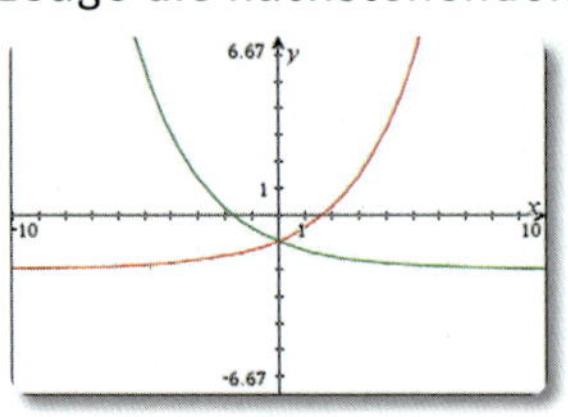

b) 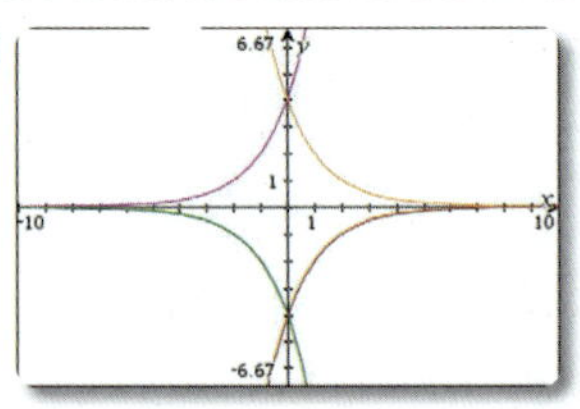

c) 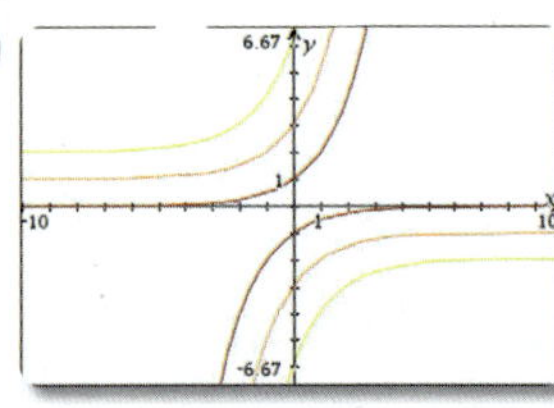

7 Ermittle die Funktionsgleichungen. Überprüfe deine Ergebnisse mit deinem CAS.

a) Der Graph der exponentiellen Funktion mit der Form $f(x) = b \cdot 4^x + c$ geht durch die Punkte P (0 | 2) und Q (−1 | 1,625).

b) Die exponentielle Funktion mit der Form $f(x) = b \cdot 1{,}2^x + c$ besitzt eine waagrechte Asymptote bei $y = -4{,}8$ und hat eine Nullstelle bei $x = 1$.

c) Für die Funktion $f(x) = b \cdot a^x + c$ gilt $\lim\limits_{x \to +\infty} f(x) = 3$, $f(0) = 1$ und $f(1) = -1$.

8 „Wenn man sein Geld anlegt, kann man großen Gewinn einstreichen.", behaupten viele Anzeigen im Internet oder in Zeitungen.

Kapital sparen lohnt sich!
Startkapital: 20 000 €
Laufzeit: 5 Jahre
Gewinn: 30 000 €
Fester Zinssatz über die gesamte Laufzeit.

Lassen Sie Ihr Geld für sich arbeiten!
Machen Sie aus **2000** € in nur drei Jahren **4000** €.

Sicher in den Ruhestand!
Zahlen Sie jetzt 10 000 € ein, dann warten Sie auf den Ruhestand und erhalten 100 000 €.*
**Rechenbeispiel gültig, wenn Sie noch 35 Jahre arbeiten.*

a) Ermittle für jedes Angebot eine Gleichung einer Exponentialfunktion, die das Kapital in Abhängigkeit von der Zeit beschreibt.

b) Stell dir vor, du legst je 100 € zu den Zinssätzen der obigen Angebote an. Zeichne die drei Entwicklungen in ein Koordinatensystem.

c) Begründe, dass einige solcher Angebote unseriös sind.

9 Der Zerfall von radioaktiven Elementen verläuft exponentiell. Dabei gibt die Halbwertszeit an, wie viel Zeit vergeht, bis ein radioaktives Element zur Hälfte zerfallen ist. Berechne, wie viel Masse ...

a) von 1 kg Cäsium-137 nach 100 Jahren noch nachweisbar sind.

b) von 15 t Jod-131 nach 4 Wochen zerfallen sind.

c) von 7 g Radium-226 nach 2000 Jahren noch messbar sind.

Element	*Halbwertszeit*
Uran-238	*4,5 Mrd. a*
Kobalt-60	*5 a*
Jod-131	*8 d*
Radium-226	*1620 a*
Cäsium-137	*30 a*

10 Alfredo bereitet sich in der Küche (Raumtemperatur 20 °C) eine Tasse Kaffee (Temperatur 60 °C) zu, die er wegen eines dringenden Telefongesprächs in der Küche stehen lässt. Der Zusammenhang zwischen der Temperatur k des Kaffees (in °C) und der seit seiner Zubereitung verstrichenen Zeit (t: Anzahl der Minuten) lässt sich durch $k(t) = 20 + 40 \cdot 2^{-0{,}06t}$ mit $t \in \mathbb{R}^+$ beschreiben.
Ermittle rechnerisch, ob Alfredos Kaffee bereits „kalt" ($k \leq 40$) ist, als er ihn nach dem Telefongespräch (Dauer 12 Minuten) endlich trinken möchte.

WISSEN

Entwicklung der Weltbevölkerung

Jahr	1950	1970	1990	2010	2030
Bewohner der Erde	2,53 Mrd	3,70 Mrd	5,31 Mrd	6,90 Mrd	? Mrd

- Stelle die Werte mit deinem CAS in einer Tabelle dar.
- Nimm an, dass die Weltbevölkerung ...
  a) linear wächst. **b)** exponentiell wächst.
  Wie viele Menschen leben dann im Jahr 2030 auf der Erde? Nutze die Regression deines CAS.

In Deutschland (80,9 Mio Einwohner) sinkt die Bevölkerung jährlich um 0,2 %.

- Wie viele Menschen lebten dann 1950 zusammen in der DDR und der BRD?
- Wie viele Menschen leben 2030 (2050) in Deutschland, wenn sich die Bevölkerungsrate nicht ändert?

Cholera-Epidemie in Hamburg (1892)

Beim Ausbruch von Epidemien muss schnell reagiert werden. Um die Weiterverbreitung der Infektion einzugrenzen, ist es deshalb sehr wichtig, zu erfahren, wann eine Krankheit ausgebrochen ist. In Hamburg ist 1892 die letzte Cholera-Epidemie in Deutschland ausgebrochen. Die Regierung versuchte dabei, die ersten Meldungen der Krankheit zu vertuschen. Als sich dann aber am 22. August ca. 1100 Kranke meldeten, konnte das Geheimnis nicht länger gewahrt bleiben.
Ein mit Cholera infizierter Mensch überträgt den Virus an einem Tag an zwei bis drei Menschen.

- Zeichne ein Diagramm, das die Ausbreitung des Cholera-Virus erfasst.
- Ermittle den Zeitraum, in dem die Krankheit ausgebrochen sein kann.

*Eine weitere Umkehrung des Potenzierens ist das **Wurzelziehen (Radizieren)**.*

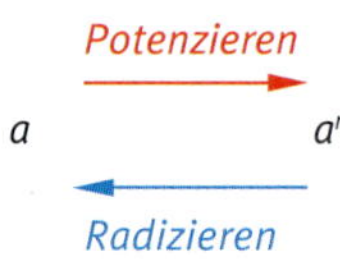

Merkwissen

Eine **Umkehrung des Potenzierens** ist das **Logarithmieren**. Der Exponent in der Gleichung $a^n = b$ heißt **Logarithmus von b zur Basis a** ($a, b, n \in \mathbb{R}$; $a, b > 0$; $a \neq 1$).

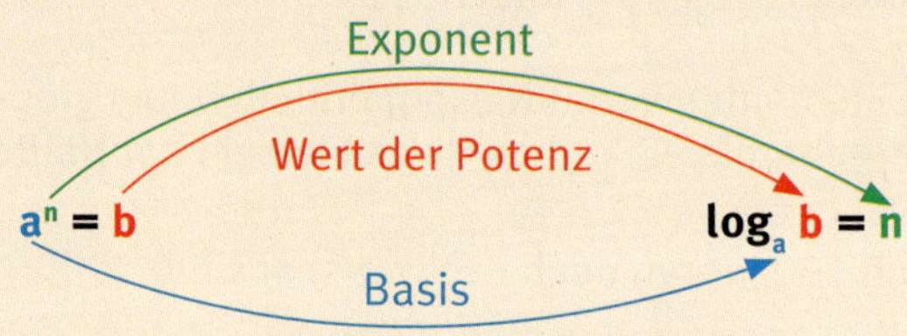

Der dekadische Logarithmus hat die Basis 10.
Schreibweisen: $\log_{10} b = \log b = \lg b$

Beispiele

I Schreibe die Potenzen als Logarithmus.

a) $4^3 = 64$ **b)** $7^5 = 16\,807$ **c)** $10^8 = 100\,000\,000$

Lösung:

a) $\log_4 64 = 3$ **b)** $\log_7 16\,807 = 5$ **c)** $\lg 100\,000\,000 = 8$

II Berechne die Logarithmen im Kopf.

a) $\log_2 8$ **b)** $\log_3 81$ **c)** $\lg 100\,000$ **d)** $\log_{11} 11^4$

Lösung:

Am besten verwendet man die zugehörige Exponentialgleichung $a^n = b$.

a) $\log_2 8 = n \Leftrightarrow 2^n = 8 \Rightarrow n = 3$

b) $\log_3 81 = n \Leftrightarrow 3^n = 81 \Rightarrow n = 4$

c) $\lg 100\,000 = \log_{10} 100\,000 = n \Leftrightarrow 10^n = 100\,000 \Rightarrow n = 5$

d) $\log_{11} 11^4 = n \Leftrightarrow 11^n = 11^4 \Rightarrow n = 4$

Verständnis

- Maike behauptet, dass $\log_2 0 = 1$. Stimmt das? Begründe.
- Kann die Gleichung $x^2 = 9$ mit dem Logarithmus gelöst werden?
- Zeige, dass gilt: (1) $\log_b b = 1$ (2) $\log_a 1 = 0$

1–2

1 Ermittle die Logarithmen im Kopf.

a) $\log_4 256$ **b)** $\log_3 27$ **c)** $\log_6 216$ **d)** $\log_{12} 12^9$
e) $\log_5 5^8$ **f)** $\log_4 1$ **g)** $\lg 1000$ **h)** $\log_5 125$
i) $\log_2 4^2$ **j)** $\lg 10\,000$ **k)** $\log_2 2$ **l)** $\log_9 81$
m) $\log_4 64$ **n)** $\log_{1,5} 2{,}25$ **o)** $\log_{0,1} 0{,}0001$ **p)** $\log_7 343$

2 Bestimme die fehlende Größe.

a) $\log_a 9 = 2$ **b)** $\log_a 64 = 3$ **c)** $\log_a 125 = 3$ **d)** $\log_a 81 = 2$
e) $\log_a 8 = 3$ **f)** $\log_a 10 = 1$ **g)** $\log_a 1{,}3^9 = 9$ **h)** $\log_a 1000 = 4$
i) $\log_5 b = 3$ **j)** $\log_2 b = 4$ **k)** $\log_9 b = 2$ **l)** $\log_3 b = 3$

3 Bestimme, zwischen welchen beiden ganzen Zahlen der Logarithmus liegt.

a) $\log_8 18$ **b)** $\log_2 17$ **c)** $\log_5 4$ **d)** $\log_3 30$
e) $\lg 11$ **f)** $\lg 105$ **g)** $\lg 1500$ **h)** $\lg 15\,000$

4

Ein CAS bietet mehrere Möglichkeiten, Logarithmen einzugeben und zu berechnen. Auf Schnellwahltasten findet sich der **natürliche Logarithmus ln()** (Basis ist die Eulersche Zahl e) und der **dekadische Logarithmus log** zur Basis 10. Mit der Logarithmus-Vorlage kann man weitere Logarithmen (zu beliebigen Basen) eingeben.

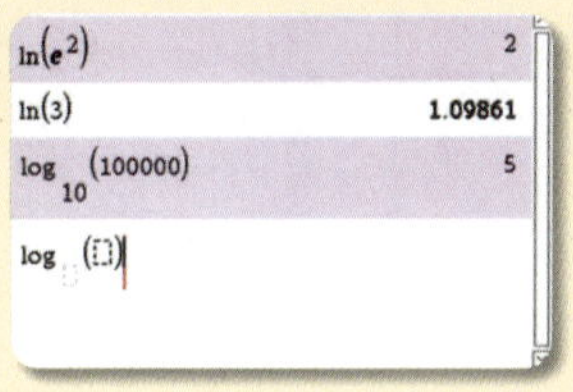

a) Berechne die Beispiele in den Screenshots mit deinem CAS.

b) Berechne mit deinem CAS. Runde auf zwei Dezimalen.

1 $\log_6 18$ 2 $\log_4 200$ 3 $\log_2 9$ 4 $\log_{1,5} 4{,}25$
5 $\lg 110$ 6 $\lg 40$ 7 $\log_5 18$ 8 $\log_7 745$
9 $\lg 654{,}1$ 10 $\log_5 145$ 11 $\log_8 1563$ 12 $\log_2 2{,}3$

Lösungen zu 4 b): 1,20; 1,60; 1,61; 1,80; 2,04; 2,82; 3,09; 3,17; 3,40; 3,54; 3,57; 3,82

5 Herr Günther legt auf einem Bankkonto 12 500 € an. Der Zinssatz beträgt 1,3 %. Berechne, wie viele Jahre er brauchen würde, damit er ...

a) 15 000 € auf seinem Bankkonto hat.

b) sein Geld verdoppelt hat.

c) Millionär ist.

Stelle zunächst eine Gleichung auf und stelle sie um.

6 Archäologen bestimmen das Alter von ehemals lebenden Organismen (also beispielsweise von Knochen) mithilfe der sogenannten Radiokarbonmethode. Dabei untersucht man den archäologischen Fund nach Resten eines speziellen Kohlenstoff-Isotops (C14), das sich zu Lebzeiten im Körper anlagert, nach dem Tod jedoch zerfällt. Die Halbwertszeit von C14 beträgt 5730 Jahre.

a) Die Mumie des ägyptischen Pharao Tutanchamun besitzt jetzt noch 67 % des ursprünglichen C14-Anteils. Wann ist dieser König gestorben?

b) Die Gletschermumie „Ötzi" besitzt nun noch 53 % des ursprünglichen C14-Anteils. Wann ungefähr lebte der Ötzi?

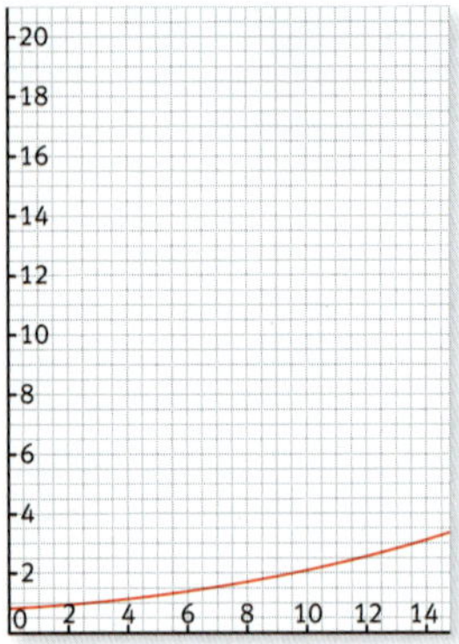

Nimm dir ein Blatt vom Format DIN-A5 und lege es hochkant hin. Die untere, linke Ecke ist der Koordinatenursprung, die beiden davon ausgehenden Blattkanten stellen die Achsen eines Koordinatensystems dar.

- Zeichne die Exponentialfunktion $f(x) = 1{,}1^{x-2}$ auf das A5-Blatt (1 LE ≙ 1 cm).
- Wie viele Blätter A5-Papier musst du noch anlegen, damit die Funktion die obere Kante eines A5-Blattes erreicht? Probiere es aus und berechne anschließend.

MERKWISSEN

Unter einer **Exponentialgleichung** versteht man eine Gleichung, bei der die Variable (nur) im Exponenten auftritt. Die Lösungsmenge einer Exponentialgleichung kann rechnerisch oder grafisch ermittelt werden.

Beispiel: $1{,}5^{x-2} = 1$

Grafisch

$f(x) = 1{,}5^{x-2}$

$f(x) = 1$

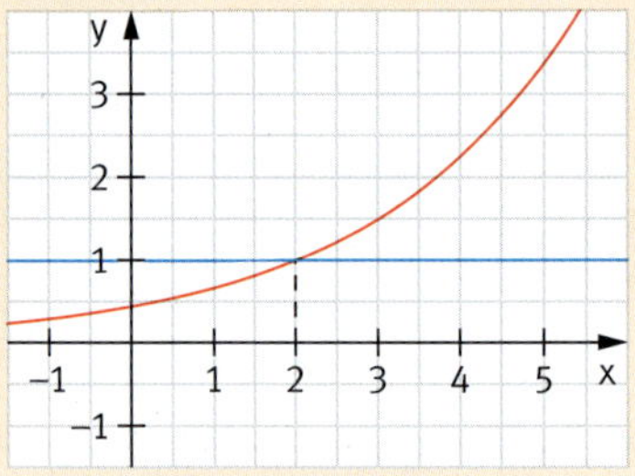

An der Stelle x = 2 ist der Funktionswert von f(x) gleich 1.

Man kann die Gleichung als Funktion mit entsprechendem Funktionswert begreifen.

Rechnerisch

Eine Exponentialgleichung löst man, indem man beide Seiten der Gleichung **logarithmiert**. Die Basis der Exponentialgleichung bietet sich immer auch als Basis des Logarithmus an, denn nach Definition gilt:

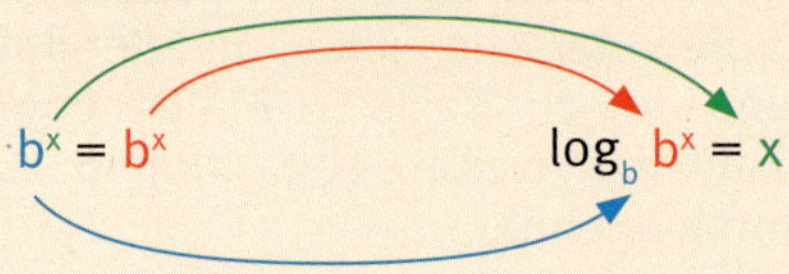

$$\begin{aligned} 1{,}5^{x-2} &= 1 && \mid \log_{1,5}() \\ \log_{1,5} 1{,}5^{x-2} &= \log_{1,5} 1 \\ x-2 &= 0 && \mid +2 \\ x &= 2 \end{aligned}$$

BEISPIELE

I Bestimme die Lösung der Gleichung $12 \cdot 3^{x-9} = 108$ ohne CAS.

Lösung:

$$\begin{aligned} 12 \cdot 3^{x-9} &= 108 && \mid :12 \\ 3^{x-9} &= 9 && \mid \log_3 \\ \log_3 3^{x-9} &= \log_3 9 \\ x-9 &= 2 && \mid +9 \\ x &= 11 \end{aligned}$$

II Ermittle die Lösung der Gleichung $6 \cdot 4^{x-0,5} = 1644$ mit deinem CAS.

Lösungsmöglichkeiten:

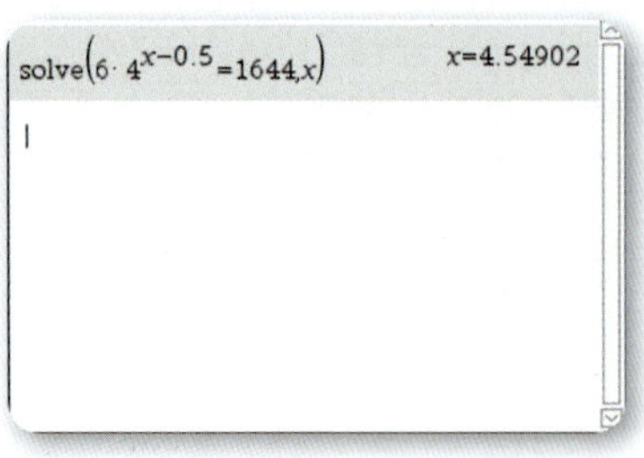

oder

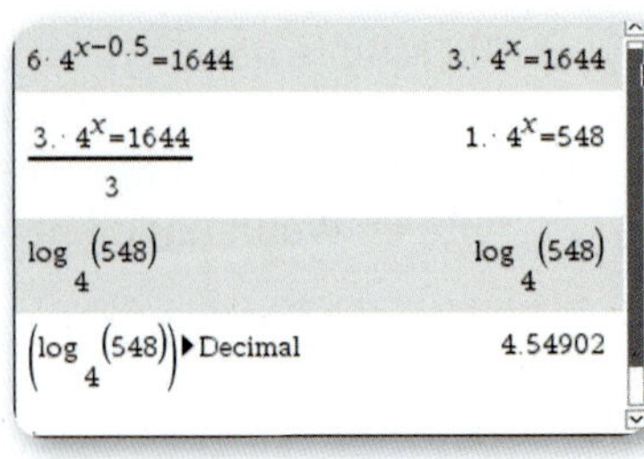

Verständnis

- Oliver behauptet, dass man Exponentialfunktionen auch mit der Lösungsformel für quadratische Gleichungen lösen kann. Hat er Recht? Begründe.
- Finde durch Überlegen die Lösung folgender Exponentialgleichungen:
  1 $4^x + 3^x = 2$ 2 $4^x - 3^x = 7$

Aufgaben

oHiMi 1, 6

1 Löse die Gleichungen in ℝ.

a) $4^x = 2$ b) $4^x = 0{,}125$ c) $3 - 0{,}5^x = 1$

d) $1 + 2^{3x} = 65$ e) $4 \cdot 1^{2-3x} = 8$ f) $5 + 3^x = 1{,}5$

g) $6 \cdot 2^{x-2} = 24$ h) $0{,}2 \cdot 5^{x+3} = 5$ i) $1500 \cdot 0{,}1^{x-6} = 1{,}5$

2 Löse die Gleichungen mit deinem CAS in ℝ.

a) $5 \cdot 1{,}5^{x-2} = 7{,}5$ b) $1{,}6 \cdot 4^{x+3} = 204{,}8$ c) $10 \cdot 8{,}5^{x+2{,}7} = 6141{,}25$

Lösungen zu 1 und 2:
{ }; { }; –1,5; –1; –1; 0,3; 0,5; 0,5; 2; 3; 4; 9

3 Die Gleichung $m(t) = 200\text{ mg} \cdot 2{,}5^{-0{,}4t}$ ($t \geqq 0$: Anzahl der Stunden) beschreibt den Abbau eines Medikaments von 200 mg im Körper.

a) Berechne, nach wie vielen Stunden das Medikament auf die Hälfte (ein Viertel, 10 %) der ursprünglichen Menge abgebaut ist.

b) Berechne, nach wie vielen Stunden die Restmenge im Körper nur noch 30 mg beträgt.

4 Im Koordinatensystem sind die Graphen der Funktionen $f(x) = -2 \cdot 3^{x-2} + 3$ und $g(x) = 2^{x-1} - 1$ dargestellt.

a) Erkläre, wie die Gleichung $-2 \cdot 3^{x-2} + 3 = 2^{x-1} - 1$ gelöst wurde.

b) Ermittle die Lösung der Gleichung.

1 $2^x = 13 - 3^x$

2 $3 \cdot 4^{x-4} + 2 = \frac{-3}{2^{12}} \cdot 2^{3x} + 8$

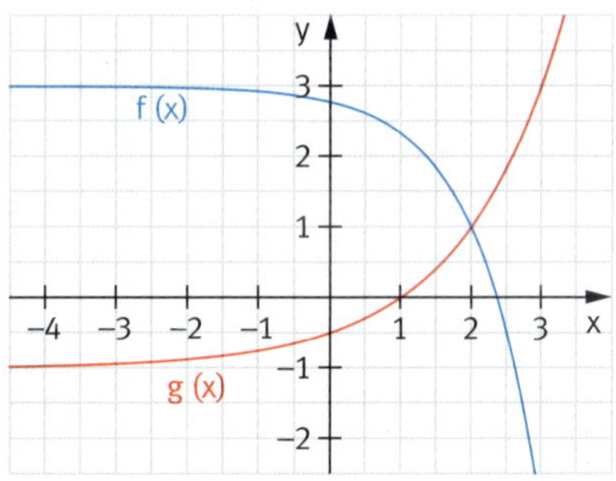

5 Ermittle die Parameter der Funktion $f(x) = 3^{x-d} + c$, wenn …

a) die Funktion eine Nullstelle bei $x = 1$ besitzt und $f(2) = 18$ ist.

b) $\lim\limits_{x \to -\infty} f(x) = -4$ gilt und die Funktion die y-Achse im Punkt $S_y\,(0|5)$ schneidet.

c) die Funktion eine waagrechte Asymptote bei $y = 2$ besitzt und $f(2) = 245$ ist.

Lösungen zu 5:
–4; –3; –1; 2; 2; 3

6 Der Bestand einer Population von Oryxantilopen wird durch die Funktion $f\colon f(t) = 18\,000 \cdot 3^{-0{,}2t}$; $D_f = [0; 20]$ (t: Anzahl der Jahre) beschrieben.

a) Finde heraus, wann der Bestand nur noch 15 % des Anfangsbestands ausmacht.

b) Bestimme mit deinem CAS, wann die Abnahme innerhalb eines Jahres erstmals weniger als 1000 Individuen beträgt.

Erinnere dich an die Substitution.

7 Löse die Gleichungen ohne CAS.

a) $(2^x)^2 - 3 \cdot 2^{x+2} = 0$ b) $(\log x)^2 + 3 \cdot \log x - 4 = 0$

1 Ergänze die Wertetabellen so, dass ...

a) lineares Wachstum vorliegt.

①

x	1	2	3	4	5
y		4	6		

②

x	1	2	3	4	5
y			1,3		1,9

b) exponentielles Wachstum der Form $f(x) = a^x$ vorliegt.

①

x	1	2	3	4	5
y	2				

②

x	1	2	3	4	5
y		144			

2 Welche der folgenden Wachstumsvorgänge sind exponentiell? Begründe deine Entscheidungen.

a)

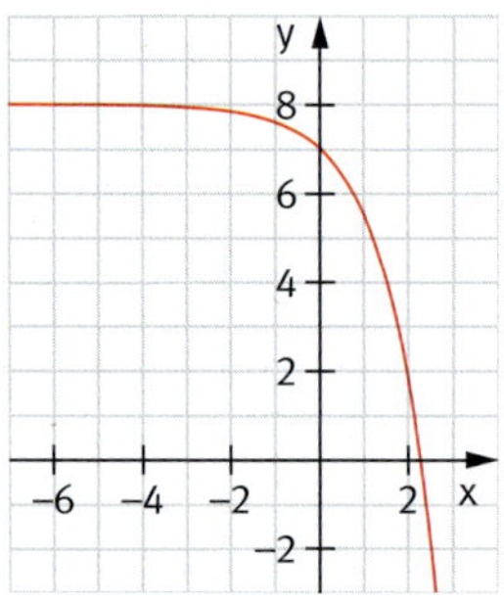

b)

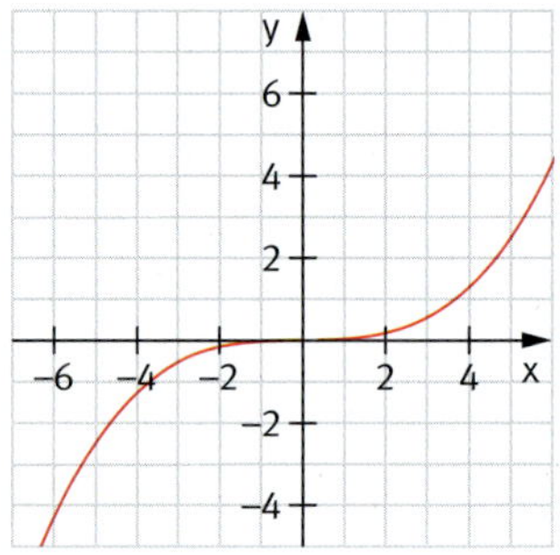

c)

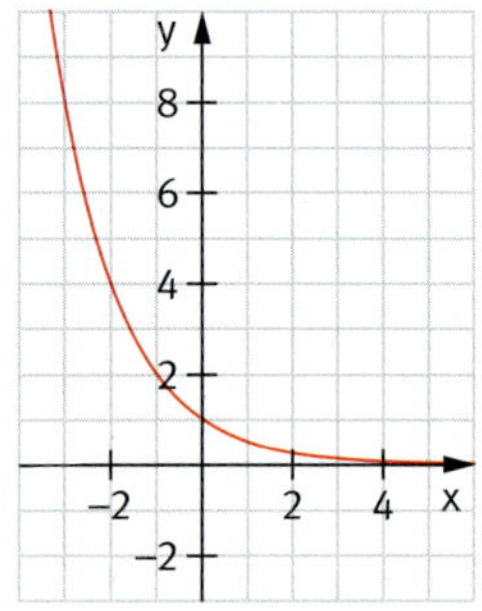

d) Peter verteilt täglich 500 Prospekte, um für einen Elektronikmarkt zu werben.

3 Erstelle mit deinem CAS die Graphen der Funktionen f und g. Was stellst du fest? Gib Gründe dafür an.

a) $f(x) = \frac{1}{8} \cdot 2^x \qquad g(x) = 2^{x-3}$

b) $f(x) = \left(\frac{5}{2}\right)^{4x} \qquad g(x) = \left(\frac{625}{16}\right)^x$

4 Löse die Gleichungen.

a) $3^x = 27$ **b)** $\log_9 x = 5$ **c)** $4^{x+4} = 262\,144$

d) $6 \cdot 3^{x+1} = 1$ **e)** $\log_7 x = 3$ **f)** $\log_2 x + 1 = 4$

5 Zeichne eine 15 cm lange Strecke und teile sie in 4 Abschnitte, wobei ...

a) jeder folgende Abschnitt doppelt so groß ist wie der vorherige.

b) jeder folgende Abschnitt um 1 cm größer ist als der vorherige.

6 Ein Ferrari kostet neu ca. 250 000 €. Ein Auto verliert pro Jahr ca. 18 % an Wert.

a) Berechne, wie viel der Ferrari nach einem Jahr (nach drei Jahren, nach fünf Jahren, nach zehn Jahren) Wert ist.

b) Wann ist der Ferrari nur noch 25 000 € wert?

Dichte von Blei: $11{,}3\,\frac{g}{cm^3}$

7 Beim Röntgen müssen zum Schutz vor radioaktiver Strahlung Bleischürzen getragen werden. Pro Mikrometer Blei nimmt die Strahlungsintensität ca. 1 % ab.

a) Berechne, ab welcher Dicke die Strahlungsintensität unter 10 % des ursprünglichen Strahlungswertes liegt.

b) Berechne die Masse des Bleianteils einer Bleischürze, wenn der Strahlenschutz 95 % beträgt und 0,20 m² der Körperoberfläche geschützt werden sollen.

8 Eine Aufgabe aus dem ältesten Mathematikbuch der Welt, dem sogenannten Papyrus-Rhind:
„Sieben Menschen besitzen insgesamt sieben Katzen, jede Katze vertilgt sieben Mäuse, jede Maus frisst sieben Ähren Gerste, aus jeder Gerstenähre können sieben Maß Getreidekörner entstehen.“
Wären also die Katzen nicht, so hätte der Mensch – laut Papyrus-Rhind – weniger zu essen. Berechne die Anzahl an Maß Getreidekörnern, die der Mensch den Katzen verdankt.

Ein Auszug aus dem Papyrus-Rhind

9 Vorsicht: In einem quadratischen Zimmer sitzt in jeder Ecke eine Katze. Jede der vier Katzen hat drei Katzen und vier Fressnäpfe vor sich.
Wie viele Katzen und wie viele Fressnäpfe befinden sich in dem Zimmer?

10 Bei der Bestimmung der Halbwertszeit von Polonium-218 wurden folgende Werte ermittelt:

Zeit in Minuten	0	0,5	1	1,5	2	2,5
Masse in g	0,2	0,17818		0,14142		

a) Welche Messergebnisse sind für 2 min (2,5 min; 5 min; 10 min) zu erwarten?
b) Berechne die Halbwertszeit von Polonium-218.

11 Im Jahr 2000 wurde an der Grenze zwischen Iran und Pakistan eine mumifizierte Leiche entdeckt. Die „Entdecker“ wollten die Mumie, die angeblich die Tochter des persischen Großkönigs Xerxes war, für viel Geld verkaufen. Dazu kam es allerdings nicht, denn in Analysen wurde festgestellt, dass noch 99,95 % des ursprünglichen Anteils an C14 (Halbwertszeit 5730 Jahre) vorhanden waren.
Berechne, wann die Tote gestorben war.

12 Benjamin hat einige Terme und Gleichungen mit Potenzen bearbeitet.
Überprüfe die Lösungen und berichtige sie gegebenenfalls.

a) $\log_3 x = 9 \Leftrightarrow 3^x = 9 \Leftrightarrow x = 3$
b) $2^4 = 2 + 2 + 2 + 2 = 8$
c) $4^x = 4096 \Leftrightarrow \log_4 4096 = x = 6$
d) $x^4 = \frac{625}{16} \Leftrightarrow x = \sqrt[4]{\frac{625}{16}} = \pm 2{,}5$
e) $\log_2 x = 64 \Leftrightarrow x^2 = 64 \Leftrightarrow x = \pm 8$
f) $3^x = 64 \Leftrightarrow x = 64^{\frac{1}{3}} = 4$

13 Ermittle mit deinem CAS die Graphen der Funktionen und beschreibe deren Eigenschaften (Definitions- und Wertebereich, Verhalten für $x \to \pm\infty$, Schnittpunkte mit den Koordinatenachsen, Monotonie).

a) $f(x) = 3 \cdot 1{,}2^x - 1$
b) $g(x) = \frac{3}{4} \cdot 2^x + 3$
c) $h(x) = 8 \cdot 0{,}1^x + 0{,}4$

14 Eine Strecke der Länge 1 m wird fortlaufend halbiert.
a) Gib eine Funktionsgleichung an, die diesen Vorgang beschreibt.
b) Berechne, nach wie vielen Teilungen die Strecke kleiner als 1 mm ist.

15 Frau Halm legt ein Kapital von 10 000 € zunächst für sieben Jahre zu 4,25 % p. a. an, wobei die Zinsen stets am Jahresende zum Kapital geschlagen werden. Am Ende der siebenjährigen Laufzeit ergänzt sie den Betrag auf den „nächsten Tausender“ und legt das so erhöhte Kapital für weitere sieben Jahre zu 4,75 % p. a. an. Bei der Endabrechnung stellt Frau Halm fest, dass sich ihr Anfangskapital nicht ganz verdoppelt hat. Finde heraus, welcher Betrag zur Verdopplung fehlt.

16 Bestimme die Parameter der Funktionsgleichung $f(x) = b \cdot a^{x-d} + c$.

a) Die Funktion besitzt eine waagrechte Asymptote bei $y = -4$, die Basis ist 3, $a = 2$ und $f(0) = -\frac{10}{3}$.

b) Wenn diese Funktion an der y-Achse gespiegelt wird, entsteht $g(x) = 4 \cdot 2^x - 4$.

c) Wenn die Funktion auf der y-Achse um zwei Einheiten nach oben verschoben wird, besitzt sie eine Asymptote $y = 6$. Wird sie an der x-Achse gespiegelt, ist der Wachstumsfaktor 2. Der Parameter a ist um eins größer als der Parameter d, aber um 5 kleiner als der Parameter c.

17 Im Jahr 2014 lebten in Bangladesch ca. 133,4 Millionen Menschen, doch die Bevölkerung wächst mit einer Rate von 2,02 % weiter an. In Russland hingegen schrumpft die Bevölkerung von 143 Mio. mit einer Rate von –0,03 %.

a) Gib an, wie viele Menschen in 5 Jahren (in 10 Jahren, in 15 Jahren) in beiden Ländern jeweils leben, wenn sich die Wachstumsrate nicht ändert.

b) Irgendwann leben in beiden Ländern die gleiche Anzahl an Menschen. Berechne den Zeitpunkt, an dem dies geschieht, wenn sich die Wachstumsraten nicht ändern.

18 Beim Schmieden wurde eine spezielle Stahl-Legierung auf 1200 °C erhitzt. Pro Minute der Bearbeitung nimmt die Temperatur des Schmiedestahls um 1,2 % ab.

a) Gib eine Funktionsgleichung an, die den Abkühlvorgang beschreibt.

b) Der zu schmiedende Stahl kann nur bis zu einer Temperatur von 900 °C bearbeitet werden. Berechne die Zeit, die dem Schmied zum Bearbeiten des Materials bleibt, bis er es erneut erhitzen muss.

19 In einem See nimmt die Lichtintensität pro Meter Tiefe um 15 % ab. Bis zu welcher Tiefe kann eine Unterwasserkamera gute Aufnahmen machen, die 35 % des Tageslichts benötigt?

20 Unten siehst du eine Grafik, die die weltweite Bevölkerungsentwicklung seit 1000 v.Chr. näherungsweise zeigt. Stelle eine Funktionsgleichung auf, die die Bevölkerungsentwicklung auf der Welt in Abhängigkeit der Zeit näherungsweise beschreibt.

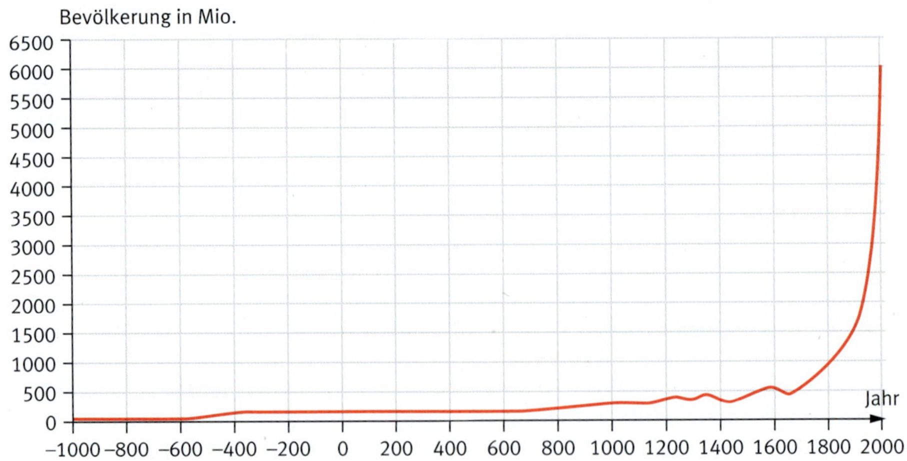

21 Der pH-Wert gibt an, wie hoch die Konzentration c an Hydroniumionen (H_3O^+) in einem Stoff ist. Er errechnet sich: pH-Wert = −log c .

c	10^{-0}				10^{-4}			10^{-7}			10^{-10}				10^{-14}
pH	0				4			7			10				14

a) Begründe, dass die pH-Werte positiv sind, obwohl der pH-Wert mithilfe des negativen dekadischen Logarithmus berechnet wird.

b) Wasser hat einen pH-Wert von 7. Die Haut schützt sich mithilfe des sogenannten Säureschutzmantels, der einen pH-Wert von 5,5 aufweist. Berechne, um das Wievielfache die Konzentration an Hydroniumionen auf der Haut im Vergleich zu Wasser höher ist.

22 Gib je drei verschiedene Werte für x ($x \in \mathbb{R}$) an.

a) $4 \leqq \log_2 x \leqq 9$ **b)** $12 < 3^x < 15$ **c)** $0 \leqq \log x \leqq 0{,}5$

23 In der Nuklearmedizin werden dem Körper zur Erkennung von Krankheiten radioaktive Isotope zugeführt. Häufig wird auf das schwach strahlende Technetium-99m zurückgegriffen, da es eine besonders geringe Halbwertszeit von 6 Stunden aufweist.

a) Über eine Injektion werden einem Menschen 1,5 mg Technetium-99m zugeführt. Nach wie vielen Stunden ist das radioaktive Isotop auf 5 % seiner ursprünglichen Menge zerfallen?

b) Stelle den Zerfall von 1,5 mg Technetium-99m in einem geeigneten Diagramm dar.

c) Begründe, dass in Wirklichkeit die Menge an Technetium-99m im menschlichen Organismus schneller reduziert wird, als berechnet.

Wissen

Logarithmische Skalen

Auf einer „normalen" Zahlengerade sind die Abstände zwischen benachbarten ganzen Zahlen gleich groß.

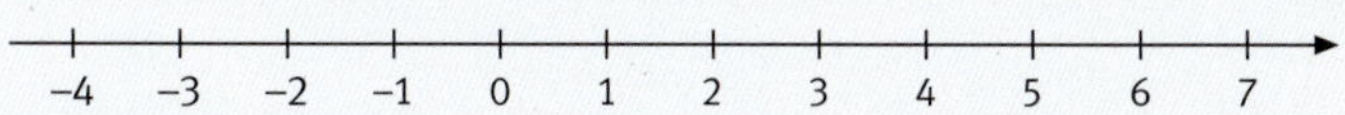

Exponentielle Abhängigkeiten lassen sich besser in einem Koordinatensystem mit logarithmischer Skala darstellen. Bei der *logarithmischen* Skala sind die Abstände zwischen den Exponenten benachbarter Zehnerpotenzen gleich groß, wodurch größere Zahlen darstellbar sind.

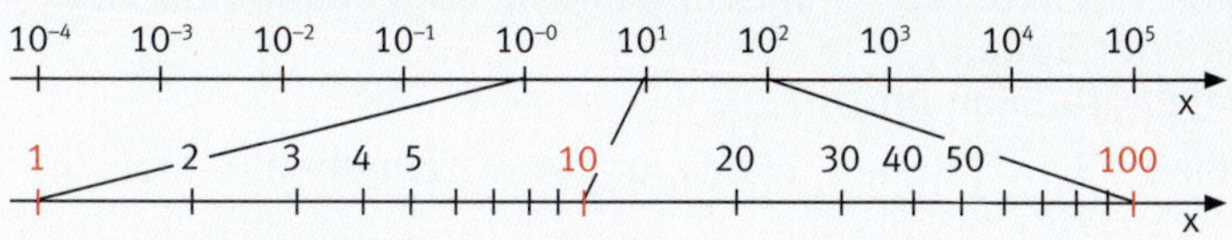

- Finde die Zahlen x heraus, deren Bildpunkte auf der logarithmischen Skala markiert sind.

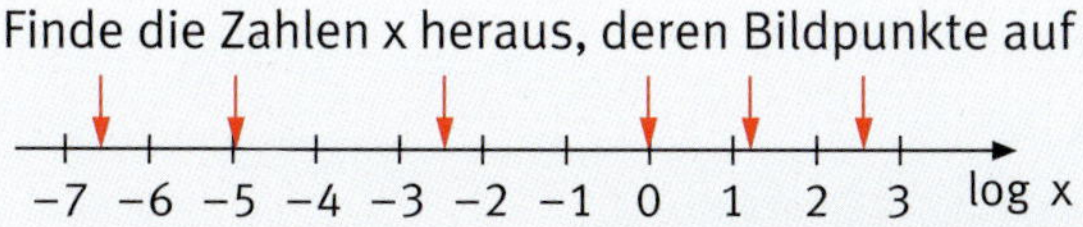

- Fertige ein halblogarithmisches Koordinatensystem an, d. h. die x-Achse weist eine lineare und die y-Achse eine logarithmische Skaleneinteilung auf. Zeichne anschließend die Funktion $f(x) = 3^x$ in das Koordinatensystem. Beschreibe, was dir auffällt.

Archimedische Spirale

Viele Wachstumsprozesse, die in der Natur stattfinden, lassen unglaubliche Formen entstehen. Manche davon scheinen der Struktur einer Spirale zu folgen.

Solche Spiralen kann man auch im mathematischen Sinne als Wachstumsprozesse auffassen: Man dreht einen Punkt (mehrfach) um ein Drehzentrum und vergrößert dabei gleichzeitig den Abstand zum Drehzentrum immer weiter.

Zur Beschreibung von Spiralen nutzt man wegen der Drehung meist Polarkoordinaten. Den Ursprung des **Polarkoordinatensystems** bezeichnet man als **Pol**. Zusätzlich definiert man eine feste Richtung. Der von dieser Richtung im Pol entspringende Strahl wird auch **Polarachse** genannt.

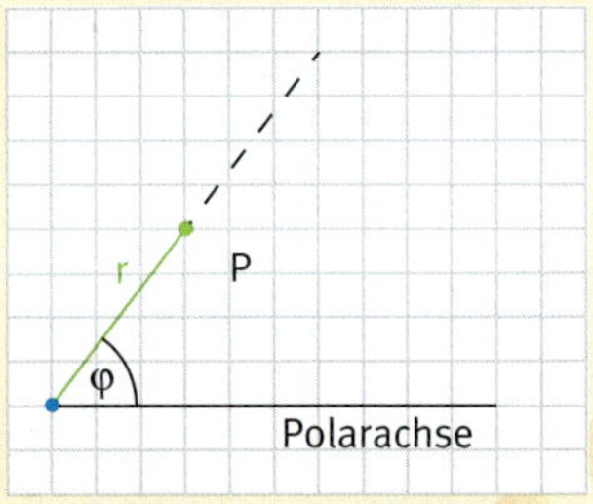

Jeder Punkt im Polarkoordinatensystem wird durch seinen Abstand r zum Pol und den Winkel φ (im Bogenmaß und gegen den Uhrzeigersinn) zur Polarachse beschrieben. Ein Punkt P $(r \mid \varphi)$ mit den Koordinaten $(5 \mid 0{,}93)$ ist demnach 5 LE vom Pol entfernt und liegt auf einem gedachten Strahl im 53°-Winkel zur Polarachse.

Für die Umrechnung von Gradmaß und Bogenmaß gilt:

$$\text{Gradmaß} = \text{Bogenmaß} \cdot \frac{180°}{\pi}$$

$$\text{Bogenmaß} = \text{Gradmaß} \cdot \frac{\pi}{180°}$$

a) Eine archimedische Spirale (auch arithmetische Spirale genannt) ist die einfachste Spirale, die man selbst zeichnen kann. Dabei entspricht jeder Abstand eines Punktes zum Pol dem Winkel im Bogenmaß. Damit liegen diese Punkte $P_1\,(1 \mid 1)$, $P_2\,(2 \mid 2)$, $P_3\,(3 \mid 3)$, ... auf der Spirale.
Zeichne diese Spirale. Rechne ggf. die Winkel in das Gradmaß um.

b) Die Punkte $(a \cdot \varphi \mid \varphi)$ mit $a \in \mathbb{R}^+$ liegen auf archimedischen Spiralen. Wähle für den Parameter a = 2 (a = 4; a = 0,5) und zeichne die Spiralen.

Zeichnen von Spiralen mit dynamischer Geometriesoftware

Man kann mithilfe von dynamischer Geometriesoftware auch Spiralen zeichnen – allerdings muss das Programm die Punkte in Polarkoordinaten anzeigen und verarbeiten können.

Lege einen Schieberegler an. Definiere ihn zunächst für positive Zahlen und wähle die Abstände sehr klein (z. B. 0,01). Später kannst du den Bereich sowie die Abstände auch noch nachregeln.
Definiere einen Punkt auf dem Geometrieblatt mit den Polarkoordinaten (φ; φ) (kenntlich beispielsweise durch einen Strichpunkt). Durch Verändern des Schiebereglers ändert sich nun auch die Position des Punktes A. Besonders eindrucksvoll wird die Spirale, wenn du die Spur des Punktes noch einblendest.

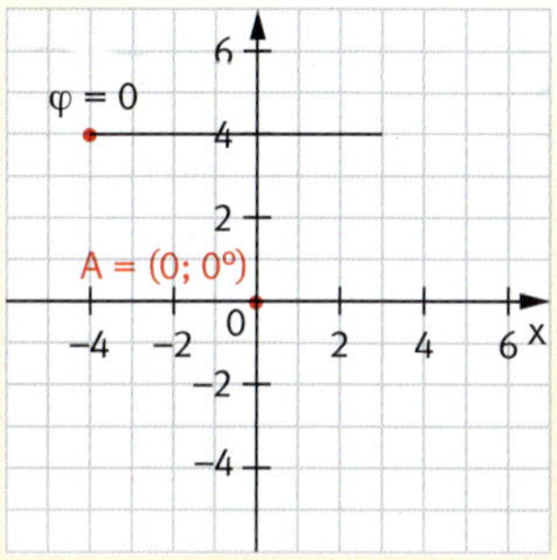

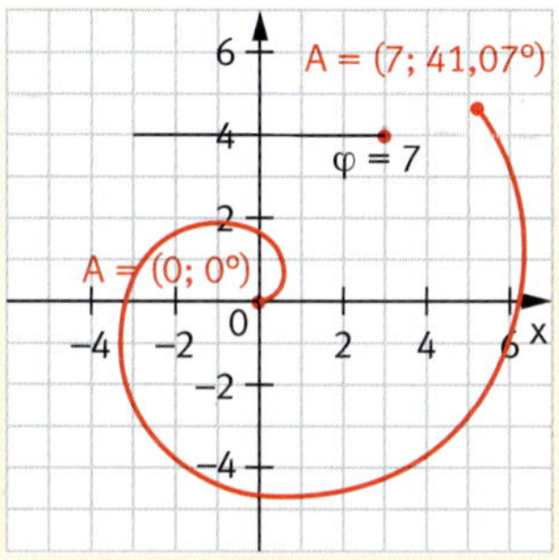

a) Zeichne die Spiralen aus den Aufgaben a) und b) der Vorseite und vergleiche sie mit deinen handschriftlichen Zeichnungen.

b) Wähle $-4{,}7 \leqq \varphi \leqq 4{,}7$. Welcher Figur gleicht die Bahn?

Logarithmische Spirale – spira mirabilis

Große Aufmerksamkeit findet in der Mathematik die logarithmische Spirale. Aufgrund ihrer vielen einzigartigen Eigenschaften wurde sie vom Mathematiker Jakob Bernoulli auch *spira mirabilis* („die wundersame Spirale“) genannt.
Bei der logarithmischen Spirale wächst der Abstand r exponentiell mit dem Bogenmaß φ. Damit ergibt sich die folgende Gleichung für die logarithmische Spirale: $r = a \cdot q^{\varphi}$ mit $a > 0$; $q > 0$; φ im Bogenmaß.

a) Finde heraus, für welches q die logarithmische Spirale einen Kreis ergibt.

b) Zeichne mit einem dynamischen Geometrieprogramm die logarithmische Spirale mit den Parametern a = 1 und q = 1,2 (a = 0,5 und q = 2,1).

c) Für die *spira mirabilis* gilt unter anderem:
- Die Spirale umkreist den Pol des Koordinatensystems unendlich oft, ohne ihn zu erreichen. Der Ursprung ist somit ein asymptotischer Punkt.
- Der Radius wächst mit jeder Windung um einen konstanten Faktor.

Überprüfe, welche dieser Eigenschaften der *spira mirabilis* auch auf die archimedische Spirale zutreffen.

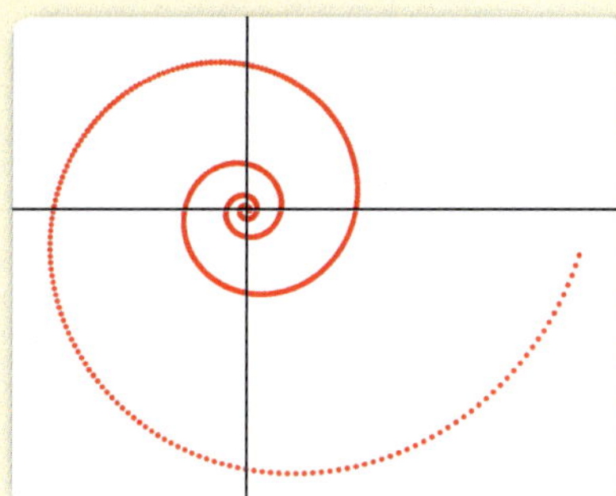

Überprüfe deine Fähigkeiten und Kenntnisse. Bearbeite dazu die folgenden Aufgaben und bewerte anschließend deine Lösungen mit einem Smiley.

☺	😐	☹
Das kann ich!	Das kann ich fast!	Das kann ich noch nicht!

Hinweise zum Nacharbeiten findest du auf der folgenden Seite. Die Lösungen stehen im Anhang.

Aufgaben zur Einzelarbeit

1 Begründe, ob es sich um lineares oder exponentielles Wachstum handelt.

a) Ein Riesenbambus wächst unter guten Bedingungen bis zu 70 cm pro Tag.

b) Der Handel mit Bambus boomt. Jedes Jahr steigt der Bambuspreis um ca. 5 %.

2 Der Graph einer Exponentialfunktion der Form $f(x) = a^x$ verläuft durch den Punkt P. Bestimme a.

a) $P(5 \mid 1024)$ **b)** $P(0{,}5 \mid \sqrt{2})$

3 Gegeben ist die Funktion $f(x) = 0{,}5^x$.

a) Zeichne den Graphen der Funktion in ein Koordinatensystem.

b) Spiegle die Funktion f(x) an der y-Achse und gib die Funktionsgleichung der entstandenen Funktion g(x) an.

c) Spiegle die Funktion f(x) an der x-Achse und verschiebe sie anschließend entlang der y-Achse um 3 LE nach oben. Gib die Funktionsgleichung der entstandenen Funktion h(x) an.

4 Gib den Definitions- und Wertebereich, die Schnittpunkte mit den Koordinatenachsen, die Monotonie sowie das Verhalten der Funktion für $x \to \pm\infty$ der folgenden Funktionen an. Kontrolliere mit deinem CAS.

a) $f(x) = 4 \cdot 0{,}5^x$ **b)** $f(x) = -4 \cdot 0{,}5^x$

c) $f(x) = 2^x - 4$ **d)** $f(x) = 0{,}5 \cdot 2^x + 3$

e) $f(x) = -5^x + 125$ **f)** $f(x) = 2^{x-3}$

5 Berechne.

a) $\log_4 512$ **b)** $\log_3 3187$ **c)** $\log_6 36^5$

d) $\log_{0,5} 81$ **e)** $\lg 10\,000$ **f)** $\lg 10^{1,5}$

6 Dargestellt sind Graphen der Funktion $f(x) = b \cdot 2^x + c$. Gib die zugehörigen Funktionsgleichungen an.

a)

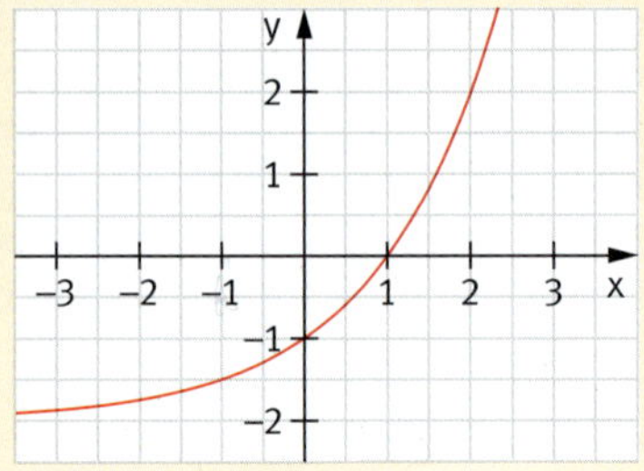

b)

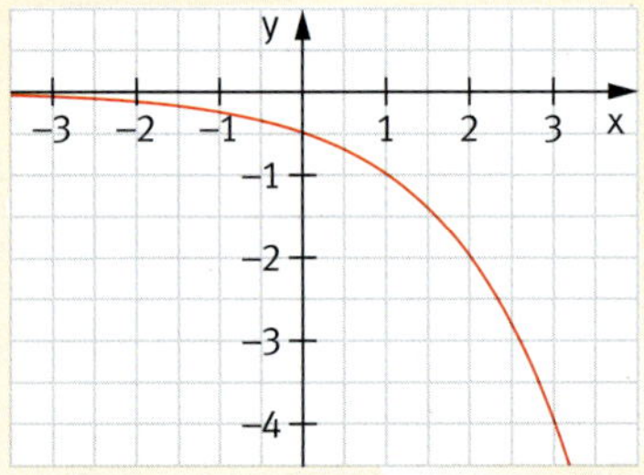

7 Kobalt-60 hat eine Halbwertszeit von 5 Jahren. In einen Container werden 12 t des radioaktiven Elements eingelagert. Wie viel Kobalt-60 sind nach 5 (10, 15, 30, 100) Jahren noch vorhanden?

8 Eine spezielle Alge verdoppelt ihren Bestand innerhalb von 12 Stunden.

a) Wann befinden sich mehr als 1 Million Algen im Teich, wenn sich zu Beginn 50 Algen im Gewässer befinden?

b) Gib eine Funktionsgleichung an, die diese Situation beschreibt.

c) Erkläre, dass das Wachstum von Algen in einem Teich nur zeitweise als exponentiell angenommen werden kann.

9 In Nigeria leben 177,5 Millionen Menschen und die Bevölkerung steigt jährlich um 2,5 %. Die USA sind mit 317,7 Millionen Menschen bevölkerungsreicher, die Anzahl wächst aber nur mit einer Wachstumsrate von 0,4 %.
Bestimme, nach wie vielen Jahren in beiden Ländern die gleiche Anzahl an Menschen lebt, wenn sich die Wachstumsraten nicht ändern.

Das kann

10 Die Strecke a_1 ist 1 cm lang. Eine nachfolgende Strecke ist je 1,5-mal so lang wie die vorhergehende Strecke.

a) Gib an, wie lang die Strecken a_2, a_8 und a_m ($m \in \mathbb{N}$) sind.

b) Berechne die Länge der gesamten Spirale, die aus den ersten 4 (6, 8) Strecken entsteht.

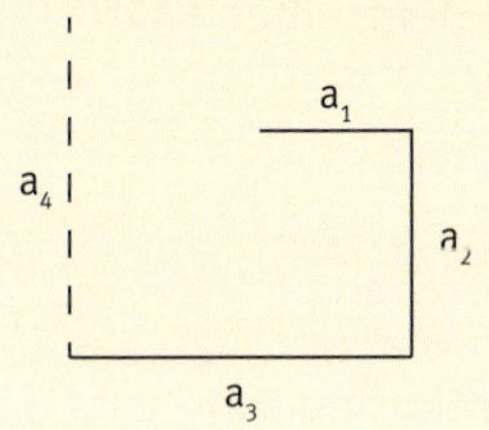

11 Frau Meier legt auf ihrem Konto 4000 € zu einem Zinssatz von 1,8 % an.

a) Berechne, wie viel Geld Frau Meier nach 5 (10, 30) Jahren auf ihrem Konto hat.

b) Berechne, nach wie vielen Jahren Frau Meier den ursprünglichen Anlagebetrag vervierfacht hat.

12 In einem See nimmt die Lichtintensität pro Meter Tiefe um 15 % ab. Berechne, bis zu welcher Tiefe eine Kamera, die bis zu einer Lichtintensität von 20 % funktioniert, einsatzfähig ist.

13 Löse die Gleichungen. Kontrolliere mit CAS.

a) $3^x + 12 = 6573$ **b)** $2^{x+1} = 4^3$

c) $\log_5 x = 6$ **d)** $2^x = 3^x$

e) $2^{x+5} = 512$ **f)** $4^{x^2} = 256$

14 Aufgrund der technischen Weiterentwicklung haben Computer eine hohe Wertminderungsrate von etwa 50 % pro Jahr.
Sophie kauft ein Notebook für 1200 €.
Welchen Wert hat es am Ende ihrer Schulzeit, also nach zweieinhalb Jahren?

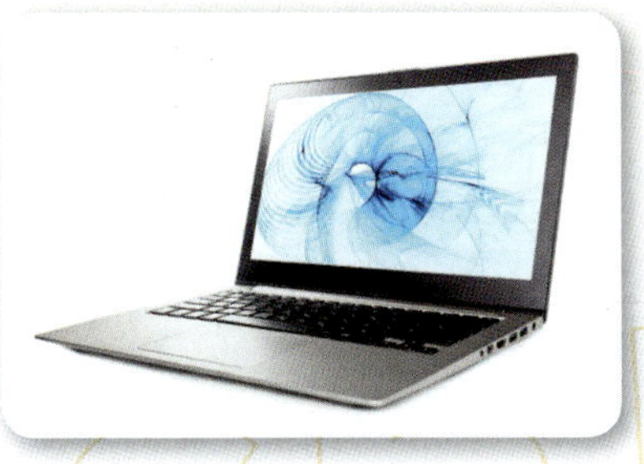

Aufgaben für Lernpartner

Arbeitsschritte

1 Bearbeite die folgenden Aufgaben alleine.

2 Suche dir einen Partner und erkläre ihm deine Lösungen. Höre aufmerksam und gewissenhaft zu, wenn dein Partner dir seine Lösungen erklärt.

3 Korrigiere gegebenenfalls deine Antworten und benutze dazu eine andere Farbe.

Sind folgende Behauptungen **richtig** oder **falsch**? Begründe schriftlich.

15 Wachstumsprozesse sind entweder linear oder exponentiell.

16 Jede exponentielle Funktion der Form $f(x) = a^x$ mit $a \in \mathbb{R}^+ \setminus \{0\}$ schneidet die y-Achse im Punkt P (0 | 1).

17 Die Funktion $f(x) = 2^x$ besitzt keine Nullstelle und keine waagrechte Asymptote.

18 Stellt man die Gleichung $a^x = c$ um, so erhält man die Gleichung: $\log_c a = x$.

19 Der Parameter c von $f(x) = b \cdot a^{x-d} + c$ hat Einfluss auf das Verhalten der Funktion für $x \to \pm\infty$.

20 Die Funktion $f(x) = 4^{x-3} + 2$ besitzt keine Nullstelle.

21 Die Lösungsmenge der Gleichung $\log_2 0 = x$ ist leer.

Aufgabe	Ich kann ...	Hilfe
1, 15	verschiedene Wachstumsarten unterscheiden.	S. 100
2, 3, 6, 10, 20	Exponentialfunktionen erkennen und mit ihnen umgehen.	S. 102
4, 16, 17, 19	die Eigenschaften von Exponentialfunktionen beschreiben.	S. 104
3	Exponentialfunktionen grafisch darstellen.	S. 106
5, 8, 9, 11, 12, 13, 18, 21	mit dem Logarithmus umgehen.	S. 108
7, 8, 9, 10, 11, 12, 14	Anwendungsaufgaben mithilfe von Exponentialfunktionen und Exponentialgleichungen lösen.	S. 110

S. 100

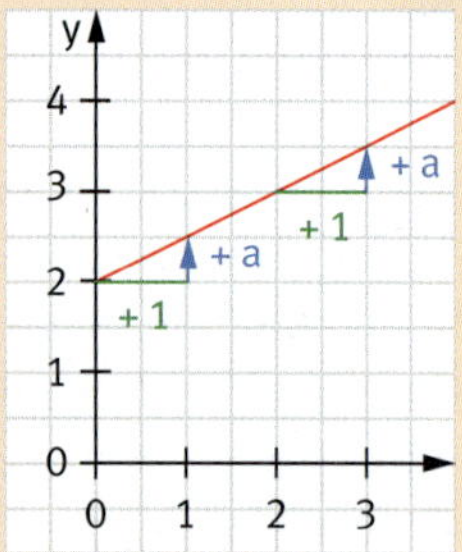

lineares Wachstum

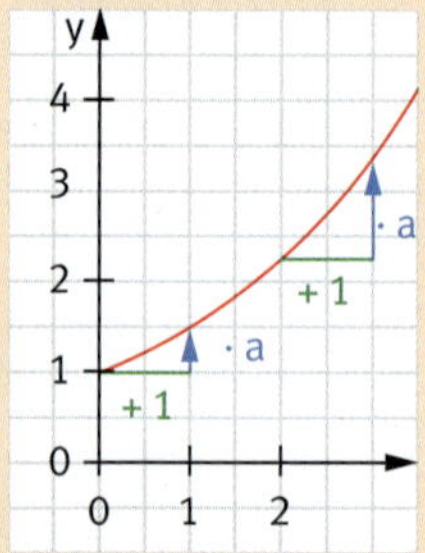

exponentielles Wachstum

Unter Wachstum versteht man die Zu- bzw. Abnahme einer Größe.

Beim **linearen Wachstum** nimmt der Bestand in gleichen Zeiträumen um den gleichen Summanden zu.
Beim **exponentiellen Wachstum** wird der Bestand in gleichen Zeiträumen mit demselben Faktor multipliziert.

S. 102

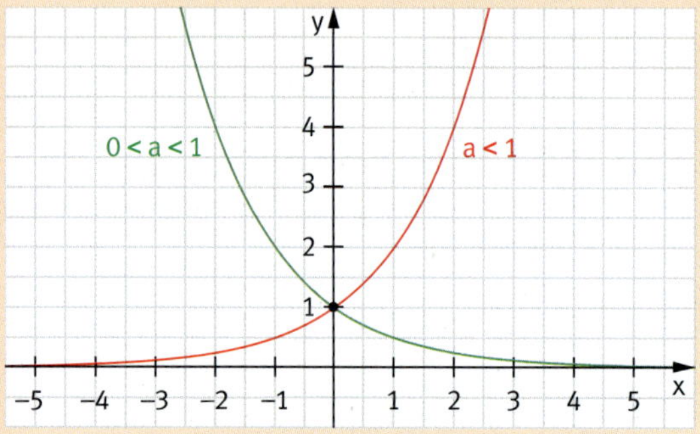

Eine Funktion der Form $f(x) = a^x$ ($a \in \mathbb{Q}^+$; $a \neq 1$, $x \in \mathbb{R}$) nennt man **Exponentialfunktion**; a ist dabei der Wachstumsfaktor.
Die x-Achse ist Asymptote.

- Für $a > 1$ gilt: $\lim\limits_{x \to -\infty} f(x) = 0$
- Für $0 < a < 1$ gilt: $\lim\limits_{x \to +\infty} f(x) = 0$

S. 104

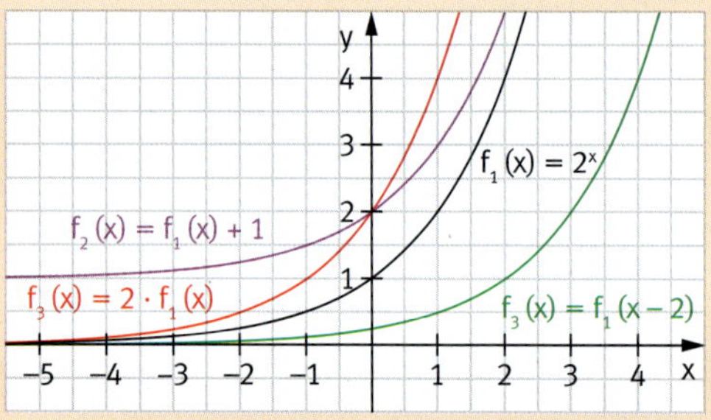

Die allgemeine Form für Exponentialfunktionen lautet: $f(x) = \mathbf{b} \cdot \mathbf{a}^{x-d} + \mathbf{c}$ mit $a \in \mathbb{Q}^+$; $a \neq 1$; b, c, d, $x \in \mathbb{R}$.
Durch den Parameter …

- b ($b \neq 0$) wird der Graph der Funktion gestaucht oder gestreckt bzw. an der y-Achse gespiegelt.
- c wird der Funktionsgraph entlang der y-Achse verschoben.
- d wird der Graph der Funktion entlang der x-Achse verschoben.

S. 108

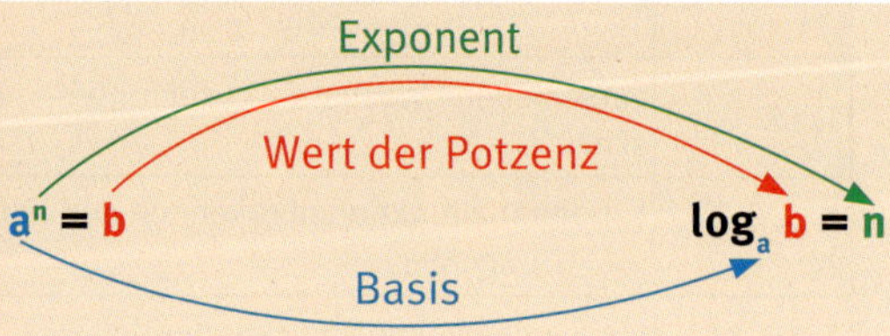

Eine **Umkehrung des Potenzierens** ist das **Logarithmieren**. Der Exponent in der Gleichung $a^n = b$ heißt **Logarithmus von b zur Basis a** (a, b, $n \in \mathbb{R}$; $a, b > 0$; $a \neq 1$).

S. 110

Bsp.: $f(x) = \frac{1}{2}\left(\sqrt{2}\right)^x$
$f(x) = 1$

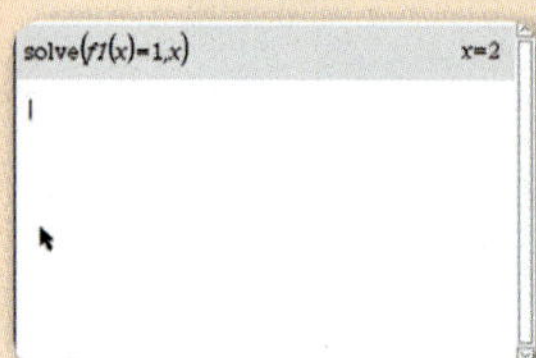

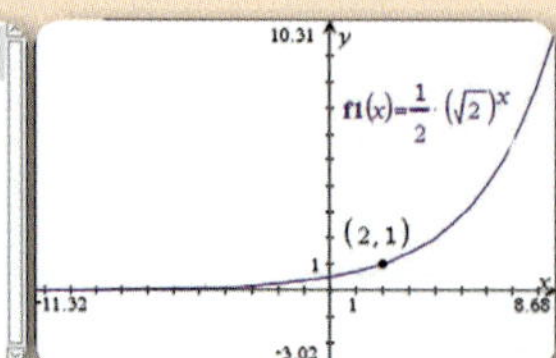

Unter einer **Exponentialgleichung** versteht man eine Gleichung, bei der die Variable (nur) im Exponenten auftritt. Die Lösungsmenge einer Exponentialgleichung kann rechnerisch oder grafisch ermittelt werden.

Lineare Gleichungen und Ungleichungen

1 Löse folgende (Un-)Gleichungen ($\mathbb{D} = \mathbb{Q}$).

a) $3g - 7 = g - 1 + 2 \cdot (g + 4)$

b) $2x + (x + 9) \cdot 2 = 2 \cdot (x + 1)$

c) $(x - 7) \cdot (x + 7) = x^2 + 4x - 5$

d) $(-1)^3 \cdot x - (-3)^2 - 7x \leq 5^2x + 5 - 2{,}5^2 + 107{,}75$

e) $2 \cdot (x + 3)^2 - (x - 1) \cdot 2x - 8 \cdot (2x - 3) > 16$

2 Ergänze im Heft die fehlenden Terme ($\mathbb{D} = \mathbb{Z}$).

$(x + \square)^2 - x^2 = (x - 4)^2 - x \cdot (\square + \square)$

$\square + 6x + \square - x^2 = x^2 - \square + 16 - x^2 - 7x$

$6x + \square = -8x + \square - 7x$

$6x + \square = \square + 16$

$21x = \square$

$x = \square$

$\mathbb{L} = \square$

3 Löse mithilfe einer passenden Gleichung ($\mathbb{D} = \mathbb{Q}$).

a) Subtrahiert man vom Fünffachen einer Zahl das Zweifache der um 4 verminderten Zahl, so erhält man das Achtfache der um 10 verminderten Zahl.

b) Verkürzt man die eine Seite eines Quadrates um 3 cm und verlängert gleichzeitig die andere Seite um 5 cm, so wird der Flächeninhalt des entstehenden Rechtecks um 10 cm² größer als der des ursprünglichen Quadrates.

4 Ein Vertreter fährt an drei Tagen insgesamt 441 km. Am 2. Tag fährt er doppelt so weit wie am 1. Tag und am 3. Tag 36 km weiter als am 2. Tag. Berechne mithilfe einer passenden Gleichung, wie viele km er an den einzelnen Tagen fährt ($\mathbb{D} = \mathbb{N}$).

5 Bestimme die Lösungsmenge.

a) $\frac{x + 3}{5x} = \frac{2}{3}$

b) $\frac{1}{x} = \frac{2}{6 - x}$

c) $\frac{3x - 4}{3x - 6} = \frac{2x + 5}{2x - 4}$

d) $\frac{2\,(x - 4) \cdot (x + 7)}{x^2 - 8x + 16} = \frac{4}{7}$

Schrägbilder

6 Konstruiere das Schrägbild eines 7 cm hohen Quaders ABCDEFGH ($q = 0{,}5$; $\omega = 60°$). Für die Seiten der Grundfläche ABCD gilt: $\overline{AB} = 5$ cm und $\overline{BC} = 4$ cm. Die Punkte A und C liegen auf der Schrägbildachse.

7 Zeichne die Grundfläche ABCD des Schrägbilds in wahrer Größe in dein Heft und bestimme anschließend deren Flächeninhalt. Im Schrägbild gilt: $q = 0{,}5$; $\omega = 45°$.

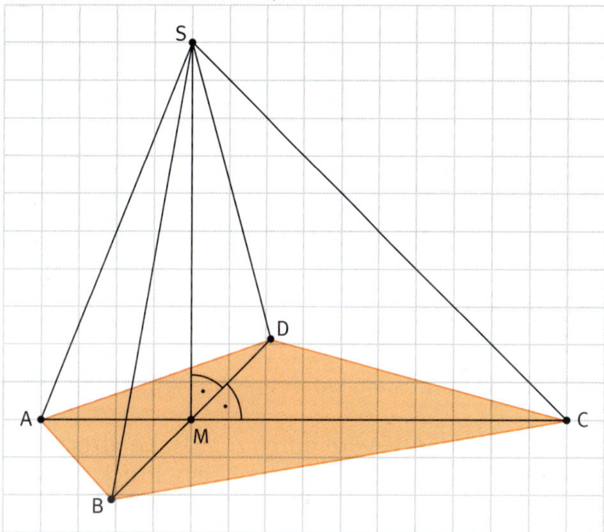

8 Das gleichseitige Dreieck ABC mit der Seitenlänge 7 cm ist Grundfläche einer Pyramide ABCS. Die Strecke [CS] steht senkrecht auf ABC mit $\overline{CS} = 8$ cm. Zeichne das Schrägbild der Pyramide mit $q = 0{,}5$; $\omega = 45°$ und der Schrägbildachse AC.

9 Tim hat ein Schrägbild des Buchstabens „C“ erstellt. Erkläre, welcher Fehler Tim unterlaufen ist, und zeichne das Schrägbild richtig in dein Heft.

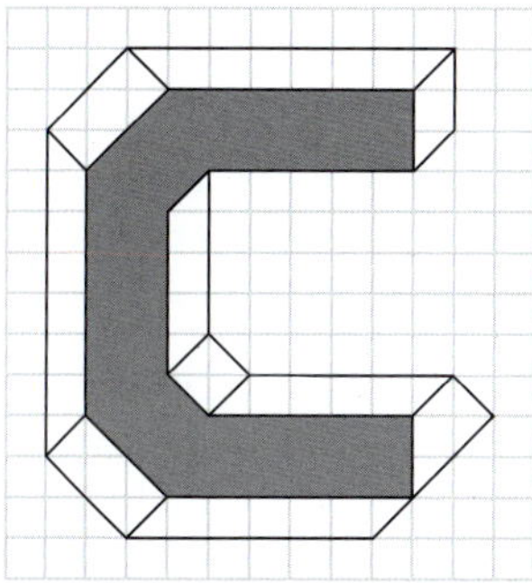

Berechnungen im Koordinatensystem

10 Hat Evi Recht? Begründe.

11 Bestimme denjenigen der drei Punkte A, B oder C, der vom Ursprung die Entfernung $\sqrt{13}$ LE hat.

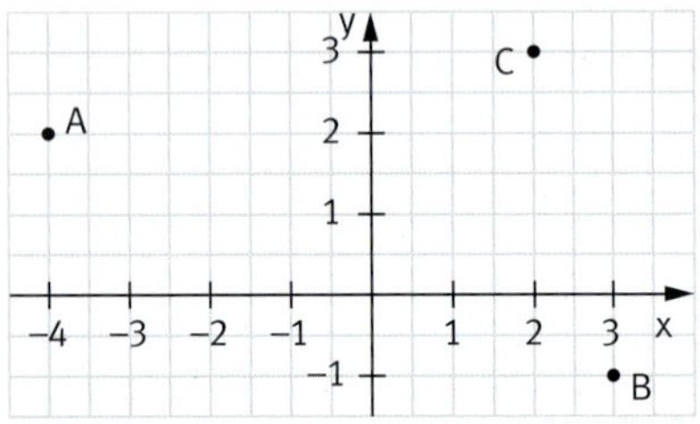

12 Überprüfe rechnerisch, ob das Dreieck ABC mit A (0|3), B (2|−2) und C (7|0) rechtwinklig ist. Gib gegebenenfalls an, wo der rechte Winkel liegt.

13 Das Dreieck ABC wird durch zentrische Streckung mit dem Zentrum Z $(2|y_Z)$ und dem Streckungsfaktor k auf das Dreieck A'B'C' abgebildet. Die Punkte C und Z liegen auf g: $y = x - 1$ $(x, y \in \mathbb{R})$.
Es gilt: A (2|3); B (4|1); C $(4|y_C)$; A' (2|6)

a) Zeichne die Dreiecke ABC und A'B'C' und bestimme die fehlenden Bildpunkte B' und C'.

b) Berechne den Streckungsfaktor k.

c) Berechne die Flächeninhalte von Urdreieck und Bilddreieck.

14 Von einem Dreieck ABC_n kennt man die Eckpunkte A (−2|−1) und B (4|0,5). Die Punkte C_n (x|y) liegen auf g: $y = -0{,}5x + 4$ $(x, y \in \mathbb{R})$.

a) Zeichne g und das Dreieck ABC_1 für x = 4 in ein Koordinatensystem.

b) Welche Werte von x sind zulässig?

c) Berechne den Flächeninhalt des Dreiecks ABC_1.

d) Bestimme den Flächeninhalt A der Dreiecke ABC_n in Abhängigkeit von x.
Bestätige hiermit auch den Wert aus c).

e) Für welchen Wert von x erhält man einen Flächeninhalt von A = 9 FE (A = 15,75 FE)?

Besondere Dreiecke

15 Welche Dreiecksarten lassen sich in Bezug auf Seitenlängen (auf Winkelmaße) unterscheiden?

16 Bestimme die fehlenden Winkelmaße.

a) b)

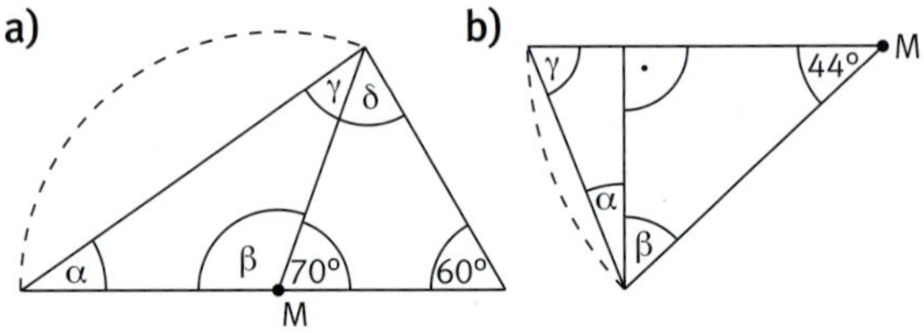

17 Welche der Aussagen sind für das nebenstehende Dreieck wahr, welche falsch?

a) Die Seite t ist eine Kathete.

b) Die Seite r ist die Hypotenuse.

c) Die Seite r ist die längste Seite.

d) $t^2 + s^2 = r^2$

e) $s = \sqrt{r} - \sqrt{t}$

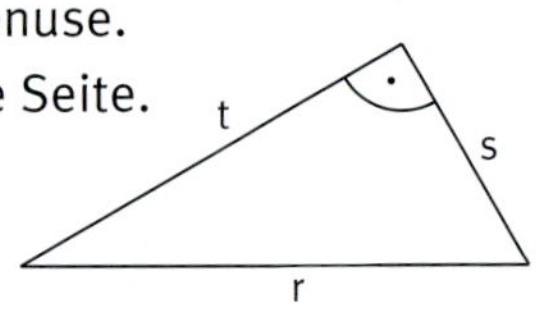

18 Konstruiere mithilfe des Thaleskreises ein rechtwinkliges Dreieck ABC, für das gilt:
c = 6 cm; a = 4 cm; $\gamma = 90°$

19 Gegeben ist ein bei C rechtwinkliges Dreieck ABC mit c = 8 cm. Ferner gilt: $\overline{AC} = x$ cm mit $x \in \mathbb{R}^+$.

a) Zeige, dass gilt: $0 < x < 8$.

b) Stelle den Flächeninhalt A des Dreiecks in Abhängigkeit von x dar.

c) Welcher Flächeninhalt ergibt sich für x = 5?

20 Was lässt sich über die Flächeninhalte der Dreiecke AFB, BDC und CEA aussagen?

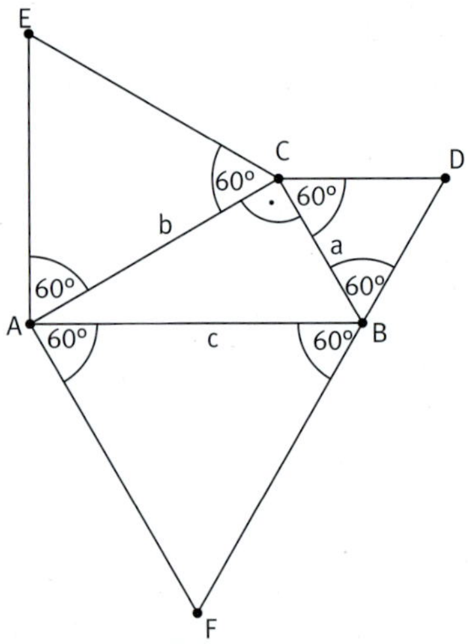

6 Wahrscheinlichkeitsrechnung

Einstieg

In Kopenhagen wohnen ungefähr 520 000 Menschen, die insgesamt 560 000 Fahrräder besitzen. Damit gilt Kopenhagen als eine Hochburg von Fahrradfahrern. Etwa 50 % der Bevölkerung fahren täglich mit dem Fahrrad zur Arbeit. Zusammen sollen alle Kopenhagener im Jahr fast 1,2 Millionen Kilometer mit dem Rad fahren, aber nur 660 000 Kilometer mit der Metro.

- Recherchiere, wie weit es von der Erde bis zum Mond ist, und gib an, wie oft die Kopenhagener Bevölkerung diese Strecke jährlich mit dem Fahrrad zurücklegt.
- Bestimme die Wahrscheinlichkeit, dass von drei zufällig ausgewählten, arbeitenden Kopenhagenern alle täglich mit dem Fahrrad zur Arbeit fahren.
- Schätze, wie viele Kopenhagener man mindestens befragen muss, um mit einer Wahrscheinlichkeit von 90 % mindestens einen zu finden, der nicht täglich mit dem Fahrrad zur Arbeit fährt.

Ausblick

Am Ende dieses Kapitels hast du gelernt, ...

- mehrstufige Zufallsexperimente zu erfassen.
- Ereignisse auf stochastische Unabhängigkeit zu untersuchen.
- Erwartungswert und Standardabweichung von Zufallsgrößen zu berechnen und zu interpretieren.
- Wahrscheinlichkeiten binomialverteilter Zufallsgrößen zu berechnen.

Tim kauft vier Überraschungseier. Laut Hersteller befindet sich in jedem fünften Ei die Figur eines Comichelden.

- Gib jeweils einen Term an, mit dem man die Wahrscheinlichkeit der folgenden Ereignisse berechnen kann:
  E_1: „Tim findet keine Comicfigur."
  E_2: „Tim findet genau eine Comicfigur."
  E_3: „Tim findet frühestens im letzten Ei eine Comicfigur."
- Finde heraus, wie viele Überraschungseier Tim mindestens kaufen müsste, um mit einer Wahrscheinlichkeit von mindestens 90 % mindestens eine Comicfigur zu erhalten.
- Begründe, dass dieses Zufallsexperiment mit dem Ziehen mit Zurücklegen vergleichbar ist.

Merkwissen

Ist ein Zufallsexperiment mit dem **Ziehen mit Zurücklegen** einer Kugel aus einer Urne vergleichbar, dann bleibt die Wahrscheinlichkeit für ein Ergebnis bei jeder Durchführung des Experiments gleich.

Sei P (T) die Wahrscheinlichkeit für das Ereignis T („Treffer"), so ist die Wahrscheinlichkeit für das Gegenereignis $\overline{T}$ („kein Treffer" bzw. „Niete"): $P(\overline{T}) = 1 - P(T)$.
Es gilt:
P („Treffer im 1. Versuch") = P (T)
P („erster Treffer im 2. Versuch") = $P(\overline{T}\,T) = P(\overline{T}) \cdot P(T) = [1 - P(T)] \cdot P(T)$
P („erster Treffer im 3. Versuch") = $P(\overline{T}\,\overline{T}\,T) = P(\overline{T}) \cdot P(\overline{T}) \cdot P(T) = [1 - P(T)]^2 \cdot P(T)$
...
P („erster Treffer im n-ten Versuch") = $P(\overline{T})^{n-1} \cdot P(T) = [1 - P(T)]^{n-1} \cdot P(T)$

Ist ein Zufallsexperiment mit dem **Ziehen ohne Zurücklegen** einer Kugel vergleichbar, dann ändert sich die Wahrscheinlichkeit für ein Ergebnis in jedem Durchgang.

Beispiele

I Ein Laplace-Würfel wird mehrmals geworfen.

a) Bestimme die Wahrscheinlichkeiten folgender Ereignisse:
E_1: „Im zweiten Wurf erscheint die erste Sechs."
E_2: „Bei den ersten drei Würfen fällt genau eine Sechs."
E_3: „Die erste Sechs erscheint frühestens im vierten Versuch."

Bei Ereignis E_3 bedeutet „frühestens im vierten Versuch ein Treffer", dass es in den ersten drei Versuchen keinen Treffer gibt.

b) Berechne, wie oft der Würfel mindestens geworfen werden muss, damit mit einer Wahrscheinlichkeit von mindestens 90 % mindestens eine Sechs gewürfelt wird.

Lösung:

Sei T: „Es wird eine Sechs gewürfelt." $\Longrightarrow$ $P(T) = \frac{1}{6}$; $P(\overline{T}) = 1 - P(T) = \frac{5}{6}$

Gehe alle Möglichkeiten durch.

a) $P(E_1) = P(\overline{T}\,T) = \frac{5}{6} \cdot \frac{1}{6} = \frac{5}{36} \approx 13{,}9\,\%$

$P(E_2) = P(\overline{T}\,\overline{T}\,T) + P(\overline{T}\,T\,\overline{T}) + P(T\,\overline{T}\,\overline{T}) = 3 \cdot P(\overline{T}\,\overline{T}\,T) = 3 \cdot \frac{1}{6} \cdot \left(\frac{5}{6}\right)^2 = \frac{25}{72} \approx 34{,}7\,\%$

$P(E_3)$ = P („keine Sechs bei den ersten drei Würfen") = $P(\overline{T}\,\overline{T}\,\overline{T}) = \left(\frac{5}{6}\right)^3 = \frac{125}{216}$
$\approx 57{,}9\,\%$

b) Vorüberlegungen:
Gesucht: **Mindest**anzahl der Würfe: n
Betrachte das Gegenereignis: P („**mindestens** eine Sechs bei n Würfen“) =
1 – P („keine Sechs bei n Würfen“)
Übersetzung **mindestens** 90 %: P („mindestens eine Sechs“) ≧ 0,9

1 – P („keine Sechs bei n Würfen“) ≧ 0,9

$$1-\left(\frac{5}{6}\right)^n \geqq 0{,}9 \qquad \left|+\left(\frac{5}{6}\right)^n-0{,}9\right.$$

$$1-0{,}9 \geqq \left(\frac{5}{6}\right)^n$$

$$0{,}1 \geqq \left(\frac{5}{6}\right)^n$$

Löse die Gleichung $0{,}1 = \left(\frac{5}{6}\right)^n$ mithilfe des Logarithmus:
$n = \log_{\frac{5}{6}} 0{,}1 \approx 12{,}62$
Es gilt: Je größer n ist, desto kleiner ist $\left(\frac{5}{6}\right)^n$. Deshalb muss n ≧ 12,62 sein.
Man muss den Würfel also mindestens 13-mal werfen.

Eine solche Aufgabe bezeichnet man als „mindestens-mindestens-mindestens-Aufgabe“.

Probieren liefert:
$\left(\frac{5}{6}\right)^{11} \approx 0{,}1345$
$\left(\frac{5}{6}\right)^{12} \approx 0{,}1122$
$\left(\frac{5}{6}\right)^{13} \approx 0{,}0935$

II Marlon, Tessa, Jona und Ines setzen sich in zufälliger Reihenfolge auf eine Parkbank.
a) Gib ein passendes Urnenmodell an.
b) Berechne die Anzahl der unterschiedlichen Reihenfolgen.
c) Bestimme die Wahrscheinlichkeit, dass Tessa neben Jona sitzt und gleichzeitig Ines neben Marlon.

Lösung:
a) Möglichkeit: In einer Urne befinden sich 4 verschiedenfarbige Kugeln.
Es werden nacheinander alle vier Kugeln ohne Zurücklegen gezogen.
b) Anzahl der Möglichkeiten: 4 · 3 · 2 · 1 = 24
c) Auf dem ersten Platz kann jeder sitzen: 4 Möglichkeiten.
Auf dem zweiten Platz sitzt der Nachbar der ersten Person: 1 Möglichkeit.
Auf dem dritten Platz kann jeder der Übrigen sitzen: 2 Möglichkeiten.
Für den vierten Platz ist nur noch eine Person übrig: 1 Möglichkeit.
Anzahl der Möglichkeiten: 4 · 1 · 2 · 1 = 8. Somit P („Sitzordnung“) = $\frac{8}{24} = \frac{1}{3}$

Verständnis

- Beschreibe den Unterschied zwischen „Die Wahrscheinlichkeit beträgt mehr als 60 %“ und „Die Wahrscheinlichkeit beträgt mindestens 60 %“.
- Wahr oder falsch? Die Ereignisse „erster Treffer im 8. Versuch“ und „kein Treffer vor dem 7. Versuch“ sind gleich. Begründe.

Aufgaben

1 Gib ein passendes Urnenmodell an. Bestimme die Anzahl der Möglichkeiten.
a) Ein Multiple-Choice-Test besteht aus acht Fragen. Bei jeder sind fünf Antwortmöglichkeiten vorgegeben, von denen jeweils nur eine richtig ist.
b) Die 10 Teilnehmer eines 100-m-Laufs kämpfen um die ersten drei Plätze.
c) Alle vier Mitglieder der Familie Tietz haben an unterschiedlichen Wochentagen Geburtstag.
d) Das abgebildete Glücksrad wird dreimal gedreht.

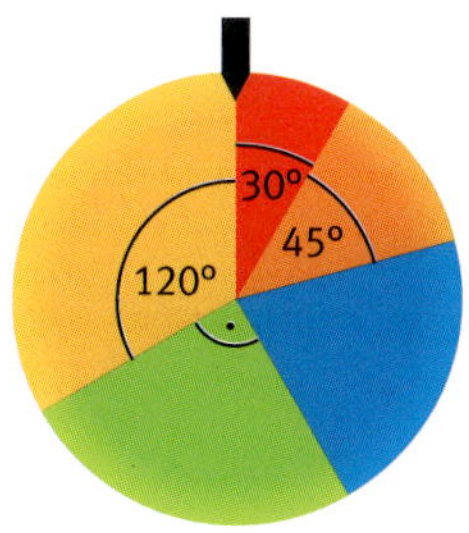

Eine Slackline ist ein gespanntes Gurtband, auf dem man laufen und Kunststücke machen kann, ähnlich wie beim Seiltanzen.

oHiMi 1, 2, 6

2 In einer 10. Klasse sind 12 Mädchen und 16 Buben. Berechne die Wahrscheinlichkeit, dass es sich bei den ersten beiden auf der Klassenliste ...

a) nicht um zwei Buben handelt.

b) um ein Mädchen und einen Buben handelt.

3 Clara trainiert, sich auf ihrer Slackline umzudrehen. Dies gelingt ihr mit einer Wahrscheinlichkeit von 30 %.

a) Bestimme die Wahrscheinlichkeit, dass ihr das Umdrehen bei fünf Versuchen ...

1 fünfmal gelingt.
2 nie gelingt.
3 genau einmal gelingt.
4 mindestens einmal gelingt.
5 spätestens beim dritten Versuch gelingt.
6 beim dritten Versuch zum ersten Mal gelingt.
7 frühestens beim fünften Versuch gelingt.
8 genau dreimal gelingt.

b) Berechne, wie oft Clara das Umdrehen auf der Slackline mindestens probieren muss, damit es ihr mit mindestens 98%-iger Wahrscheinlichkeit mindestens einmal gelingt.

4 Zur Fußball-WM 2014 wurden Sammelbildchen in Päckchen mit je 5 Stück verkauft. Etwa 1 % der Aufkleber waren glänzende Sondermotive.

a) Begründe, dass man das Kaufen von Sammelbildchen mit dem Ziehen mit Zurücklegen vergleichen kann. Gib an, wie viele Kugeln die Urne enthält.

b) Mateo hat sich 6 Päckchen mit Bildern gekauft. Bestimme die Wahrscheinlichkeit, mit der er ein (mehr als ein) Sondermotiv erhält.

c) Berechne, wie viele Päckchen man mindestens kaufen musste, um mit einer Wahrscheinlichkeit von mindestens 80 % mindestens ein Sonderbildchen zu bekommen.

Die Vierfeldertafel findest du im Grundwissen.

5 Von den 80 Abiturienten eins Jahrgangs haben neben Englisch alle mindestens eine weitere Fremdsprache gelernt. 60 haben Französisch und 40 Latein gelernt.

a) Übertrage den Sachverhalt in eine Vierfeldertafel.

b) Bestimme den Anteil der Abiturienten, der sowohl Französisch als auch Latein gelernt hat.

6 Zu einzelnen Pressemeldungen wurden Schlagzeilen entworfen, die jedoch allesamt falsche Schlüsse beinhalten. Beschreibe die Fehler.

Motorräder beliebter als Autos
Von den 2800 Mitgliedern eines Motorradclubs gaben fast 80 % an, dass sie ihr Motorrad dem Auto vorziehen.

Wandern – die gefährlichste aller Bergsportarten
Einer Untersuchung des deutschen Alpenvereins zufolge passieren die meisten Unfälle im Bergsport beim Wandern.

Zu Hause lebt man am gefährlichsten
Ein Großteil der Deutschen stirbt in den eigenen vier Wänden.

7 Bei einer Studie soll der Anteil der Autofahrer bestimmt werden, die am Steuer gelegentlich ohne Freisprechanlage telefonieren. Um möglichst ehrliche Antworten zu erhalten, bekommen die Befragten folgende Anweisung:

> Würfeln Sie einmal, bevor Sie antworten.
> Zeigt der Würfel 1 oder 2, so antworten Sie mit „Ja“, unabhängig davon, ob Sie tatsächlich am Steuer telefonieren.
> Bei Augenzahl 3 oder 4 antworten Sie in jedem Fall mit „Nein“.
> Nur falls Sie 5 oder 6 würfeln, antworten Sie bitte ehrlich auf die Frage „Telefonieren Sie am Steuer gelegentlich ohne Freisprechanlage?“.

Insgesamt antworten etwa 53 % der Befragten mit „Ja“.
Zeichne ein Baumdiagramm und ermittle damit den tatsächlichen Anteil der Autofahrer, die am Steuer telefonieren.

8

> Bei einer Befragung gaben 36 % aller 14- bis 18-Jährigen an, ein Musikinstrument zu spielen. 56 % dieser Jugendlichen haben eigenen Angaben zufolge Eltern, die selbst musizieren. Im Gegensatz dazu haben nur 12 % der Jugendlichen, die kein Instrument spielen, musizierende Eltern.

Zeichne zu den im Zeitungsartikel genannten Daten ein beschriftetes Baumdiagramm sowie eine vollständig ausgefüllte Vierfeldertafel.

9 Das abgebildete Baumdiagramm gehört zu einem Urnenexperiment.

a) Begründe, ob es sich bei dem Urnenexperiment um „Ziehen mit Zurücklegen“ oder „Ziehen ohne Zurücklegen“ handelt.

b) Übertrage das Baumdiagramm ins Heft, vervollständige die Beschriftung und ergänze eine dritte Ebene.

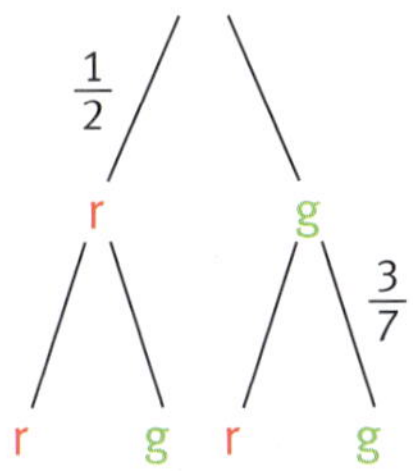

10 Lucy möchte von ihren Eltern gerne eine Taschengelderhöhung. Die Eltern sind dazu bereit, falls sie von drei Schachspielen, die sie abwechselnd gegen Vater und Mutter spielen muss, mindestens zwei aufeinanderfolgende Spiele gewinnt. Gegen wen sollte Lucy zuerst spielen, wenn sie sich gegen ihren Vater höhere Gewinnchancen ausrechnet als gegen ihre Mutter?

11 Die meisten CAS sind mit einer Tabellenkalkulation verknüpft. Die Software bietet sich an, um statistische Daten oder Zufallsexperimente auszuwerten.

a) Führe in deiner Klasse eine Umfrage zu einem selbstgewählten Thema durch (Alter, Körpergröße, Schuhgröße, PLZ, ...).

b) Bestimme die statistischen Kenngrößen, die du kennst.

c) Stelle die Daten in einem Kreisdiagramm dar.

Um ein Kreisdiagramm zu erzeugen, muss bei einigen CAS eine „kategorische Variable (X) erzwungen werden“. Das bedeutet, dass die Daten zu den Ergebniskategorien zuordenbar sind.

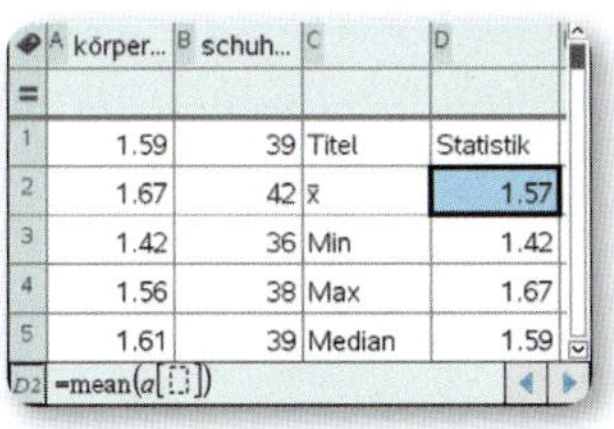

	A körper...	B schuh...	C	D
=				
1	1.59	39	Titel	Statistik
2	1.67	42	x̄	1.57
3	1.42	36	Min	1.42
4	1.56	38	Max	1.67
5	1.61	39	Median	1.59

D2 =mean(a[ ])

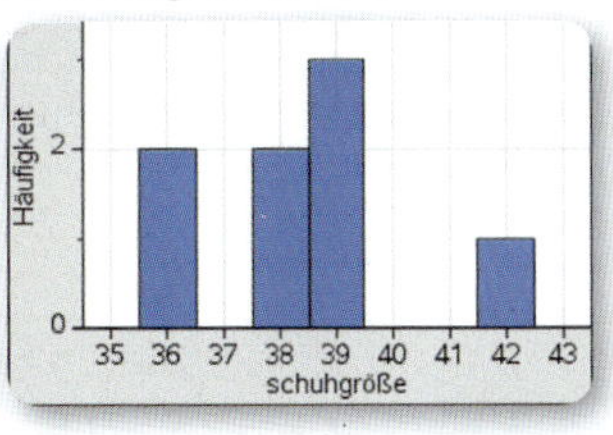

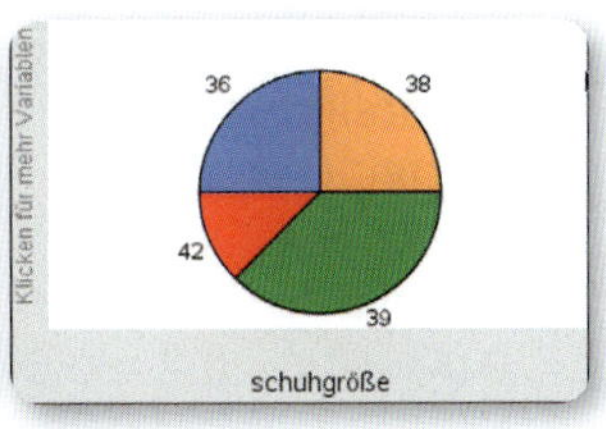

Endlich!
Impfstoff gegen den Grippe-Virus TRK 830 gefunden.

Bei Viertklässlern werden die Ereignisse I: „Kind ist gegen TRK 830 geimpft.“, K: „Kind ist an Grippe erkrankt.“ und S: „Schuhgröße über 36“ betrachtet:

	I	$\overline{I}$	gesamt
K	15 %		50 %
$\overline{K}$			
gesamt		40 %	

	I	$\overline{I}$	gesamt
S	33 %	22 %	
$\overline{S}$	27 %		
gesamt			

- Übertrage die Baumdiagramme in dein Heft und ergänze die Wahrscheinlichkeiten. Beschreibe deine Beobachtungen.

1
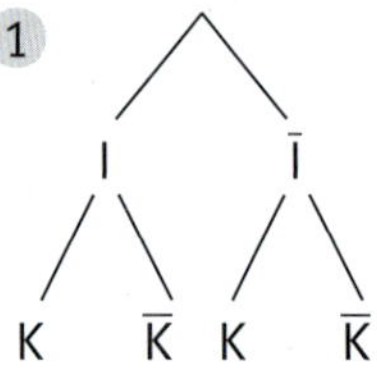

2
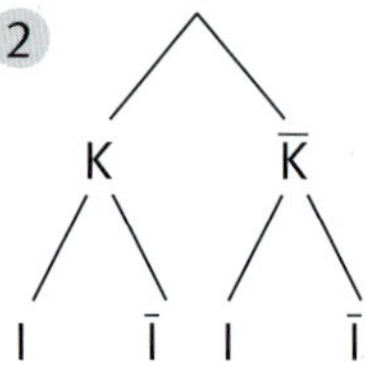

3
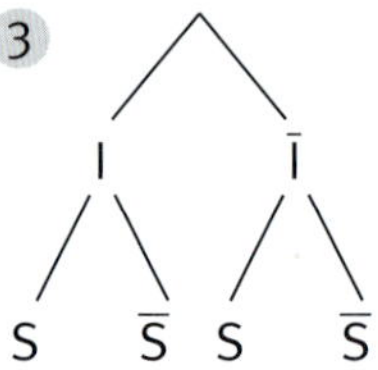

4
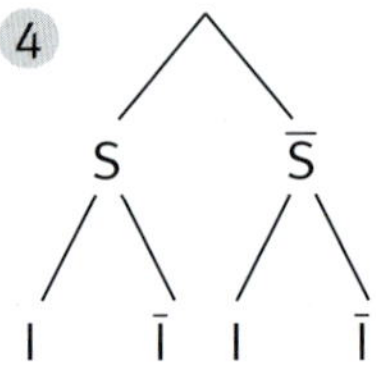

- Berechne die Wahrscheinlichkeiten. Beschreibe deren Bedeutung. Was fällt dir auf?
  1 $P(I \cap K)$; $P(I) \cdot P(K)$ 2 $P(I \cap S)$; $P(I) \cdot P(S)$

Beachte:
Stochastische Unabhängigkeit bedeutet nicht, dass die beiden Ereignisse nicht gleichzeitig eintreten können!

Merkwissen

Zwei Ereignisse A und B nennt man **stochastisch unabhängig**, wenn das Eintreten von A keinen Einfluss auf das Eintreten von B hat und umgekehrt.
In diesem Fall gilt: $\mathbf{P(A) \cdot P(B) = P(A \cap B)}$.

Ist dies nicht der Fall, so nennt man A und B stochastisch abhängig.

Beispiele

I Ein Laplace-Würfel wird zweimal geworfen. Überprüfe rechnerisch folgende Ereignisse auf stochastische Unabhängigkeit:
E_1: „Es fällt mindestens einmal die Augenzahl 6.“
E_2: „Es fällt einmal eine gerade und einmal eine ungerade Augenzahl.“

Lösung:
$P(E_1) = P(\text{„mindestens eine 6“}) = 1 - P(\text{„keine 6“}) = 1 - \frac{5}{6} \cdot \frac{5}{6} = 1 - \frac{25}{36} = \frac{11}{36}$
$P(E_2) = 1 \cdot \frac{1}{2} = \frac{1}{2}$
$P(E_1 \cap E_2) = P(\text{„eine 6 und eine ungerade Zahl“}) = \frac{1}{6} \cdot \frac{1}{2} + \frac{1}{2} \cdot \frac{1}{6} = \frac{1}{6}$
$P(E_1) \cdot P(E_2) = \frac{11}{72} \neq \frac{1}{6} = P(E_1 \cap E_2)$
Die beiden Ereignisse E_1 und E_2 sind also stochastisch abhängig.

	B	$\overline{B}$	
A	0,6	0,2	
$\overline{A}$			

II Die Ereignisse A und B sind stochastisch unabhängig. Vervollständige die Vierfeldertafel.

Lösung:
$P(A) = 0{,}6 + 0{,}2 = 0{,}8$
$P(\overline{A}) = 1 - 0{,}8 = 0{,}2$
$P(A \cap B) = P(A) \cdot P(B)$
$\Rightarrow P(B) = \frac{P(A \cap B)}{P(A)} = \frac{0{,}6}{0{,}8} = 0{,}75$
$P(\overline{B}) = 1 - 0{,}75 = 0{,}25$
$P(\overline{A} \cap B) = 0{,}75 - 0{,}6 = 0{,}15$
$P(\overline{A} \cap \overline{B}) = 0{,}25 - 0{,}2 = 0{,}05$

	B	$\overline{B}$	gesamt
A	0,6	0,2	0,8
$\overline{A}$	0,15	0,05	0,20
gesamt	0,75	0,25	1

Verständnis

- Wahr oder falsch? Die Ereignisse A und B im abgebildeten Baumdiagramm sind stochastisch unabhängig.
- Erkläre und begründe die Aussage „Im abgebildeten Baumdiagramm könnte man die Anordnung von A und B einfach vertauschen, ohne dass sich Wahrscheinlichkeiten am Ende eines Pfades ändern."

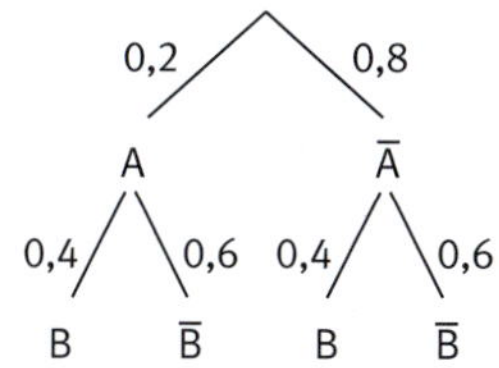

Aufgaben

oHiMi 1, 2, 6

1 Die Ereignisse A und B sind voneinander stochastisch unabhängig. Vervollständige jeweils die Vierfeldertafel.

a)

	B	$\overline{B}$	gesamt
A	0,1	▢	▢
$\overline{A}$	▢	▢	▢
gesamt	0,5	▢	▢

b)

	B	$\overline{B}$	gesamt
A	▢	▢	0,8
$\overline{A}$	▢	▢	▢
gesamt	0,3	▢	▢

2 Ein Ereignis A tritt mit einer Wahrscheinlichkeit von 0,3 ein, das Ereignis B mit der Wahrscheinlichkeit 0,4. Außerdem ist bekannt, dass die Wahrscheinlichkeit, dass A und B gleichzeitig eintreten, 18 % beträgt. Überprüfe, ob die Ereignisse A und B stochastisch unabhängig sind.

3 Zwei Laplace-Münzen werden gleichzeitig geworfen. Überprüfe, ob die Ereignisse A: „höchstens einmal Wappen" und B: „jede Seite einmal" stochastisch unabhängig sind.

4 Aus Erfahrung weiß ein Marmeladenhersteller, dass 2 % der Gläser, in die die Marmelade gefüllt werden soll, defekt sind; ebenso 10 % der gelieferten Deckel. Bestimme die Wahrscheinlichkeit, dass …

a) ein Glas und der dazugehörige Deckel einwandfrei sind.

b) beide Teile fehlerhaft sind.

c) genau eines der beiden Teile defekt ist.

5 Die Wirksamkeit eines neuen Medikaments soll mit einer Studie überprüft werden. Hierzu bekommt ein Teil der Patienten das eigentliche Medikament verabreicht, die restlichen Patienten ein Placebo. Kein Patient weiß, ob er das Medikament oder das Placebo erhalten hat. Untersuche, ob die Einnahme des Medikaments und die Linderung der Beschwerden stochastisch abhängig sind.

M: „Einnahme des Medikaments"
L: „Linderung der Beschwerden"

6 Zwei Ereignisse A und B können beide eintreten, es ist also weder P (A) = 0 noch P (B) = 0. Begründe, dass die Ereignisse A und B stochastisch abhängig sind, falls sie sich gegenseitig ausschließen, also $A \cap B = \{\,\}$ ist.

7 Der Engländer Sir Francis Galton hat den Zusammenhang der Augenfarben von Vätern und Söhnen an 1000 Vater-Sohn-Paaren untersucht. Untersuche, ob die Merkmale V: „Vater helläugig" und S: „Sohn helläugig" bei seinem Experiment stochastisch unabhängig sind.

	S	$\overline{S}$
V	471	151
$\overline{V}$	178	230

Beispiel für ein Stabdiagramm

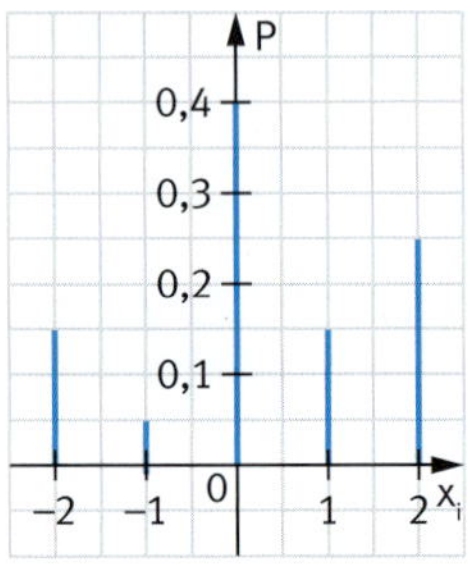

Bei einem Glücksrad darf man für 1 € Einsatz ein Mal drehen. Wird ein Geldbetrag angezeigt, bekommt man ihn ausbezahlt, ansonsten ist der Einsatz weg.

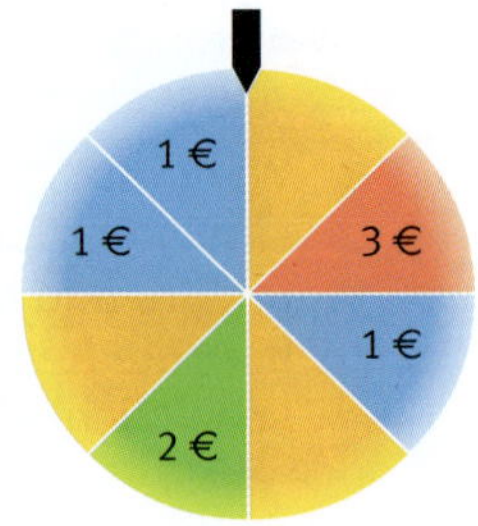

X: Auszahlung	$x_1 = 0$ €	$x_2 = 1$ €	$x_3 = \square$ €	$x_4 = \square$ €
Y: Gewinn Spieler	$y_1 = \square$ €	$y_2 = 0$ €	$y_3 = \square$ €	$y_4 = \square$ €
P: Gewinnwahrscheinlichkeit	$P_1 = \square$	$P_2 = \frac{3}{8}$	$P_3 = \square$	$P_4 = \square$

- Übertrage die Tabelle in dein Heft und vervollständige sie.
- Welchen Gewinn bzw. Verlust erwartest du auf lange Sicht für den Spieler bei diesem Spiel? Begründe deine Antwort.
- Zeichne ein Stabdiagramm zu diesem Sachverhalt. Zeichne den Wert ein, den du auf lange Sicht erwartest. Beurteile die Verteilung der Daten.

Merkwissen

Eine Zuordnung X heißt **Zufallsgröße** eines Zufallsexperiments, falls sie jedem Ergebnis ω aus einem **Ergebnisraum** Ω eine reelle Zahl x zuordnet.

Ordnet man weiter jedem Wert x_i (i = 1, 2, ..., n), den die Zufallsgröße X annehmen kann, seine Wahrscheinlichkeit $P(X = x_i)$ zu, so erhält man die **Wahrscheinlichkeitsverteilung der Zufallsgröße X**. Wahrscheinlichkeitsverteilungen werden häufig in Tabellenform oder als Diagramm dargestellt.

Beispiel: Bei einem Münzwurf erhält man für 2 € Einsatz beim Wurf von Wappen 5 € zurück, bei Zahl ist der Einsatz weg.
Ergebnisraum: $\Omega = \{\text{Wappen; Zahl}\}$
Die Zufallsgröße X ordnet jedem Element des Ergebnisraums einen Gewinn x_i (in €) zu: Wappen → $3 = x_1$ Zahl → $-2 = x_2$

Wahrscheinlichkeitsverteilung:

x_i	3	−2
$P(X = x_i)$	0,5	0,5

Sind $x_1, x_2, ..., x_n$ alle Werte, die die Zufallsgröße X annimmt, dann heißt

$$E(X) = \mu = x_1 \cdot P(X = x_1) + x_2 \cdot P(X = x_2) + ... + x_n \cdot P(X = x_n) = \sum_{i=1}^{n} x_i \cdot P(X = x_i)$$

$\sum$ ist in der Mathematik die Abkürzung für eine Summe.

Erwartungswert der Zufallsgröße X. Der Erwartungswert der Zufallsgröße X ist der **Mittelwert** von X bei einer großen Anzahl an Wiederholungen.

Die **Varianz** der Zufallsgröße X beschreibt die **mittlere quadratische Abweichung** der Werte x_i vom Erwartungswert.

$$\text{Var}(X) = (x_1 - \mu)^2 \cdot P(X = x_1) + (x_2 - \mu)^2 \cdot P(X = x_2) + ... + x_n \cdot P(X = x_n)$$
$$= \sum_{i=1}^{n} (x_i - \mu)^2 \cdot P(X = x_i)$$

Die Wurzel aus der Varianz ist ein Maß für die **Streuung** der Werte x_i um den Erwartungswert μ. Man bezeichnet sie als **Standardabweichung** σ: $\sigma = \sqrt{\text{Var}(X)}$.

I Zwei Laplace-Spielwürfel werden gleichzeitig geworfen und die Zufallsgröße X: „Augensumme beider Würfe" betrachtet.

a) Gib eine tabellarische Wahrscheinlichkeitsverteilung für X an.

b) Berechne den Erwartungswert μ sowie die Standardabweichung σ von X. Gib eine Bedeutung beider Werte an.

c) Zeichne ein Stabdiagramm der Wahrscheinlichkeitsverteilung und ergänze dort das Intervall $[\mu - \sigma; \mu + \sigma]$.

Lösung:

a)

x_i	2	3	4	5	6	7	8	9	10	11	12
$P(X = x_i)$	$\frac{1}{36}$	$\frac{2}{36}$	$\frac{3}{36}$	$\frac{4}{36}$	$\frac{5}{36}$	$\frac{6}{36}$	$\frac{5}{36}$	$\frac{4}{36}$	$\frac{3}{36}$	$\frac{2}{36}$	$\frac{1}{36}$

b) $\mu = x_1 \cdot P(X = x_1) + x_2 \cdot P(X = x_2) + ... + x_n \cdot P(X = x_n)$

$\mu = 2 \cdot \frac{1}{36} + 3 \cdot \frac{2}{36} + 4 \cdot \frac{3}{36} + 5 \cdot \frac{4}{36} + ... + 11 \cdot \frac{2}{36} + 12 \cdot \frac{1}{36} = \frac{252}{36} = 7$

$Var(X) = (x_1 - \mu)^2 \cdot P(X = x_1) + (x_2 - \mu)^2 \cdot P(X = x_2) + ... + (x_n - \mu)^2 \cdot P(X = x_n)$

$Var(X) = (2 - 7)^2 \cdot \frac{1}{36} + (3 - 7)^2 \cdot \frac{2}{36} + ... + (11 - 7)^2 \cdot \frac{2}{36} + (12 - 7)^2 \cdot \frac{1}{36}$

$Var(X) = \frac{210}{36}$ Somit: $\sigma = \sqrt{Var(X)} = \sqrt{\frac{210}{36}} = \frac{\sqrt{210}}{6} \approx 2{,}4$

Zur Berechnung des Erwartungswerts und der Varianz ist es meist günstig, die Brüche nicht zu kürzen.

Bedeutung: Im Mittel kann man beim Wurf zweier Würfe die Augensumme 7 erwarten. Die Standardabweichung beträgt 2,4. Das bedeutet, die meisten Augensummen werden im Intervall $[7 - 2{,}4; 7 + 2{,}4] \approx [5; 9]$ erwartet.

c)

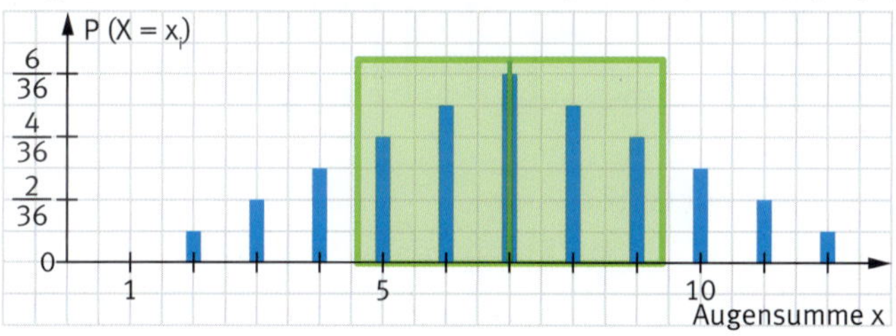

II Die Abbildungen zeigen verschiedene Wahrscheinlichkeitsverteilungen mit dem gleichen Erwartungswert. Begründe, bei welcher Verteilung die Standardabweichung am kleinsten bzw. am größten ist.

1

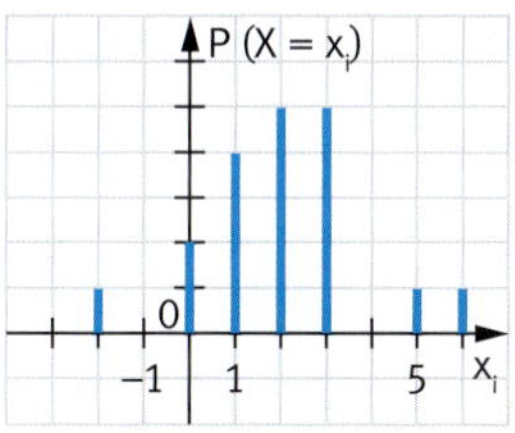

2

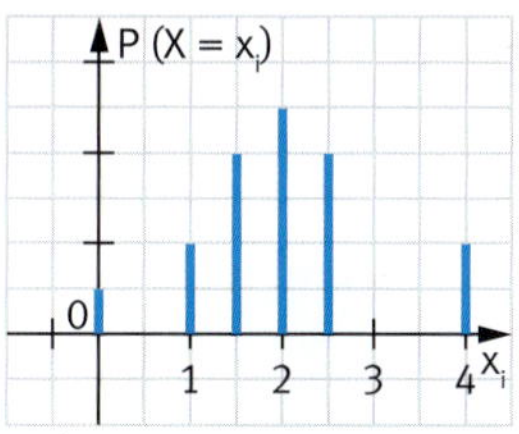

3

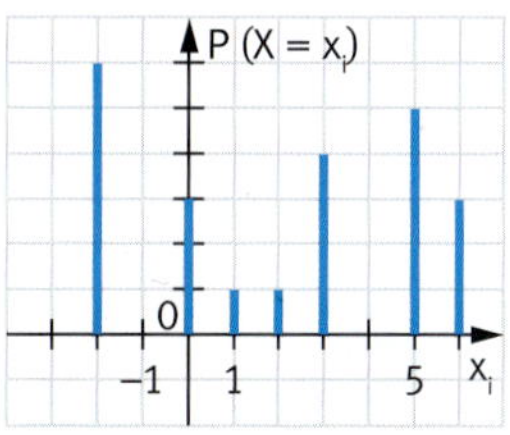

Lösung:

Beim Diagramm 2 ist die Standardabweichung am kleinsten. Das erkennt man daran, dass die Datenlinien sehr eng um den Erwartungswert gruppiert sind und die Datenlinien in der Mitte besonders hoch sind.

Beim Diagramm 3 ist die Standardabweichung am größten, weil die Datenlinien relativ weit auseinander liegen und die äußeren Datenlinien zudem sehr hoch sind, d. h. es gibt dort viele Daten mit einer starken Abweichung zum Erwartungswert.

Verständnis

- Erkläre: Der Erwartungswert kann positiv, negativ oder Null sein, die Varianz ist immer positiv.
- Erkläre, warum man beim Berechnen der Varianz die Quadrate der Abweichungen vom μ verwendet und nicht die Abweichungen selbst.

Aufgaben

1 (1) Ein Laplace-Würfel wird einmal geworfen. Die Zufallsgröße X beschreibt die „Augenzahl“.

(2) Eine Laplace-Münze wird zweimal geworfen. Die Zufallsgröße X beschreibt die Anzahl der Seite „Zahl“.

a) Bestimme die Wahrscheinlichkeitsverteilung der Zufallsgröße in Form einer Tabelle und als Stabdiagramm.

b) Berechne Erwartungswert und Standardabweichung der Zufallsgröße.

2 Die Abbildungen zeigen Wahrscheinlichkeitsverteilungen.

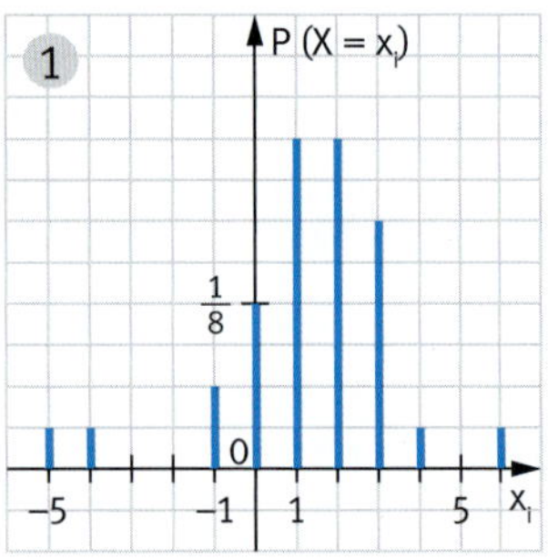

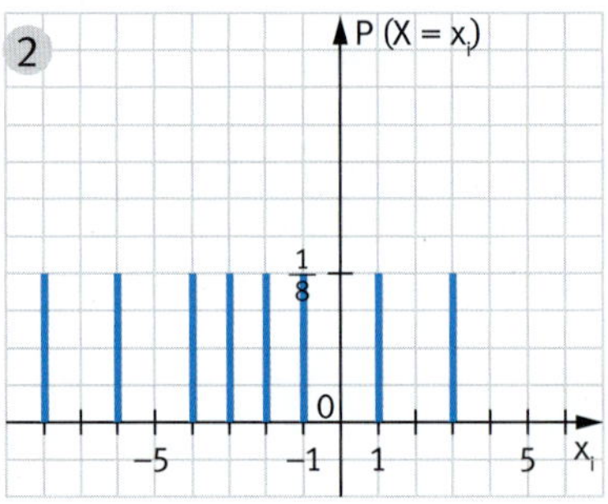

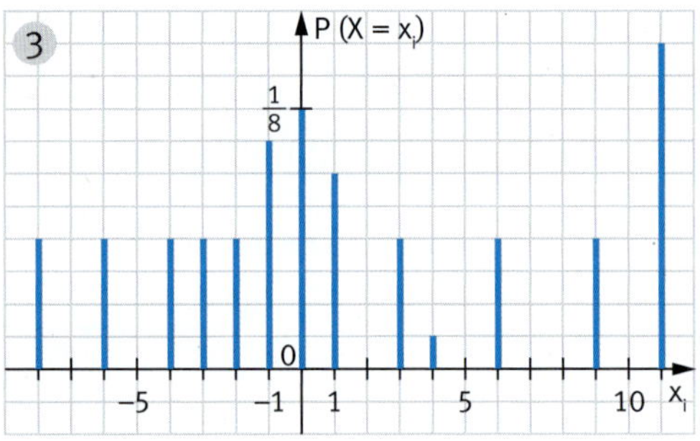

Ordne die Darstellungen nach der Größe ihrer ...

a) Erwartungswerte. **b)** Standardabweichungen.

Begründe jeweils deine Ordnung.

3 Ein Laplace-Spielwürfel wird einmal geworfen. Die Zufallsgröße X ist das Quadrat der geworfenen Augenzahl. Gib die Wahrscheinlichkeitsverteilung von X an und berechne den Erwartungswert $\mu = E(X)$.

4 Ein Spielautomat besteht aus den abgebildeten Glücksrädern. Ein Spiel kostet 2 €. Zeigen alle Räder „Grün“, werden 10 € ausgezahlt, zeigen genau zwei Räder „Grün“, werden 5 € ausgezahlt. In allen anderen Fällen geht der Spieler leer aus.

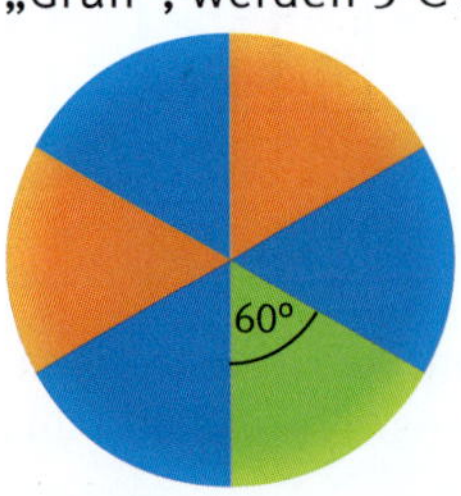

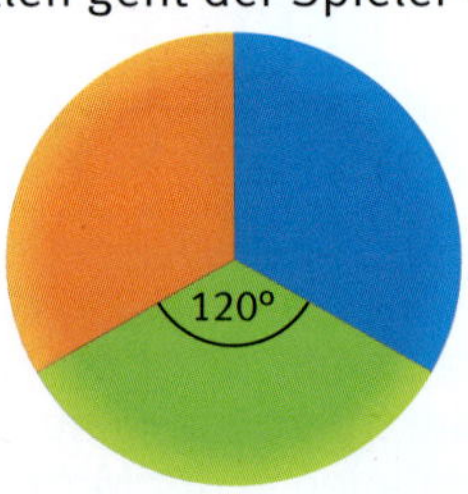

a) Wähle eine Zufallsgröße, die für den Spieler von Belang ist, und gib deren Wahrscheinlichkeitsverteilung an.

b) Schätze zunächst anhand der Wahrscheinlichkeitsverteilung ab, wie groß der mittlere Gewinn oder Verlust für den Spieler ist. Berechne anschließend.

5 Die vier Könige und die vier Asse eines Kartenspiels werden gemischt und verdeckt auf den Tisch gelegt. Nun wird ohne Zurücklegen so lange eine Karte vom Stapel gezogen, bis das erste Ass erscheint.

a) Gib an, wie oft höchstens gezogen wird.

b) Berechne, wie häufig im Mittel gezogen wird.

6 Aus dem Satz „Mathe ist voll super." wird ein Wort zufällig ausgewählt. Bestimme die Varianz der Zufallsgrößen B: „Anzahl der Buchstaben des Worts" und V: „Anzahl der Vokale des Worts".

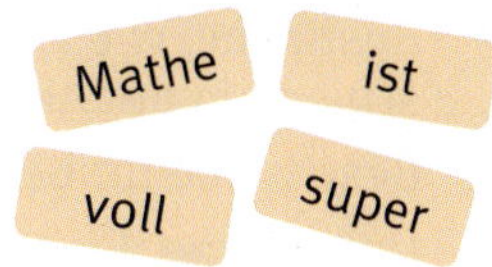

7 Eine Firma stellt Bluetooth-Headsets her, die mit einer Wahrscheinlichkeit von 95 % einwandfrei funktionieren. Die Produktionskosten belaufen sich pro Stück auf 10 €. Die mangelhaften Teile werden den Kunden kostenfrei durch ein funktionierendes Headset ersetzt. Berechne, zu welchem Preis (ohne Steuern) die Herstellerfirma ein Headset verkaufen muss, wenn sie pro Stück durchschnittlich einen Gewinn von mindestens 2 € erwirtschaften möchte.

8 Tom und Tina bereiten ein Spiel mit einer „gezinkten" Münze vor, bei der Wappen mit der Wahrscheinlichkeit 0,6 fällt. Nach Einzahlen von 3 € wirft Tom diese Münze genau dreimal. Für jedes Werfen von Zahl erhält Tom a € ausbezahlt; wenn Wappen fällt, erhält er nichts.
Finde heraus, bei welchem Wert von $a \in \mathbb{R}^+$ dieses Spiel fair ist.

Ein Glücksspiel heißt fair, wenn der Erwartungswert für den Gewinn gleich null ist.

9 In einer Urne sind zehn Kugeln; sechs davon sind rot, drei sind weiß und eine ist schwarz. Vor einem Spiel bezahlt Gregor einen Einsatz von s €.
Dann entnimmt Gregor der Urne nacheinander ohne Zurücklegen „blind" zwei Kugeln. Für jede weiße Kugel erhält er 2 €; für jede andere erhält er nichts. Die Zufallsgröße X beschreibt den Gewinn bei diesem Spiel.

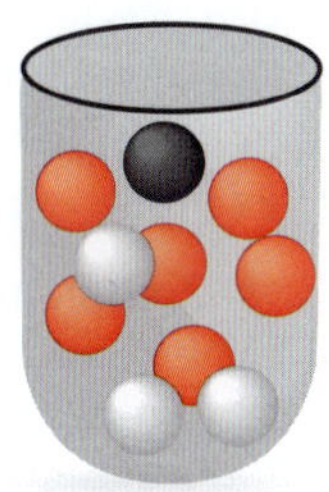

a) Zeichne ein Baumdiagramm und gib die Wahrscheinlichkeitsverteilung der Zufallsgröße X an.

b) Berechne den Erwartungswert E (X) in Abhängigkeit von s.

c) Finde heraus, bei welchem Einsatz s € dieses Spiel fair ist.

10 Bei der Produktionskontrolle eines neu entwickelten Schmerzmittels wird die Menge des schmerzlindernden Wirkstoffs je Tablette bestimmt. Bei einer Stichprobe mit dem Umfang n = 25 ergaben sich folgende Mengen x (in mg):

510	480	495	507	500	503	495	530	518	512	506	500	517
510	486	527	516	505	507	494	516	501	509	506	525	

a) Berechne den Mittelwert $\bar{x}$ sowie die Standardabweichung σ.

b) Ermittle, wie viel Prozent der Stichprobenwerte vom Mittelwert $\bar{x}$ um mehr als σ abweichen.

11 Die Wahrscheinlichkeitsverteilung der Zufallsvariable X ist durch die Tabelle gegeben. Es ist jeweils $\mu = 2{,}5$. Bestimme a und b.

a)

x_i	−2	0	2	4	6
$P(X = x_i)$	0,2	a	0,3	b	0,05

b)

x_i	−2	0	2	4	6
$P(X = x_i)$	0,1	0,3	a	b	0,3

Ein Radiosender verlost unter den ersten 50 Anrufern in einer Sendung drei Freikarten für ein Musikfestival. Wir betrachten verschiedene Verlosungen:

(1) Es werden eine 1-Tages-, eine 2-Tages- und eine 3-Tageskarte verlost.

(2) Es werden drei 1-Tageskarten verlost.

- Bestimme, wie viele Möglichkeiten es für jede Verlosung gibt. Begründe Unterschiede in der Anzahl an Möglichkeiten.
- Beschreibe für beide Verlosungen ein passendes Urnenexperiment.
- Untersuche die Anzahl der Möglichkeiten für beide Verlosungen, wenn unter n Anrufern insgesamt k Karten verlost werden ($k < n$).

Im ersten Fall sollen alle k Karten jeweils verschieden sein.

Merkwissen

Aus einer Urne mit n unterscheidbaren Kugeln ($n \in \mathbb{N} \setminus \{1\}$) werden k Kugeln entnommen ($k \in \mathbb{N}_0$, $k \leq n$). Wir unterscheiden folgende Fälle:

(1) Ziehen mit Zurücklegen unter Beachtung der Reihenfolge
Urnenexperiment: Aus einer Urne mit n Kugeln wird k-mal nacheinander gezogen. Dabei wird nach jedem Zug die gezogene Kugel wieder in die Urne zurückgelegt. Die Reihenfolge der Ergebnisse wird registriert.
Es gibt n^k Möglichkeiten.

(2) Ziehen ohne Zurücklegen unter Beachtung der Reihenfolge
Urnenexperiment: Aus einer Urne mit n Kugeln wird k-mal nacheinander gezogen. Dabei wird nach jedem Zug die gezogene Kugel zur Seite gelegt. Die Reihenfolge der Ergebnisse wird registriert.
Es gibt $n \cdot (n-1) \cdot (n-2) \cdot \ldots \cdot (n-k+1) = \frac{n!}{(n-k)!}$ Möglichkeiten.

n unterscheidbare Gegenstände kann man auf $n! = n \cdot (n-1) \cdot (n-2) \cdot \ldots \cdot 2 \cdot 1$ verschiedene Arten anordnen.

(3) Ziehen ohne Zurücklegen ohne Beachtung der Reihenfolge
Urnenexperiment: Aus einer Urne mit n Kugeln werden k Kugeln gleichzeitig gezogen (bzw. k-mal nacheinander eine Kugel gezogen und zur Seite gelegt. Die Reihenfolge spielt dabei – wie bei den Lottoziehungen – keine Rolle).
Es gibt $\frac{n \cdot (n-1) \cdot (n-2) \cdot \ldots \cdot (n-k+1)}{k!} = \frac{n!}{(n-k)!\,k!} = \binom{n}{k}$ Möglichkeiten.
$\frac{n!}{(n-k)!\,k!} = \binom{n}{k}$ bezeichnet man als kurz als **Binomialkoeffizent** („n über k").

Beispiele

Jeder Schüler bekommt höchstens ein Buch.

I Die Englischlehrerin hat drei Wörterbücher geschenkt bekommen. Sie verlost sie unter den 23 Schülern ihrer zehnten Klasse. Berechne, auf wie viele verschiedene Arten dies möglich ist, falls es sich um drei Wörterbücher handelt, ...

a) von denen keines einem anderen gleicht.

b) die alle identisch sind.

Lösung:

a) $23 \cdot 22 \cdot 21 = 10\,626$
Fall (1): Für das erste Buch hat sie 23 Möglichkeiten, für das zweite noch 22 Möglichkeiten, für das dritte verbleiben noch 21.

b) $\binom{23}{3} = \frac{23!}{(23-3)!\,3!} = \frac{23 \cdot 22 \cdot 21}{3 \cdot 2 \cdot 1} = 1771$
Fall (3): Wenn für jeweils 3 gezogene Schüler die Auswahl der Bücher nicht mehr unterschieden werden kann, dann sind in a) sämtliche 3er- Anordnungen zu viel enthalten.

Verständnis

- Begründe die Gleichheit: $n \cdot (n-1) \cdot (n-2) \cdot \ldots \cdot (n-k+1) = \frac{n!}{(n-k)!}$.
- Wahr oder falsch? 5 Personen haben $\frac{10!}{5!}$ verschiedene Möglichkeiten, auf 10 Stühlen Platz zu nehmen. Begründe.

Aufgaben

oHiMi 1 – 3

Kontrolliere die Ergebnisse mit deinem CAS.

1 **a)** Berechne ohne Hilfsmittel. Beschreibe die Bedeutung des Binomialkoeffizienten in einem Urnenexperiment.

① $\binom{4}{2}$; $\binom{5}{3}$ ② $\binom{5}{2}$; $\binom{12}{4}$ ③ $\binom{6}{1}$; $\binom{10}{8}$ ④ $\binom{1000}{999}$; $\binom{49}{6}$

b) Zeige die Gleichheit.

① $\binom{12}{10} = \binom{12}{2}$ ② $\binom{25}{10} = \binom{25}{15}$ ③ $\binom{n}{k} = \binom{n}{n-k}$

2 In einer Urne sind 15 Kugeln mit den Zahlen 1 bis 15. Erkläre die Bedeutung der folgenden Terme in einem passenden Urnenexperiment.

a) 15^6 **b)** $15 \cdot 14 \cdot 13 \cdot 12$ **c)** $\binom{15}{7}$ **d)** $\frac{15!}{6! \cdot 9!}$ **e)** $\frac{15!}{9!}$

3 Beschreibe ein passendes Urnenmodell.

a) Der Trainer einer Fußballmannschaft wählt für ein Fußballspiel von den 20 Feldspielern, die er zur Verfügung hat, 10 zufällig aus.

b) Aus den Ziffern 2, 3, 4, 5 und 6 soll eine dreistellige Zahl gebildet werden, die keine Ziffer mehr als einmal enthält.

c) Aus einer Klasse mit 12 Jungen und 15 Mädchen soll eine Gruppe mit zwei Buben und zwei Mädchen gebildet werden.

4 Erzeuge den nebenstehenden Screenshot. Erläutere den CAS-Befehl **nCr(.,.)**. Gib eine Vermutung über die CAS-Ausgabe bei Eingabe der Zeile nCr(n , k) an.

$\frac{6 \cdot 5 \cdot 4}{3 \cdot 2 \cdot 1}$	20
nCr(6,3)	20
$\frac{10 \cdot 9 \cdot 8 \cdot 7}{4 \cdot 3 \cdot 2 \cdot 1}$	210
nCr(10,4)	210

Der Befehl nCr(.,.) findet sich im Menü und im Katalog. Die Eingabe über die Tastatur ist ebenfalls möglich.

5 **a)** Begründe, dass man die Buchstaben des Worts HONOLULU auf $\frac{8!}{2! \cdot 2! \cdot 2! \cdot 1! \cdot 1!}$ verschiedene Arten anordnen kann. Dabei werden auch „Wörter" betrachtet, die keinen Sinn ergeben (z. B. NOLLUHOU).

b) Ermittle, auf wie viele Arten man die Buchstaben folgender Wörter anordnen kann:

① ANANAS ② MISSISSIPPI ③ dein Vorname

6 Computer arbeiten nur mit Nullen und Einsen. Alle ihre Zeichen, sogenannte Bytes, bestehen aus 8 Stellen, von denen jede mit Null oder Eins belegt werden kann. Berechne, wie viele verschiedene Zeichen es gibt.

7 Bei einer Geburtstagsfeier sind 12 Personen anwesend. Finde heraus, wie oft die Gläser klingen, wenn jeder mit jedem einmal anstößt.

8 Berechne die Anzahl der zehnstelligen Zahlen, die die Ziffer 1 einmal, die Ziffer 2 zweimal, die 3 dreimal und die 4 viermal enthalten.

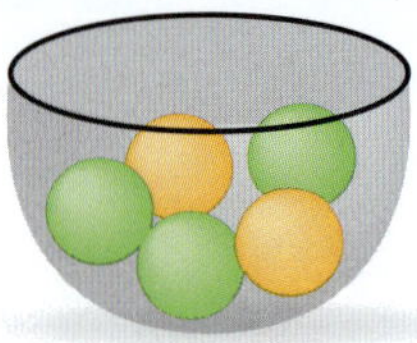

Aus der abgebildeten Urne werden nacheinander vier Kugeln mit Zurücklegen gezogen. Das Ziehen einer gelben Kugel wird als „Treffer“ interpretiert.

- Gib die Wahrscheinlichkeiten für die Ergebnisse „Treffer“ und „Niete“ an.
- Bestimme die Wahrscheinlichkeit, keinen (vier) Treffer zu erzielen.
- Berechne, auf wie viele Arten es möglich ist, einen Treffer und drei Nieten zu ziehen. Bestimme mithilfe dieser Anzahl die Wahrscheinlichkeit des Ereignisses „Genau ein Treffer bei vier Versuchen“.
- Berechne P („zwei Treffer bei vier Versuchen“).

Die Bezeichnung Bernoulli-Experiment geht auf den Schweizer Mathematiker und Physiker Jakob I. Bernoulli (1655–1705) zurück.

Zugehöriges Urnenmodell: n-maliges Ziehen mit Zurücklegen

Merkwissen

Hat ein Zufallsexperiment genau zwei Ergebnisse (z. B. Treffer/Niete), liegt ein **Bernoulli-Experiment** vor. Die Trefferwahrscheinlichkeit wird mit p bezeichnet, die Wahrscheinlichkeit für eine Niete mit $q = 1 - p$.
Wiederholt man dasselbe Bernoulli-Experiment n-mal ($n \in \mathbb{N} \setminus \{1\}$), so erhält man eine **Bernoulli-Kette der Länge n**. Es gilt:

- Bei einer Bernoulli-Kette der Länge n hat jedes Ergebnis, das aus k Treffern ($k \in \mathbb{N}_0$, $k \leq n$) und $n - k$ Nieten besteht, die gleiche Wahrscheinlichkeit $p^k \cdot q^{n-k} = p^k \cdot (1 - p)^{n-k}$.
- Für k Treffer und $n - k$ Nieten gibt es $\binom{n}{k}$ Anordnungsmöglichkeiten.

Damit ergibt sich:
Für die **Wahrscheinlichkeit**, bei einer **Bernoulli-Kette der Länge n** mit der **Trefferwahrscheinlichkeit p genau k Treffer** zu erzielen, gilt:
$P(\text{„genau k Treffer“}) = P(X = k) = \binom{n}{k} \cdot p^k \cdot (1 - p)^{n-k}$

Beispiele

I Entscheide, ob es sich um eine Bernoulli-Kette handelt. Begründe.

a) Ein Kopiergerät macht mit einer Wahrscheinlichkeit von 99 % einwandfreie Kopien. Nelly macht 30 Kopien für ein Referat.

b) Ein Gewichtheber schafft es zu Beginn einer Trainingseinheit mit einer Wahrscheinlichkeit von 60 %, 100 kg zu stoßen. Er trainiert 20 Stöße.

Lösung:

a) Hier handelt es sich um eine Bernoulli-Kette, weil das Kopiergerät jede einzelne der $n = 30$ Kopien mit der Wahrscheinlichkeit $p = 0{,}99$ gut macht.

b) Da der Gewichtheber im Laufe des Trainings müde wird, sinkt die Trefferwahrscheinlichkeit von anfangs 0,6. Die Bedingungen des Experiments verändern sich also, es liegt keine Bernoulli-Kette vor.

II Ein Laplace-Würfel wird viermal geworfen.

a) Begründe, dass es sich hierbei um ein Bernoulli-Experiment handelt.

b) Berechne die Wahrscheinlichkeit für das Werfen von genau 2 Sechsern.

Lösung:

a) Es liegt ein viermaliges Ziehen aus einer Urne mit 6 verschiedenen Kugeln mit Zurücklegen vor. Die Wahrscheinlichkeit ändert sich von Wurf zu Wurf nicht.

b) $n = 4$, X: Anzahl Treffer bei 4-mal Würfeln, Trefferwahrscheinlichkeit $p = \frac{1}{6}$

$P(X = 2) = \binom{4}{2} \cdot \left(\frac{1}{6}\right)^2 \cdot \left(\frac{5}{6}\right)^{4-2} = \frac{4!}{2! \cdot 2!} \cdot \frac{1}{36} \cdot \frac{25}{36} = \frac{25}{216} \approx 11{,}6\ \%$

III Nach Angaben einer Telefongesellschaft kommt man nur bei 90 % aller Auslandsgespräche bereits beim ersten Wählen durch. Sophie möchte zehn solcher Telefonate tätigen. Berechne, mit welcher Wahrscheinlichkeit sie ...

a) jedes Mal durchkommt. **b)** mindestens achtmal durchkommt.

Sprechweisen:
„mindestens" → $\geqq$
„mehr als" → $>$
„höchstens" → $\leqq$
„weniger als" → $<$

Lösung:
X: Anzahl „Durchkommen" bei 10 Anrufen

a) $P(X = 10) = \binom{10}{10} \cdot 0{,}9^{10} \cdot 0{,}1^{0} = 0{,}9^{10} \approx 34{,}9\ \%$

Mit einer Wahrscheinlichkeit von etwa 35 % kommt Sophie jedes Mal durch.

b) $P(X \geqq 8) = P(X = 8) + P(X = 9) + P(X = 10)$

$P(X \geq 8) = \binom{10}{8} \cdot 0{,}9^{8} \cdot 0{,}1^{2} + \binom{10}{9} \cdot 0{,}9^{9} \cdot 0{,}1^{1} + \binom{10}{10} \cdot 0{,}9^{10} \cdot 0{,}1^{0} \approx 93{,}0\ \%$

Die Wahrscheinlichkeit, mindestens achtmal durchzukommen, liegt bei 93 %.

VERSTÄNDNIS

- Begründe die Berechnung der Wahrscheinlichkeit einer Bernoulli-Kette der Länge n für k Treffer ($k \leqq n$).
- Wahr oder falsch? Bei einer Bernoulli-Kette der Länge 8 und Trefferwahrscheinlichkeit 0,9 ist die Wahrscheinlichkeit, genau 3 Treffer zu erzielen, $\binom{8}{5} \cdot 0{,}9^{3} \cdot 0{,}1^{5}$.

AUFGABEN

oHiMi 1, 4

1 Entscheide, ob es sich beim beschriebenen Zufallsexperiment um eine Bernoulli-Kette handelt. Gib in dem Fall die Parameter n und p an.

a) Aus einer Urne mit 13 weißen und 27 schwarzen Kugeln werden nacheinander 5 Kugeln gezogen (Treffer: „Ziehen einer weißen Kugel"):
① mit Zurücklegen ② ohne Zurücklegen

b) Die Einnahme eines bestimmten Medikaments führt in 75 % aller Fälle zu einer Linderung der Symptome. Im letzten Jahr wurde es bundesweit 3086 Patienten verschrieben.

c) Pia versucht mit einem gezinkten Würfel, bei dem die Sechs durchschnittlich doppelt so häufig geworfen wird wie alle anderen Zahlen, beim Mensch-ärgere-dich-nicht-Spiel aus dem Haus zu kommen.

d) Aus Erfahrung weiß ein Gärtner, dass Tulpenzwiebeln mit einer Wahrscheinlichkeit von 90 % austreiben. Er setzt 1000 Stück gleichzeitig ein.

2 Ein Laplace-Würfel wird fünfmal geworfen. Berechne die Wahrscheinlichkeit für folgende Ergebnisse:

a) keine Sechs **b)** genau eine Sechs
c) genau zwei Sechser **d)** genau vier Sechser
e) höchstens zwei Sechser **f)** mindestens eine Sechs

3 Bei einer Bernoulli-Kette der Länge n sei p die Trefferwahrscheinlichkeit. Die Zufallsgröße X beschreibt die Anzahl k der Treffer. Bestimme die jeweils angegebene Wahrscheinlichkeit.

a) $n = 6;\ p = \frac{1}{3};\ P(X = 4)$ **b)** $n = 5;\ p = 0{,}1;\ P(X = 2)$
c) $n = 4;\ p = 0{,}4;\ P(X < 3)$ **d)** $n = 4;\ p = 0{,}4;\ P(X \leqq 2)$
e) $n = 6;\ p = 0{,}7;\ P(1 \leqq X \leqq 3)$ **f)** $n = 6;\ p = 0{,}7;\ P(X > 4)$

Betrachte bei c) – f) jeweils die einzelnen Fälle für genau k Treffer.

4 Begründe, dass näherungsweise eine Bernoulli-Kette vorliegt.

Aus einer Urne mit 25 000 weißen und 75 000 schwarzen Kugeln werden gleichzeitig 10 Kugeln gezogen. Das Ziehen einer weißen Kugel wird als „Treffer" gewertet.

5 Bei einem Multiple-Choice-Test sind 20 Fragen gegeben. Zu jeder Frage gibt es 5 Antworten, von denen jeweils eine richtig ist.
Peter setzt bei jeder Frage zufällig ein Kreuz. Berechne die Wahrscheinlichkeit, dass er ...

Manchmal ist es geschickt, mit Wahrscheinlichkeiten von Gegenereignissen zu rechnen.

a) alle Antworten
b) genau 4 Antworten
c) keine Antwort
d) höchstens 4 Antworten

richtig angekreuzt hat.

6 Stell dir vor, du würfelst mit einem Spielwürfel zehn Mal.

a) Gib an, wie viele Sechser (welche Augensumme) du im Mittel erwartest.

b) Begründe, dass es sich bei dem Experiment um eine Bernoulli-Kette handelt. Bestimme n, k und p.

c) Berechne die Wahrscheinlichkeit für genau (mindestens) 8, 9, 10 Sechser.

7 Das Glücksrad wird acht Mal gedreht. Bestimme die Wahrscheinlichkeit, dass man genau (höchstens) fünf Mal gewinnt.

a)

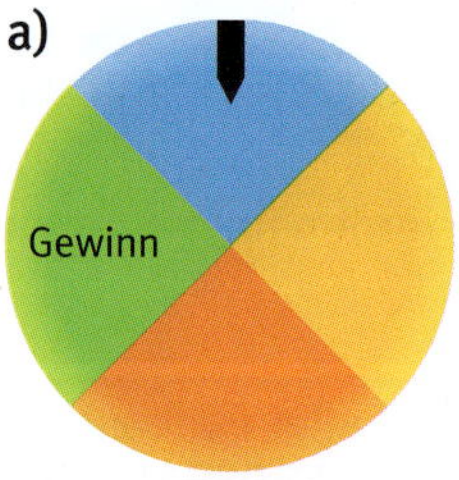

b)

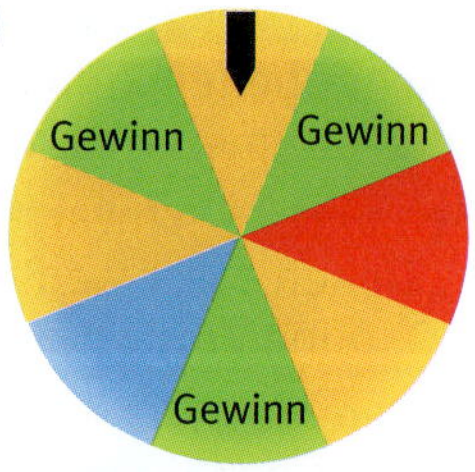

c)

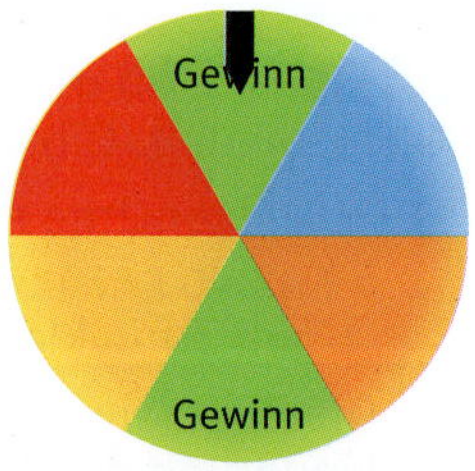

8 Beim Biathlon müssen Sportler mehrere Runden Ski-Langlauf absolvieren und stehend bzw. liegend auf je 5 Scheiben schießen. Ein bestimmter Athlet habe eine Trefferwahrscheinlichkeit von 87 % im Stehend- und 93 % im Liegendschießen.
Bestimme die Wahrscheinlichkeit, dass der Sportler ...

a) genau 4 Scheiben im Stehendschießen trifft.

b) mindestens 4 Scheiben im Liegendschießen trifft.

c) alle Scheiben trifft.

9 In einer Brauerei wird Bier maschinell in 0,5-Liter-Flaschen abgefüllt. Da die Maschine diesen Sollwert nicht exakt einhalten kann, hat der Kunde ein Recht darauf, dass mindestens 95 % der Flaschen mindestens 490 ml enthalten. Herr Sturm kauft sich einen Kasten mit 20 Bierflaschen.

a) Bestimme die Wahrscheinlichkeit, dass er Glück hat und in allen Flaschen mindestens 490 ml Bier sind.

b) Berechne, mit welcher Wahrscheinlichkeit in genau einem Viertel der Bierflaschen zu wenig Bier ist.

10 Beim Zoll stehen neun Personen an; vier von ihnen sind Schmuggler. Der Zollbeamte bittet drei der neun Personen zur Kontrolle.

a) Modelliere die Situation mithilfe eines Urnenmodells.

b) Berechne, mit welcher Wahrscheinlichkeit unter diesen drei Personen ...

1. kein Schmuggler ist.
2. genau ein Schmuggler ist.
3. höchstens ein Schmuggler ist.
4. mindestens ein Schmuggler ist.

11 In einer Fabrik werden je neun Schokoküsse in einer Schachtel verpackt. Erfahrungsgemäß ist jeder fünfzigste angebrochen.

a) Berechne die Wahrscheinlichkeit, dass in einer Schachtel alle Schokoküsse intakt sind.

b) 20 Schachteln werden an 20 Kunden verkauft. Bestimme die Wahrscheinlichkeit, dass genau zwei der Kunden mindestens einen gebrochenen Schokokuss in ihrer Packung haben.

12 Im Wahlkurs Spanisch sind vier Schülerinnen und sechs Schüler. Aus ihnen werden zufällig 5 Personen ausgewählt. Die Zufallsgröße X beschreibt dabei die Anzahl der Mädchen.

a) Simuliere die Situation durch ein Urnenmodell.

b) Übertrage die Tabelle ins Heft und ergänze sie.

$X = x_i$	0	1	2	3	4	5
$P(X = x_i)$	■	■	■	■	■	■

c) Veranschauliche die Wahrscheinlichkeitsverteilung mit einem Stabdiagramm.

d) Berechne den Erwartungswert und die Varianz der Anzahl der Mädchen.

13 Die Wahrscheinlichkeit für die Geburt eines Mädchens beträgt 0,486. In einer kleinen Klinik kamen an einem Tag fünf Kinder zur Welt. Übertrage die Tabelle ins Heft, ergänze und erläutere sie.
X: Anzahl der an diesem Tag in dieser Klinik geborenen Mädchen

$X = k$	0	1	2	3	4	5
$P(X = k)$	■	■	■	■	■	■

14 Beim maschinellen Abfüllen von Marmelade wird der „Sollwert" von 400 g nicht immer genau eingehalten. Der Hersteller garantiert aber, dass 95 % der Gläser mindestens 390 g Marmelade enthalten. Bei einer Stichprobe werden 20 aus der laufenden Produktion zufällig entnommene Geleegläser überprüft.
Mit welcher Wahrscheinlichkeit ...

a) enthalten alle 20 Gläser mindestens 390 g?

b) enthält höchstens eines der 20 Gläser weniger als 390 g?

c) enthält mindestens eines der 20 Gläser weniger als 390 g?

6.6 Binomialverteilte Zufallsgrößen

Das abgebildete Glücksrad wird n-mal gedreht (Treffer: 👍).

- $n = 4$: Ermittle die Wahrscheinlichkeitsverteilung sowie den Erwartungswert und die Varianz.
- $n = 100$: Bestimme die Wahrscheinlichkeit $P(X = 30)$ und beschreibe ihre Bedeutung.
- Gib die Bedeutung der Wahrscheinlichkeit $P(X \leqq 30)$ an und beschreibe eine Möglichkeit, sie zu berechnen. Inwiefern treten Schwierigkeiten auf?

Merkwissen

Eine Zufallsgröße X, bei der man die Wahrscheinlichkeit der Trefferanzahl k wie bei einer Bernoulli-Kette der Länge n und Trefferwahrscheinlichkeit p angeben kann, heißt **binomialverteilt** (mit den Parametern n und p).
Ihre Wahrscheinlichkeitsverteilung heißt **Binomialverteilung**:
$B(n; p): k \rightarrow B(n; p; k) = P(x = k) = \binom{n}{k} \cdot p^k \cdot (1-p)^{n-k}$

B (n; p; k) ordnet also jedem $k \in \{1; 2; ...; n\}$ seine Trefferwahrscheinlichkeit $P(X = k)$ zu.

Interessiert man sich bei einer B (n; p)-verteilten Zufallsgröße X für die Wahrscheinlichkeit, **höchstens k Treffer** zu erzielen, also für $P(X \leqq k)$, so spricht man von der **kumulierten Binomialverteilung**:
$F(n; p): k \rightarrow F(n; p; k) = P(X \leqq k) =$
$\binom{n}{0} \cdot p^0 \cdot (1-p)^{n-0} + \binom{n}{1} \cdot p^1 \cdot (1-p)^{n-1} + ... + \binom{n}{k} \cdot p^k \cdot (1-p)^{n-k}$

kurz:
$F(n; p; k) = \sum_{i=0}^{k} \binom{n}{i} p^i (1-p)^{n-i}$

Beispiel: Binomialverteilungen für „6" (Treffer) bei n = 5 Würfelwürfen

① $B\left(5; \frac{1}{6}; k\right)$

k	P (X = k)
0	0,402
1	0,402
2	0,161
3	0,032
4	0,003
5	0,000

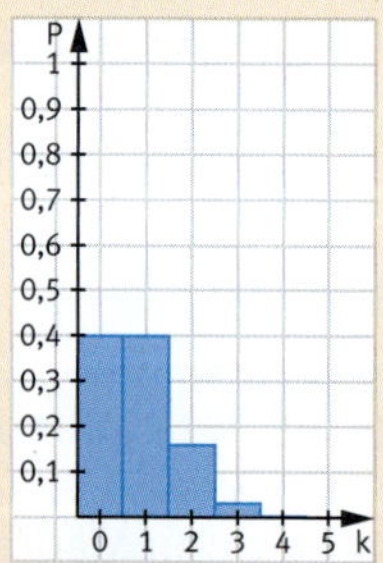

② $F\left(5; \frac{1}{6}; k\right)$

k	P (X ≦ k)
0	0,402
1	0,804
2	0,965
3	0,997
4	1,000
5	1

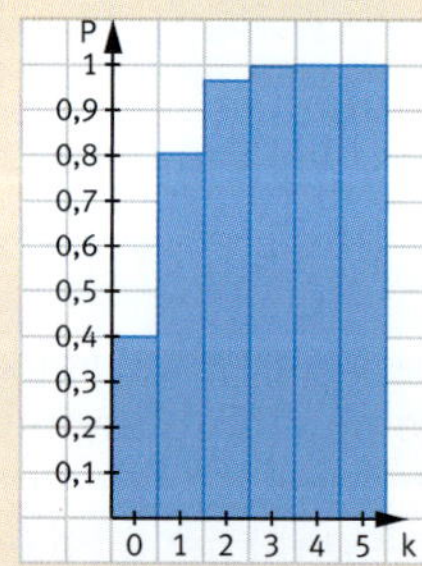

*Die Binomialverteilung wird oft als **Histogramm** dargestellt, also als Säulendiagramm, bei dem die Säulen keinen Abstand zueinander haben.*

Kennwerte einer B (n; p)-verteilten Zufallsgröße X:
Erwartungswert: $\mu = n \cdot p$
Varianz: $Var(X) = n \cdot p \cdot q = n \cdot p \cdot (1-p)$
Standardabweichung: $\sigma = \sqrt{n \cdot p \cdot (1-p)}$

Beispiele

I Eine Laplace-Münze wird 100-mal nacheinander geworfen.
X: Anzahl der Würfe, bei denen Zahl erscheint

a) Bestimme die Wahrscheinlichkeit, dass genau 50-mal Zahl erscheint.

b) Berechne den Erwartungswert und die Standardabweichung von X.

Lösung:
$n = 100; p = 0{,}5$

a) $P(X = 50) = B(100; 0{,}5; 50) \approx \binom{100}{50} \cdot 0{,}5^{50} \approx 0{,}5^{100-50} \approx 0{,}07959 \approx 8{,}0\,\%$

b) $\mu = 100 \cdot 0{,}5 = 50$ $\quad Var(X) = 100 \cdot 0{,}5 \cdot 0{,}5 = 25 \Longrightarrow \sigma = \sqrt{25} = 5$

II In einer Urne liegen 6 rote und 4 blaue Kugeln. Es wird nacheinander zehnmal eine Kugel mit Zurücklegen gezogen. Begründe, welches der Histogramme die zugehörige Wahrscheinlichkeitsverteilung für das Ziehen einer roten Kugel beschreibt.

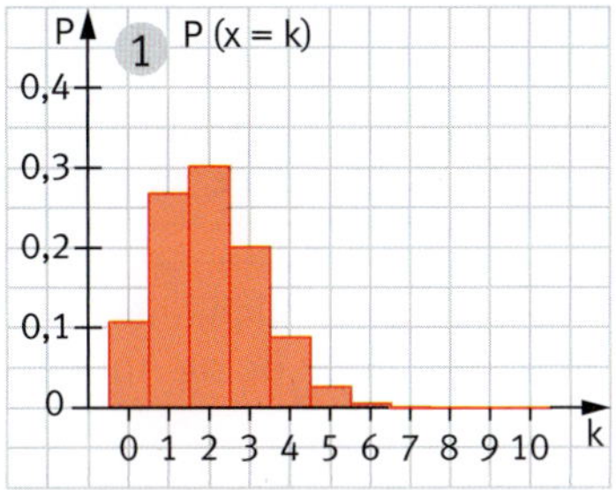

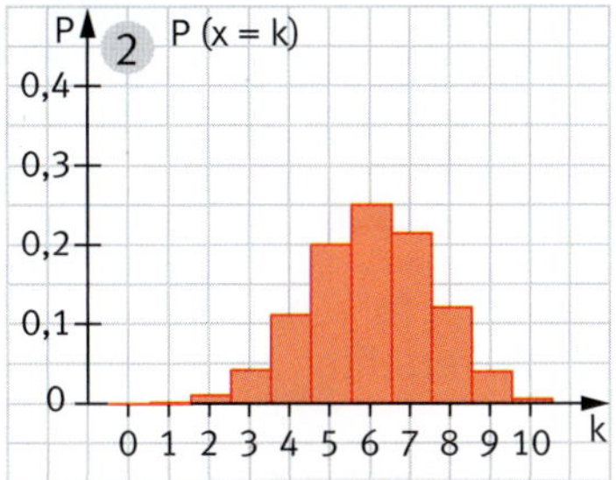

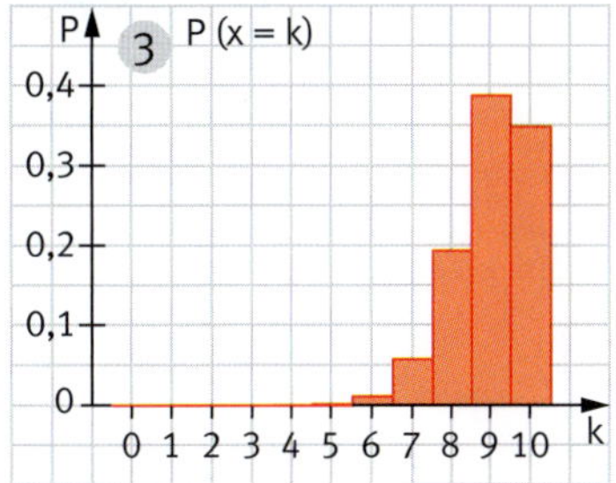

Lösung:
Je größer die Trefferwahrscheinlichkeit p ist, desto wahrscheinlicher sind große Trefferzahlen. Für p = 60 % muss der Großteil der Diagrammfläche in der rechten Hälfte im Intervall [0; 10] liegen. Diagramm (1) scheidet somit aus. Bei Histogramm (3) ist es sehr wahrscheinlich, neun oder zehn Treffer zu haben und nahezu unmöglich, weniger als sechs Treffer zu erhalten. Der Erwartungswert $\mu = 10 \cdot 0{,}6 = 6$ gibt jedoch an, dass man im langfristigen Mittel sechs Treffer erzielt. Also scheidet auch dieses Histogramm aus. Es ist nur Histogramm (2) möglich.

Verständnis

- Begründe für binomialverteilte Zufallsgrößen X die Berechnung von μ.
- Finde mindestens drei verschiedene Beispiele für binomialverteilte Zufallsgrößen, deren Erwartungswert gleich 15 ist.
- Gib eine Erklärung dafür an, dass im Beispiel I die Wahrscheinlichkeit P (X = 50) nur bei etwa 8 % liegt, obwohl der Erwartungswert μ = 50 beträgt.

Aufgaben

1 Die CAS verfügen über mehrere Befehle für Berechnungen im Zusammenhang mit binomialverteilten Zufallsgrößen.

Mathematische Berechnung	CAS-Befehl	Beispiel
B (n; p; k): Wahrscheinlichkeit, bei einer B (n; p)-verteilten Zufallsgröße genau k Treffer zu erhalten	**binomPdf(n,p,k)**	binomPdf$\left(5, \frac{1}{6}, 2\right)$ 0.069444
F (n; p; k): Wahrscheinlichkeit, bei einer B (n; p)-verteilten Zufallsgröße mindestens k_1 und höchstens k_2 Treffer zu erhalten	**binomCdf(n,p,k_1,k_2)**	binomCdf$\left(3, \frac{1}{6}, 1{,}2\right)$ 0.416667
Erzeugen einer Liste von m B (n; p)-verteilten Zufallszahlen	**randBin(n,p,m)**	randBin(10,0.5,6) {7,8,5,5,1,4}

*Einige CAS verwenden auch **binomialPdf**(.,.,.) und **binomialCdf**(.,.,.,.). Die Reihenfolge der Eingabe von n (Anzahl Versuche), p (Trefferwahrscheinlichkeit) und k (Anzahl Treffer) ist entscheidend. Die Befehle finden sich stets unter dem Menüpunkt „Wahrscheinlichkeit“.*

a) Erläutere die Ein- bzw. Ausgaben am Screenshot. Erkläre auch, wie man die Werte in den unteren beiden Zeilen aus den Werten in Zeile 2 erhält.

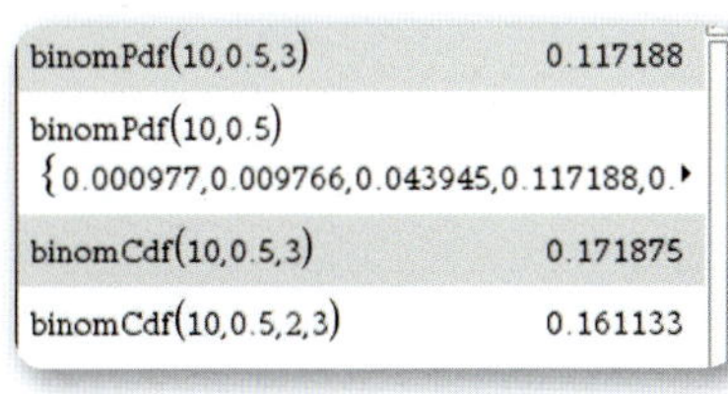

b) Probiere die Befehle an weiteren Beispielen aus.

c) Begründe die Gültigkeit der Zusammenhänge. Überprüfe an Beispielen.

(1) $P(X < k) = P(X \leqq k-1) = F(n; p; k-1)$

(2) $P(X > k) = 1 - P(X \leqq k) = 1 - F(n; p; k)$

(3) $P(k_1 < X \leqq k_2) = P(X \leqq k_2) - P(X \leqq k_1) = F(n; p; k_2) - F(n; p; k_1)$

2 Eine Zufallsgröße ist binomialverteilt. Berechne die Wahrscheinlichkeiten für die angegebenen Treffer k.

a) B (90; 0,1; k)		**b)** B (200; 0,75; k)	
1 $P(X = 0)$	2 $P(X = 15)$	1 $P(X = 150)$	2 $P(X \leqq 200)$
3 $P(X \leqq 15)$	4 $P(X \geqq 0)$	3 $P(X < 144)$	4 $P(X > 140)$
5 $P(X \geqq 20)$	6 $P(5 \leqq X \leqq 15)$	5 $P(X \geqq 155)$	6 $P(145 < X \leqq 155)$

3 Finde heraus, welches der folgenden Histogramme die Wahrscheinlichkeitsverteilung einer B (50; 0,25)-verteilten Zufallsgröße darstellt. Begründe deine Antwort.

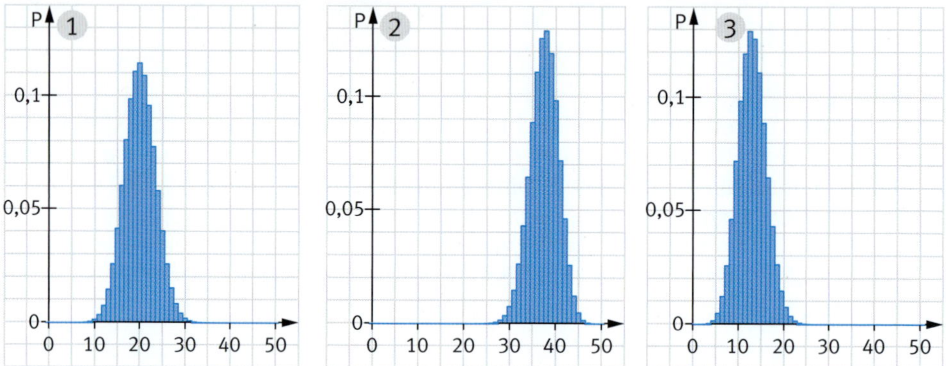

4 Aus einer Urne mit 30 blauen und 40 gelben Kugeln werden 140 Kugeln mit Zurücklegen gezogen.

a) Ermittle die Wahrscheinlichkeiten der folgenden Ereignisse.

1 E_1: „Genau 60 Kugeln sind blau."
2 E_2: „Die ersten fünf gezogenen Kugeln sind blau."
3 E_3: „Es werden mehr gelbe als blaue Kugeln gezogen."
4 E_4: „Es werden höchstens 70 gelbe Kugeln gezogen."
5 E_5: „Es werden mindestens 70 gelbe Kugeln gezogen."

b) Berechne für X: „Anzahl der gelben Kugeln" $P(X = 70)$ aus $P(E_4)$ und $P(E_5)$.

DLRG: Deutsche Lebens-Rettungs-Gesellschaft

5 Laut Angaben der DLRG können fast 34 % der Kinder und Jugendlichen „im schulpflichtigen Alter" in Deutschland „nicht oder nur schlecht" schwimmen. In einer Siedlung wohnen 143 Kinder.

a) Ermittle, wie viele „Schwimmer" man unter diesen Kindern erwarten kann.

b) Bestimme die Wahrscheinlichkeit, dass davon mehr als 100 schwimmen können.

6 In einer Kantine gibt es täglich drei Gerichte zur Auswahl. Davon ist eines vegetarisch. Erfahrungsgemäß wählen zwei von fünf der 400 Kantinenbesucher das fleischlose Gericht. Die Kantine bereitet täglich 160 vegetarische Gerichte vor.

a) Berechne, mit welcher Wahrscheinlichkeit die vegetarischen Portionen an einem bestimmten Tag nicht ausreichen.

b) Bestimme die Wahrscheinlichkeit, dass die vorbereiteten fleischlosen Gerichte an mindestens drei von fünf Tagen derselben Woche nicht reichen.

7 Ordne jeder Binomialverteilung das passende Histogramm zu. Begründe deine Auswahl.

A B (10; 0,4) B B (20; 0,4) C B (10; 0,6) D B (20; 0,6)

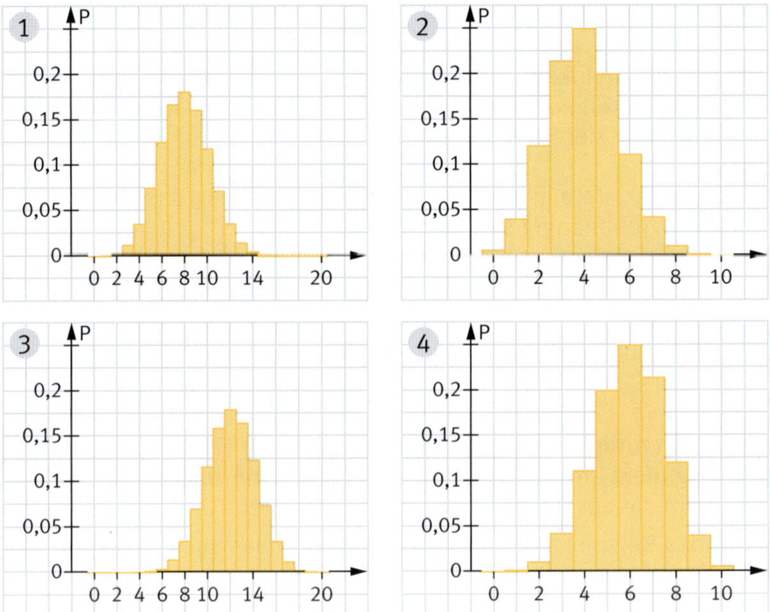

8 Heute ist die Wahrscheinlichkeit, dass ein beliebig ausgewählter Fluggast am Flughafen Halle-Leipzig einen innerdeutschen Flug antritt, 46 %. Interpretiere in diesem Zusammenhang die Bedeutung folgender Terme:

a) $\binom{80}{30} \cdot 0{,}46^{30} \cdot 0{,}54^{50}$ **b)** $\binom{90}{44} \cdot 0{,}46^{46} \cdot 0{,}54^{44}$ **c)** $\sum_{i=30}^{50} \binom{95}{i} \cdot 0{,}46^{i} \cdot 0{,}54^{95-i}$

9 Mit CAS und der verknüpften Tabellenkalkulation kann man die Eigenschaften binomialverteilter Zufallsgrößen untersuchen.

	A nr	B b_p	C
=	=seq(i,i,0,100)	=binompdf(100,'p,a[])	
1	0	7.88861E-31	
2	1	7.88861E-29	
3	2	3.90486E-27	
4	3	1.27559E-25	
5	4	3.0933E-24	

B b_p:=binompdf(100,'p,a[ ])

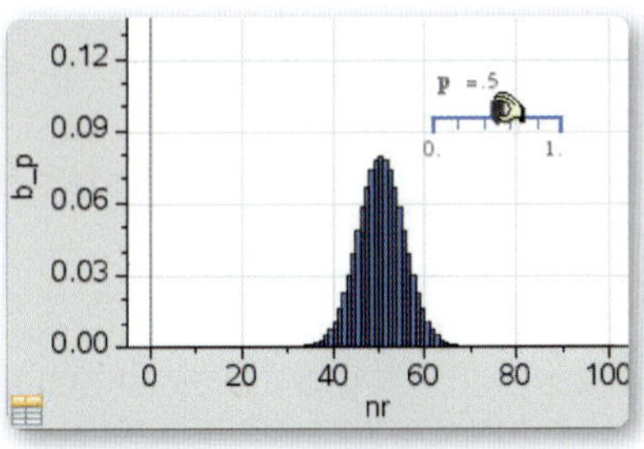

Achte auf funktionierende Bezüge (Variablen, Spalten, Zellen) bei der Tabellenkalkulation. Kontrolle der Säulenbreite bei Histogrammen: „Einstellungen“ (z. B. Rechtsklick).

8410–12

a) Öffne die Tabellenkalkulation und erzeuge eine Liste der natürlichen Zahlen von 0 bis 100 (Spalte A).

b) Erzeuge einen Schieberegler für p mit $0 \leqq p \leqq 1$.

c) Berechne die Wahrscheinlichkeiten B (n; p; k) der Binomialverteilung B (100; p) in Abhängigkeit von p (Spalte B). In Spalte A steht dabei die Anzahl der Treffer (k).

d) Gib die Wahrscheinlichkeitsverteilung in einem Histogramm aus.

e) Untersuche den Einfluss von p auf die Binomialverteilung B (100; p) und beschreibe deine Beobachtung.

Auf ähnliche Weise kannst du auch den Einfluss von n auf B (n; p) untersuchen.

Aufgaben

Sechsstellig bedeutet hier, dass die erste Ziffer von Null verschieden ist.

1 In einer Stadt gibt es 320 000 ausschließlich sechsstellige Telefonnummern. Ein Kleinkind drückt zufällig sechs Zifferntasten.

a) Simuliere das Zufallsexperiment durch ein Urnenmodell.

b) Berechne die Wahrscheinlichkeit, dass das Kind jemanden aus der Stadt „anruft“.

c) Ermittle, wie oft das Kleinkind sein Experiment wiederholen müsste, um mit einer Wahrscheinlichkeit von mindestens 90 % mindestens einmal eine der vergebenen Nummern der Stadt zu wählen.

2 Übertrage die Vierfeldertafeln in dein Heft und ergänze sie so, dass die Ereignisse A und B stochastisch unabhängig sind.

a)

	B	$\overline{B}$	
A	0,42		0,7
$\overline{A}$			

b)

	B	$\overline{B}$	
A			
$\overline{A}$		630	
	300		1000

*Der CAS-Befehl **countIf(.,.)** zählt in einer Menge diejenigen Elemente, die eine bestimmte Eigenschaft aufweisen. Er ergänzt den **rand**-Befehl.*

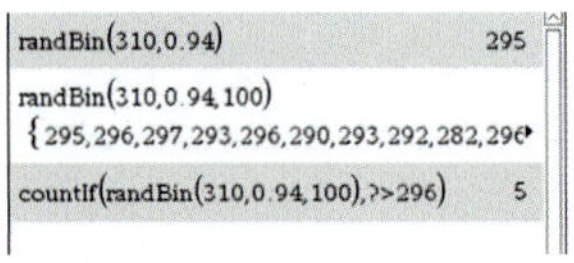

3 Aus Erfahrung wissen Airlines, dass Passagiere in 6 % der Fälle trotz eines gekauften Tickets den Flug nicht antreten. Aus diesem Grund überbuchen sie die Flüge. Zum Beispiel würden sie bei einem Flugzeug mit 296 Sitzen 310 Tickets verkaufen.

a) Bestimme für das Beispiel die Wahrscheinlichkeit, dass alle Passagiere zum Abflug erscheinen.

b) Bestimme für das Beispiel die Wahrscheinlichkeit, dass mehr Passagiere erscheinen, als Plätze im Flugzeug zur Verfügung stehen.

c) Simuliere mit dem CAS den beschriebenen Sachverhalt für eine Airline, die am Tag 100 Flüge durchführt.

4 In einer Spielshow hat der Kandidat die Auswahl zwischen drei Toren. Hinter einem der Tore ist ein Traumgewinn, hinter den anderen beiden sind Nieten versteckt. Tim wählt Tor 1, der Showmaster öffnet daraufhin Tor 2, hinter dem sich eine Niete offenbart. Jetzt bietet der Showmaster Tim an, sich erneut zu entscheiden.

a) Berate Tim: Sollte er weiter auf Tor 1 setzen oder zu Tor 3 wechseln?

b) Begründe deine Entscheidung. Argumentiere mit der Erfolgswahrscheinlichkeit auf den Traumgewinn.

c) Diskutiere deine Entscheidung sowie deine Argumente mit deinen Klassenkameraden.

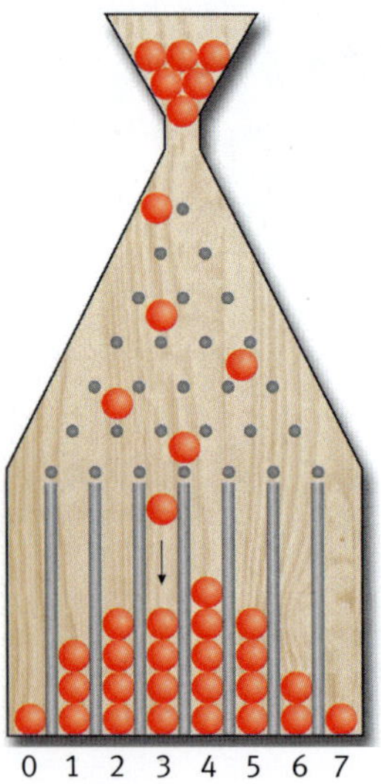

5 Bei einem Galton-Brett wird eine Kugel, die oben in der Mitte durch eine Öffnung fällt, von jedem Stift mit gleicher Wahrscheinlichkeit nach links wie nach rechts abgelenkt. Die Zufallsgröße X beschreibt die Nummer des Fachs, in dem die Kugel am Ende liegen bleibt.

a) Informiere dich über Sir Francis Galton, den Erfinder dieses Bretts.

b) Beschreibe ein passendes Urnenexperiment und gib an, ob es sich hierbei um eine Bernoulli-Kette handelt.

c) Ermittle die Wahrscheinlichkeitsverteilung von X und zeichne ein Histogramm.

d) Begründe die Symmetrie des Diagramms mithilfe der Bernoulli-Formel.

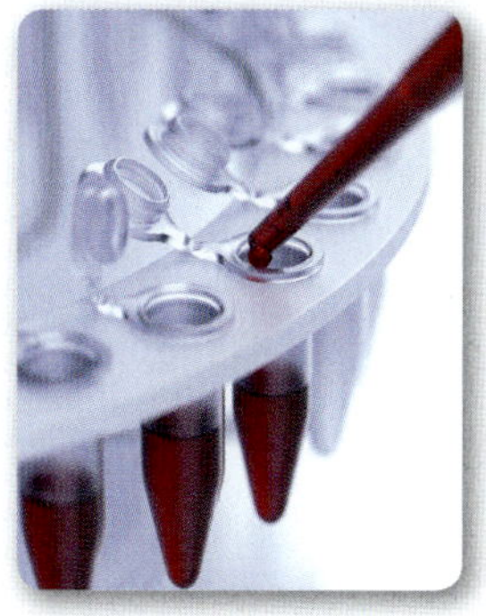

6 Ein neuartiges chemisches Analyseverfahren hat eine Zuverlässigkeit von 80 %.

a) Nenne Gründe dafür, das neue Verfahren trotz dieser relativ geringen Zuverlässigkeit einzusetzen.

b) Um die Testsicherheit zu erhöhen, muss jeder Stoff die Analyse zweimal unabhängig durchlaufen.
Erstelle eine Vierfeldertafel und gib die Wahrscheinlichkeit an, dass ein Stoff in beiden Tests falsch klassifiziert wird: Ein Stoff, der unerwünscht ist, durchläuft beide Tests erfolgreich bzw. ein Stoff, der erwünscht ist, nicht erfolgreich.

c) Bestimme, in wie viel Prozent aller Fälle man erwartungsgemäß einen dritten Test machen muss.

7 Erläutere die nebenstehende Berechnung. Gehe dabei auf eine mögliche mathematische Problemstellung ein, in deren Zusammenhang diese Berechnung sinnvoll ist.

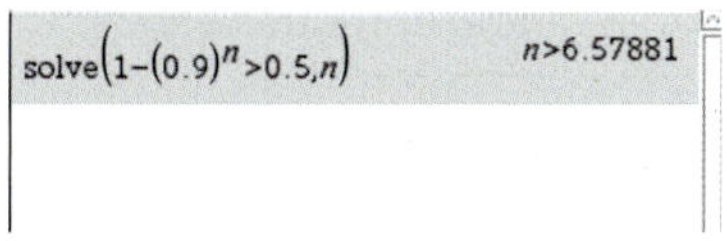

8 Beim Einchecken an einem Flughafen kommen die Gepäckstücke unabhängig voneinander auf ein Transportband. Die Wahrscheinlichkeit, dass ein zufällig ausgewähltes Gepäckstück auf diesem Band das Ziel München hat, ist 0,22.

a) Berechne die Wahrscheinlichkeit der folgenden Ereignisse:
Von zehn zufällig ausgewählten Gepäckstücken auf diesem Band ...

(1) haben höchstens drei das Ziel München.

(2) hat nur das zehnte das Ziel München.

(3) ist das zehnte Gepäckstück das zweite mit Ziel München.

b) Erläutere in diesem Sachzusammenhang die folgenden Terme:
$P(E_4) = 0{,}22^3 \cdot 0{,}78^7$ $\qquad$ $P(E_5) = \binom{10}{5} \cdot 0{,}22^5 \cdot 0{,}78^5$

9 Eine Zufallsgröße ist B (n; 0,3)-verteilt. Bestimme für n = 10 (n = 20, n = 50, n = 100) jeweils den Erwartungswert und die Varianz.

10 Die Zufallsgröße X ist binomialverteilt. Ihr Erwartungswert ist 40, die Standardabweichung beträgt 6. Bestimme die Parameter n und p der Binomialverteilung.

11 Ordne zu und begründe deine Zuordnung.

(A) B (15; 0,15) $\qquad$ (B) B (15; 0,30) $\qquad$ (C) B (15; 0,45)

(D) B (15; 0,60) $\qquad$ (E) B (15; 0,75) $\qquad$ (F) B (15; 0,90)

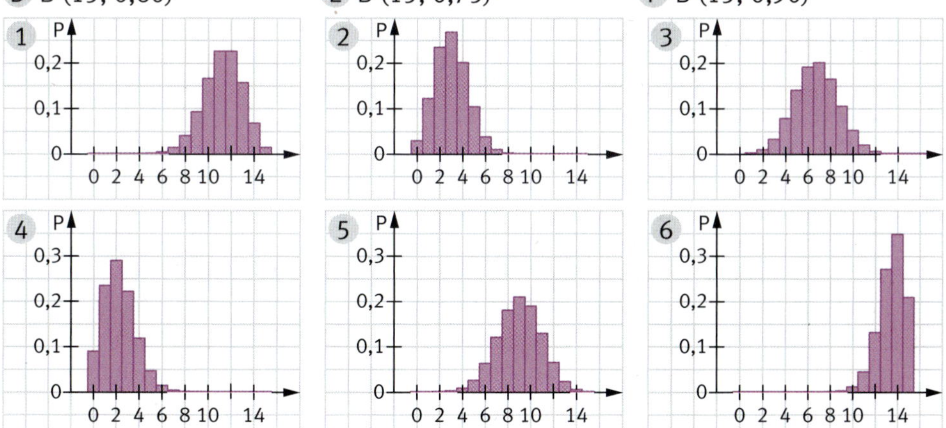

12 In der JIM-Studie 2015 wurde das Medienverhalten von Jugendlichen untersucht. Es wurde das nebenstehende Diagramm unter dem Titel „Bücher lesen" veröffentlicht (nur gedruckte Bücher).

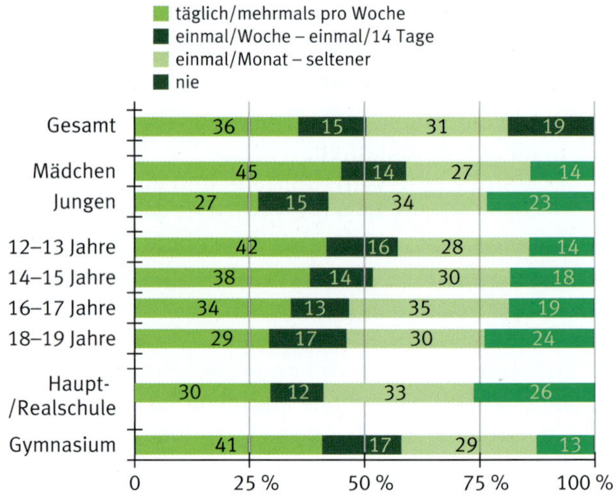

Basis: alle Befragten, n = 1200

a) Gib den Stichprobenumfang an.

b) Beschreibe die Veränderung des Leseverhaltens von Jugendlichen zwischen 12 und 19 Jahren. Versuche, Gründe für diese Veränderung zu finden.

c) Berechne die Wahrscheinlichkeit, dass von 200 beliebig ausgewählten deutschen Gymnasiasten ...
1 höchstens 30 2 mindestens 50 3 0
Personen nie Bücher lesen.

d) Bestimme die Wahrscheinlichkeit, dass von 500 zufällig befragten Jungen weniger als die Hälfte mindestens einmal in 14 Tagen zu einem Buch greift.

13 Berechne die Wahrscheinlichkeit $P(\mu - \sigma \leqq X \leqq \mu + \sigma)$ für die $B(100; 0{,}6)$-verteilte Zufallsgröße X. Beschreibe die Bedeutung dieser Wahrscheinlichkeit.

14 Begründe: Vervierfacht man bei gleichbleibender Trefferwahrscheinlichkeit p die Anzahl n der Versuchsdurchführungen bei einer Bernoulli-Kette, so verdoppelt sich die Standardabweichung und vervierfacht sich der Erwartungswert.

*Beachte: Ein Lottospiel entspricht einer Ziehung ohne Zurücklegen. Die CAS-Befehle **randInt**(.,.,.) und **randlist**(.,.,.) erzeugen Wiederholungen (Ziehung mit Zurücklegen). Eine Lösung bietet der Befehl **randSamp**(.,.,.). Dieser wählt aus einer Menge eine bestimmte Anzahl an Elementen zufällig (und ohne Zurücklegen) aus.*

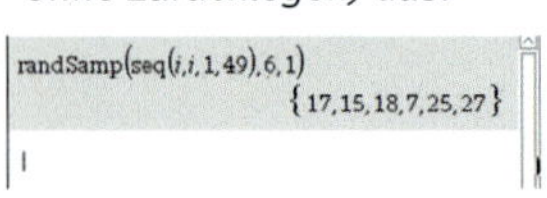

15 Beim deutschen Lotto kann man mit einem Tipp 6 aus 49 Zahlen auswählen.

a) Fülle den Tippschein aus, indem du 6 Zahlen auswählst.

b) Simuliere eine einmalige Ziehung der Lottozahlen mit deinem CAS.

c) Berechne die Wahrscheinlichkeit, mit einem Tipp einen „Sechser im Lotto" zu bekommen.

16 Ein Würfel wurde so gezinkt, dass die Wahrscheinlichkeit für jede Augenzahl proportional zu deren Wert ist. Das heißt, die Zwei tritt doppelt so wahrscheinlich auf wie die Eins, die Sechs sogar sechsmal so wahrscheinlich.

a) Ermittle die Wahrscheinlichkeitsverteilung und veranschauliche sie in einem Stabdiagramm.

b) Berechne den Erwartungswert. Schätze diesen anschließend durch eine Dezimalzahl ab.

17 Eine Zufallsgröße kann genau vier verschiedene Werte annehmen. Finde eine Wahrscheinlichkeitsverteilung, bei der der Erwartungswert zwischen den beiden größten möglichen Werten liegt.

18 Bei einer Umfrage stimmten 87 % der Befragten für ein Rauchverbot in Gaststätten. Aus der Probandengruppe werden sechs Personen zufällig ausgewählt.
Mit welcher Wahrscheinlichkeit befürworten fünf dieser sechs Personen das Rauchverbot?

19 Die Wahrscheinlichkeit, dass ein zehnjähriges Kind nicht schwimmen kann, ist 10 %. Eine Sportlehrkraft befragt die 20 zehnjährigen Schüler/Schülerinnen der Klasse 5A, ob sie schwimmen können.
Mit welcher Wahrscheinlichkeit

a) können alle befragten Kinder dieser Klasse schwimmen?

b) kann genau eines der befragten Kinder nicht schwimmen?

c) kann mindestens eines der befragten Kinder nicht schwimmen?

20 Etwa 40 % der Erwachsenen tragen ein Herpes-Virus im Körper, ohne jemals Bläschen oder andere Symptome zu spüren. Man sagt, das Virus „schlummert“. Bei weiteren 50 % der Bevölkerung bricht die Krankheit gelegentlich aus.

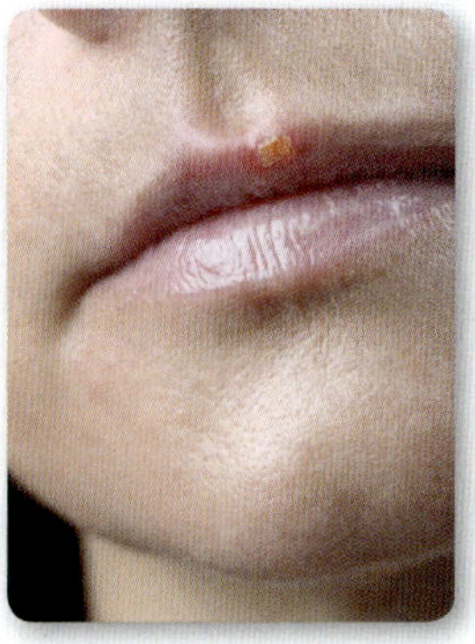

a) Bestimme die Wahrscheinlichkeit, dass unter hundert zufällig ausgewählten Erwachsenen genau 50 Personen mit schlummerndem Herpes-Virus sind.

b) Ermittle, wie viele Erwachsene man mindestens untersuchen muss, damit unter ihnen mit einer Wahrscheinlichkeit von mindestens 99 % mindestens eine mit schlummerndem Virus ist.

c) Durch einen Schnelltest, der nur bei Personen durchgeführt wird, die noch nie Symptome hatten, werden 95 % der Personen mit schlummerndem Virus erkannt. Allerdings stuft der Test auch 8 % der Gesunden falsch ein. Berechne die Wahrscheinlichkeit dafür, dass ...

1 eine Person, die der Test als Herpes-Virus-Träger identifiziert hat, das Virus auch tatsächlich in sich hat.

2 eine vom Test als gesund eingestufte Person das Virus in sich trägt.

21 Hungrige Mäuse tummeln sich vor dem Eingang A (0|4) eines Labyrinths. Zufallsgeneratoren an jeder der 12 „Kreuzungen“ des Labyrinths [also z. B. im Punkt (0|2), aber nicht im Punkt (2|0)] öffnen jeder Maus genau einen kürzesten Weg von A zum Futterplatz Z (3|0). Die Öffnung „nach rechts“ erfolgt dabei jeweils mit einer Wahrscheinlichkeit von 0,4 und die „nach unten“ mit einer Wahrscheinlichkeit von 0,6.

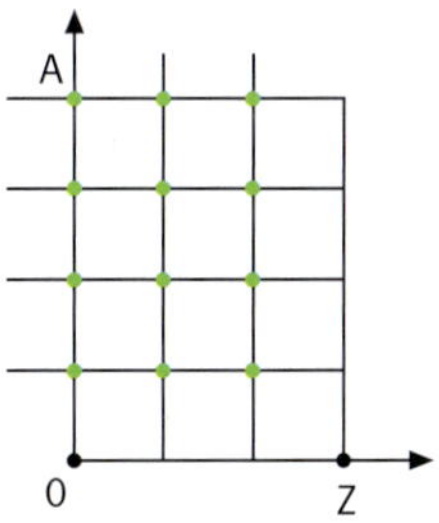

a) Ermittle, wie viele verschiedene kürzeste Wege es von A nach Z gibt.

b) Ermittle bei jedem der vier kürzesten Wege 1 bis 4 die Wahrscheinlichkeit, dass die Maus ihn nimmt.

1
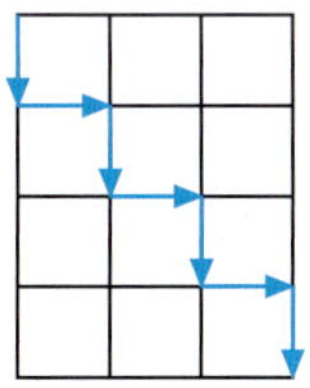
2
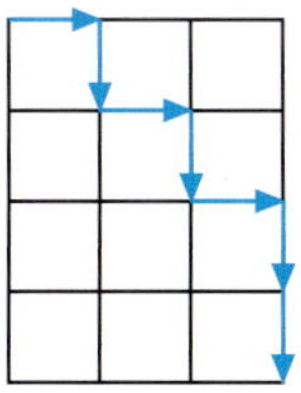
3
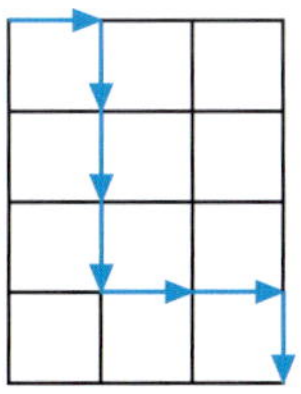
4
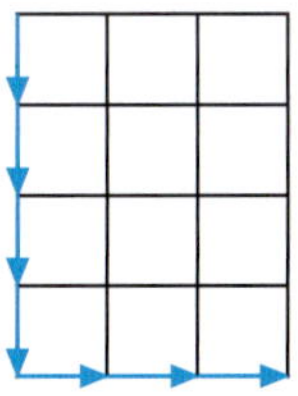

Fluch der Karibik

Im Film „Fluch der Karibik 2“ tritt Will Turner gegen seinen Vater und Davy Jones in einem Würfelspiel an. Das Prinzip des Spiels ist folgendes:

Jeder Spieler würfelt gleichzeitig mit fünf Würfeln, deren Augen er sich verdeckt anschauen darf. Entscheidend ist nun, wie viele Würfel mit gleicher Augenzahl unter diesen insgesamt 15 Würfeln sind. Ein Spieler beginnt zu bieten und sagt beispielsweise „vier Würfel mit Augenzahl 3“. Damit behauptet er, dass unter den 15 Würfeln mindestens vier sind, bei denen die 3 oben liegt. Dabei ist es unerheblich, wie viele er selbst davon hat. Der in der Reihe nächste Spieler muss – ohne dass neu gewürfelt wird – diese Anzahl überbieten, also beispielsweise durch die Ansage „fünf Würfel mit Augenzahl 3“, usw. Wenn einem Spieler die Gebote zu unrealistisch erscheinen, kann er aufdecken lassen. Im Beispiel gilt dann: Sind fünf (oder mehr) 3er unter den Würfeln, hat der zuletzt Bietende gewonnen, ansonsten derjenige, der aufdecken ließ.

In einer Filmszene haben sich die Kontrahenten die Fünfen zum Bieten ausgesucht. Davy Jones hat gesehen, dass er 4 Fünfen hat und er sagt 7 Fünfen an.

a) Bestimme die Wahrscheinlichkeiten, bei diesem Spiel unter den für Davy Jones nicht sichtbaren Würfeln ...

1. genau eine weitere Fünf, genau zwei weitere Fünfen, genau drei weitere Fünfen, ... zu finden.
2. mindestens eine weitere Fünf, mindestens zwei weitere Fünfen, mindestens drei weitere Fünfen, ... zu finden.

$\text{binomPdf}\left(10,\frac{1}{6},3\right)$ 0.155045

$\text{binomCdf}\left(10,\frac{1}{6},3,10\right)$ 0.224773

	A	B	C	D
=	=seq(x,x,(	=binompdf(10,		
1	0	0.161506	1.	
2	1	0.323011	0.838494	
3	2	0.29071	0.515483	
4	3	0.155045	0.224773	

C1 $=\text{binomcdf}\left(10,\frac{1}{6},a1,10\right)$

b) Gib eine Einschätzung ab, was für ein Spielertyp Davy Jones ist.

c) Versuche, auf der Grundlage der Wahrscheinlichkeiten aus a) Empfehlungen für eine Spielstrategie bei diesem Spiel zu formulieren. Gehe dabei auch auf den Spielzug von Davy Jones ein.

8410–13

Alles Bluff

Ein beliebtes Gesellschaftsspiel, das den Spielgedanken des Würfelpokers aufgreift und weiterführt, ist „Bluff". Im Unterschied zum eben beschriebenen Poker ist auf allen Bluff-Würfeln statt der Ziffer 6 ein Stern abgebildet, der für jede andere Augenzahl (also 1 bis 5) eingesetzt werden kann und auch für sich selbst. Bluff geht über mehrere Runden, wobei der Verlierer einer Runde immer einen Teil seiner Würfel abgeben muss.

a) Stelle mit dem CAS die Wahrscheinlichkeitsverteilung für 6 Personen mit jeweils 5 Würfeln (das ist die maximale Spieleranzahl) auf. Überlege dir, wie sich die Verteilung ändert, wenn immer mehr Würfel aus dem Spiel genommen werden. Stelle diesen Zusammenhang grafisch dar. Für eine dynamische Darstellung bieten sich Schieberegler an.

	A pasche	B bw	C sbw	D
=	=seq(x,x,0,	=binompdf(	=1−binomc	
1	0	0.000005	0.999995	
2	1	0.000079	0.999915	
3	2	0.000574	0.999341	
4	3	0.002675	0.996667	
5	4	0.009013	0.987654	

B bw:=binompdf('n,'p,a[ ])

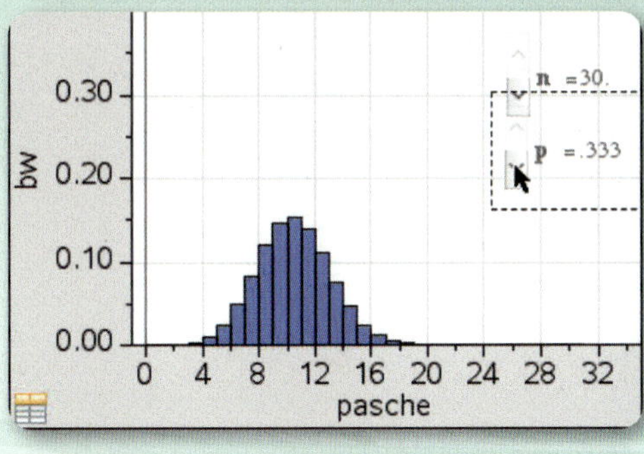

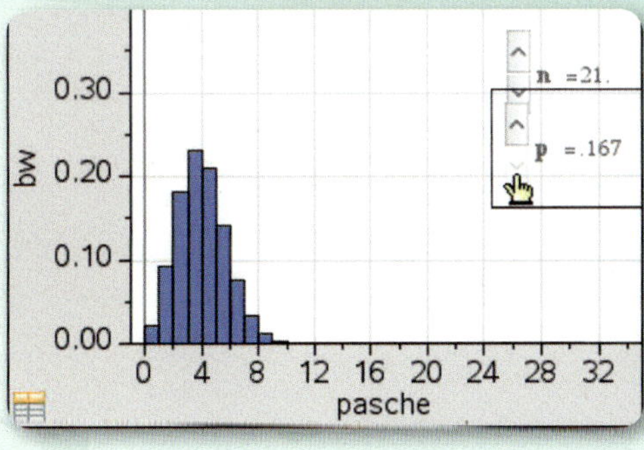

b) Mit genügend Würfeln (30) kannst du dir ein Bluff-Spiel zusammenstellen. Wenn du es mit deinen Freunden ausprobierst, kannst du die von dir erstellte Datei nutzen, um deine Züge entsprechend der Wahrscheinlichkeiten zu gestalten.

8410–14

Überprüfe deine Fähigkeiten und Kenntnisse. Bearbeite dazu die folgenden Aufgaben und bewerte anschließend deine Lösungen mit einem Smiley.

☺	😐	☹
Das kann ich!	Das kann ich fast!	Das kann ich noch nicht!

Hinweise zum Nacharbeiten findest du auf der folgenden Seite. Die Lösungen stehen im Anhang.

Aufgaben zur Einzelarbeit

1 In einer Urne befinden sich acht grüne, fünf rote und zwei blaue Kugeln.

a) Otto zieht fünf Kugeln mit Zurücklegen. Bestimme die Wahrscheinlichkeit, dass Otto ...

① drei gleichfarbige Kugeln zieht.

② mindestens eine grüne Kugel zieht.

③ genau drei grüne Kugeln zieht.

④ keine rote Kugel zieht.

Runde jeweils auf Zehntel Prozent.

b) Berechne, wie viele Kugeln Otto mindestens mit Zurücklegen ziehen muss, um mit einer Wahrscheinlichkeit von mindestens 60 % mindestens eine blaue Kugel zu erhalten.

2 Übertrage die Vierfeldertafel in dein Heft und vervollständige sie so, dass die Ereignisse A und B stochastisch unabhängig sind.

	B	$\overline{B}$	gesamt
A	□	□	0,6
$\overline{A}$	□	0,32	□
gesamt	□	□	□

3 Berechne $\binom{5}{3}$, $\binom{101}{99}$, $\binom{16}{2}$, 2^{10} ...

a) ohne Verwendung von Hilfsmitteln.

b) unter Verwendung deines CAS.

4 Beschreibe jeweils ein passendes Urnenexperiment und finde eine Anwendungsmöglichkeit.

a) $\binom{23}{18}$ **b)** 8^{15} **c)** $65 \cdot 64 \cdot ... \cdot 56 \cdot 55$

5 Gegeben ist eine Bernoulli-Kette der Länge 10 mit der Trefferwahrscheinlichkeit 0,4.

a) Bestimme folgende Wahrscheinlichkeiten.

① $P(X = 5)$ ② $P(X \leqq 6)$ ③ $P(X < 8)$

④ $P(X > 3)$ ⑤ $P(X \geqq 5)$ ⑥ $F(10; 0{,}4; 4)$

b) Berechne $B(10; 0{,}4; 7)$ und $B(10; 0{,}6; 3)$. Vergleiche die Ergebnisse und begründe.

6 Die Tabellen geben Wahrscheinlichkeitsverteilungen an. Berechne jeweils den Erwartungswert und die Standardabweichung der Zufallsgröße X und zeichne ein Stabdiagramm.

a)

$X = x_i$	–2	1	2
$P(X = x_i)$	0,6	0,3	0,1

b)

$X = x_i$	–1	0	1	2	3
$P(X = x_i)$	0,05	0,3	0,25	0,2	0,2

7 Das abgebildete Histogramm veranschaulicht eine der angegebenen Binomialverteilungen. Finde jeweils ohne CAS heraus, um welche es sich handelt und begründe deine Entscheidung.

a) $B(13; 0{,}4)$; $B(13; 0{,}5)$; $B(13; 0{,}8)$

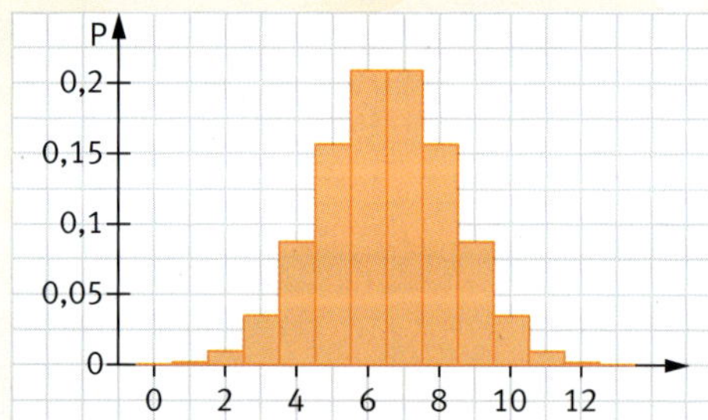

b) $B(60; \frac{2}{3})$; $B(45; \frac{2}{3})$; $B(30; \frac{2}{3})$

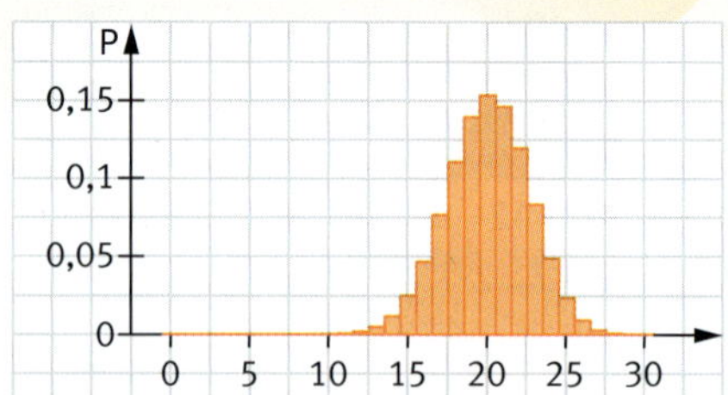

8 Berechne den Erwartungswert und die Standardabweichung einer $B(1200; 0{,}75)$-verteilten Zufallsgröße X.

9 Bei einem Tetraederwürfel gilt immer diejenige Zahl als gewürfelt, die auf der Unterseite des Tetraeders steht. Ein Laplace-Tetraederwürfel mit den Zahlen 1 bis 4 wird 20-mal geworfen.

a) Berechne die Wahrscheinlichkeit, dass unter den 20 Ergebnissen ...

1 genau sechsmal eine 3 erscheint.

2 genau 10 der Ergebnisse gerade sind.

3 mindestens fünfmal eine 4 erscheint.

b) Olivia hat sechsmal eine 1, siebenmal eine 2, dreimal eine 3 und viermal eine 4 geworfen. Berechne, in wie vielen verschiedenen Reihenfolgen dies geschehen sein kann.

c) Ermittle, wie oft Olivia den Laplace-Tetraeder mindestens werfen muss, um mit einer Wahrscheinlichkeit von mindestens 99 % mindestens eine Vier zu werfen.

10 Ein Laplace-Spielwürfel wird zehnmal (allgemein: n-mal; $n \in \mathbb{N}$) geworfen. Mit welcher Wahrscheinlichkeit erhält man ...

a) genau einmal eine ungerade Primzahl?

b) mindestens einmal eine ungerade Primzahl?

c) höchstens einmal eine ungerade Primzahl?

Aufgaben für Lernpartner

Arbeitsschritte

1 Bearbeite die folgenden Aufgaben alleine.

2 Suche dir einen Partner und erkläre ihm deine Lösungen. Höre aufmerksam und gewissenhaft zu, wenn dein Partner dir seine Lösungen erklärt.

3 Korrigiere gegebenenfalls deine Antworten und benutze dazu eine andere Farbe.

Sind folgende Behauptungen **richtig** oder **falsch**? Begründe schriftlich.

11 $n \cdot (n-1) \cdot (n-2) \cdot \ldots \cdot (n-8) = \frac{n!}{(n-7)!}$

12 Die Buchstaben des Wortes TITICACASEE kann man auf $\frac{11!}{32}$ unterschiedliche Arten anordnen.

13 Beim Werfen eines Laplace-Würfels sind die Ereignisse G: „Augenzahl ist gerade." und ...

a) P: „Augenzahl ist eine Primzahl." stochastisch unabhängig.

b) U: „Augenzahl ist ungerade." stochastisch abhängig.

14 Die Standardabweichung jeder B (10; 0,9)-verteilten Zufallsgröße ist 0,3.

15 Bei einer Bernoulli-Kette ist die Trefferwahrscheinlichkeit P (T) in jeder Stufe des n-stufigen Zufallsexperiments gleich.

16 Der Erwartungswert der folgenden Wahrscheinlichkeitsverteilung ist negativ.

$X = x_i$	−4	0	1	2	3
$P(X = x_i)$	0,3	0,2	0,05	0,25	0,2

17 Die Standardabweichung einer Zufallsgröße X ist immer positiv.

18 In jedem siebten Schokoriegel befindet sich ein Aufkleber. Dann muss man mindestens 21 Schokoriegel kaufen, um mit einer Wahrscheinlichkeit von mehr als 90 % mindestens einen Aufkleber zu erhalten.

19 Es gilt die folgende Gleichheit:

a) $\binom{56}{12} = \binom{56}{44}$ **b)** $\frac{200!}{198!} = 3980$

20 Wenn man ein Glücksrad herstellen möchte, um damit ein Bernoulli-Experiment durchzuführen, muss man darauf achten, das Rad in Sektoren mit gleichen Mittelpunktswinkeln einzuteilen.

Aufgabe	Ich kann ...	Hilfe
1	Wahrscheinlichkeiten bei mehrstufigen Zufallsexperimenten berechnen.	S. 124
2, 13	Ereignisse auf stochastische Unabhängigkeit prüfen.	S. 128
3, 11, 19	mit Binomialkoeffizienten rechnen.	S. 134
4	Situationen mithilfe des Urnenmodells simulieren.	S. 134
9, 12	Anzahlen von Kombinationsmöglichkeiten mithilfe kombinatorischer Überlegungen bestimmen.	S. 134
6, 8, 14, 16, 17	Erwartungswert, Varianz und Standardabweichung von Zufallsgrößen berechnen.	S. 130
5, 9, 10, 18, 20	Bernoulli-Experimente erkennen und Wahrscheinlichkeiten mit der Bernoulli-Formel berechnen.	S. 136
7, 15	Binomialverteilungen interpretieren und unterscheiden.	S. 140

S. 124

Ziehen mit Zurücklegen mit der Trefferwahrscheinlichkeit P (T): Die Wahrscheinlichkeit, im n-ten Versuch ($n \in \mathbb{N}$) zum ersten Mal zu treffen, ist:
$\mathbf{P(\overline{T})^{n-1} \cdot P(T) = [1 - P(T)]^{n-1} \cdot P(T)}$

S. 128

	B	$\overline{B}$	gesamt
A	$P(A) \cdot P(B)$	$P(A) \cdot P(\overline{B})$	$P(A)$
$\overline{A}$	$P(\overline{A}) \cdot P(B)$	$P(\overline{A}) \cdot P(\overline{B})$	$P(\overline{A})$
gesamt	$P(B)$	$P(\overline{B})$	1

Die Ereignisse A und B sind stochastisch unabhängig, wenn gilt: $\mathbf{P(A) \cdot P(B) = P(A \cap B)}$.
Dann sind auch die Ereignisse A und $\overline{B}$, $\overline{A}$ und B sowie $\overline{A}$ und $\overline{B}$ stochastisch unabhängig.

S. 130

Erwartungswert der Zufallsgröße X: Mittelwert von X bei genügend großer Anzahl an Wiederholungen

Varianz von X: Erwartungswert der Quadrate der Abweichungen der Werte x_i vom Erwartungswert

Sei X eine Zufallsgröße mit den Werten x_i (i = 1, 2, ..., n). Dann gilt:

Erwartungswert: $E(X) = \mu = \sum_{i=1}^{n} x_i \cdot P(X = x_i)$

Varianz: $Var(X) = \sum_{i=1}^{n} (x_i - \mu)^2 \cdot P(X = x_i)$

Standardabweichung: $\sigma = \sqrt{Var(X)}$

S. 134

```
6·5·4
-----          20
3·2·1
nCr(6,3)       20
```

Ziehen ohne Zurücklegen
Aus n ($n \in \mathbb{N} \setminus \{1\}$) unterschiedlichen Kugeln werden k ($k \in \mathbb{N}$, $k \leq n$) Kugeln ...

- **unter Beachtung der Reihenfolge** gezogen:
  $n \cdot (n-1) \cdot (n-2) \cdot ... \cdot (n-k+1)$ Möglichkeiten
- **ohne Beachtung der Reihenfolge** gezogen:
  $\binom{n}{k} = \frac{n!}{(n-k)!\,k!}$ Möglichkeiten
  $\binom{n}{k}$ bezeichnet man als Binomialkoeffizienten.

S. 136

Bernoulli-Experiment: Zufallsexperiment mit genau zwei Ergebnissen
Bernoulli-Kette der Länge n: n-stufiges Bernoulli-Experiment

Bei einer **Bernoulli-Kette** der Länge n mit der Trefferwahrscheinlichkeit p gilt:
P („genau k Treffer“) = $P(X = k) = \binom{n}{k} \cdot p^k \cdot (1-p)^{n-k}$

S. 140

```
binomPdf(10,0.5,3)                          0.117188
binomCdf(10,0.5,3)                          0.171875
binomCdf(10,0.5,3)-binomCdf(10,0.5,2)
                                            0.117188
```

Die Zufallsgröße X heißt **binomialverteilt**, wenn man die Wahrscheinlichkeit einer bestimmten Trefferanzahl k mithilfe einer Bernoulli-Kette der Länge n und Trefferwahrscheinlichkeit p angeben kann.

Binomialverteilung (genau k Treffer):
$P(X = k) = B(n; p; k) = \binom{n}{k} \cdot p^k \cdot (1-p)^{n-k}$

kumulierte Binomialverteilung (höchstens k Treffer):
$P(X \leq k) = F(n; p; k) = \sum_{i=0}^{k} \binom{n}{i} p^i (1-p)^{n-i}$

Strahlensätze

1 In der Zeichnung gilt: AB ∥ CD. Berechne die Längen $\overline{CD}$ und $\overline{BZ}$ für $\overline{AB} = 3$ cm, $\overline{AZ} = 4$ cm, $\overline{ZD} = 5$ cm und $\overline{ZC} = 6{,}5$ cm.

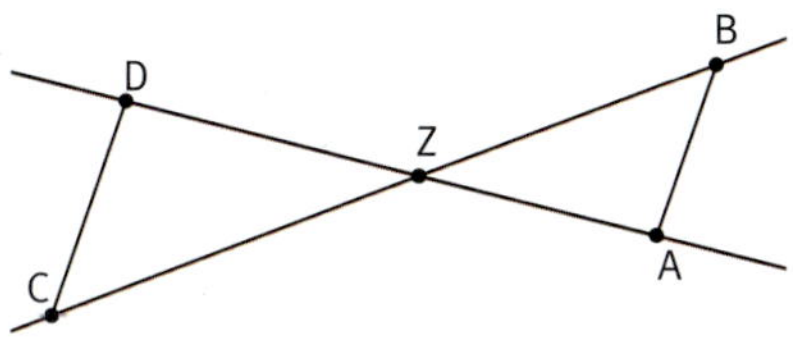

2 Die Geraden AC und BD sind jeweils parallel. Ersetze die Symbole so, dass für die abgebildeten Figuren eine Verhältnisgleichung entsteht.

a)

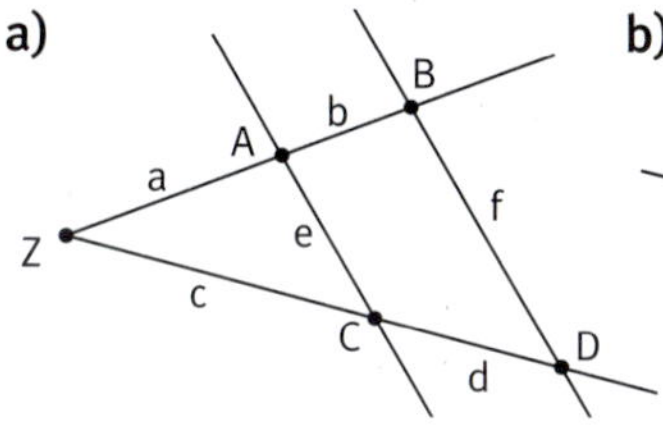

b)

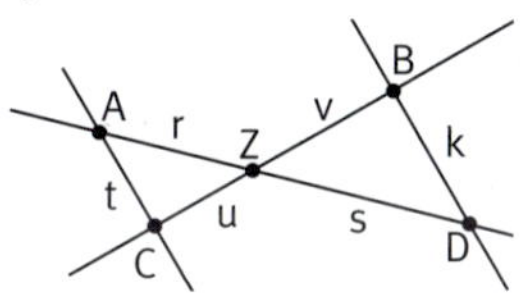

① $\frac{a}{a+b} = \frac{c}{\square}$ ② $\frac{f}{e} = \frac{\square}{c}$ ③ $\frac{u}{v} = \frac{t}{\square} = \frac{\square}{\square}$

3 „x ist 4-mal so lang wie y." Welche der folgenden Gleichungen drücken dies aus?

$4x = y$ | $x = 4y$ | $y = 4 - x$ | $\frac{x}{y} = 4$ | $x = y + y + y + y$

4 Julia hat mit dem Strahlensatz x bestimmt. Was meinst du zu Julias Vorgehen? Begründe deine Meinung.

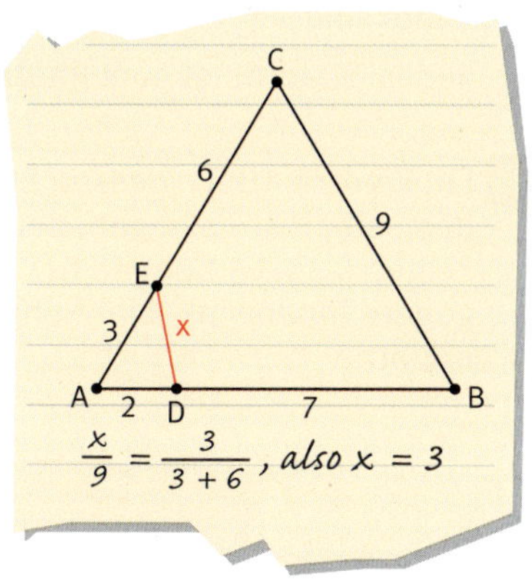

5 Sind die Geraden g und h parallel? Begründe.

a)

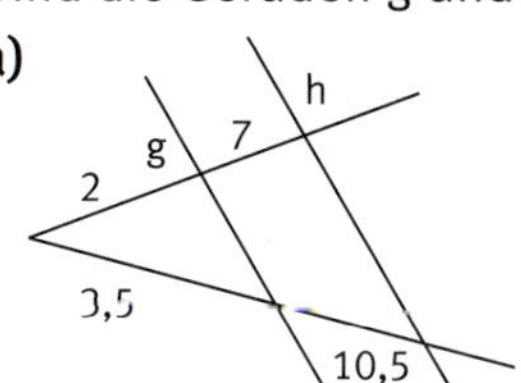

b)

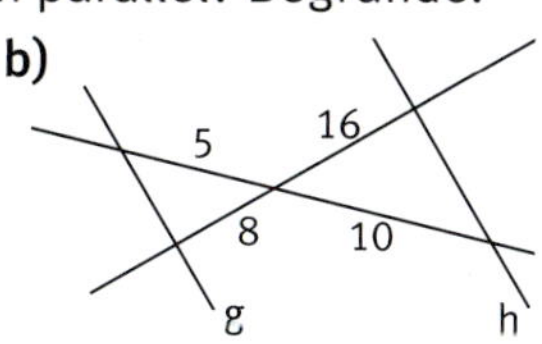

Wurzeln

6 Gib alle Zahlen an, die quadriert die folgenden Werte ergeben.

a) 4 **b)** 100 **c)** −49 **d)** 0
e) 1 **f)** −1 **g)** $\frac{1}{16}$ **h)** 0,81

7 Berechne den Termwert, falls möglich.

a) $\sqrt{25}$ **b)** $\sqrt{4^2}$ **c)** $(\sqrt{9})^2$
d) $\sqrt{1}$ **e)** $\sqrt{-16}$ **f)** $\sqrt{0}$
g) $\sqrt{9}$ **h)** $\sqrt{9} \cdot \sqrt{9}$ **i)** $\sqrt{(-9)^2}$

8 Bestimme die Lösungsmenge im Kopf ($x \in \mathbb{R}$).

a) $x^2 = 9$ **b)** $x^2 = 1$ **c)** $x^2 = -1$
d) $x^2 = 0{,}64$ **e)** $x^2 = 0{,}09$ **f)** $x^2 = 2$
g) $2x^2 = 72$ **h)** $x^2 - 2 = 2$ **i)** $x^2 = \sqrt{81}$

9 **a)** Wie lang ist die Seite eines Quadrats, dessen Flächeninhalt 400 cm² beträgt?
b) Welche Kantenlänge hat ein Würfel, dessen Oberflächeninhalt 121,5 cm² ist?

10 Gib den Termwert auf zwei Dezimalen gerundet an.

a) $\sqrt{5}$ **b)** $\sqrt{10}$ **c)** $\sqrt{718}$
d) $\sqrt{\frac{2}{3}}$ **e)** $\sqrt{7} + 1$ **f)** $\sqrt{2} + \sqrt{3}$
g) $\frac{1}{2}\sqrt{2}$ **h)** $\sqrt{5} \cdot \sqrt{8}$ **i)** $\frac{1}{1 + \sqrt{2}}$

11 Handelt es sich um eine rationale oder um eine irrationale Zahl?

a) $\sqrt{2}$ **b)** $\sqrt{16}$ **c)** $\frac{2}{17}$
d) $-\frac{4}{9}$ **e)** 1,76 **f)** $0{,}\overline{3}$

12 Ergänze die Lücken passend.

a) $\sqrt{2} \cdot \sqrt{\square} = \sqrt{100}$ **b)** $\sqrt{25} \cdot \sqrt{\square} = 10$
c) $\sqrt{\square} \cdot \sqrt{17} = 17$ **d)** $\sqrt{\square} : \sqrt{4} = \sqrt{0}$

13

Was meinst du?

Pfadregeln

14 Pia hat – um ihre Schwester zu ärgern – in einen Korb mit 6 gekochten Eiern 4 rohe dazugelegt. Beim Frühstück nimmt ihre Schwester 3 Eier heraus.

a) Wie groß ist die Wahrscheinlichkeit, dass sie kein rohes Ei zieht?

b) Wie groß ist die Wahrscheinlichkeit, dass sie mindestens ein rohes Ei erwischt?

15 Wird ein Buch in den Druck gegeben, wird im Vorfeld nach Fehlern gesucht. In der Regel findet der erste Kontrolleur 80 % der vorhandenen Fehler und korrigiert sie. Von den übriggebliebenen Fehlern findet der zweite Kontrolleur 50 % und korrigiert sie ebenfalls.

Mit welcher Wahrscheinlichkeit ist ein Fehler, der ursprünglich in einem Text vorhanden war, auch nach den beiden Kontrollen noch unentdeckt?

16 Aus der abgebildeten Urne wird dreimal ohne Zurücklegen je eine Kugel gezogen.

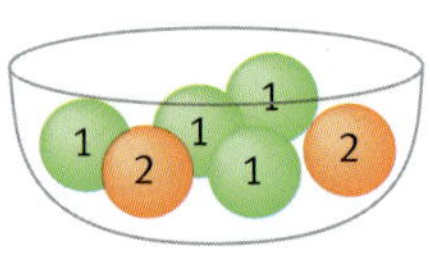

a) Zeichne ein Baumdiagramm.

b) Überlege dir selbst mögliche Aufgabenstellungen, zu deren Lösung die Anwendung der Pfadadditions- und Pfadmultiplikationsregel nötig ist.

17 Aus den verdeckt liegenden Zahlenkarten werden zwei zufällig ausgewählt und die beiden darauf stehenden Zahlen addiert.

$-1{,}5$ $\quad \frac{2}{3}$ $\quad \frac{3}{2}$ $\quad -\frac{1}{3}$

Wie groß ist die Wahrscheinlichkeit, dass der Summenwert positiv (negativ, null) ist?

Besondere Vierecke

18 Ein Quadrat hat 8 cm lange Diagonalen. Um wie viel Prozent verringert sich der Flächeninhalt der Figur, wenn man eine Diagonale um 2 cm verlängert und dafür die andere um 2 cm verkürzt?

19 Gegeben sind zwei Eckpunkte eines Quadrats ABCD. Konstruiere das Quadrat.

a)

b)

20 Entscheide dich für wahr (w) oder falsch (f), dann erhältst du ein Lösungswort.

	w	f
Es gibt Parallelogramme, die Rauten sind.	P	V
Beim Drachenviereck ist die längere Diagonale die Symmetrieachse.	E	F
Jedes Quadrat hat vier Symmetrieachsen.	A	R
Jedes Rechteck ist ein Parallelogramm.	D	F
Es gibt Rechtecke, die auch Quadrate sind.	R	A
Jede Raute ist ein Quadrat.	H	E
Es gibt Trapeze, die auch Rechtecke sind.	G	R
Es gibt Drachenvierecke, die auch Quadrate sind.	E	T
Jedes Quadrat ist eine Raute.	L	N

21 Ein Viereck ABCD, dessen Eckpunkte alle auf demselben Kreis liegen, nennt man Sehnenviereck. Zeige, dass die Summe der Maße gegenüberliegender Innenwinkel im Sehnenviereck jeweils 180° ergibt.

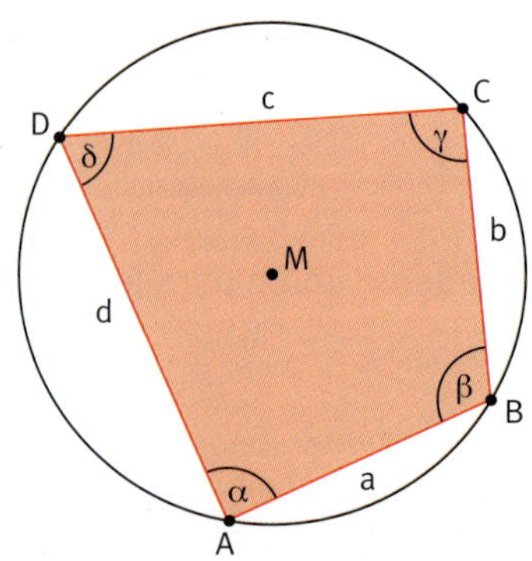

7 Üben für die BLF

EINSTIEG

Die „Besondere Leistungsfeststellung“ (BLF) steht bevor: In diesem Kapitel findest du zahlreiche Übungen, die dir helfen, dich gut vorzubereiten.

- Kapitel 7.1 enthält ein Beispiel für eine BLF. Löse die Aufgaben und achte auf die benötigte Zeit. Insgesamt stehen 180 Minuten Bearbeitungszeit zur Verfügung. Die BLF besteht aus einem hilfsmittelfreien Teil (Pflichtaufgabe 1, nur Zeichengeräte dürfen verwendet werden) und einem Teil, bei denen Formelsammlungen und Computeralgebrasysteme verwendet werden dürfen (Pflichtaufgabe 2, Wahlaufgaben).
- Kapitel 7.2 enthält weitere Aufgaben, die ohne Hilfsmittel gelöst werden.
- Kapitel 7.3 enthält weitere Übungen. Setze dir hier am besten eigene Schwerpunkte. Was kannst du schon? Was musst du noch üben?

AUSBLICK

Am Ende dieses Kapitels hast du gelernt, ...

- verschiedene Aufgabentypen für die BLF in einer bestimmten Zeit zu bearbeiten.
- deine persönlichen Stärken und Schwächen in Mathematik selbst einzuschätzen und zielgerichtet zu üben.
- die in der BLF zugelassenen Hilfsmittel sinnvoll einzusetzen.

Pflichtaufgabe 1 (ohne Hilfsmittel)

1 Der Thüringer Zoopark Erfurt (mit Aquarium) beherbergt rund 400 Tierarten. Das Diagramm zeigt die relativen Häufigkeiten der einzelnen Untergruppen.

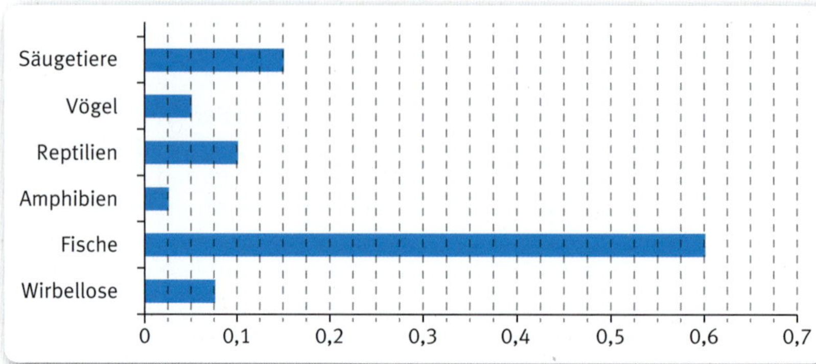

Ermitteln Sie die Anzahl der Vogel- und Fischarten.

2 Auf dem Gelände der Afrika-Savanne leben Zebras und Strauße. Insgesamt haben sie 6 Köpfe und 20 Beine. Gesucht ist die Anzahl der einzelnen Tierarten.

a) Beschreiben Sie einen Ansatz zur Lösung des Problems.

b) Begründen Sie, dass es höchstens eine Lösung geben kann.

3 Für Tiertransporte gibt es strenge Richtlinien. So darf z. B. beim Transport von Schweinen die Verladerampe einen Winkel von maximal 20° gegenüber dem Erdboden aufweisen. Bestimmen Sie näherungsweise die Steigung (d. h. den Anstieg) der Verladerampe.

4 Die innere Verzierung des Zaunfeldes des Elefantengeheges soll näherungsweise durch eine Funktion beschrieben werden. Die Länge des Zaunes im Bild beträgt 3,14 m, der Abstand zwischen oberer und unterer Begrenzung 1,0 m. Geben Sie die Gleichung einer solchen Funktion an.

5 Ein rechteckiges Tiergehege der Seitenlängen x und y hat einen Flächeninhalt von 80 m². Welcher der Funktionsgraphen stellt diesen Sachverhalt richtig dar? Begründen Sie.

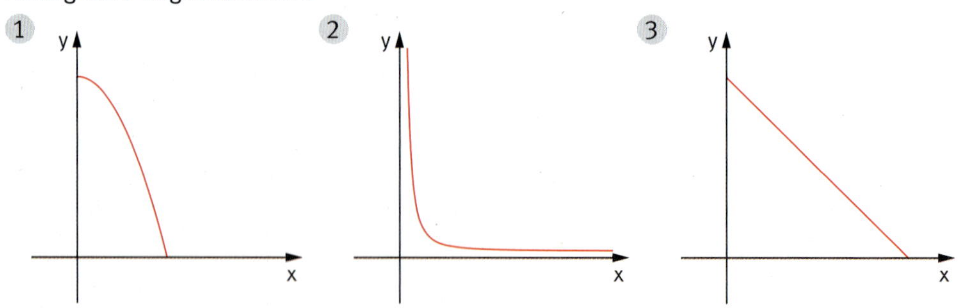

Pflichtaufgabe 2

1 Im Jahr 2013 wurde veröffentlicht: „Der Thüringer Zoopark Erfurt zählte im letzten Jahr 460 975 Besucher. Damit gehört der Zoopark erneut zu den besucherstärksten Freizeiteinrichtungen Thüringens." Das Ergebnis ist nur um ca. sechs Prozent niedriger als der Wert von 2012; der leichte Besucherrückgang vor allem durch den langen Winter bis April und das katastrophale Osterwetter erklärbar. Ein erfahrener Reporter schreibt in seinem Artikel, dass man aufgrund der wirtschaftlichen Situation auch in den nächsten Jahren von 6 % Besucherrückgang jährlich ausgehen muss.

a) Stellen Sie für diese Annahme die Besucherzahlen von 2012 bis 2017 in einer Tabelle dar.

b) Geben Sie die Gleichung einer Funktion für diesen Zusammenhang an.

c) Ermitteln Sie, wann die Besucherzahlen die Grenze von 200 000 unterschreiten würden.

d) Begründen Sie, dass der beschriebene Rückgang der Besucherzahlen nicht linear ist.

2 Das Warmhaus für die Flamingos hat als Grundfläche ein regelmäßiges Sechseck und ist für Besucher nicht zugänglich. Franziska möchte für eine Projektarbeit im Fach Biologie wissen, wie viel Platz jedem der 23 Flamingos im Winter zur Verfügung steht. Dafür zählt sie an einer leicht zugänglichen Seite 22 quadratische Platten mit der Seitenlänge 15 cm, die direkt am Haus liegen.

a) Überprüfen Sie Franziskas Ergebnis: Jeder Flamingo hat mindestens $1\frac{1}{4}\ m^2$ zur Verfügung.

b) Für eine Skizze der Grundfläche wählt Franziska einen Maßstab von 1 : 20. Ermitteln Sie den Flächeninhalt der von Franziska skizzierten Grundfläche.

3 Zu Beginn der Saison startet die Zoolotterie mit 35 000 Losen. Am Tag der Eröffnung kaufen einige Schüler der Klasse 10b jeweils ein Los.

a) Berechnen Sie die Wahrscheinlichkeit dafür, dass ...

1 der erste Schüler 1000 € gewinnt.

2 der erste Schüler nichts gewinnt.

3 der erste Schüler mindestens 5 € gewinnt.

b) Beurteilen Sie die Aussage: „Die Wahrscheinlichkeit, dass der dritte Schüler 10 € gewinnt, wenn seine Mitschüler vor ihm Nieten gezogen haben, beträgt etwa 3 %."

Gewinnplan einer Einzellotterie

1 Bargeldgewinn	€	1000,-	=	€	1000,-
1 Bargeldgewinn	€	100,-	=	€	100,-
10 Bargeldgewinne	€	20,-	=	€	200,-
20 Bargeldgewinne	€	10,-	=	€	200,-
40 Bargeldgewinne	€	5,-	=	€	200,-
100 Bargeldgewinne	€	3,-	=	€	300,-
1000 Bargeldgewinne	€	2,-	=	€	2000,-
6500 Bargeldgewinne oder 1 Freilos	€	1,-	=	€	6500,-
7672 Bargeldgewinne im Wert von					€ 10 500,-

Wahlaufgabe 1

Durchmesser: 21,25 mm
Dicke: 1,67 mm
Masse: 3,92 g

Ein Höhepunkt ist das alljährlich stattfindende Zooparkfest.

1 Auch kleine Geldspenden sind im Zoo immer willkommen. Um diese geeignet zu präsentieren, werden die Besucher zum Zooparkfest gebeten, 5-Cent-Münzen in Form eines möglichst großen gleichseitigen Dreiecks aneinander zu legen. Tierpfleger Martin zeichnet dafür das Dreieck auf den Boden einer kreisförmigen Fläche mit dem Durchmesser von 10 m.

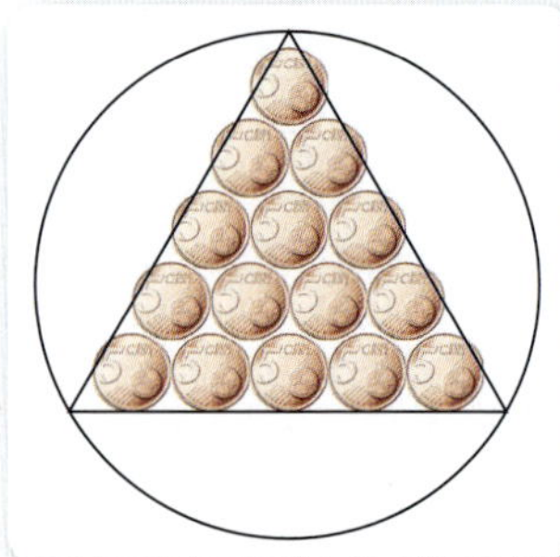

a) Weisen Sie nach, dass das Dreieck eine Seitenlänge von $5 \cdot \sqrt{3}$ m hat.

b) Die Anzahl der Münzen des Dreiecks kann man mit dem Term $\frac{n \cdot (n+1)}{2}$ berechnen. Dabei ist n die Anzahl der Münzen in der untersten Reihe. Berechnen Sie den Spendenbetrag, der bei vollständiger Auslegung des Dreiecks zustande kommt.

c) Beim Einsammeln der Münzen behauptet Paul: „Beim Auslegen des vollständigen Kreises wäre fast 2,5-mal so viel Geld zusammen gekommen." Begründen Sie diese Aussage.

2 Auch für das leibliche Wohl der Besucher wird gesorgt.

a) Die Mitglieder eines Vereins haben sich für 16 Gläser Saft und 12 Gläser Mineralwasser entschieden und bezahlen dafür 44,40 €. Da einige Besucher besonders großen Durst haben, holen sie noch 5 Gläser Saft und 8 Gläser Mineralwasser zum Preis von 19,40 € nach. Berechnen Sie den Einzelpreis der Getränke.

b) Der Eingang zur Zoogaststätte wird von einem Pflanzgitter umrahmt. Die seitlichen Stützen haben eine Höhe von 1,80 m, sind 2,20 m voneinander entfernt und werden oben von einem Bogen begrenzt, der in der Mitte 2,35 m hoch ist. Geben Sie die Gleichung einer Funktion an, die den Verlauf des Bogens beschreibt.

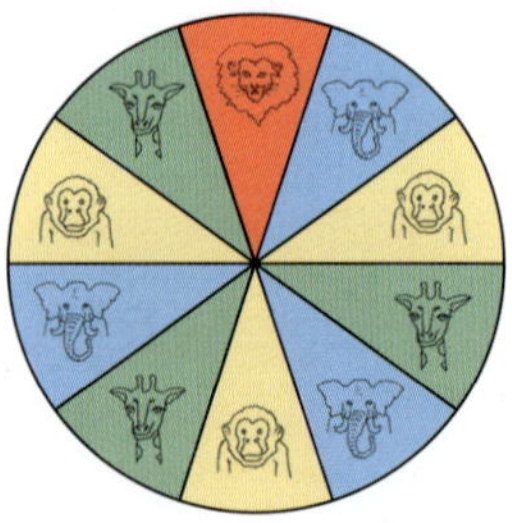

3 Zum Zooparkfest darf das Glücksrad von jedem Kandidaten 3-mal gedreht werden. Der Einsatz beträgt 1 €.

a) Dreht man 3-mal den Löwen, erhält man 10 €, 2-mal den Löwen 5 €, 1-mal den Löwen 2 €. Untersuchen Sie, ob ein Spieler auf lange Sicht betrachtet gewinnt oder verliert.

b) Der Betreiber des Glücksrades möchte pro Spiel im Schnitt 70 ct Gewinn machen. Stellen Sie hierfür zwei Möglichkeiten dar, indem Sie die bei Aufgabe a) genannten Bedingungen geeignet ändern.

Wahlaufgabe 2

1 Die 2014 fertiggestellte neue Elefantenanlage hat eine Gesamtgröße von 1,5 ha. In der Skizze ist eine Teilfläche der Anlage zu sehen. Die Seiten AE und BC sind parallel zueinander.

a) Berechnen Sie den Flächeninhalt der dargestellten Teilfläche.

b) Für den weiteren Teil der Anlage gab es verschiedene Entwürfe. Zeichnen Sie eine Möglichkeit für die fehlende Fläche, die an die Seite BC anschließen soll. Wählen Sie dafür einen geeigneten Maßstab.

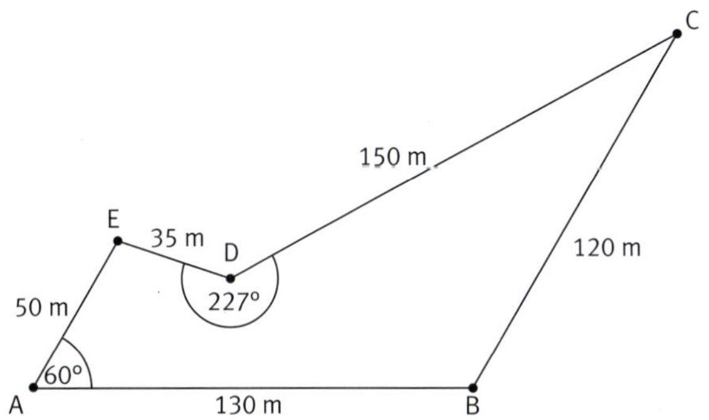

2 Zur Tierbeschäftigung werden den Elefanten Futterbälle angeboten. Die Firma Tierfreund bietet diese in verschiedenen Größen an.

Radius in cm	Masse in kg
20	12,8
25	20,0
35	39,2
45	64,8

a) Stellen Sie den Zusammenhang zwischen Radius und Masse grafisch dar.

b) Bestimmen Sie die Gleichung einer Funktion, die diesen Zusammenhang beschreibt. Begründen Sie Ihre Entscheidung für den gewählten Funktionstyp.

c) Bestimmen Sie den Radius eines 50 kg schweren Balles.

3 Damit keine Langeweile aufkommt, wird den Elefanten eine Zwischenmahlzeit in drei gleichartigen Behältern angeboten. Diese sind mit Äpfeln und Möhren zu gleichen Teilen gefüllt. Dabei bekommt der Elefant aus jedem Behälter genau ein Stück. Betrachtet werden folgende Ereignisse:
A: Der Elefant erhält entweder 3 Äpfel oder 3 Möhren.
B: Der Elefant erhält höchstens 2 Möhren.

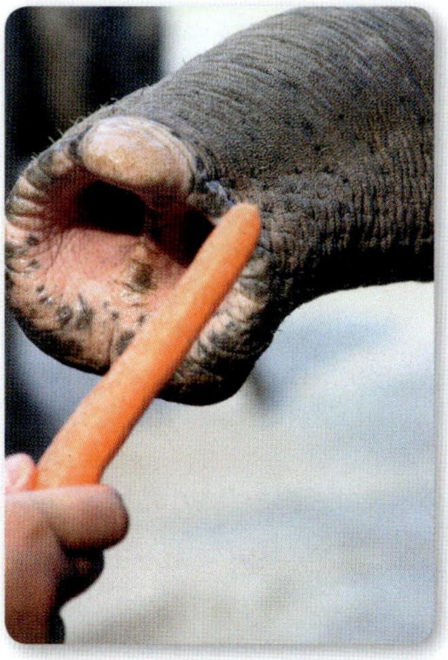

a) Geben Sie die Wahrscheinlichkeit der Ereignisse A und B an.

b) Für ein weiteres Ereignis C gilt: $P(C) = \frac{3}{8}$. Beschreiben Sie ein solches Ereignis verbal.

c) Untersuchen Sie, ob die Ereignisse A und B (stochastisch) unabhängig sind.

1 Der Flächeninhalt des Dreiecks ADE ist dreimal so groß wie der Flächeninhalt des Dreiecks ABC. Der Punkt C ist Mittelpunkt der Strecke $\overline{AE}$. Beschreibe die Lage des Punktes B auf der Strecke $\overline{AD}$.

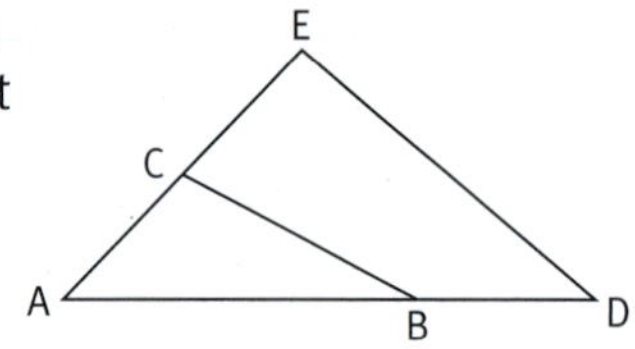

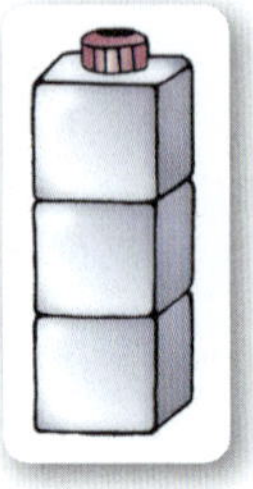

2 Die Kosmetikfirma KUBUS hat ihr Shampoo bisher in würfelförmigen Gefäßen der Kantenlänge a verkauft. Damit sich die Flaschen besser greifen lassen, wird die Produktion auf Flaschen umgestellt, die drei aufeinandergesetzten Würfeln der Kantenlänge b ähneln. Die Füllmenge wird dabei nicht verändert. Untersuche, welche Gleichung das Verhältnis zwischen a und b am besten beschreibt.

a) $b = 3 \cdot a$ **b)** $b = \sqrt{3} \cdot a$ **c)** $a = \sqrt[3]{3} \cdot b$ **d)** $a = \frac{1}{3} \cdot b$

3 Entscheide, ob folgende Aussagen zu rechtwinkligen Dreiecken ABC wahr sind.

1. Die Summe der beiden Kathetenlängen ist größer als die Hypotenuse.
2. Für die Seitenlängen gilt: $a^2 + b^2 = c^2$.
3. Der Sinuswert eines von 90° verschiedenen Innenwinkels kann berechnet werden, indem man die Ankathete durch die Hypotenuse dividiert.
4. Die Hypotenuse ist doppelt so lang wie die Strecke, die vom Mittelpunkt der Hypotenuse zum Scheitelpunkt des rechten Winkels verläuft.

4 Weise nach, dass für den gefärbten Teil der Fläche gilt:
$A = \frac{\pi}{4} \cdot d_1 \cdot d_2$

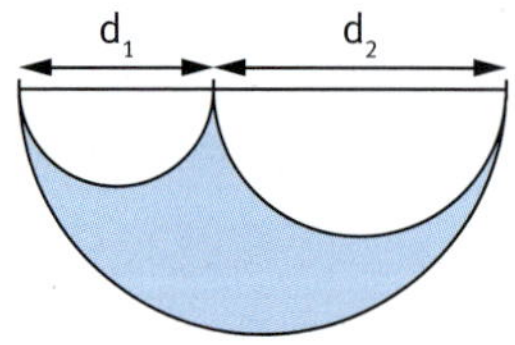

5 Zeichne ein Dreieck ABC, für das $\tan \alpha = \frac{7}{5}$ gilt.

6 Die Gleichung $2a^3 = 8a$ soll gelöst werden.

$2a^3 = 8a \quad | : 2a$
$a^2 = 4$
$\mathbb{L} = \{-2; 2\}$

Beurteile den Lösungsweg.

7 Auf dem Grabstein von Archimedes findet man ein Quadrat, dem ein Kreis und ein gleichschenkliges Dreieck wie in der Abbildung einbeschrieben sind.

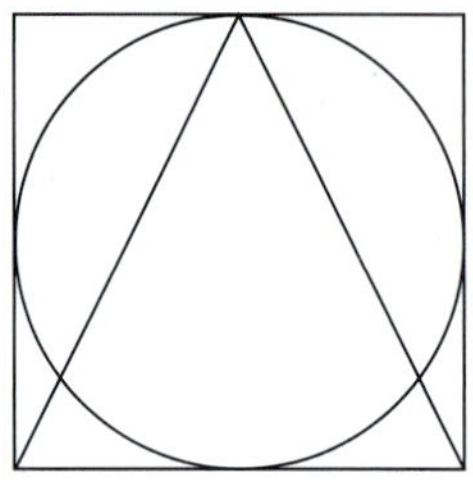

a) Gib das Verhältnis der Flächeninhalte von Quadrat und Dreieck an.

b) Bei Rotation um die gemeinsame Symmetrieachse entstehen ein Zylinder, eine Kugel und ein Kegel. Sebastian behauptet, dass das Volumen der so entstandenen Kugel und des Kegels zusammen größer als das Volumen des Zylinders sei. Jana ist anderer Meinung. Wer von beiden hat Recht? Begründe.

8 Vereinfache die folgenden Terme.

a) $\frac{a^8 \cdot b^{-3}}{b^2 \cdot a^5}$; a, b ≠ 0 **b)** $\left(\frac{5}{2}\right)^4 \cdot \left(\frac{5}{2}\right)^{-3}$ **c)** $\frac{x^2 - 25}{x + 5}$; x ≠ −5

9 Interpretiere die Anzeige des CAS.

10 Gegeben ist die Funktion $f_1(x) = 3\sin(x + 1) - 2$. Erläutere, wie der Graph der Funktion $f_1(x)$ aus dem Graphen der Funktion $f(x) = \sin x$ hervorgeht.

11 Paul sagt: „Wenn ich die Funktion $f(x) = 2^x$ zuerst um 2 Einheiten in positive y-Richtung verschiebe und dann an der x-Achse spiegele, erhalte ich dieselbe Gleichung, wie wenn ich f(x) zuerst an der x-Achse spiegele und dann um 2 Einheiten in positive y-Richtung verschiebe.“ Beurteile Pauls Aussage.

12 Gegeben ist die Funktion $f(x)=\frac{1}{x}-2$. Beschreibe das Verhalten der Funktion für sehr große Argumente verbal und mit mathematischen Symbolen.

13 Skizziere jeweils eine Funktion f(x), für die gilt:

a) Der Graph von f ist punktsymmetrisch zum Koordinatenursprung und f ist an der Stelle x = 0 nicht definiert.

b) $\lim\limits_{x \to -\infty} f(x) = \infty$

14 Gegeben ist die Funktion $g(x) = -2x + 3$.

a) Berechne die Nullstelle der Funktion.

b) Gib die Gleichung einer Funktion h(x) an, die zu g(x) senkrecht verläuft.

15 Die Darstellung zeigt die Graphen der Funktionen $f(x) = x^3$, $g(x) = x^5$ und $h(x) = x^7$. Ordne jedem Graphen die Funktionsgleichung zu.

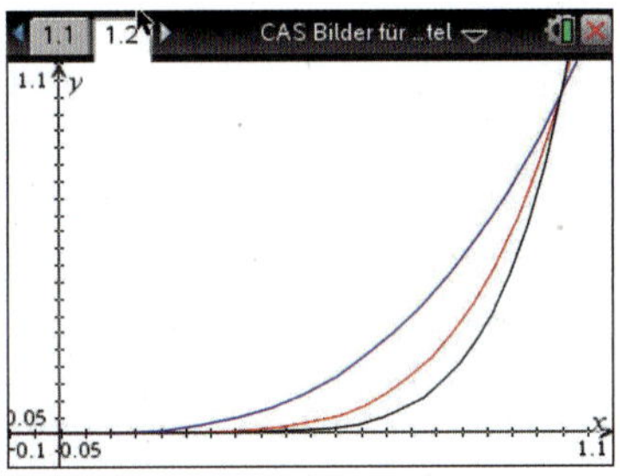

16 In Aufgabe 15 sollte den drei Funktionsgraphen jeweils eine der drei Funktionsgleichungen zugeordnet werden. Lisa hat sich nicht gut vorbereitet und lässt den Zufall entscheiden. Ermittle die Wahrscheinlichkeit dafür, dass sie ...

a) alle Zuordnungen richtig erraten hat.

b) keine Zuordnung richtig erraten hat.

c) genau zwei Zuordnungen richtig erraten hat.

17 Aus den Gefäßen 1, 2 und 3 wird nacheinander verdeckt je eine Kugel gezogen.

a) Gib die Wahrscheinlichkeit der Ereignisse an.
A: Es werden drei rote Kugeln gezogen.
B: Es wird höchstens eine rote Kugel gezogen.

b) Beschreibe das Gegenereignis von B verbal.

18 Ein Spiel heißt fair, wenn der Erwartungswert des Gewinns null ist. Bei einem Vereinsfest darf man den abgebildeten Würfel für einen Einsatz von 1 € einmal werfen. Zeigt der Würfel die Farbe Rot, erhält man 1,50 € ausgezahlt, zeigt der Würfel Gelb, bekommt man 3 €. Erscheint die Farbe Blau, wird nichts ausgezahlt. Untersuche, ob das Spiel fair ist.

Bäume in Thüringen

1 Der Anteil der Wälder an der Gesamtfläche Thüringens beträgt etwa 34 %. Das Diagramm zeigt die Verteilung der Baumarten in den Wäldern.

a) Gib den prozentualen Anteil von Buchen in den Thüringer Wäldern an.

b) Überprüfe die Aussagen:
1 Der Thüringer Wald besteht zu rund 60 % aus Nadelbäumen.
2 Jeder 7. Baum in Thüringen ist eine Eiche.

c) Die Belastung der Umwelt durch Schadstoffe nimmt immer mehr zu. Um dies zu untersuchen, wählt man einen Baum zufällig aus. Gib die Wahrscheinlichkeit dafür an, dass dieser Baum …
1 ein Laubbaum ist. 2 keine Eiche ist. 3 eine Fichte oder eine Kiefer ist.

In der Holzwirtschaft wird als Volumeneinheit 1 fm (1 Festmeter) verwendet.
1 fm ≙ 1 m³ Holz ohne Zwischenräume in der Schichtung

2 Die Klasse 10b wandert an einem Projekttag auf einem Naturlehrpfad. Dabei entnehmen sie einer Schautafel, dass im Jahr 2003 der Holzbestand Thüringens 151,8 Millionen fm betrug und dass es innerhalb des darauffolgenden Jahres einen Zuwachs von 4,5 Millionen fm gab. Im Mathematikunterricht soll dieser Sachverhalt modelliert werden. Dabei geht eine Schülergruppe davon aus, dass der Anteil des nachwachsenden Holzes gleich bleibt und eine zweite Gruppe, dass hier ein durchschnittlicher Zuwachs pro Jahr angegeben war.

a) Vervollständige die Tabelle.

	2003	2004	2005	2006	2007
Gruppe 1 in Mio fm	151,8	☐	☐	☐	☐
Gruppe 2 in Mio fm	151,8	☐	☐	☐	☐

b) Stelle beide Funktionen in einem geeigneten Koordinatensystem dar.

c) Gib jeweils eine Funktionsgleichung an.

d) Mit welchem Holzbestand ist im Jahr 2014 zu rechnen, wenn man voraussetzt, dass die äußeren Bedingungen gleich bleiben und kein Holz geschlagen wird?

e) Nach dem Aufstellen der Funktionsgleichungen berechnen die Schüler den Funktionswert $f(-3)$. Interpretiere diese Angabe.

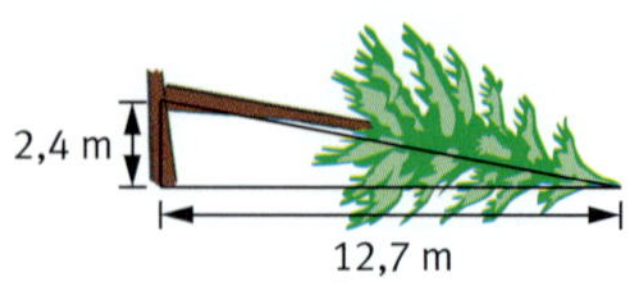

3 Beim letzten Unwetter ist bei Familie Engel eine Fichte abgeknickt.

a) Berechne die ursprüngliche Höhe des Baumes.

b) Familie Engel muss entscheiden, was mit der Fichte passiert. Hilf ihr.
1 Ein Nachbar würde den Baum kostenlos zu Brennholz verarbeiten.
2 Auf der Hälfte seiner ursprünglichen Höhe hat der Stamm der Fichte einen Durchmesser von 20 cm. Im Internet findet Familie Engel nebenstehende Formel zur Berechnung des Volumens eines Stammes.
Ein Sägewerk würde die Fichte komplett entsorgen und dabei für 70 % des Stammvolumens 80 € pro Kubikmeter bezahlen. Die Abholung kostet allerdings 65 €.

Volumen $= \frac{\pi}{4} \cdot D^2 \cdot L$
L: Länge des Stammes
D: Durchmesser des Stammes in der Mitte

Schlösser und Burgen in Thüringen

1 Anna und Florian bereiten den Wandertag im Gebiet der „Drei Gleichen" (Wachsenburg, Mühlburg und Burg Gleichen) vor. Einer der Wanderwege ist 20 km lang.

a) Da die einzelnen Schulklassen unterschiedlich schnell wandern, sollen die reinen Laufzeiten für die Wanderung erfasst werden. Gib eine Funktionsgleichung an, die die benötigte Zeit in Abhängigkeit von der Durchschnittsgeschwindigkeit beschreibt. Begründe die Wahl eines geeigneten Definitionsbereichs.

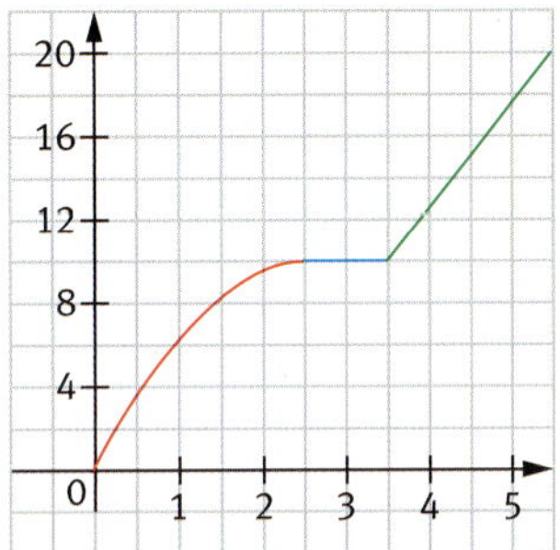

b) Anna und Florian erfassen während ihrer Vorbereitung die gelaufene Strecke in Abhängigkeit von der Zeit. Interpretiere in diesem Sachzusammenhang das Diagramm. Bestimme die konstante Geschwindigkeit, die man benötigen würde, um in der gleichen Gesamtzeit den gleichen Weg zurückzulegen.

c) Der erste Abschnitt der Wanderung kann durch eine quadratische Funktion beschrieben werden. Beschreibe das Vorgehen zum Ermitteln der Funktionsgleichung.

d) Die Höhe eines einzeln stehenden Baumes am Hang der Wachsenburg soll von den Klassen geschätzt werden. Anna misst während ihrer Rast die Schattenlänge mit 21 m, die Hangneigung und die Sonnenhöhe. Berechne die Höhe des Baumes.

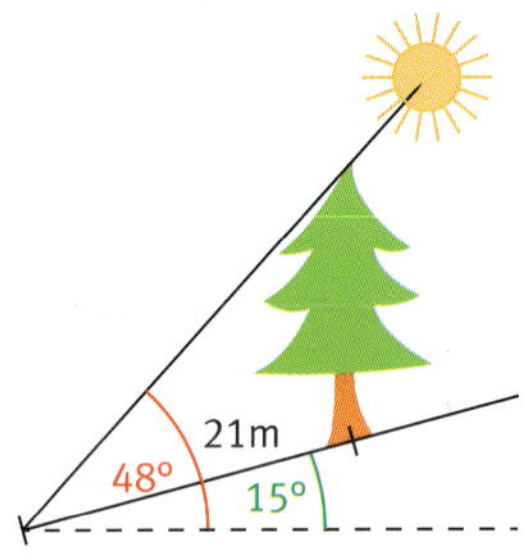

2 In den Mauern mittelalterlicher Burganlagen sind die „Fenster" recht eigenartig gebaut. Innen sehr breit, von außen dagegen nur ganz schmale Spalten. Dies sollte ein Abfeuern der Waffen auf Angreifer erleichtern und gleichzeitig das Treffen von außen erschweren. In einer Burgmauer mit einer Dicke von 80 cm sind die Öffnungen innen 1 m und außen 30 cm breit und jeweils 4,5 m (Mitte bis Mitte gemessen) voneinander entfernt. Die Grafik zeigt den Blick von oben, ein etwaiger Höhenunterschied zwischen Angreifer und Verteidiger soll dabei nicht beachtet werden.

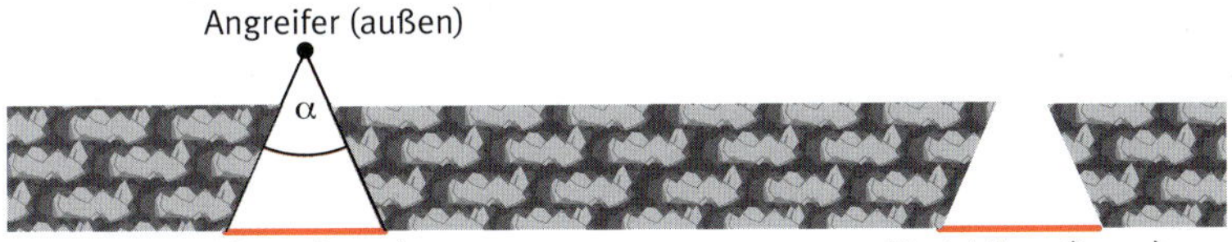

a) Zeichne im Maßstab 1 : 50 den Grundriss einer Mauer der Burganlage mit zwei Fenstern.

b) Berechne den „Sichtwinkel" α, den die Mauern freigeben, wenn der Angreifer sich in der abgebildeten Position befindet. Überprüfe anhand der Zeichnung.

c) Die Verteidiger schießen ihre Salven von den rot markierten Linien aus ab. Trage in die Zeichnung aus a) für beide Fenster einige mögliche Schusslinien ein und markiere den durch sie nicht erfassbaren Bereich außerhalb der Burg.

d) Ermittle rechnerisch, wie weit sich ein Feind der Mauer nähern müsste, um in den für ihn relativ sicheren Bereich aus c) vor der Mauer zu gelangen.

Mathematische Modellierung bedeutet, eine reale Fragestellung in die Sprache der Mathematik zu übersetzen. Dabei geht man von bestimmten Annahmen aus und versucht, das Problem mithilfe dieser Annahmen zu lösen. Anschließend prüft man, ob die Ergebnisse zum realen Sachverhalt passen.

Straßen in Thüringen

1 Thüringen kann man auf etwa 9500 km verschiedener Straßen erkunden. Davon entfallen 511 km auf Teile der Bundesautobahnen A4, A9, A71, A73 und A38, von denen 30 km durch Tunnel führen.

Bundesautobahnen	Bundesstraßen	Landesstraßen	sonstige Straßen
511 km	1578 km	4221 km	Rest

a) Stelle die Verteilung der Thüringer Straßenlängen in einem Kreisdiagramm dar.

b) Sebastian führt bei seinen Ausflügen ein Fahrtenbuch. Dabei stellt er fest:
„Ich habe voriges Jahr 70 % unserer Tunnel von innen gesehen, das sind 0,4 % meiner gefahrenen Strecke“. Ermittle die Länge der Strecke, die Sebastian im vorigen Jahr gefahren ist.

2 **a)** Von einem Rastplatz aus können Janine und Sebastian den neuen Tunnel gut sehen. Dabei überlegen sie, ob man die Öffnung als Kreisbogen oder besser als Parabelbogen betrachten muss. Beschreibe einen Lösungsweg für dieses Problem.

b) Janine bestimmt auf der Karte mit dem Maßstab 1 : 50 000 die Entfernung zwischen ihr und der letzten Brücke. Sie beträgt 2,8 cm. Bei direkter Beobachtung vom Rastplatz deckt sie die Brücke mit zwei Daumenbreiten zu je 2 cm ab. Der Abstand ihres Daumens vom Auge beträgt 53 cm.

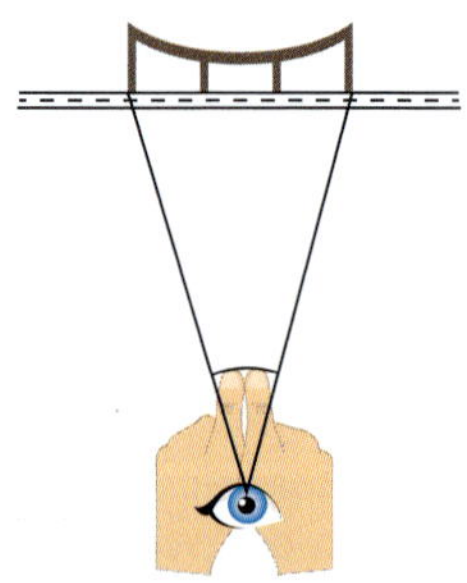

1 Ermittle die Entfernung vom Rastplatz zur Brücke.

2 Berechne die Brückenlänge.

c) Für 2015 meldete das Kraftfahrt-Bundesamt:

> „Die bevorzugten Farben beim Neuwagenkauf sind weiterhin Schwarz (28,3 %) und Grau (27,7 %). Der Anteil der weißen Autos ist weiter angestiegen auf 17,9 Prozent.“

Dieser Trend lässt sich auch auf Gebrauchtwagen übertragen. Janine und Sebastian beobachten die Farben der vorbeifahrenden Pkw. Dabei wird die beschriebene Verteilung zugrunde gelegt.

1 Berechne die Wahrscheinlichkeit folgender Ereignisse:
A: Der nächste Pkw ist nicht schwarz.
B: Die nächsten beiden Pkw sind grau.

2 Beschreibe ein Ereignis C in Worten, dessen Wahrscheinlichkeit sich mit $P(C) = (0{,}283 \cdot 0{,}717) \cdot 2$ berechnen lässt.

3 Gib die Anzahl der zu erwartenden grauen Autos an, wenn bei der Beobachtung insgesamt 280 Pkw gezählt wurden.

Wintersport in Thüringen

1 Eine in Thüringen sehr beliebte Wintersportart ist Biathlon. Eine berühmte Vertreterin ist die in Ilmenau geborene Andrea Henkel, die es als erste Biathletin geschafft hat, in allen vier Einzeldisziplinen einen WM-Titel zu gewinnen. Bei den Einzelwettbewerben wird 20-mal geschossen. Dabei hatte Andrea Henkel eine durchschnittliche Trefferquote von 85 %.
Überprüfe die folgenden Aussagen für einen Sportler, wenn man davon ausgeht, dass er die gleiche Trefferwahrscheinlichkeit wie Andrea Henkel hat und diese sich im Verlauf des Wettkampfes nicht verändert. Die Wahrscheinlichkeit, …

1. 20-mal zu treffen, ist größer als 5 %.
2. genau einen Fehlschuss zu haben, beträgt etwa 13,7 %.
3. dass nur die ersten beiden Schüsse Fehlschüsse sind, ist genau so groß wie die Wahrscheinlichkeit, dass nur die letzten beiden Schüsse Fehlschüsse sind.

Im Oktober 2014 hat Andrea Henkel geheiratet. Inzwischen heißt sie Andrea Burke.

2 Die Grafik zeigt, wie viele Thüringer Sportler jeweils bei olympischen Winterspielen teilgenommen haben, und wie viele Medaillen von ihnen errungen wurden.

a) Ermittle das Jahr, in dem, bezogen auf die Teilnehmerzahl, die meisten Medaillen gewonnen wurden.

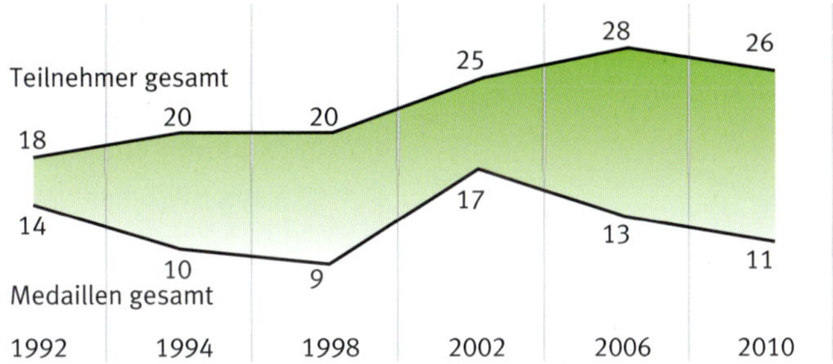

b) Gib für den dargestellten Zeitraum das Minimum, das Maximum und die Spannweite der Teilnehmerzahl an.

c) Ermittle für die Teilnehmerzahlen den Median und das arithmetische Mittel.

d) In Sotschi 2014 waren 28 Thüringer Athleten vertreten, die 4 Medaillen erkämpften. Gib an, wie sich damit die Kenngrößen ändern.

3 Für die Skispringer stehen im Oberhofer Kanzlersgrund zwei Sprungschanzen zur Verfügung. Die Rennsteigschanze hat eine gerade Anlaufspur, die in einen gebogenen Auslauf zum Schanzentisch übergeht. Der gerade Teil der Anlaufspur ist 94,8 m lang und etwa 35° gegen die Horizontale geneigt.

a) Skizziere das Profil dieser Anlaufspur in einem geeigneten Koordinatensystem.

b) Bestimme eine Gleichung der Gerade für den geraden Teil der Anlaufspur.

c) Die Sanierung der Schanzen wurde 2014 abgeschlossen. Eine Information des Deutschlandfunks verarbeitete die lokale Presse für ihre Meldungen.

> „Anstatt 7,7 Millionen Euro wird der Neu- und Umbau der Schanzenanlage in Oberhof nun insgesamt mehr als 12 Millionen Euro kosten.“

Beurteile den Wahrheitsgehalt folgender Zeitungsmeldungen:

… tatsächlichen Kosten sind auf 156 % gestiegen.	… sollte die Schanze 36 % weniger kosten.	… hat nun 36 % mehr gekostet.	… waren ursprünglich nur 64 % der Kosten geplant.

$\frac{1}{12} + \frac{4}{9} = \frac{3}{36} + \frac{16}{36} = \frac{3+16}{36} = \frac{19}{36}$

Ungleichnamige **Brüche** werden vor dem **Addieren** (**Subtrahieren**) erst auf denselben (**Haupt-**)**Nenner** erweitert bzw. gekürzt.
Anschließend wird der Zähler addiert (subtrahiert), der gemeinsame Nenner bleibt erhalten.

$\frac{4}{7} \cdot \frac{2}{9} = \frac{4 \cdot 2}{7 \cdot 9} = \frac{8}{63}$

Zwei **Brüche** werden **multipliziert**, indem man **Zähler mit Zähler** und **Nenner mit Nenner** multipliziert.

Multiplikation

$\frac{3}{4} : \frac{2}{3} = \frac{3}{4} \cdot \frac{3}{2} = \frac{3 \cdot 3}{4 \cdot 2} = \frac{9}{8}$

Kehrbruch

Man **dividiert** eine Zahl durch einen **Bruch**, indem man mit seinem **Kehrbruch multipliziert**.

Beim Kehrbruch werden **Zähler und Nenner** des Bruchs **vertauscht**.

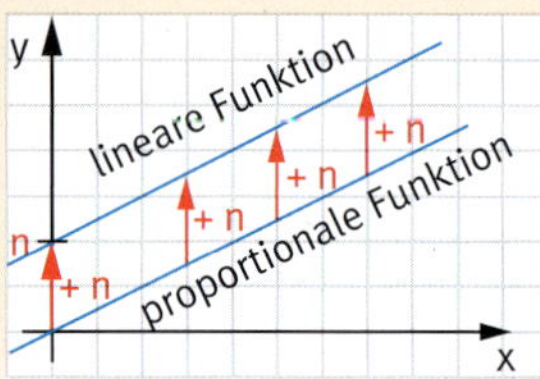

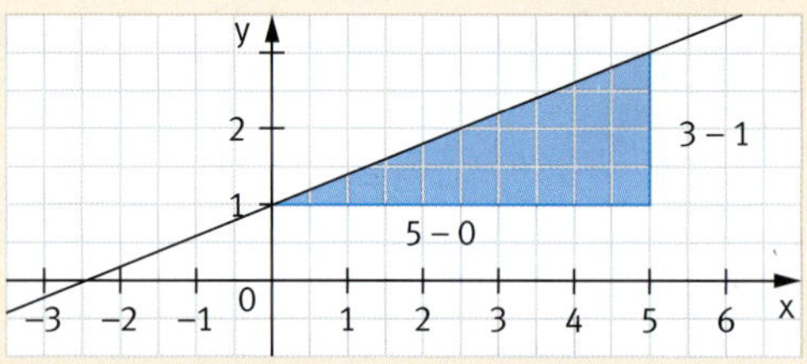

$n = 1$

$m = \frac{f(5) - f(0)}{5 - 0} = \frac{3 - 1}{5} = \frac{2}{5} = 0{,}4$

Funktionsgleichung: $f(x) = 0{,}4x + 1$

Die Nullstelle dieser Funktion ist $x_0 = -2{,}5$.

Eine eindeutige Zuordnung nennt man **Funktion**.
Eine **lineare Funktion** liegt vor, wenn alle Wertepaare auf einer **Geraden** liegen.
Der Graph einer **linearen Funktion** ist gegenüber dem einer **proportionalen Funktion** um einen festen Wert n entlang der y-Achse verschoben.
Es gilt folgende **Funktionsgleichung**:
y = Anstieg m · x + fester Wert n
$f(x) = m \cdot x + n$

Der Anstieg kann mit dem **Differenzenquotienten** berechnet werden:

$$m = \frac{f(b) - f(a)}{b - a}$$

Die Zahl x_0 ist **Nullstelle** der Funktion f, wenn gilt: $f(x_0) = 0$

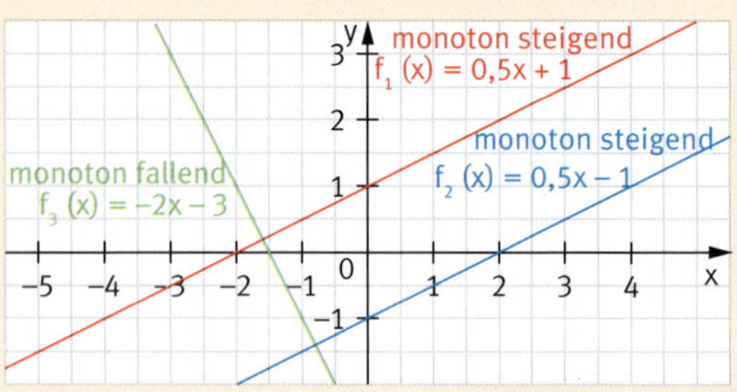

Die Graphen zu $f_1(x)$ und $f_2(x)$ verlaufen parallel.
Der Graph zu $f_3(x)$ steht senkrecht auf den Graphen von $f_1(x)$ und $f_2(x)$.

- Der **Definitionsbereich** $\mathbb{D}$ gibt an, welche x-Werte (Argumente) in die Funktionsgleichung eingesetzt werden dürfen.
- Der **Wertebereich** $\mathbb{W}$ gibt an, welche y-Werte (Funktionswerte) vorkommen können.
- Die **Monotonie** gibt an, wie der Graph gegenüber der x-Achse verläuft: Der Graph verläuft von …
  „links unten nach rechts oben“: monoton steigend.
  „links oben nach rechts unten“: monoton fallend.

Zwei Geraden liegen **parallel** zueinander, wenn für ihre Anstiege m_1 und m_2 gilt: $\mathbf{m_1 = m_2}$.
Zwei Geraden liegen **senkrecht** zueinander, wenn für ihre Anstiege m_1 und m_2 gilt: $\mathbf{m_1 \cdot m_2 = -1}$.

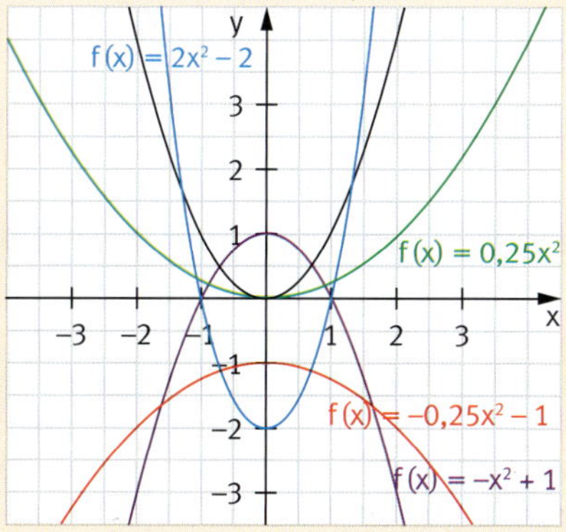

Die **einfachste quadratische Funktion** hat die Funktionsgleichung $\mathbf{f(x) = x^2}$.
Der **Graph** heißt **Normalparabel**.

Der Graph einer quadratischen Funktion $\mathbf{f(x) = ax^2 + c}$ ist eine zur y-Achse symmetrische Parabel mit dem Scheitelpunkt **S (0 | c)**.

Der Faktor a gibt an, ob der Graph der Funktion **gestreckt** ($|a| > 1$), **gestaucht** ($0 < |a| < 1$) oder an der x-Achse **gespiegelt** ($a < 0$) ist.

$f(x) = x^2 - 4x + 3$
$p = -4;\ q = 3$

$-\frac{p}{2} = -\frac{(-4)}{2} = 2$

$y_s = -\left(\frac{p^2}{4} - q\right)$
$\quad = -\left(\frac{(-4)^2}{4} - 3\right) = -1$

S (2 | – 1)

Nullstellen:

$D = \frac{p^2}{4} - q = \frac{(-4)^2}{4} - 3 = 1 > 0$
Die Funktion hat zwei Nullstellen.

$x_{1/2} = -\frac{(-4)}{2} \pm \sqrt{D}$
$x_1 = 2 - 1 = 1$
$x_2 = 2 + 1 = 3$

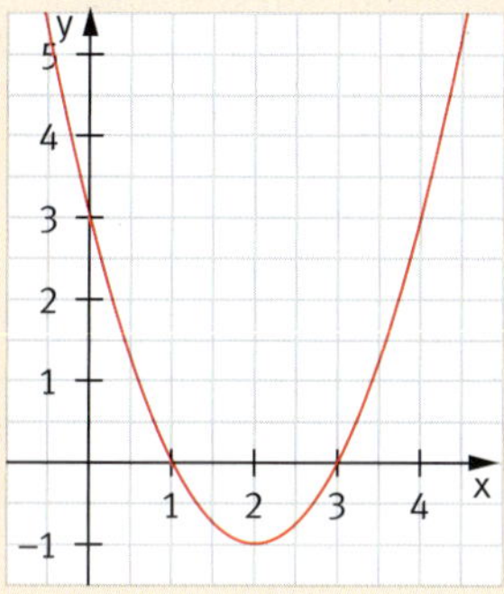

Eine **quadratische Funktion** mit der Funktionsgleichung $\mathbf{f(x) = x^2 + px + q}$ liegt in **Normalform** vor.

Quadratische Funktionen lassen sich anhand des **Scheitelpunkts S**, der **Monotonie**, der **Nullstellen**, des **Schnittpunkts** der Parabel mit der y-Achse sowie der Lage der **Symmetrieachse** beschreiben.

Der **Scheitelpunkt** der Parabel hat die Koordinaten
$S\left(-\frac{p}{2} \,|\, q - \frac{p^2}{4}\right)$.

Die **Nullstellen** lassen sich mit
$x_{1/2} = -\frac{p}{2} \pm \sqrt{\frac{p^2}{4} - q}$ berechnen. Den **Radikand** $\frac{p^2}{4} - q$ bezeichnet man als **Diskriminante D**.

Die Parabel hat für ...

$D > 0$	$D = 0$	$D < 0$
zwei Nullstellen.	eine Nullstelle.	keine Nullstelle.

$4x^2 - 4x = 8 \quad | + 4x$
$4x^2 = 4x + 8 \quad | : 4$
$x^2 = x + 2$

Schnittpunkte ergeben:
$x_1 = -1 \quad x_2 = 2$

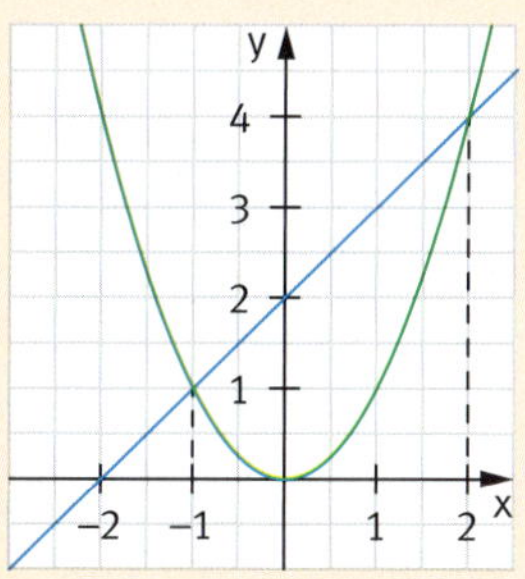

Quadratische Gleichungen der Form $\mathbf{x^2 + px + q = 0}$ werden grafisch gelöst, indem man ...

- die Gleichung z. B. in die Form $\mathbf{x^2 = -px - q}$ umformt.
- die Graphen von $f(x) = x^2$ und $f(x) = -px - q$ zeichnet.
- die **x-Werte** der **Schnittpunkte als Lösung der Gleichung** betrachtet.

Eine Probe ist stets notwendig.

$3x^2 + 18x - 21 = 0 \quad | : 3$
$x^2 + 6x - 7 = 0$
$p = 6;\ q = -7$

$x_{1/2} = -\frac{6}{2} \pm \sqrt{\frac{6^2}{4} - (-7)} = -3 \pm \sqrt{9 + 7} = -3 \pm 4$
$x_1 = -7 \quad x_2 = 1$

Quadratische Gleichungen werden **rechnerisch gelöst**, indem man ...

- die Gleichung in die **Normalform** $\mathbf{x^2 + px + q = 0}$ bringt.
- die Formel $x_{1/2} = -\frac{p}{2} \pm \sqrt{\frac{p^2}{4} - q}$ anwendet.

$4 \cdot (2 + x) - x = -1$ | ausmultiplizieren $8 + 4x - x = -1$ | zusammenfassen $8 + 3x = -1$ | -8 $3x = -9$ | $:3$ $x = -3$ $\mathbb{L} = \{-3\}$	Zur **Lösung** einer **linearen Gleichung** gibt es verschiedene Verfahren: • Systematisches **Probieren** • Lösen durch die **Umkehraufgabe** • Lösen mithilfe von **Äquivalenzumformungen**
$\frac{3}{(x-2)} = \frac{2}{(x+4)}$; $\mathbb{D} = \mathbb{Q} \setminus \{-4; 2\}$ $\frac{3}{(x-2)} = \frac{2}{(x+4)}$ | $\cdot (x-2)(x+4)$ $3 \cdot (x + 4) = 2 \cdot (x - 2)$ …	In Termen und Gleichungen können **Variablen** auch im **Nenner eines Bruches** stehen. Dabei dürfen keine Zahlen in den Term eingesetzt werden, bei denen der **Nenner null** wird. Diese Zahlen werden aus der **Definitionsmenge ausgeschlossen.** Zur Lösung multipliziert man die **Gleichung mit einem gemeinsamen Nenner aller vorkommenden Brüche,** sodass ohne Brüche weitergerechnet werden kann.
1 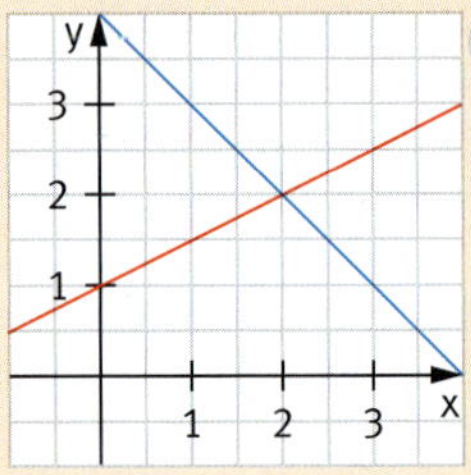 2 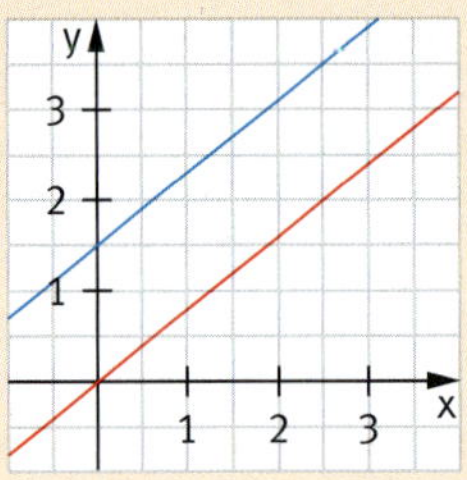 3 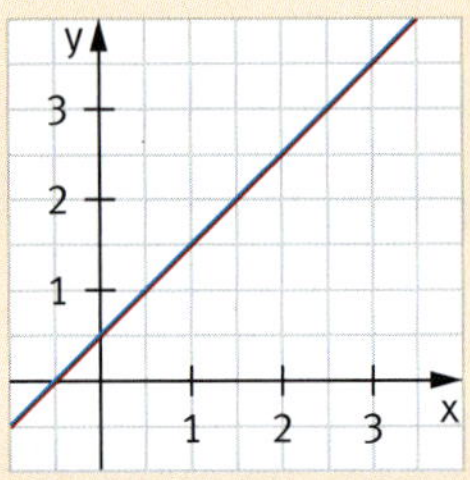	Sollen Zahlenpaare (x|y) **zwei lineare Gleichungen gleichzeitig erfüllen**, so spricht man von einem **linearen Gleichungssystem**. Die **Lösungsmenge** $\mathbb{L}$ eines linearen Gleichungssystems ist sowohl ein Element der Lösungsmenge der ersten als auch der zweiten Gleichung. Bei der Lösungsmenge eines linearen Gleichungssystems können folgende drei Fälle auftauchen: 1 Die Geraden **schneiden sich.** Das lineare Gleichungssystem hat **genau eine Lösung.** $\mathbb{L} = \{(2\|2)\}$ 2 Die Geraden sind **parallel**. Das lineare Gleichungssystem hat **keine Lösung**: $\mathbb{L} = \{\,\}$ 3 Die Geraden sind **identisch**. Das lineare Gleichungssystem hat **unendlich viele Lösungen**: $\mathbb{L} = \{(x\|y) \mid y = x + 0{,}5\}$
I $-x - 2y = 3$ II $y = 2x$ einsetzen $-x - 2 \cdot (2x) = 3$	**Einsetzungsverfahren** Löst man eine der Gleichungen nach einer Variable (z. B. y) auf, dann kann man den erhaltenen Term für die Variable in die andere Gleichung einsetzen.
I $y = 2x - 1$ II $y = -x + 5$ (gleichsetzen) $2x - 1 = -x + 5$	**Gleichsetzungsverfahren** Sind beide Gleichungen nach einer Variable (z. B. y) aufgelöst, kann man die Terme gleichsetzen.
I $2x - 2y = -5$ II $4x + 2y = -7$ $6x = -12$	**Additionsverfahren** Wenn vor einer Variable betragsgleiche Koeffizienten stehen, die ein unterschiedliches Vorzeichen haben, kann man die beiden Gleichungen addieren.

$a^n = a \cdot a \cdot \ldots \cdot a$ (n Faktoren) $\quad a^1 = a;\ a^0 = 1\ (a \neq 0)$

$x^{-3} = \frac{1}{x^3}$ für $x \neq 0$

Ein Produkt aus lauter gleichen Faktoren kann man als **Potenz** schreiben.

Bei Potenzen können die **Exponenten** auch **negativ** sein: $a^{-n} = \frac{1}{a^n}\ (a \neq 0)$.

$a^2 \cdot a^3 = a \cdot a \cdot a \cdot a \cdot a = a^{2+3} = a^5$

$a^4 : a^6 = \frac{a \cdot a \cdot a \cdot a}{a \cdot a \cdot a \cdot a \cdot a \cdot a} = a^{4-6} = a^{-2}$

$a^3 \cdot b^3 = a \cdot b \cdot a \cdot b \cdot a \cdot b = (a \cdot b)^3$

$a^4 : b^4 = \frac{a \cdot a \cdot a \cdot a}{b \cdot b \cdot b \cdot b} = \left(\frac{a}{b}\right)^4$

$(a^2)^3 = a^2 \cdot a^2 \cdot a^2 = a \cdot a \cdot a \cdot a \cdot a \cdot a = a^6$

Potenzgesetze für Potenzen mit ...

gleichen Basen	**gleichen Exponenten**
$a^m \cdot a^n = a^{m+n}$	$a^n \cdot b^n = (a \cdot b)^n$
$a^m : a^n = a^{m-n}$	$a^n : b^n = (a : b)^n$

Potenzieren von Potenzen

$(a^m)^n = a^{m \cdot n}$

Eine **Umkehrung des Potenzierens** bezeichnet man als **Wurzelziehen** (**Radizieren**).

$\sqrt{16} \cdot \sqrt{9} = \sqrt{16 \cdot 9}$

$\frac{\sqrt{9}}{\sqrt{16}} = \sqrt{\frac{9}{16}}$

Multiplikation und Division von Quadratwurzeln

$\sqrt{a} \cdot \sqrt{b} = \sqrt{a \cdot b}$ für $a, b > 0$

$\frac{\sqrt{a}}{\sqrt{b}} = \sqrt{\frac{a}{b}}$ für $a, b > 0$

$\sqrt{9} + \sqrt{16} = 3 + 4 = 7 \qquad \sqrt{9 + 16} = \sqrt{25} = 5$

Bei der **Addition** und **Subtraktion** lassen sich Wurzeln im Allgemeinen **nicht zusammenfassen**.

Ausmultiplizieren mit binomischen Formeln

$(3 + a)^2 = 9 + 6a + a^2$

$(5x - 2)(5x + 2) = 25x^2 - 4$

Zusammenfassen mit binomischen Formeln

$y^2 - 4y + 4 = (y - 2)^2$

Binomische Formeln

1. $(a + b)^2 = a^2 + 2ab + b^2$
2. $(a - b)^2 = a^2 - 2ab + b^2$
3. $(a + b) \cdot (a - b) = a^2 - b^2$

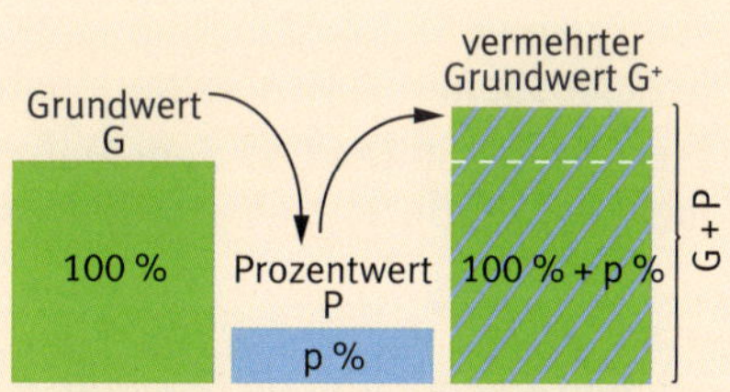

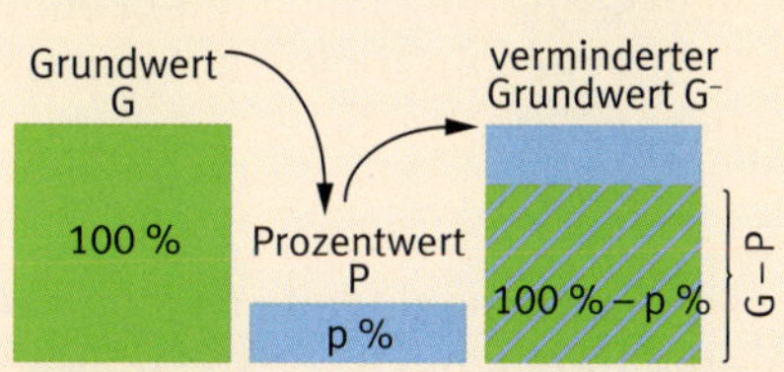

Anteile mit dem Nenner 100 lassen sich als **Prozente** schreiben.
In der **Prozentrechnung** rechnet man mit:
Grundwert $G \mathrel{\hat{=}} 100\,\%$
Prozentwert $P \mathrel{\hat{=}} p\,\%$

Vermehrter Grundwert

G^+ = Grundwert G + Prozentwert P

$G^+ = G \cdot \left(1 + \frac{p}{100}\right)$

Verminderter Grundwert

G^- = Grundwert G – Prozentwert P

$G^- = G \cdot \left(1 - \frac{p}{100}\right)$

Zinsrechnung	Prozentrechnung
K: Kapital	G: Grundwert
Z: Zinsen	P: Prozentwert
p %: Zinssatz	p %: Prozentsatz

Zinsformel (Jahreszinsen): $Z = K \cdot p\,\%$

Wenn Zinsen wieder mitverzinst werden, gilt die

Zinseszinsformel: $K(n) = K \cdot \left(1 + \frac{p}{100}\right)^n$

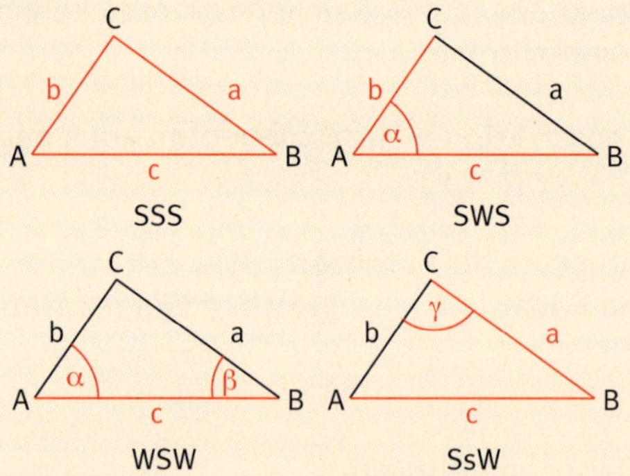

Kongruenzsätze für Dreiecke
Dreiecke sind genau dann kongruent zueinander, wenn sie ...

- in der Länge ihrer drei Seiten übereinstimmen (**SSS**).
- in der Länge zweier Seiten und der Größe des eingeschlossenen Winkels übereinstimmen (**SWS**).
- in der Länge einer Seite und der Größe beider anliegenden Winkel übereinstimmen (**WSW**).
- in der Länge zweier Seiten übereinstimmen sowie der Größe des Winkels, der der längeren Seite gegenüberliegt (**SsW**).

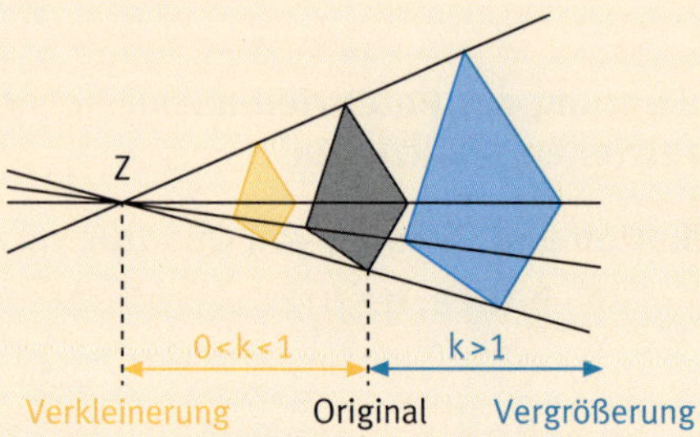

Bei **maßstäblichen Vergrößerungen** und **Verkleinerungen** legt der **Maßstab** fest, in welchem Verhältnis die Länge der Bildstrecke zur Länge der Originalstrecke steht. Man nennt diesen Maßstab **Streckfaktor k**.

$$k = \frac{\text{Länge der Bildstrecke}}{\text{Länge der Originalstrecke}}$$

Zueinander ähnliche Figuren besitzen die gleiche Form. Sie stimmen überein ...

- in den entsprechenden Winkeln.
- im Verhältnis einander entsprechender Seiten.

Zwei Figuren A und B heißen **ähnlich** zueinander, wenn sie durch **maßstäbliches Vergrößern** oder **Verkleinern** auseinander hervorgegangen sind. Man schreibt: A ~ B (sprich: A „ist ähnlich zu“ B.).

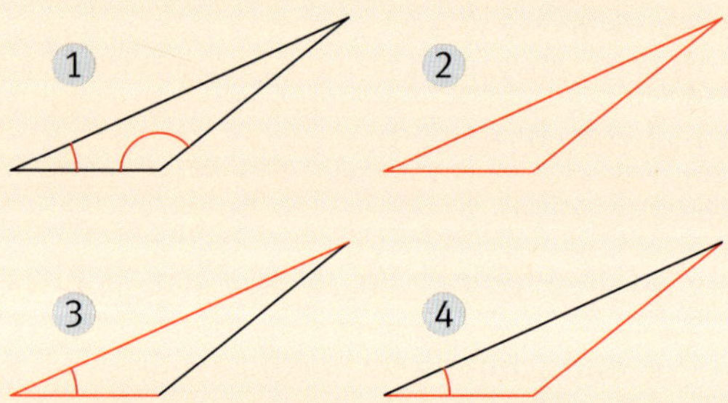

Zwei **Dreiecke** sind zueinander **ähnlich**, wenn sie in den ...

1. Maßen zweier Winkel übereinstimmen (**Hauptähnlichkeitssatz**).
2. Verhältnissen dreier Seiten übereinstimmen.
3. Verhältnissen zweier Seiten und dem Maß des von ihnen eingeschlossenen Winkels übereinstimmen.
4. Verhältnissen zweier Seiten und dem Maß des Gegenwinkels der größeren Seite übereinstimmen.

Beispiel:

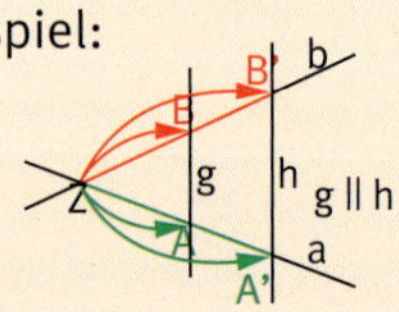

$$\frac{\overline{ZA}}{\overline{ZA'}} = \frac{\overline{ZB}}{\overline{ZB'}}$$

1. Strahlensatz
Werden zwei sich in Z schneidende Geraden von zwei Parallelen geschnitten, dann stehen einander entsprechende Streckenabschnitte auf den Geraden durch Z im gleichen Verhältnis.

Beispiel:

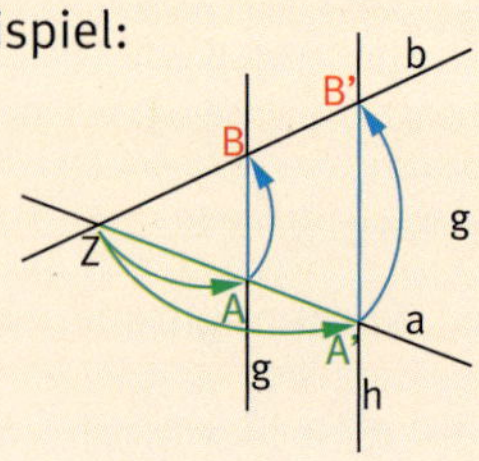

$$\frac{\overline{ZA}}{\overline{ZA'}} = \frac{\overline{AB}}{\overline{A'B'}}$$

2. Strahlensatz
Werden zwei sich in Z schneidende Geraden von zwei Parallelen geschnitten, dann ist das Verhältnis der Streckenabschnitte auf den Parallelen gleich dem zugehörigen Streckenverhältnis auf jeder der Geraden durch Z.

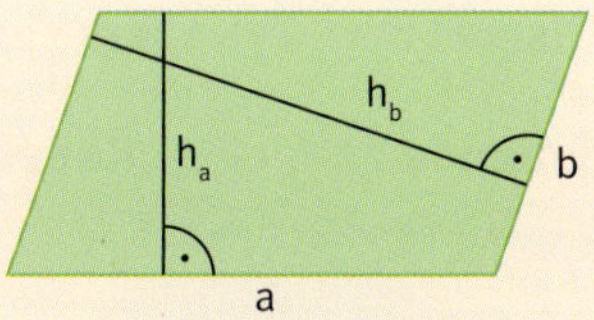

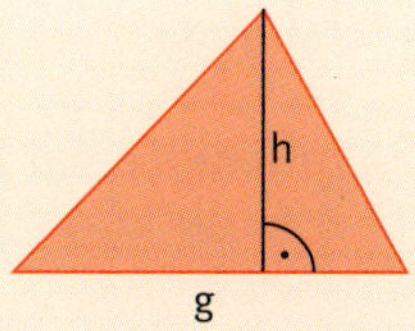

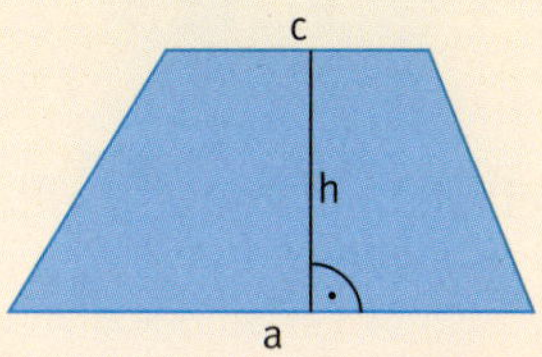

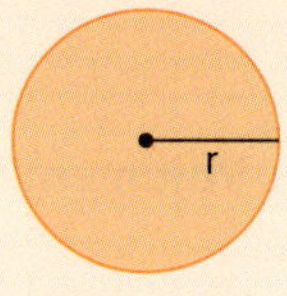

Für den **Flächeninhalt eines Parallelogramms** gilt:
$A = a \cdot h_a = b \cdot h_b$

Für den **Flächeninhalt eines Dreiecks** gilt:
$A = \frac{1}{2} g \cdot h$

Für den **Flächeninhalt eines Trapezes** gilt:
$A = \frac{a + c}{2} \cdot h = \frac{1}{2} \cdot (a + c) \cdot h$

Für den **Flächeninhalt A** eines **Kreises** gilt: $A = \pi \cdot r^2$
Für den **Umfang u des Kreises** gilt: $u = 2\pi \cdot r$

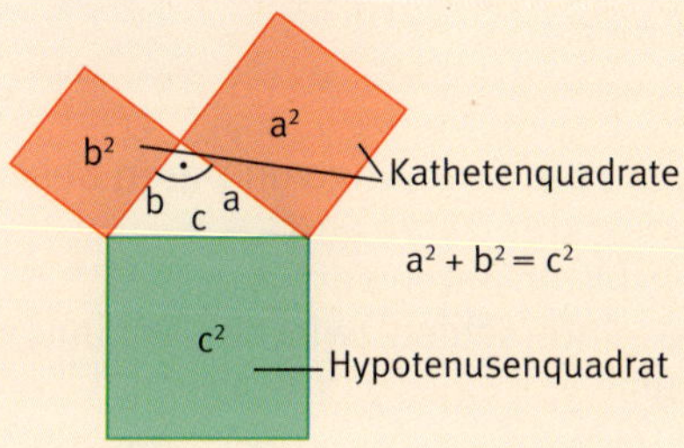

Satz des Pythagoras
In einem rechtwinkligen Dreieck hat das **Quadrat über der Hypotenuse** den gleichen Flächeninhalt wie die **Quadrate über den Katheten** zusammen.

Es gilt auch die **Umkehrung** des Satzes von Pythagoras: Wenn in einem Dreieck ABC $c^2 = a^2 + b^2$ gilt, dann ist $\gamma = 90°$.

1 Zweitafelbild einer Pyramide

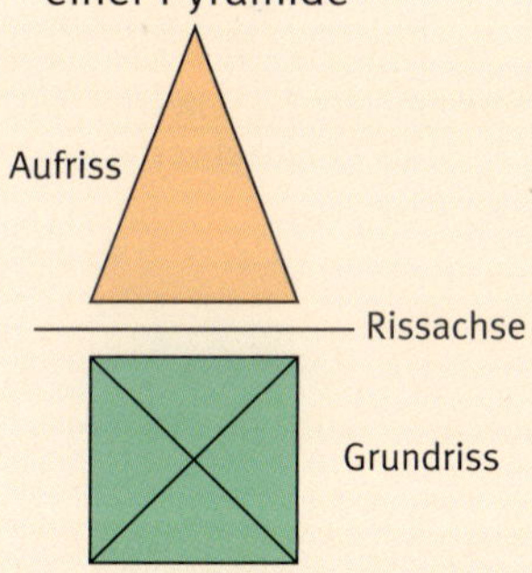

2 Schrägbild einer Pyramide

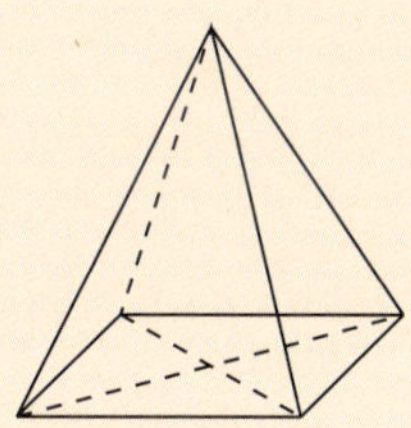

Körper können auf verschiedene Arten **dargestellt** werden:

1 **Zweitafelbilder** bestehen aus **Grund-** und **Aufriss** eines Körpers. Die Schnittachse beider Ebenen nennt man **Rissachse**.

2 Bei einem **Schrägbild** werden alle Strecken parallel zur Vorderansicht in wahrer Größe dargestellt. Nach hinten verlaufende Kanten werden in der Regel auf die **Hälfte gekürzt** und unter einem Winkel von **45°** gezeichnet.

Netz eines Kegels

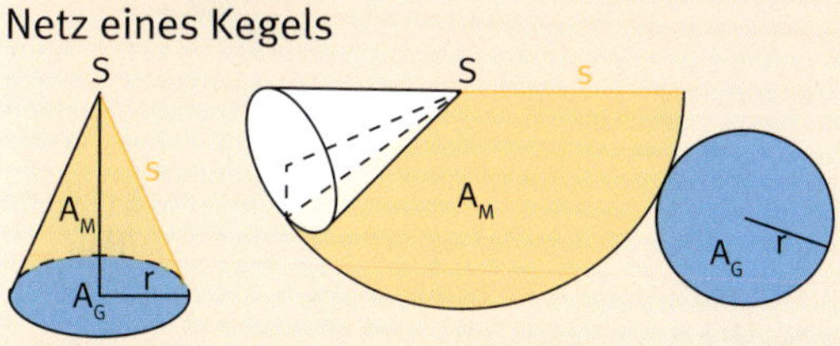

A_G: Grundfläche; A_M: Mantelfläche

Ein **Netz** ist die Abwicklung eines Körpers.
Ein Körper kann verschiedene Abwicklungen (Netzdarstellungen) haben.
Im Netz sind alle Maße der Oberfläche des Körpers in Originalgröße oder einem festen Maßstab dargestellt.

Die **Oberfläche A_O** eines Körpers ist die Summe der einzelnen Flächen des Körpers.
Allgemein gilt die Formel: $\mathbf{A_O = A_G + A_M}$

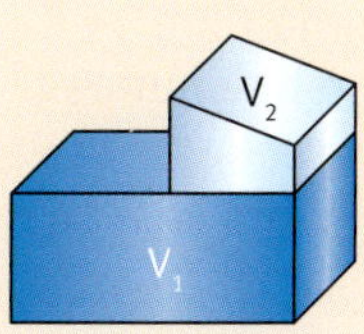

$V = V_1 + V_2$

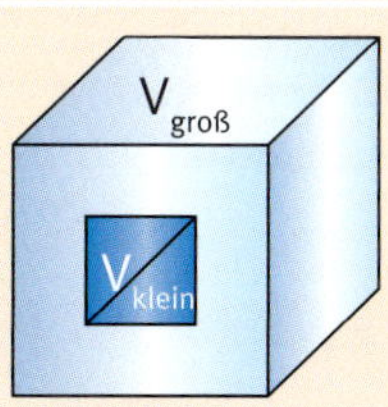

$V = V_{groß} - V_{klein}$

Das **Volumen V** gibt den Rauminhalt eines Körpers an. Zur Berechnung werden zusammengesetzte Körper in geometrische Körper zerlegt.
Die Volumina werden addiert bzw. subtrahiert.

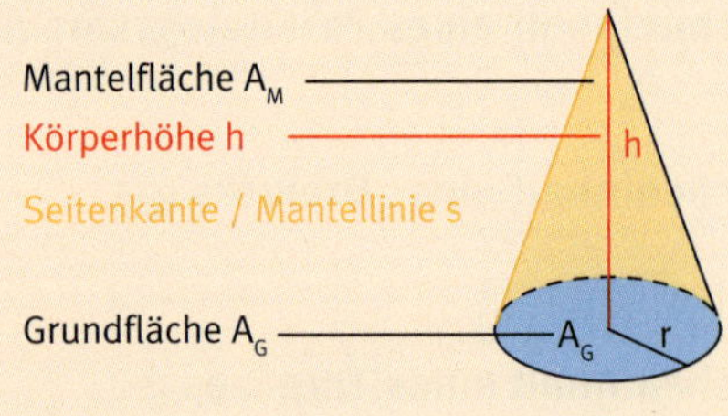

Für das **Volumen** eines **Prismas** bzw. **Zylinders** gilt:
$V = A_G \cdot h$
Für das **Volumen** einer **Pyramide** bzw. eines **Kegels** gilt: $V = \frac{1}{3} A_G \cdot h$

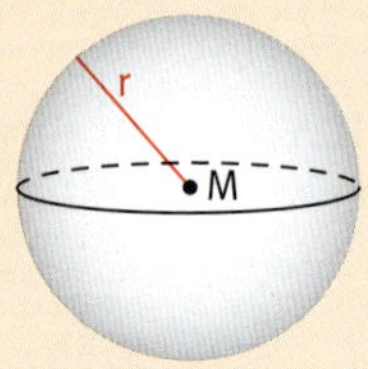

Für das **Volumen** einer **Kugel** mit dem Radius r gilt:
$$\mathbf{V_{Kugel} = \frac{4}{3} \cdot \pi \cdot r^3}$$

Für die **Oberfläche** einer **Kugel** mit dem Radius r gilt:
$$\mathbf{A_{O\ Kugel} = 4 \cdot \pi \cdot r^2}$$

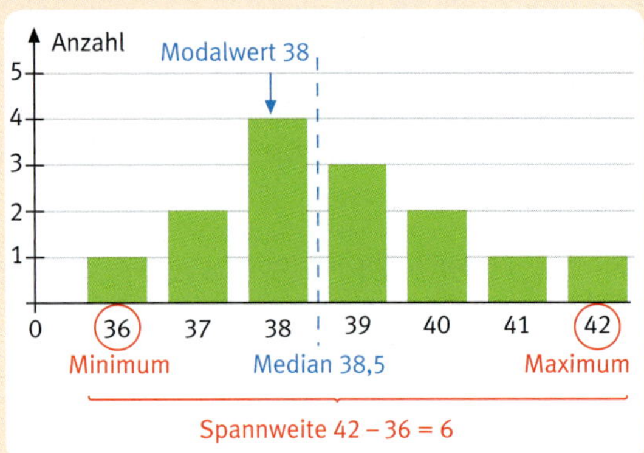

$$\bar{x} = \frac{36 + 37 + 37 + \ldots + 41 + 42}{14} \approx 38{,}7$$

Kennwerte, die die Streuung von Daten beschreiben:
Minimum: kleinster Datenwert
Maximum: größter Datenwert
Spannweite: Unterschied zwischen Minimum und Maximum

Kennwerte, die Daten durch einen zentralen Wert beschreiben:
Modalwert: häufigster Wert
Median: Wert in der Mitte einer geordneten Datenreihe
arithmetisches Mittel: $\bar{x} = \frac{\text{Summe aller Einzelwerte}}{\text{Anzahl der Einzelwerte}}$

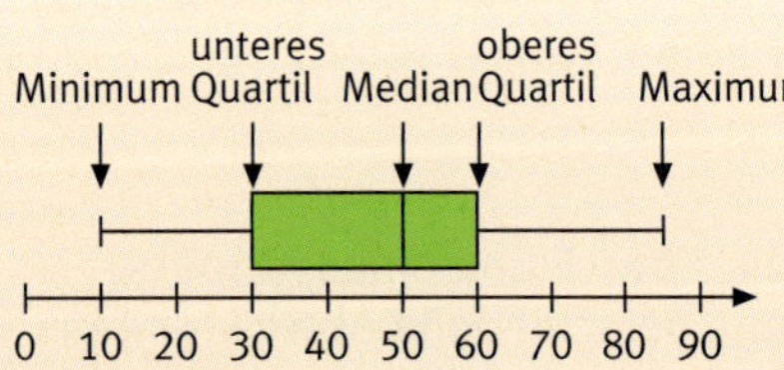

Ein **Boxplot** gibt Auskunft darüber, wie die Werte verteilt sind.
Der Median unterteilt die Daten in zwei Hälften.
unteres Quartil: Median der unteren Hälfte
oberes Quartil: Median der oberen Hälfte
Die **Box** umfasst die mittlere Hälfte aller Werte.

Das Werfen eines Tetraeders, bei dem jede Seite eine andere Farbe hat, ist ein Laplace-Experiment. Es gilt:

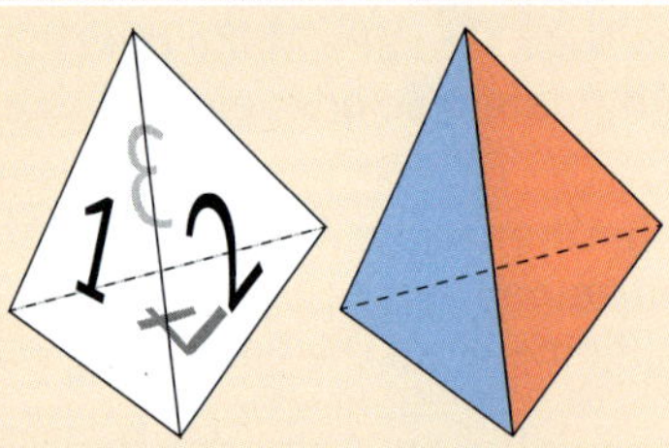

$$P(\text{Rot}) = P(\text{Blau}) = P(\text{Gelb}) = P(\text{Grün}) = \frac{1}{4} = 25\ \%$$

Zufallsexperimente, bei denen alle Ergebnisse gleich wahrscheinlich sind, heißen **Laplace-Experimente**.
Die Wahrscheinlichkeit bei einem Laplace-Experiment heißt **Laplace-Wahrscheinlichkeit**:

$$\mathbf{P(E) = \frac{|E|}{|\Omega|}} \quad \left(\frac{\text{„günstige Ergebnisse"}}{\text{„mögliche Ergebnisse"}}\right)$$

$|E|$: Anzahl der Ergebnisse, die E enthält
$|\Omega|$: Anzahl aller Ergebnisse des Ergebnisraums Ω

Beachte:
$0 \leqq P(E) \leqq 1 \qquad P(E) + P(\bar{E}) = 1$

Zweimaliges Werfen einer Reißzwecke:

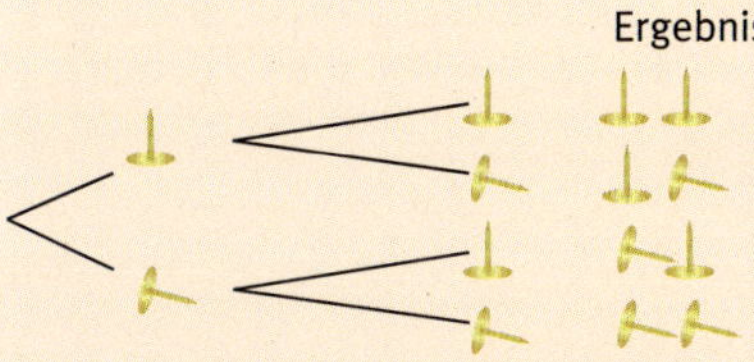

Ein **mehrstufiges** Zufallsexperiment setzt sich aus mehreren nacheinander ausgeführten Teilexperimenten zusammen.

Bei solchen Zufallsexperimenten kann die Menge der Ergebnisse in Form eines **Baumdiagramms** übersichtlich dargestellt werden. Zu jedem Ergebnis gehört ein **Pfad**.

Zweimaliges Drehen eines Glücksrads:

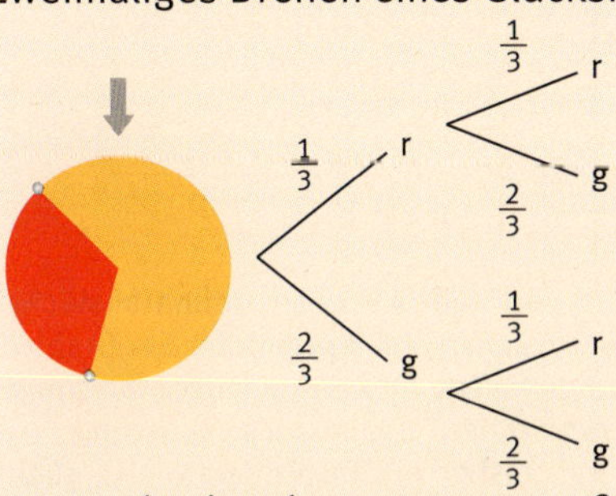

$P\,(rr) = \frac{1}{3} \cdot \frac{1}{3} = \frac{1}{9}$ $\quad$ $P\,(gg) = \frac{2}{3} \cdot \frac{2}{3} = \frac{4}{9}$

$P\,(\text{„gleiche Farbe“}) = \frac{1}{9} + \frac{4}{9} = \frac{5}{9}$

In einem Baumdiagramm werden oftmals die Wahrscheinlichkeiten, die zu einem Pfad gehören, an dem Pfad notiert. Die Wahrscheinlichkeiten für die einzelnen Ereignisse lassen sich wie folgt bestimmen:

1. Pfadregel: Die Wahrscheinlichkeiten entlang eines Pfades werden multipliziert.

2. Pfadregel: Wenn mehrere Pfade zu einem Ereignis gehören, addiert man die Wahrscheinlichkeiten der entsprechenden Pfade.

N: „Schüler besucht die 9. Klasse.“
A: „Schüler ist mindestens 15 Jahre alt.“

	N	$\overline{N}$	gesamt
A	35 7 %	180 36 %	215 43 %
$\overline{A}$	25 5 %	260 52 %	285 57 %
gesamt	60 12 %	440 88 %	500 100 %

Betrachtet man **zwei Ereignisse** gleichzeitig, so können sowohl absolute als auch relative Häufigkeiten sowie Wahrscheinlichkeiten in **Vierfeldertafeln** dargestellt werden.

Ganz rechts in jeder Zeile steht die Summe der beiden linken Felder. Unten in jeder Spalte steht die Summe der beiden Felder darüber.

$P\,(A|B)$ („Wahrscheinlichkeit von A unter der Bedingung B“):

$P\,(A|B) = \frac{P\,(A \cap B)}{P\,(B)}$

Die Wahrscheinlichkeit für das Eintreten eines Ereignisses A unter der Voraussetzung, dass ein Ereignis B schon eingetreten ist, bezeichnet man als **bedingte Wahrscheinlichkeit P (A|B)**.

Ziehen einer roten Kugel ohne Zurücklegen:

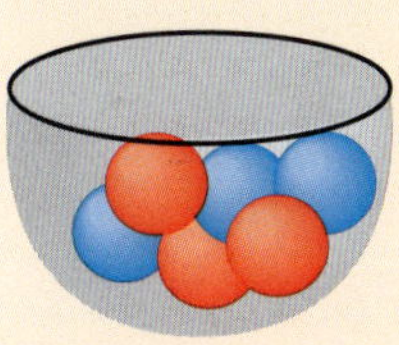

$P\,(\text{„rot im 1. Zug“}) = \frac{3}{6} = \frac{1}{2}$

1. Zug: blaue Kugel gezogen

$P\,(\text{„rot im 2. Zug“}) = \frac{3}{5}$

1. Zug: rote Kugel gezogen

$P\,(\text{„rot im 2. Zug}) = \frac{2}{5}$

Beim Ziehen mit Zurücklegen ist die Wahrscheinlichkeit bei jedem Zug gleich.

Werden Zufallsexperimente mehrfach hintereinander ausgeführt, dann spricht man von **mehrstufigen Zufallsexperimenten**. Man kann dabei je nach Versuchsdurchführung zwei Fälle unterscheiden:

1 **Ziehen mit Zurücklegen**
2 **Ziehen ohne Zurücklegen**

Lösungen zu „2.9 Das kann ich!“ – Seite 38

1 a) $\frac{1}{\sqrt{5}}$ 5 $\frac{1}{5}$ $\sqrt{5}$

b) $\frac{1}{3}$ -1 $\sqrt[3]{3}$ $-\frac{1}{27}$

2 $\sqrt[3]{a^2} = a^{\frac{2}{3}}$ $a^{-\frac{3}{2}} = \frac{1}{\sqrt{a^3}}$

$a^{\frac{3}{2}} = \sqrt{a^3}$ $\frac{1}{\sqrt[3]{a^2}} = a^{-\frac{2}{3}}$

3 Übertrage die Tabelle in dein Heft und vervollständige sie.

Basis / Exponent	1	5	8	10
-1	$\frac{1}{1} = 1$	$\frac{1}{5}$	$\frac{1}{8}$	$\frac{1}{10}$
$\frac{1}{3}$	$\sqrt[3]{1} = 1$	$\sqrt[3]{5}$	$\sqrt[3]{8} = 2$	$\sqrt[3]{10}$
$-\frac{1}{3}$	$\frac{1}{\sqrt[3]{1}} = 1$	$\frac{1}{\sqrt[3]{5}}$	$\frac{1}{\sqrt[3]{8}} = \frac{1}{2}$	$\frac{1}{\sqrt[3]{10}}$
$\frac{2}{3}$	$\sqrt[3]{1^2} = 1$	$\sqrt[3]{25}$	$\sqrt[3]{64} = 4$	$\sqrt[3]{100}$
$-\frac{2}{3}$	$\frac{1}{\sqrt[3]{1^2}} = 1$	$\frac{1}{\sqrt[3]{25}}$	$\frac{1}{\sqrt[3]{64}} = \frac{1}{4}$	$\frac{1}{\sqrt[3]{100}}$

4 a) Der Wert der Potenz wird quadriert.
b) Aus dem Wert der Potenz wird die Quadratwurzel gezogen.
c) Der Wert der Potenz wird durch 16 geteilt.
d) Es wird der Kehrwert des Potenzwertes gebildet.
e) Der Wert der Potenz wird quadriert.
f) Es wird der Kehrwert des Potenzwertes gebildet.

5 b) und d) sind richtig.

6 Lösungsmöglichkeiten:
a) Die Graphen zu g (x) und i (x) gehen beide durch den Punkt A (1 | 0,5) und sind monoton fallend für $x < 0$.
b) Die Graphen zu g (x), i (x) und j (x) verlaufen alle durch den Punkt A (1 | 0,5) (das gilt im Übrigen für alle fünf Funktionen).

7 Aus f (x) = g (x), d. h. $x^3 = 4x$, folgt, dass x entweder 0, −2 oder 2 ist. Dies führt zu den möglichen gemeinsamen Punkten A (−2 | −8), B (0 | 0) und C (2 | 8). Da h (x) an der Stelle x = 0 nicht definiert ist, ist B (0 | 0) sicherlich kein gemeinsamer Punkt der drei Funktionsgraphen. Allerdings ist $h(-2) = \frac{16}{-2} = -8$ bzw. $h(2) = \frac{16}{2} = 8$. h (x) verläuft also durch A und C. Somit sind A (−2 | −8) und C (2 | 8) die gemeinsamen Punkte der Funktionsgraphen zu f (x), g (x) und h (x).

8 a) und e) sind richtig.

9 a) $f_{neu}(x) = \frac{-2}{(x-2)^4} - 1$

b)

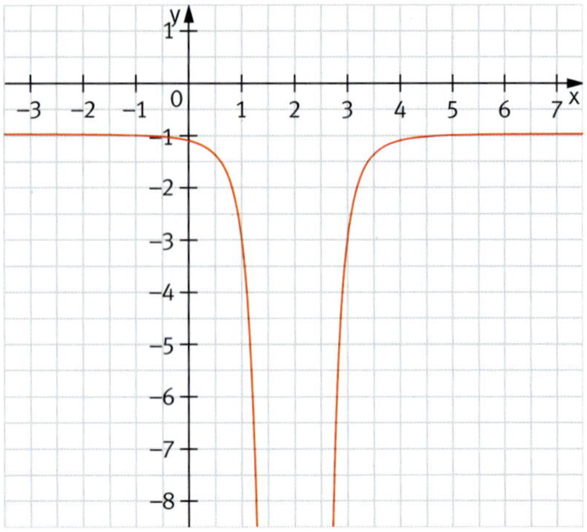

Die Funktion hat an der Stelle x = 2 eine **Definitionslücke**, hier hat sie auch eine senkrechte **Asymptote**. Der Graph der Funktion ist monoton fallend für $x < 2$ und monoton steigend für $x > 2$. Der **Grenzwert** der Funktion für $x \to -\infty$ und $x \to \infty$ ist −1, für $x \to 2$ ist er $-\infty$. Die Gerade y = −1 ist eine waagerechte Asymptote des Funktionsgraphen. Der Graph ist **symmetrisch** zur Geraden x = 2.

Seite 39

10 a)

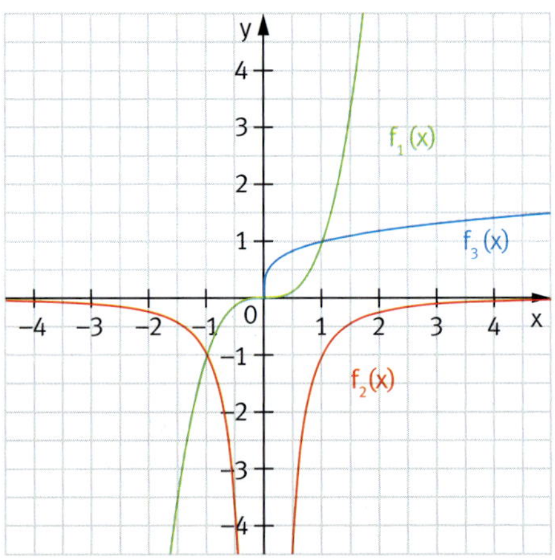

b) $f_1(x) = x^3$:

$\lim\limits_{x \to 0} f(x) = 0$

$\lim\limits_{x \to -\infty} f(x) = -\infty$

$\lim\limits_{x \to \infty} f(x) = \infty$

$f_2(x) = -\frac{1}{x^2}$:

$\lim\limits_{x \to -\infty} f(x) = 0$

$\lim\limits_{x \to 0} f(x) = -\infty$

$\lim\limits_{x \to \infty} f(x) = 0$

$f_3(x) = \sqrt[4]{x}$:

$\lim\limits_{x \to 0} f(x) = 0$

$\lim\limits_{x \to \infty} f(x) = \infty$

11 Lösungsmöglichkeiten:

a) Die Funktion hat an der Stelle $x = 0$ eine Definitionslücke, die y-Achse ist senkrechte Asymptote. Der Graph der Funktion ist monoton fallend. Der Grenzwert der Funktion für $x \to +\infty$ und $x \to -\infty$ ist 0, die x-Achse ist eine waagrechte Asymptote des Funktionsgraphen. Der Grenzwert der Funktion für $x \to 0$ (für positive x-Werte) ist ∞, für $x \to 0$ (für negative x-Werte) ist er $-\infty$. Der Graph geht durch die Punkte P (1 | 1) und Q (−1 | −1) und ist punktsymmetrisch zum Ursprung des Koordinatensystems.

b) Der Funktionsgraph verläuft durch den Punkt O (0 | 0) und ist monoton steigend für $x > 0$. Der Graph geht durch den Punkt P (1 | 1). Für $x < 0$ ist die Funktion nicht definiert.

c) Der Funktionsgraph hat die x- und die y-Achse als Asymptoten: Der Grenzwert für $x \to 0$ ist ∞, für $x \to \infty$ gehen die Funktionswerte gegen 0. Die Funktion ist monoton fallend für $x > 0$. Der Graph geht durch den Punkt P (1 | 1). Für $x < 0$ ist die Funktion nicht definiert.

d) Der Funktionsgraph verläuft durch den Punkt O (0 | 0) und ist monoton steigend für $x > 0$ und monoton fallend für $x < 0$. Der Graph geht durch die Punkte P (1 | 1) und R (−1 | 1) und ist symmetrisch zur x-Achse.

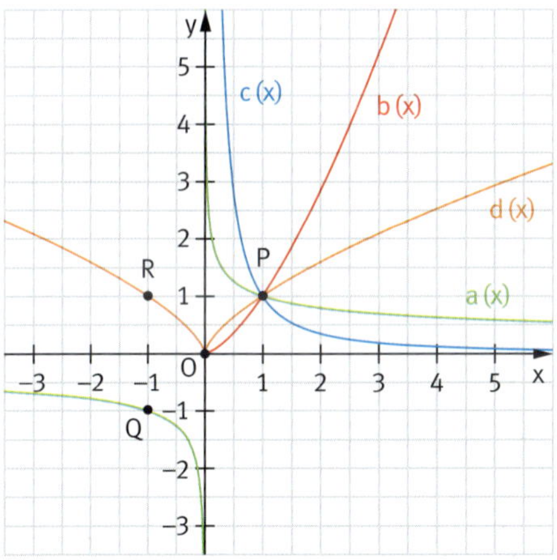

12 a) $20^5 = 2^5 \cdot 10^5 = 3\,200\,000$

b) $20^5 + 20^4 + 20^3 + 20^2 + 20 = 3\,368\,420$
ca. 7,35 Milliarden Personen (Stand Ende 2015), ca. ein Zweitausendstel der Erdbevölkerung

c) $30^5 + 30^4 + 30^3 + 30^2 + 30 = 25\,137\,930$, dies entspricht etwa 0,34 % der Erdbevölkerung.

13 Das ist richtig wegen der Definition: $a^{-n} = \frac{1}{a^n}$.

14 Das ist falsch, es genau „umgekehrt“: $a^{\frac{7}{5}} = \sqrt[5]{a^7}$, d. h. die fünfte Wurzel aus der siebten Potenz der Basis.

15 Das ist falsch.
Gegenbeispiel: $2^4 \cdot 2^3 = 16 \cdot 8 = 128 \neq 4096 = 2^{12}$
Richtig wäre: Potenzen mit gleicher Basis werden multipliziert, indem die Basis beibehalten wird und die Exponenten addiert werden.

16 Das ist falsch.
Gegenbeispiel: $\sqrt{1^{-1}} = \sqrt{1} = 1$

17 Das ist richtig. Man kann – ohne Taschenrechner – beispielsweise folgendermaßen argumentieren:
$2^{\frac{3}{5}} = \sqrt[5]{8} < \sqrt[5]{32} = 2$

18 Das ist richtig.
$3^5 \cdot \left(\frac{4}{3}\right)^5 = 3^5 \cdot \frac{4^5}{3^5} = 4^5 = 2^{10} = 1024 > 1000$

19 Das ist falsch:
$f(-x) = (-x)^4 = x^4 = f(x) \neq -f(x)$
Richtig wäre: Der Graph ist symmetrisch zur y-Achse.

20 Das ist falsch, denn beispielsweise Potenzfunktionen mit negativen Exponenten haben keine Nullstellen.

21 Das ist falsch. Die Gerade mit der Gleichung $x = -2$ ist Symmetrieachse des Funktionsgraphen.

22 Das ist falsch.
Gegenbeispiel: Der Graph der Potenzfunktion $f(x) = x^{-2}$ hat sowohl die x- als auch die y-Achse als Asymptote, ist aber nicht symmetrisch zum Ursprung.

23 Das ist richtig. Falls x gegen 0 geht, sind die Werte für x^4 alle positiv, werden aber immer kleiner. Deren Kehrwert wird also immer größer, es gilt daher: $\lim_{x \to 0} f(x) = \infty$.

24 Wenn man sich auf Potenzfunktionen des Typs $f(x) = x^n$ mit einer natürlichen Zahl n beschränkt, dann stimmt die Aussage:
Wenn $f(2) = f(-2)$ gilt, so kann $f(x) = x^n$ keinen ungeraden Exponenten n haben, da in diesem Fall die Funktionswerte für negative x-Werte negativ, für positive x-Werte positiv sind – insbesondere also nicht übereinstimmen können. n ist also gerade. Es gilt aber für jedes gerade n, dass der Graph von $f(x) = x^n$ symmetrisch zur y-Achse ist.
Lässt man allerdings auch „kompliziertere“ Funktionsterme zu, so gilt die Aussage freilich nicht mehr.
Gegenbeispiel:
$f(x) = (0{,}5 \cdot x)^4 + (0{,}5 \cdot x)^3 - 0{,}5 \cdot x$

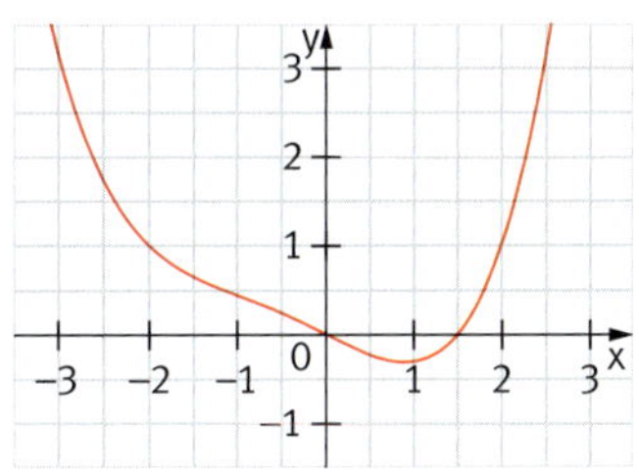

Lösungen zu „3.10 Das kann ich!“ – Seite 68

1 a) $\sin\alpha = 0{,}53$ $\cos\alpha = 0{,}85$ $\tan\alpha = 0{,}62$

b) $\sin\alpha = 0{,}28$ $\cos\alpha = 0{,}96$ $\tan\alpha = 0{,}29$

2 a) $a \approx 5{,}9$ cm; $c \approx 6{,}5$ cm b) $c \approx 426{,}9$ m; $b \approx 408{,}2$ m

c) $b \approx 0{,}8$ km; $c \approx 1{,}6$ km d) $b \approx 52{,}5$ mm; $c \approx 58{,}3$ mm

3 **a)** $\sin\alpha = \frac{5\text{ m}}{13\text{ m}} \approx 0{,}38$ $\sin\beta = \frac{12\text{ m}}{13\text{ m}} \approx 0{,}92$

$\cos\alpha = \frac{12\text{ m}}{13\text{ m}} \approx 0{,}92$ $\cos\beta = \frac{5\text{ m}}{13\text{ m}} \approx 0{,}38$

$\tan\alpha = \frac{5\text{ m}}{12\text{ m}} \approx 0{,}42$ $\tan\beta = \frac{12\text{ m}}{5\text{ m}} = 2{,}4$

b) $\sin\alpha = \frac{7{,}7\text{ cm}}{8{,}5\text{ cm}} \approx 0{,}91$ $\sin\beta = \frac{3{,}6\text{ cm}}{8{,}5\text{ cm}} \approx 0{,}42$

$\cos\alpha = \frac{3{,}6\text{ cm}}{8{,}5\text{ cm}} \approx 0{,}42$ $\cos\beta = \frac{7{,}7\text{ cm}}{8{,}5\text{ cm}} \approx 0{,}91$

$\tan\alpha = \frac{7{,}7\text{ cm}}{3{,}6\text{ cm}} \approx 2{,}14$ $\tan\beta = \frac{3{,}6\text{ cm}}{7{,}7\text{ cm}} \approx 0{,}47$

4 **a)** $\alpha \approx 11{,}9°$; $\beta \approx 78{,}1°$ **b)** $\alpha \approx 78{,}7°$; $\beta \approx 11{,}3°$
c) $\alpha \approx 14{,}5°$; $\beta \approx 75{,}5°$ **d)** $\alpha \approx 36{,}9°$; $\beta \approx 53{,}1°$
e) $\alpha \approx 18{,}7°$; $\beta \approx 71{,}3°$ **f)** $\alpha \approx 62{,}2°$; $\beta \approx 27{,}4°$
g) $\alpha \approx 21{,}8°$; $\beta \approx 68{,}2°$ **h)** $\alpha \approx 44{,}4°$; $\beta \approx 45{,}6°$
i) $\alpha = \beta = 45°$

5 **a)** $\alpha = 17°$; $\beta = 73°$ **b)** $\alpha = 54°$; $\beta = 36°$
c) $\alpha = 56°$; $\beta = 34°$ **d)** $\alpha = 72°$; $\beta = 18°$
e) $\alpha = 48°$; $\beta = 42°$ **f)** $\alpha = 32°$; $\beta = 58°$

6 **a)** nicht rechtwinklig **b)** rechtwinklig mit $\alpha \approx 90°$

7 **a)** $\alpha \approx 75{,}3°$ **b)** $\alpha \approx -79{,}7°$ bzw. $\alpha \approx 280{,}3°$

8 **a)**

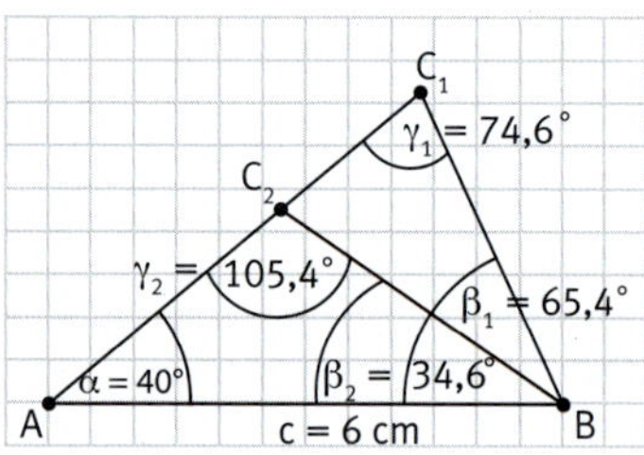

Anwendung des Sinussatzes: $\frac{4\text{ cm}}{\sin 40°} = \frac{6\text{ cm}}{\sin\gamma}$

$\sin\gamma = \sin 40° \cdot \frac{6\text{ cm}}{4\text{ cm}}$

Der Zeichnung kann man entnehmen, dass es zwei Lösungen gibt:

$\gamma_1 \approx 74{,}6°$ $\Longrightarrow$ $\beta_1 \approx 65{,}4°$
$\gamma_2 \approx 180° - \gamma_1 = 105{,}4°$ $\Longrightarrow$ $\beta_2 \approx 34{,}6°$

b) $A_1 = \frac{1}{2} a \cdot c \cdot \sin\beta_1 = \frac{1}{2} \cdot 4\text{ cm} \cdot 6\text{ cm} \cdot \sin 65{,}4° \approx 10{,}9\text{ cm}^2$

$A_2 = \frac{1}{2} a \cdot c \cdot \sin\beta_2 = \frac{1}{2} \cdot 4\text{ cm} \cdot 6\text{ cm} \cdot \sin 34{,}6° \approx 6{,}8\text{ cm}^2$

9 **a)**

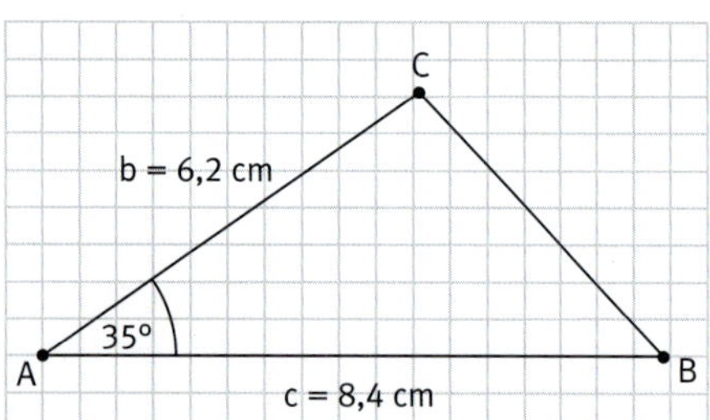

b) $a \approx 4{,}9$ cm

10 $a = b = c \approx 10{,}3$ cm
$A = \frac{1}{2} a \cdot h_a \approx 45{,}8\text{ cm}^2$

11 **a)** $\alpha = \gamma \approx 53{,}1°$; $\beta \approx 73{,}8°$; $h_b = 5{,}2$ cm
b) $A = \frac{1}{2} \cdot 7{,}8\text{ cm} \cdot 5{,}2\text{ cm} \approx 20{,}3\text{ cm}^2$

$A = \frac{1}{2} \cdot (6{,}5\text{ cm})^2 \cdot \sin 73{,}8° \approx 20{,}3\text{ cm}^2$

12 **a)** $a \approx 7{,}4$ dm; $b \approx 4{,}5$ dm; $\alpha = 61°$
b) $a \approx 90{,}8$ cm; $b \approx 48{,}0$ cm; $\beta = 31°$
c) $b \approx 12{,}8$ cm; $c \approx 14{,}2$ cm; $\alpha = 21{,}3°$
d) $c \approx 7{,}9$ cm; $\beta \approx 35{,}7°$; $\gamma \approx 79{,}3°$
e) $a \approx 10{,}0$ cm; $\alpha \approx 95{,}9°$; $\beta \approx 50{,}9°$

Seite 69

13 **a)** $a \approx 4{,}4$ cm; $c \approx 5{,}6$ cm; $\gamma = 61°$
b) $b \approx 5{,}0$ cm; $c \approx 5{,}7$ cm; $\beta = 33°$
c) $\alpha \approx 54{,}4°$; $\beta \approx 43{,}1°$; $\gamma \approx 82{,}6°$
d) $b \approx 11{,}0$ cm; $\beta \approx 83{,}9°$; $\gamma \approx 39{,}1°$

14 Seitenhöhe $h_s \approx 8{,}1$ cm
Körperhöhe $h \approx 7{,}7$ cm
$V = \frac{1}{3} a^2 \cdot h \approx 66{,}8\text{ cm}^3$

15 $a \approx 9{,}5$ cm

16

	a)	b)	c)
a	6,7 cm	6,4 m	4,6 cm
b	6,7 cm	5,8 m	7,0 cm
c	5,9 cm	10,5 m	10,3 cm
α	63,5°	32,3°	22,1°
β	64,1°	29,0°	34,9°
γ	52,4°	118,7°	123,0°

Hinweis: Je nach Rechnung bzw. Rundung können die Ergebnisse variieren.

17 $A \approx 33{,}5\text{ cm}^2$

18 **a)** $A \approx 4{,}6\text{ cm}^2$ **b)** $A \approx 662{,}7\text{ mm}^2$ **c)** $A \approx 16{,}1\text{ cm}^2$

19 Das ist richtig.

20 Das ist richtig.

21 Das ist falsch. Es gilt: $\sin 90° = \cos 0° = 1$. Der Tangenswert eines Winkels kann auch größer als 1 sein.

22 Das ist falsch: Sind nur die Winkel gegeben, kann man keinen Flächeninhalt berechnen. Für die Flächenberechnung mithilfe des Sinussatzes benötigt man beispielsweise zwei Seitenlängen und die Größe des eingeschlossenen Winkels.

23 Das ist falsch: Der Sinussatz gilt für jede Art von Dreieck. Im Falle eines rechtwinkligen Dreiecks ist der Sinuswert des rechten Winkels 1 ($\sin 90° = 1$), woraus sich die schon zuvor bekannten trigonometrischen Beziehungen bei rechtwinkligen Dreiecken ergeben.

24 Das ist falsch: Der Satz des Pythagoras ist vielmehr ein Sonderfall des Kosinussatzes.

25 Das ist richtig.

Lösungen zu „4.8 Das kann ich!" – Seite 94

1 Die Werte für das Bogenmaß sind auf zwei Dezimalen gerundet.

① **a)** sin 55° = sin 125° = sin −235° = sin 415°

b) Bogenmaß:
55° ≙ 0,96 125° ≙ 2,18
−235° ≙ −4,10 415° ≙ 7,24

② **a)** sin 85° = sin 95° = sin −275°

b) Bogenmaß:
85° ≙ 1,48 95° ≙ 1,66
−275° ≙ −4,80

③ **a)** sin −25° = sin −155° = sin 205° = sin 335°

b) Bogenmaß:
−25° ≙ −0,44 −155° ≙ −2,71
205° ≙ 3,58 335° ≙ 5,87

2
a) $x_1 = 1{,}10$ $x_2 = 2{,}04$
b) $x_1 = 0{,}44$ $x_2 = 2{,}70$
c) $x_1 = -0{,}09$ $x_2 = -3{,}05$
d) $x = -\frac{\pi}{2}$
e) $x_1 = -1{,}15$ $x_2 = -1{,}99$
f) $x_1 = -1{,}48$ $x_2 = -1{,}66$

3 a)

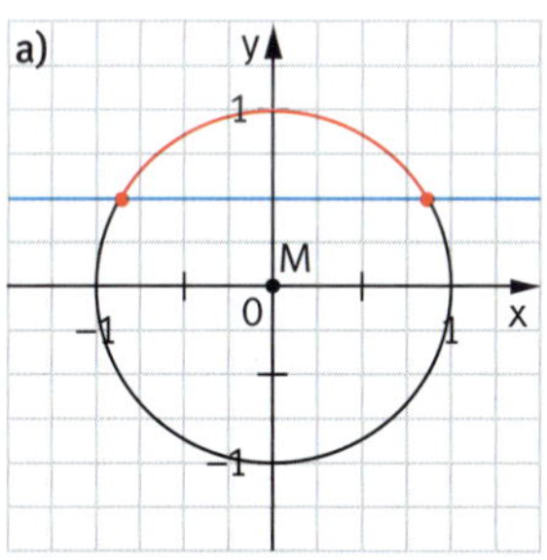

b)

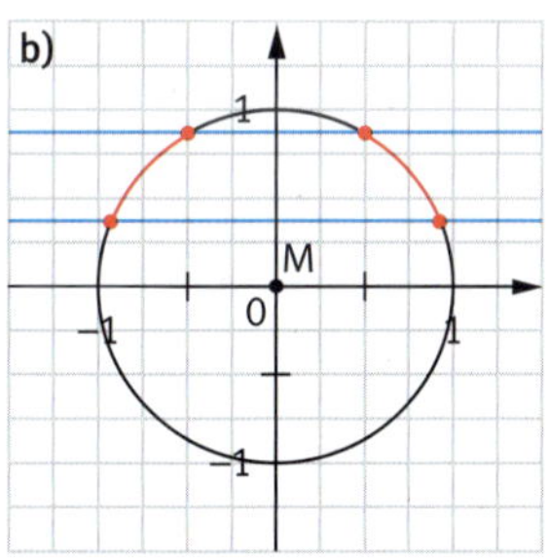

4 **a)** Man kann beispielhaft einige Werte ausrechnen:
$\sin(-\frac{\pi}{6}) = -\sin\frac{\pi}{6}$
$\sin(-\frac{\pi}{3}) = -\sin\frac{\pi}{3}$

b) Einer Zeichnung am Einheitskreis kann man entnehmen: Die Werte für sin x und sin (−x) sind betragsmäßig gleich groß, haben aber unterschiedliche Vorzeichen. Also gilt: sin (−x) = −sin x

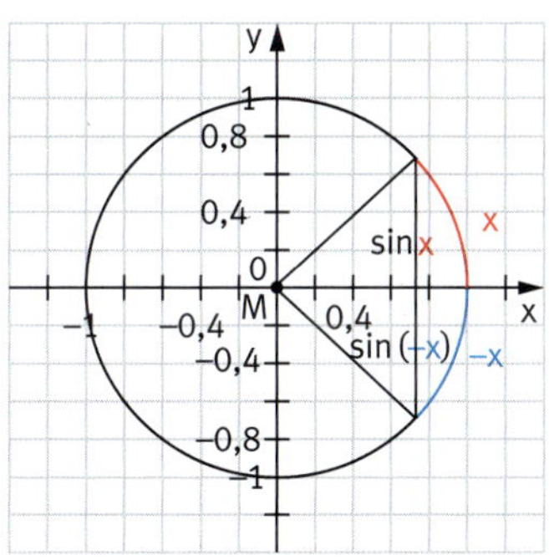

5 Die Werte für sin x sind auf zwei Dezimalen gerundet.

x	-2π	$-\frac{7}{4}\pi$	$-\frac{3}{2}\pi$	$-\frac{5}{4}\pi$	$-\pi$
sin x	0	0,71	1	0,71	0

x	$-\frac{3}{4}\pi$	$-\frac{1}{2}\pi$	$-\frac{1}{4}\pi$	0	usw.
sin x	−0,71	−1	−0,71	0	usw.

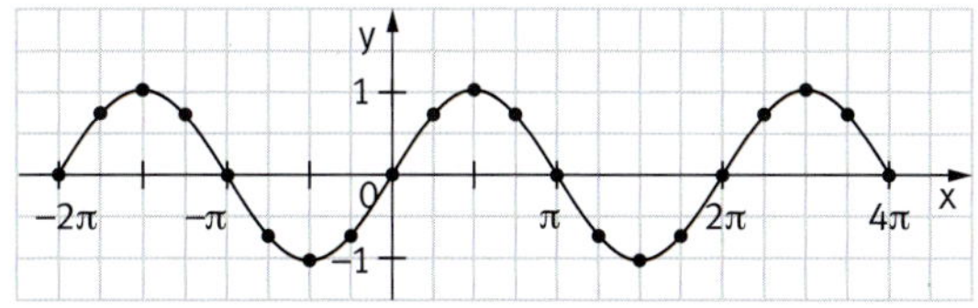

Die Nullstellen von f (x) = sin x sind bei:
−2π; −π; 0; π; 2π; 3π; 4π

6 **a)** Periodenlänge 2
b) Periodenlänge 6

7 Lösungsmöglichkeiten:

a) Bei einer Sinusfunktion mit der Gleichung f (x) = a · sin x beschreibt der Faktor a die Amplitude, also den im Vergleich zu y = sin x größeren oder kleineren „Ausschlag" des Funktionsgraphen.

b) Bei einer Sinusfunktion mit der Gleichung f (x) = sin (b · x) beschreibt der Faktor b, wie die Periode im Vergleich zu y = sin x verändert ist.

c) Bei einer Sinusfunktion mit der Gleichung f (x) = sin (x − d) beschreibt der Wert d die Verschiebung des Funktionsgraphen entlang der x-Achse im Vergleich zu y = sin x.

8 Lösungsmöglichkeit:
Der rote Funktionsgraph entsteht aus dem schwarzen der Grundfunktion f (x) = sin x durch Spiegelung an der x-Achse.
Man erhält als „vorläufigen" Funktionsterm:
f* (x) = −sin x
Zusätzlich wird der gespiegelte Graph noch um den Faktor 2 gestreckt, sodass der Funktionsterm lautet:
f' (x) = −2 · sin x

9 **a)** $-\frac{3}{2}\pi; -\frac{1}{2}\pi; \frac{1}{2}\pi; \frac{3}{2}\pi$ **b)** keine Nullstellen
c) $\frac{1}{6}\pi; \frac{5}{6}\pi; \frac{13}{6}\pi; \frac{17}{6}\pi$ **d)** $-\frac{5}{4}\pi; -\frac{3}{4}\pi; \frac{3}{4}\pi; \frac{5}{4}\pi$

Seite 95

10 **a)** f (x) = 2 · sin x
g (x) = 1,5 · sin x
h (x) = −0,5 · sin x

b) f (x) = 2 · sin (2x)
g (x) = sin (4x)
h (x) = $\sin\left(\frac{x}{2}\right)$

11 **a)** Lösungsmöglichkeit:
Das Diagramm beginnt im Januar (Sommer auf der Südhalbkugel) mit einer mittleren täglichen Sonnenscheindauer von etwa 8,1 h. Bis zum Winter nimmt dann die Sonnenscheindauer auf etwa 7,4 h ab. Danach nimmt sie wieder zu, bis im Dezember die höchste Sonnenscheindauer von etwa 8,4 h erreicht wird.

b) Wertetabelle für die Monatsenden (t in d, D in h und f (x) in h):

t	30	60	90	120	150	180
D	8,1	7,7	7,6	7,4	7,4	7,4
f (x)	8,25	8,03	7,78	7,55	7,42	7,41

t	210	240	270	300	330	360
D	7,6	7,7	7,9	8,2	8,3	8,4
f (x)	7,53	7,75	8,00	8,23	8,37	8,39

Auch der größte relative Fehler (im Februar) beträgt nur etwa 4 %: Sophies Term gibt also die Sonnenscheindauer gut wieder.

12 Das ist falsch: Die Periode der Sinusfunktion beträgt 2π. Entsprechend wiederholen sich die Werte auch am Einheitskreis erst nach einem ganzen Kreisdurchgang.

13 Das ist richtig. Winkelmaß und Bogenmaß lassen sich eindeutig ineinander umrechnen.

14 Das ist richtig, ihre Periode ist 2π.

15 Das ist falsch: Will man den Graphen der Kosinusfunktion aus dem der Sinusfunktion erhalten, so muss man diesen um $\frac{\pi}{2}$ „nach links“, also in negative x-Richtung, verschieben.

16 Das ist richtig. Als Gleichung ausgedrückt bedeutet das: $\cos(-x) = \cos x$

17 Das ist falsch, die Periodenlänge ist bei beiden Funktionen gleich, nämlich 2π. Es ändert sich lediglich die Amplitude, der Funktionsgraph wird gestreckt.

18 Das ist falsch, sie hat den Wertebereich $[-1,5;\ 2,5]$.

19 Das ist richtig, denn die eine entsteht aus der anderen durch Verschiebung, wodurch sich die Periode nicht ändert.

Lösungen zu „5.8 Das kann ich!“ – Seite 118

1 a) Das Wachstum des Riesenbambus ist linear, weil die Größe immer um den gleichen Summanden (70 cm) steigt. Allerdings gilt wie bei allen realen Wachstumsvorgängen: Das angenommene – in dem Fall lineare – Wachstum gilt nur unter bestimmten Bedingungen und vor allem zeitlich begrenzt.

b) Das Preiswachstum ist exponentiell, da der Preis jährlich um den gleichen Faktor (1,05) steigt.

2 a) $1024 = a^5 \quad \Leftrightarrow \quad a = \sqrt[5]{1024} = 4$
$f(x) = 4^x$

b) $\sqrt{2} = a^{0,5} = \sqrt{a} \quad \Leftrightarrow \quad a = 2$
$f(x) = 2^x$

3

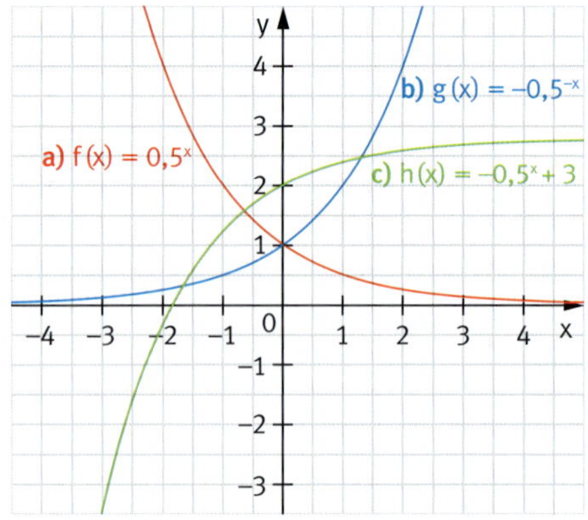

4

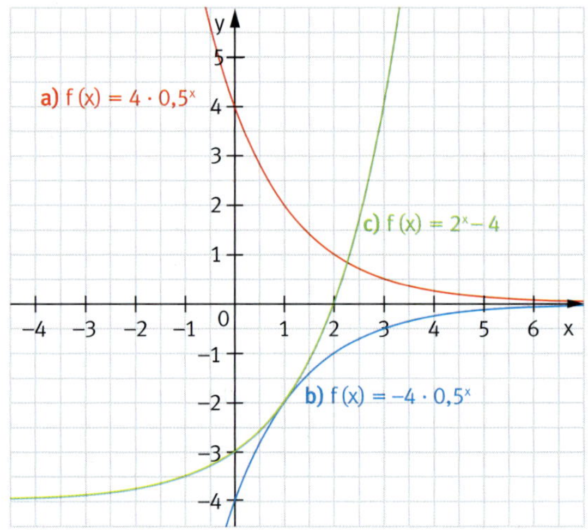

a) $f(x) = 4 \cdot 0,5^x$
Definitionsbereich: $x \in \mathbb{R}$
Wertebereich: $y \in \mathbb{R}, y > 0$
Schnittpunkte: S_x existiert nicht, $S_y\,(0|4)$
Monotonie: monoton fallend
Grenzwerte: $\lim\limits_{x \to -\infty} f(x) = +\infty$, $\lim\limits_{x \to +\infty} f(x) = 0$

b) $f(x) = -4 \cdot 0,5^x$
Definitionsbereich: $x \in \mathbb{R}$
Wertebereich: $y \in \mathbb{R},\ y < 0$
Schnittpunkte: S_x existiert nicht, $S_y\,(0|-4)$
Monotonie: monoton steigend
Grenzwerte: $\lim\limits_{x \to -\infty} f(x) = -\infty$, $\lim\limits_{x \to +\infty} f(x) = 0$

c) $f(x) = 2^x - 4$
Definitionsbereich: $x \in \mathbb{R}$
Wertebereich: $y \in \mathbb{R},\ y > -4$
Schnittpunkte: $S_x\,(2|0)$, $S_y\,(0|-3)$
Monotonie: monoton steigend
Grenzwerte: $\lim\limits_{x \to -\infty} f(x) = -4$, $\lim\limits_{x \to +\infty} f(x) = +\infty$

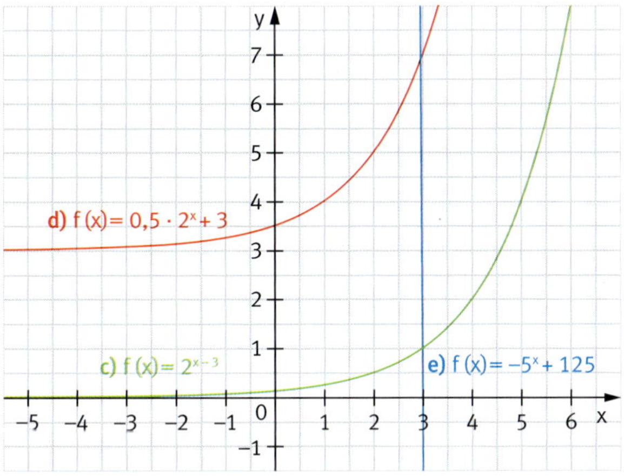

d) $f(x) = 0{,}5 \cdot 2^x + 3$
Definitionsbereich: $x \in \mathbb{R}$
Wertebereich: $y \in \mathbb{R}, y > 3$
Schnittpunkte: S_x existiert nicht, $S_y\,(0|3{,}5)$
Monotonie: monoton steigend
Grenzwerte: $\lim_{x \to -\infty} f(x) = 3$, $\lim_{x \to +\infty} f(x) = +\infty$

e) $f(x) = -5^x + 125$
Definitionsbereich: $x \in \mathbb{R}$
Wertebereich: $y \in \mathbb{R}, y < 125$
Schnittpunkte: $S_x\,(3|0)$, $S_y\,(0|125)$
Monotonie: monoton fallend
Grenzwerte: $\lim_{x \to -\infty} f(x) = 125$, $\lim_{x \to +\infty} f(x) = -\infty$

f) $f(x) = 2^{x-3}$
Definitionsbereich: $x \in \mathbb{R}$
Wertebereich: $y \in \mathbb{R}, y > 0$
Schnittpunkte: S_x existiert nicht, $S_y\,(0|0{,}125)$
Monotonie: monoton steigend
Grenzwerte: $\lim_{x \to -\infty} f(x) = 0$, $\lim_{x \to +\infty} f(x) = +\infty$

5 $f(a) = 12\,t \cdot 0{,}5^a$
Eine Zeiteinheit a entspricht 5 Jahren.
5 Jahre: $f(1) = 6\,t$
10 Jahre: $f(2) = 3\,t$
15 Jahre: $f(3) = 1{,}5\,t$
30 Jahre: $f(6) \approx 0{,}188\,t$
100 Jahre: $f(20) \approx 0{,}000011\,t$

6 a) $f(x) = 2^x - 2$
b) $f(x) = -0{,}5 \cdot 2^x$

7 a) $\log_4 512 = 4{,}5$ b) $\log_3 3187 \approx 7{,}43$
c) $\log_6 36^5 = 10$ d) $\log_{0,5} 81 \approx -6{,}34$
e) $\lg 10000 = 4$ f) $\lg 10^{1,5} = 1{,}5$

8 a) $50 \cdot 2^x = 1\,000\,000 \iff \log_2 20\,000 \approx 14{,}29$
$14{,}29 \cdot 12$ Stunden $= 171{,}48$ Stunden ≈ 7 Tage 4 h
b) $f(x) = 50 \cdot 2^x$
Eine Zeiteinheit x entspricht 12 Stunden.
c) Die Fläche des Teichs ist endlich, weshalb auch die Ressourcen endlich sind. Dadurch wird das Wachstum ab einem bestimmten Punkt gehemmt und somit nicht durchgängig exponentiell.

9 Grafische Lösung:
Nigeria: $n(x) = 177{,}5 \cdot 1{,}025^x$
USA: $u(x) = 317{,}7 \cdot 1{,}004^x$

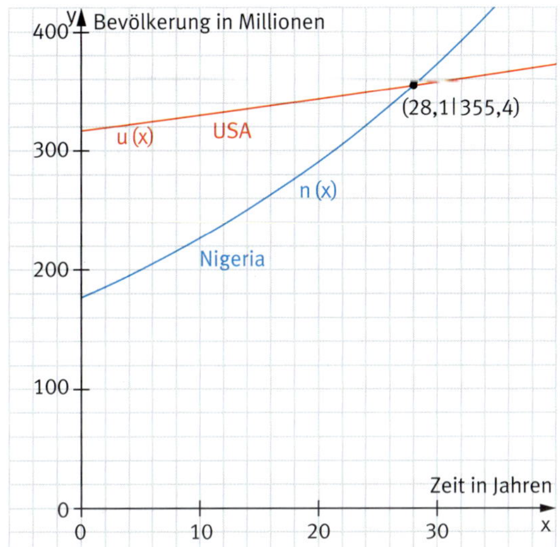

Rechnerische Lösung:
$177{,}5 \cdot 1{,}025^x = 317{,}7 \cdot 1{,}004^x \iff x \approx 28{,}1$
Nach gut 28 Jahren leben in beiden Staaten mit ca. 355 Millionen gleich viele Menschen.

Seite 119

10 a) $a_2 = 1\text{ cm} \cdot 1{,}5^1 = 1{,}5\text{ cm}$
$a_8 = 1\text{ cm} \cdot 1{,}5^7 \approx 17{,}1\text{ cm}$
$a_m = 1\text{ cm} \cdot 1{,}5^{m-1}$
b) $a_1 + a_2 + a_3 + a_4 \approx 8{,}1\text{ cm}$
$a_1 + \ldots + a_6 \approx 20{,}8\text{ cm}$
$a_1 + \ldots + a_8 \approx 49{,}3\text{ cm}$

11 a) $f(x) = 4000\,€ \cdot 1{,}018^x$
$f(5) \approx 4373{,}20\,€$
$f(10) \approx 4781{,}21\,€$
$f(30) \approx 6831{,}14\,€$
b) $16\,000\,€ = 4000\,€ \cdot 1{,}018^x \iff x \approx 77{,}7$
Nach knapp 78 Jahren hat sich der Betrag vervierfacht.

12 $0{,}2 = 0{,}85^x \iff \log_{0,85} 0{,}2 \approx 9{,}9$
Die Kamera ist bis knapp 10 m Tiefe einsatzfähig.

13 a) $x = 8$ b) $x = 5$ c) $x = 15\,625$
d) $x = 0$ e) $x = 4$ f) $x = 2$

14 $1200\,€ \cdot 0{,}5^{2,5} \approx 212{,}13\,€$

15 Das ist falsch, denn es gibt neben den beiden genannten Arten von Wachstum auch ganz andere. Auch eine Kombination aus verschiedenen Wachstumsarten ist denkbar.

16 Das ist richtig, denn $a^0 = 1$ für $a > 0$.

17 Nimmt man den Satz als Ganzes, so ist er falsch.
Richtig ist zwar, dass die Funktion keine Nullstelle besitzt, sie hat aber sehr wohl eine waagrechte Asymptote: Die x-Achse.

18 Das ist falsch, man erhält die Gleichung $\log_a c = x$.

19 Ob man die Frage mit „richtig“ oder „falsch“ beantwortet, hängt von der zugrunde liegenden Funktion ab. Falls gilt: $\lim\limits_{x \to \pm\infty} f(x) = \infty$ bzw. $\lim\limits_{x \to \pm\infty} f(x) = -\infty$, so hat der Summand c keinen Einfluss (unendlich bleibt unendlich, selbst wenn man eine Konstante addiert bzw. subtrahiert). Wenn allerdings gilt: $\lim\limits_{x \to \pm\infty} f(x) = c$, so hat der Parameter c tatsächlich Einfluss auf das Verhalten der Funktion für $x \to \pm\infty$.

20 Das ist richtig.

21 Das ist richtig, denn es gibt keinen Exponenten x, so dass gilt: $2^x = 0$.

Lösungen zu „6.9 Das kann ich!“ – Seite 150

1

	B	$\overline{B}$	gesamt
A	0,12	0,48	0,6
$\overline{A}$	0,08	0,32	0,4
gesamt	0,2	0,8	1

2 $\binom{5}{3} = 10$ $\binom{101}{99} = 5050$

$\binom{16}{2} = 1024$ $2^{10} = 1024$

3 Lösungsmöglichkeiten:

a) Aus einer Urne mit 23 unterscheidbaren Kugeln werden 18 ohne Zurücklegen herausgenommen. Die Reihenfolge der Kugeln wird nicht beachtet. Alternativ kann man die Kugeln auch gleichzeitig entnehmen.
Beispiel: Der Englischlehrer hat die Liste verlegt, auf der er notiert hat, welche Schüler aus seiner zehnten Klasse Interesse an einem Schüleraustausch bekundet haben. Er erinnert sich, dass es 18 der 23 Schüler waren. Es gibt insgesamt $\binom{23}{18}$ Möglichkeiten.

b) Aus einer Urne mit 8 unterscheidbaren Kugeln werden 15 Kugeln mit Zurücklegen gezogen.
Beispiel: Die acht Nachtwächter einer Firma losen 15 Wochen nacheinander aus, wer den Bereitschaftsdienst am Wochenende übernehmen muss. Dann gibt es 8^{15} verschiedene Reihenfolgen für die 15 Wochenenden.

c) Aus einer Urne mit 65 unterscheidbaren Kugeln werden 11 Kugeln ohne Zurücklegen entnommen. Die Reihenfolge wird notiert.
Beispiel: Zwei fünfte Klassen mit insgesamt 65 Kindern haben zusammen Mittagspause. 11 Kinder stellen sich hintereinander in die Schlange der Schulmensa. Wenn man nicht weiß, welche der Kinder in der Schlange stehen, gibt es $65 \cdot 64 \cdot \ldots \cdot 56 \cdot 55 = \frac{65!}{54!}$ mögliche Reihenfolgen für diese Schlange.

4 a) ① P („drei gleichfarbige Kugeln“)
$= P(ggg) + P(rrr) + P(bbb)$
$= \binom{5}{3} \cdot \left(\frac{8}{15}\right)^3 \cdot \left(\frac{7}{15}\right)^2 + \binom{5}{3} \cdot \left(\frac{5}{15}\right)^3 \cdot \left(\frac{10}{15}\right)^2 + \binom{5}{3} \cdot \left(\frac{2}{15}\right)^3 \cdot \left(\frac{13}{15}\right)^2$
$\approx 52{,}3\,\%$

② P („mindestens eine grüne Kugel“)
$= 1 - P$ („keine grüne Kugel“)
$= 1 - \left(\frac{7}{15}\right)^5 \approx 97{,}8\,\%$

③ P („genau drei grüne Kugeln“)
$= \binom{5}{3} \cdot \left(\frac{8}{15}\right)^3 \cdot \left(\frac{7}{15}\right)^2 \approx 33{,}0\,\%$

④ P („keine rote Kugel“)
$= \left(\frac{10}{15}\right)^5 \approx 13{,}2\,\%$

b) P („mindestens eine blaue Kugel“)
$= 1 - P$ („keine blaue Kugel“)
$= 1 - \left(\frac{13}{15}\right)^n \geqq 0{,}6$
$0{,}4 \geqq \left(\frac{13}{15}\right)^n$
$n \geqq \log_{\frac{13}{15}} (0{,}4) \approx 6{,}4$
Er muss also mindestens 7-mal ziehen, um mit einer Wahrscheinlichkeit von mindestens 60 % mindestens eine blaue Kugel zu erwischen.

5 a) ① $P(X = 5) = B(10; 0{,}4; 5) = 0{,}200658 \approx 20{,}0\,\%$
② $P(X \leqq 6) = F(10; 0{,}4; 6) = 0{,}945238 \approx 94{,}5\,\%$
③ $P(X < 8) = P(X \leqq 7) = F(10; 0{,}4; 7) = 0{,}987705 \approx 98{,}8\,\%$
④ $P(X > 3) = 1 - P(X \leqq 2) = 0{,}832710 \approx 83{,}3\,\%$
⑤ $P(X \leqq 5) = 1 - P(X \leqq 4) = 0{,}366897 \approx 36{,}7\,\%$
⑥ $F(10; 0{,}4; 4) = 0{,}633103 \approx 63{,}3\%$

b) $B(10; 0{,}4; 7) = 0{,}042467 \approx 4{,}2\%$
$B(10; 0{,}6; 3) = 0{,}042467 \approx 4{,}2\,\%$
Die Ergebnisse sind gleich, weil die Ereignisse die gleiche Bedeutung haben:
B (10; 0,4; 7): 7 Treffer bei einer Trefferwahrscheinlichkeit von 0,4. Das bedeutet gleichzeitig, dass man 3 Nieten (Nicht-Treffer) hat, deren Wahrscheinlichkeit jeweils $1 - 0{,}4 = 0{,}6$ beträgt. Dies jedoch ist die Bedeutung des Ereignisses, dessen Wahrscheinlichkeit B (10; 0,6; 3) darstellt.

6 Auf die Angabe des Stabdiagramms wird verzichtet.

a) $E(X) = -0{,}7$ $\sigma = \sqrt{2{,}61} \approx 1{,}62$

b) $E(X) = 1{,}2$ $\sigma = \sqrt{1{,}46} \approx 1{,}21$

7 **a)** Das Histogramm ist achsensymmetrisch bezüglich der Achse $X = 6{,}5$. Deshalb muss die Wahrscheinlichkeit gleich 0,5 sein. Es handelt sich also um B (13; 0,5).

b) B $(30; \frac{2}{3})$, da der Erwartungswert bei der Verteilung B $(45; \frac{2}{3})$ gleich $45 \cdot \frac{2}{3} = 30$ ist und im Diagramm die Wahrscheinlichkeiten für $X \geq 30$ nahezu 0 sind bzw. nicht existieren.
B $(60; \frac{2}{3})$ kann es dann erst recht nicht sein.

8 $E(X) = n \cdot p = 1200 \cdot 0{,}75 = 900$
$\sigma = \sqrt{n \cdot p \cdot (1-p)} = \sqrt{1200 \cdot 0{,}75 \cdot 0{,}25} = \sqrt{225} = 15$

Seite 151

9 **a)** ① B (20; 0,25; 6) ≈ 16,9 %
② B (20; 0,5; 10) ≈ 17,6 %
③ 1 – F (20; 0,25; 4) ≈ 58,5 %

b) Es gibt $\frac{20!}{6! \cdot 7! \cdot 3! \cdot 4!} = 4\,655\,851\,200$ Möglichkeiten.

c) P („mindestens eine Vier“)
= 1 – P („keine Vier“)
$1 - 0{,}75n \geqq 0{,}99$
$0{,}01 \geqq 0{,}75^n$
$n \geqq og_{0{,}75}(0{,}01) \approx 16{,}01$
Sie muss den Tetraeder also mindestens 17-mal werfen, um mit einer Wahrscheinlichkeit von mindestens 99 % mindestens eine Vier zu würfeln.

10 $n = 10$ $\qquad p = \frac{1}{3}$

a) $P(X = 1) = B(10; \frac{1}{3}; 1) \approx 0{,}08671 \approx 8{,}7\,\%$
allgemein: $P(X = 1) = B(n; \frac{1}{3}; 1) = n \cdot \frac{1}{3} \cdot \left(\frac{2}{3}\right)^{n-1}$

b) $P(X \geqq 1) = 1 - P(X = 0) = 1 - \left(\frac{2}{3}\right)^{10} \approx 0{,}98266 \approx 98{,}3\,\%$
allgemein: $P(X \geqq 1) = 1 - \left(\frac{2}{3}\right)^n$

c) $P(X \leqq 1) = F(10; \frac{1}{3}; 1) \approx 0{,}10405 \approx 10{,}4\,\%$
allgemein: $P(X \leqq 1) = P(X = 0) + P(X = 1) = \left(\frac{2}{3}\right)^n + n \cdot \frac{1}{3} \cdot \left(\frac{2}{3}\right)^{n-1}$

11 Das ist falsch:
$\frac{n!}{(n-7)!}$
$= \frac{n \cdot (n-1) \cdot (n-2) \cdot \ldots \cdot (n-5)\ (n-6) \cdot (n-7) \cdot (n-8)) \cdot \ldots \cdot 3 \cdot 2 \cdot 1}{(n-7) \cdot (n-8) \cdot \ldots \cdot 3 \cdot 2 \cdot 1}$
$= n \cdot (n-1) \cdot (n-2) \cdot \ldots \cdot (n-6)$
oder
$n \cdot (n-1) \cdot (n-2) \cdot \ldots \cdot (n-8)$
$= \frac{n \cdot (n-1) \cdot (n-2) \cdot \ldots \cdot (n-8) \cdot (n-9) \cdot (n-10) \cdot \ldots \cdot 3 \cdot 2 \cdot 1}{(n-9) \cdot (n-10) \cdot \ldots \cdot 3 \cdot 2 \cdot 1}$

12 Das ist richtig. Im Wort TITICACASEE gibt es fünf Buchstaben, die jeweils doppelt vorkommen, und das S, das einmal vorkommt. Also gibt es
$\frac{11!}{2!\ 2!\ 2!\ 2!\ 2!} = \frac{11!}{(2!)^5} = \frac{11!}{2^5} = \frac{11!}{32}$ Möglichkeiten.

13 P („Augenzahl gerade“) = $\frac{1}{2}$

a) P („Augenzahl ist Primzahl“) = $\frac{1}{2}$
P („Augenzahl ist eine gerade Primzahl“)
$= \frac{1}{6} \neq \frac{1}{4} = \frac{1}{2} \cdot \frac{1}{2}$.
Also sind die Ereignisse stochastisch abhängig und die Aussage ist falsch.

b) P („Augenzahl ungerade“) = $\frac{1}{2}$
P („Augenzahl ist zugleich gerade und ungerade“)
$= 0 \neq \frac{1}{4} = \frac{1}{2} \cdot \frac{1}{2}$.
Also sind die Ereignisse stochastisch abhängig und die Aussage ist richtig.

14 Das ist falsch, denn
$\sigma - \sqrt{n \cdot p \cdot (1-p)} = \sqrt{10 \cdot 0{,}9 \cdot 0{,}1} = \sqrt{0{,}9} \neq 0{,}3$.

15 Das ist richtig (Definition einer Bernoulli-Kette).

16 Das ist richtig:
$-4 \cdot 0{,}3 + 1 \cdot 0{,}05 + 2 \cdot 0{,}25 + 3 \cdot 0{,}2$
$= -1{,}2 + 0{,}05 + 0{,}5 + 0{,}6 = -0{,}05 < 0$

17 Das ist falsch, denn die Standardabweichung kann auch 0 sein, falls die Zufallsgröße X nur einen einzigen Wert annehmen kann. Sonst ist die Standardabweichung als Wurzel einer positiven Zahl ebenfalls immer positiv.

18 Das ist falsch.
P („mindestens ein Aufkleber“)
= 1 – P („kein Aufkleber“)
$1 - \left(\frac{6}{7}\right)^n \geqq 0{,}9$
$0{,}1 \geqq \left(\frac{6}{7}\right)^n$
$n \geqq \log_{\frac{6}{7}}(0{,}1) \approx 14{,}9$
Es reicht also aus, 15 Riegel zu kaufen, um mit einer Wahrscheinlichkeit von mindestens 90 % mindestens einen Aufkleber zu erhalten.

19 **a)** Das ist richtig:
$\binom{56}{12} = \frac{56!}{12! \cdot (56-12)!} = \frac{56!}{12! \cdot 44!} = \frac{56!}{(56-44)! \cdot 44!} = \binom{56}{44}$

b) Das ist falsch:
$\frac{200!}{198!} = \frac{200 \cdot 199 \cdot 198 \cdot 197 \cdot \ldots \cdot 3 \cdot 2 \cdot 1}{198 \cdot 197 \cdot \ldots \cdot 3 \cdot 2 \cdot 1} = 200 \cdot 199 = 39\,800$

20 Das ist falsch, denn es würde bedeuten, lauter gleich wahrscheinliche Sektoren herzustellen. Dies ist bei einem Bernoulli-Experiment nicht notwendig. Hier muss aber darauf geachtet werden, dass das Zufallsexperiment nur zwei verschiedene Ausgänge hat.

Abnahmeprozesse 100
Amplitude 80, 96
Ankathete 44, 46, 70
Archimedische Spirale 116
Asymptote 24, 40, 102

Basis 108
Bernoulli-Experiment 152, 136
Binomialkoeffizient 134
Binomialverteilung 140, 152

Definitionslücke 24

Einfluss der Parameter auf Potenzfunktionen 28
Ereignis 124, 152
Ergebnisraum 130
Ergebnis eines Zufallsexperiments 124, 130
Erwartungswert 130, 140, 152
Exponent 108
Exponentialfunktion 102, 104, 120
Exponentialgleichung 110, 120
exponentielles Wachstum 100, 120

Flächeninhalt eines Dreiecks 60, 70
Funktionstransformation 28

Ganzrationale Funktionen 36
Gegenereignis 124
Gegenkathete 44, 46, 70
Gradmaß 74, 96
Gravitationsgesetz 31
Grenzwert 24, 40

Hypotenuse 46, 70

Kathete 44, 70
Kombinatorik 134
Kosinus 46, 48, 70
Kosinusfunktion 84, 96
Kosinussatz 56, 70
kumulierte Binomialverteilung 140, 152

Lineares Wachstum 100, 120
Logarithmische Skalen 115
Logarithmische Spirale 117
Logarithmus 108, 120

Mehrstufige Zufallsexperimente 124

Nullstelle 36

Oberfläche 40, 56

Periodenlänge 78
periodische Funktion 78, 96
Polarkoordinaten 116
Potenzfunktion mit ganzzahligen Exponenten 24, 40
Potenzfunktion mit rationalen Exponenten 26, 40
Potenzgesetze 20, 40

Rechengesetze für Potenzen 20, 40
Regression 34

Sierpinski-Dreieck 33
Sinus 46, 48, 70
Sinusfunktion 78, 80, 96
Sinussatz 52, 70
Standardabweichung 130, 140, 152
Stochastische Unabhängigkeit 128, 152
Symmetrie von Funktionsgraphen 25

Tangens 44, 48, 70

Umkreis eines Dreiecks 55

Varianz 130, 140, 152
Vermessung 66

Wachstumsfaktor 102
Wachstumsvorgänge 100
Wahrscheinlichkeit 124
Wahrscheinlichkeitsverteilung 130
Wurzelgesetze 22

Zehnerpotenz 17
Zerfallsprozesse 100
Ziehen mit Zurücklegen 124, 134, 152
Ziehen ohne Zurücklegen 124, 134, 152
Zufallsgröße 130

akg-images, Berlin – S. 108; Deutsche Stiftung Weltbevölkerung, Hannover – S. 107; Deutsches Museum, München – S. 136; Barbara Enghardt, Stadtilm – S. 157; Ingolf Enghardt, Stadtilm – S. 156, 157, 158, 163; Fotolia / dipego – S. 65; - / Foto-Ruhrgebiet – S. 133; - / Valerie Potapova – S. 119; - / ristaumedia.de – Cover; - / Stefan Yang – S. 35; Getty Images / ChinaFotoPress – S. 101; - / Zero Creatives – S. 74; Monika Kochhan, Berlin – S. 159; OKAPIA / imageBROKER / Stefan Huwiler – S. 51; © Ravensburger Spieleverlag GmbH – S. 149; Shutterstock / Delpixel – S. 60; Thinkstock / Fuse – S. 30; - / Hemera / Didier Kobi – S. 116; - / Hemera / Josef Muellek – S. 148; - / Ingram Publishing – S. 64; - / iStockphoto – S. 97; - / iStockphoto / abadonian – S. 66; - / iStockphoto / akiyoko – S. 129, 139; - / iStockphoto / allensima – S. 67; - / iStockphoto / AntonioGuillem – S. 127; - / iStockphoto / Bet_Noire – S. 37; - / iStockphoto / denis cristo – S. 99; - / iStockphoto / DavidCPhotography – S. 148; - / iStockphoto / dazb75 – S. 100; - / iStockphoto / EcoPic – S. 111; - / iStockphoto / fivepointsix – S. 7; - / iStockphoto / gorgev – S. 154; - / iStockphoto / Harvepino – S. 116; - / iStockphoto / Herzstaub – S. 58; - / iStockphoto / Oliver Hoffmann – S. 139; - / iStockphoto / iurii Konoval – S. 134; - / iStockphoto / JOHNGOMEZPIX – S. 88; - / iStockphoto / kasto80 – S. 126; - / iStockphoto / Maciej Korzekwa – S. 64; - / iStockphoto / kravcs – S. 15; - / iStockphoto / Latvian – S. 46; - / iStockphoto / maxuser – S. 145; - / iStockphoto / Meinzahn – S. 43; - / iStockphoto / monkeybusinessimages – S. 7; - / iStockphoto / mrak_hr – S. 164; - / iStockphoto / nufather – S. 109; - / iStockphoto / prosot-photography – S. 62; - / iStockphoto / prudkov – S. 125; - / iStockphoto / QUAYSIDE – S. 147; - / iStockphoto / Rawpixel Ltd. – S. 112; - / iStockphoto / Shaiith – S. 114; - / iStockphoto / Andrew J. Shearer – S. 124; - / iStockphoto / Smileus – S. 44; - / Photodisc / Jack Hollingsworth – S. 155; - / PHOTOS.com / Jupiterimages – S. 135; - / Ralph A. Clevenger / Fuse – S. 102; - / Stockbyte – S. 86; - / Wavebreak Media Ltd. – S. 135; - / Zoonar RF – S. 159; www.wikimedia.org – S. 31, 41, 51, 129, 160; - / Bin im Garten / cc-by-sa 3.0 – S. 103; - / Bin im Garten / cc-by-sa 3.0 – S. 32; - / carrotmadman6 / cc-by-sa 2.0 – S. 95; - / ChristianBier / cc-by-sa 3.0 – S. 138; - / Paul James Cowie – S. 113; - / CTHOE / cc-by-sa 3.0 – S. 163; - / Darren Glanville / cc-by-sa 2.0 – S. 156; - / Jack L. Gullund – S. 138; - / Jethrothompson / cc-by-sa 3.0 – S. 152; - / Jona Lendering / cc-by-sa 3.0 – S. 113; - / Mysid – S. 124; - / Hannes Ortlieb / cc-by-sa 3.0 – S. 59; - / Gregor Reisch – S. 66; - / slgckgc / cc-by-sa 2.0 – S. 102; - / Sreenikhil Reddy / cc-by-sa 4.0 – S. 86; - / Störfix / cc-by-sa 3.0 – S. 12; - / The Yorck Project – S. 14; - / Ximeg / cc-by-sa 3.0 – S. 165